FENGJING YUANLIN GUIHUA YUANLI

风景园林规划原理

主 编 袁 犁
副主编 曾明颖 韩周林 吴 媚
参 编 张 杨 周庆伟 张裕舟

U0191066

重庆大学出版社

内容提要

本书系统地阐述了城市园林绿地的构成、规划原则以及规划程序,详尽叙述了风景园林规划设计基本原理和方法,同时也包括了园林规划的表现方法、园林图解设计、园林景观形式设计方法、园林设计程序、屋顶庭院绿化与设计等专业知识的深化与拓展内容。本书还补充了最新的资料信息,并增强了现阶段城市发展新时期下所需的风景区、森林公园、农业公园、湿地公园等方面的规划设计内容,可供相关专业选择教学和深入学习。

图书在版编目(CIP)数据

风景园林规划原理/袁犁主编. —重庆:重庆大
学出版社,2017.2(2018.7重印)
高等教育土建类专业规划教材·应用技术型
ISBN 978-7-5689-0277-9

Ⅰ.①风… Ⅱ.①袁… Ⅲ.①园林设计—高等学校—
教材 Ⅳ.①TU986.2

中国版本图书馆 CIP 数据核字(2016)第 308858 号

高等教育土建类专业规划教材·应用技术型
风景园林规划原理
主 编 袁 犁
副主编 曾明颖 韩周林 吴 媚
策划编辑:王 婷

责任编辑:文 鹏 夏 宇 版式设计:王 婷
责任校对:邹 忌 责任印制:赵 晟
*
重庆大学出版社出版发行
出版人:易树平
社址:重庆市沙坪坝区大学城西路 21 号
邮编:401331
电话:(023) 88617190 88617185(中小学)
传真:(023) 88617186 88617166
网址:http://www.cqup.com.cn
邮箱:fxk@ cqup.com.cn(营销中心)
全国新华书店经销
重庆升光电力印务有限公司印刷
*
开本:787mm×1092mm 1/16 印张:26 字数:649 千
2017 年 2 月第 1 版 2018 年 7 月第 2 次印刷
印数:2 001—5 000
ISBN 978-7-5689-0277-9 定价:49.00 元

前　言

随着我国现代化建设的不断深入,我国的城市发展步伐也迅速加快,而城市化迅速发展所导致的经济发展与生态环境的矛盾日益突出,城市园林绿地的规划设计工作也显得尤为重要而迫切。许多相关行业的人们急需了解和掌握有关城市园林绿地规划设计的基本理论和基本方法。本书的出版正是为了满足当前社会进步和城市发展需要。

本书原为西南科技大学城乡规划、建筑学和风景园林专业的教材,经过了十多年的教学实践和运用。此次出版,对原教学知识点基础上进行了较大幅度的修改和补充。

本书以论述风景园林规划原理为基本出发点,从城市园林绿地规划与风景园林规划设计两个主要方面进行讲述和介绍。本书涉及城市中各类园林绿地的规划、风景园林规划设计等基本原理和方法,内容涵盖较为全面,可根据需要进行选择教学和学习。本书结合丰富的相关知识和新的资料信息,使之成为城乡规划、建筑学、风景园林等专业的一本专业知识全面而详尽,理论与实践结合,并且比较系统地学习风景园林规划与设计的教学用书和入门自学书籍。同时也为相关专业人士提供技术资料与理论指导。

本书具有以下特点:

1.系统阐述了中外城市园林的发展概况;清晰地介绍了园林的基本概念;全面论述了城市绿地的效益和属性,以及城市绿地系统规划的基本要求和方法。

2.重点论述了园林规划设计基本原理,从园林美学艺术法则的基本原理,到园林造景手法以及园林空间艺术布局的重要理念和方法,进行了深入浅出的讲述。

3.详尽地介绍与解析了园林构成要素及其在规划设计中的方法和运用。

4.立足城市绿地总体规划的掌握,并通过对城市园林绿地专项规划的讲述,系统、全面地介绍了各类绿地的规划原理与设计方法。

5.针对现阶段城市发展新时期过程中的风景区、森林公园、农业公园、湿地公园等方面的规划设计需要,对其内容和方法进行了详细的论述和介绍,也为读者提供了规划设计工作中的参考和借鉴。

6.在本书相关章节后面,专门增加了"拓展阅读",其内容主要是针对规划设计原理之后的专业深入和拓展学习,包括风景园林设计技术、方法、步骤等。

7.在每章节之后,列出了相关内容的思考题,供学生学习阅读时进行思考和内容复习。

8.书后附有常用园林植物一览表,以及一些城市园林绿地及其规划设计的指标和规范要求,实用方便,便于查询。

9.本书免费提供了配套的电子课件及课后习题参考答案,在重庆大学出版社教学资源网上供教师下载(网址:http://www.cqup.net/edusrc)。

本书由西南科技大学土木工程与建筑学院城乡规划系风景园林教研组组织骨干教师以及相关院校的教师共同编著,由西南科技大学土木工程与建筑学院城乡规划系风景园林教研组袁犁教授担任主编;西南科技大学城乡规划系风景园林教研组曾明颖副教授、绵阳师范学院园林教研组韩周林、成都文理学院风景园林教研组吴媚担任副主编。其他编写人员有四川文理学院张杨,四川旅游学院周庆伟,湖北民族学院张裕舟等老师。

各章节编写具体分工如下:

袁　犁　第四章1、2、4节、第五章1、2节、第十章、第六、八章拓展

曾明颖　第一章、第五章4节、第十一章

韩周林　第二章、第四章3节、第六章1、2节、第九章1、2、3节

吴　媚　第十二章、第四、五章拓展

张　杨　第三章、第八章

周庆伟　第七章、第九章4、5节

张裕舟　第五章3节、第六章3节

参加该书部分编书和校稿工作的还有李胤南、喻佛威、林佳佳、许入丹、曾冬梅等。插图制作以及教材课件的整理,由袁犁、许入丹、曾冬梅、昌千等编辑完成。

本书虽历经多年的教学实践努力得以最终完成,但由于编写组经验不足,水平有限,书中难免有疏漏等不足之处,敬请广大读者、专家批评指正,以便今后改进。

编写组

2016 年 5 月

目 录

绪　言

　　绿色是生命的源泉,水是生命之本,土是人类赖以生存的基础,这些命题和说法都说明了人虽为万物之灵,但人类也像其他动物一样,必须依赖生物圈中的自然系统才得以生存,离不开绿色、水和土地。人是自然的产物,人是从森林中"走出来"的,因此人与大自然有着不可分割的姻缘,是大自然的一个组成部分。人需要经常置身于大自然的怀抱之中,才能获得其所需要的各种物质和相应的生存条件及其生命活力的源泉,从大自然中获得精神的抚慰并产生相应的灵感。

　　城市是人类文明的产物,也是人们按照一定的规律,利用自然物质而创造出的一种"人工环境"。正如前述,人们的聚居由群落到村镇到城市逐步地离开了自然,也可以说城市化的过程是一个把人和自然分隔的过程,从某种意义上说,是对自然环境破坏的过程。而城市园林绿地则可以认为是在被破坏的自然环境中通过人们的智慧所创造的"第二自然"。随着人类的发展,一方面促使人工环境的扩大和物质生产的提高;另一方面促进了人对自然精神和环境的追求,因此经济的发展、社会的进步是园林发展的基础。历代的帝王将相、文人雅士,有了权势和钱财以后,不仅是追求其豪华的物质享受,同时也纷纷进行造园活动。从历史上看,无论是公元前5000年的古巴比伦甲布尼二世的空中花园,16世纪意大利美狄奇梯在沃利的别墅,17世纪法国路易十四的凡尔赛宫苑,还是中国秦始皇的太液池,清王朝的圆明园和颐和园都反映了这一追求和愿望。19世纪以来,公园运动的兴起,20世纪初花园别墅的发展,以及现代绿地系统的规划和建设,则更广泛地反映了社会民众的需要。在城市建设中,无论是西方的巴黎、威尼斯,还是中国的北京、杭州和苏州,在建城之初都考虑了城市与自然的关系,反映了人们在城市建设中利用自然、保护自然、再现自然和人化自然的思想和做法。这些城市具有持久的生命力,至今为人们所赞扬。至今,人们仍可以在欧洲或亚洲找到一些人工建筑和自然环境极其协调的城镇。

随着工业的发展,科学技术的进步,人们掌握了强有力的手段对自然资源采取了掠夺性的开发和利用,破坏了人类赖以生存的生态环境,使人们重新审视人与自然的关系。"生态学""环境学"则从理性上确定了人与自然应建立一种人工与自然相平衡、城市与园林相互协调的发展理念,逐步成为大家的共识。

近一个多世纪以来,随着工业的发展,人口的集聚,城市不断增加,人工环境的不断扩大和自然环境的衰退,带来了一系列的城市弊病,引起了一些有识之士的担忧。越来越多的人认识到,人类要有更高的物质生活和社会生活,永远也离不开自然的抚育。人们希望在令人窒息的城市中寻得"自然的窗口",在人工沙漠中建立起"人工的绿洲"。为了这一目的,人们一直在探求解决城市有关问题的途径,提出了各种规划理论、学说和建设模式,进行了不懈的努力,试图在城市建设中能够实现他们"绿色的理想"。

风景园林规划的中心内容是在城市中如何运用植物、建筑、山石、水体等园林物质要素,以一定的科学、技术和艺术规律为指导,充分发挥其综合功能,因地因时制宜地选择各类城市园林绿地,进行合理规划布局,形成有机的城市园林绿地系统,以及景观生态系统,以便创造卫生、舒适、优美的生产与生活环境。

1

园林概论

1.1 园林的含义及特性

1.1.1 园林的含义

"园林"一词在古汉语中由来已久，并非园与林的合称，也不是园林中有树林的意思，而是园的总汇，泛指各种不同的园子和其内部要素。《娇女诗》："驰骛翔园林，果下皆生摘。"《洛阳伽蓝记·城东》："园林山池之美，诸王莫及。"《杂诗》："暮春和气应，白日照园林。"这里的"园林"就是我们今天所谓的有树木花草、假山水榭、亭台楼阁，供人休息和游赏的地方。

"园"原意为种植花果、树木、蔬菜的地方，周围有垣篱。《诗经·郑风·将仲子》："将仲子兮，无逾我园，无折我树檀。"《毛传》："园，所以树木也。"《说文·口部》："园，所以树果也。"到了汉代，又有帝王或王妃的墓地等含义。《正字通口部》："园，历代帝后葬所曰园。"园还指供人憩息、游乐或观赏的地方。《汉成阳令唐扶颂》："白菟素鸠，游君园庭。"

据称，中国传统的"園"字组成的含义，外框"口"表示围墙，代表人工构筑物；"㠯"表示山地、地形变化；"口"表示水井口，代表水体；"⺕"表示树枝，代表树木（图1.1）。如果我们将中国传统园林加以分析，不难发现园林均有水池、树木、花草和堆石，由自然园子和人工的屋舍共同组成。传统园林最初的平面几乎都是居室前有一水池，配有树木、花卉、假山，并以墙垣相围合，也可以说"园"已概括了自然的因子和人工的要素。它又包含了人们思想意识的要求和艺术心理上的内容，给人以精神的感染。因此，它具有物质和精神的双重作用。

而"园"在欧美人的意识中则意味着理想的天国。《圣经》中记载"人类始居于'伊甸园'

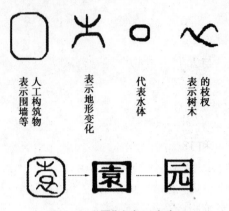

表示围墙等 人工构筑物　　表示地形变化　　代表水体　　表示树木的枝杈

图1.1 "園"字象形寓意

(Garden of Eden)，各种树木从地里长出来，悦人眼目，树上有果可食，有河水流经，滋润土地，……称为'天国乐园'(Paradise)"，这种思想对西方人有很大的影响。伊甸园在圣经的原文中含有快乐、愉快的园子的意思(或称乐园)。记载伊甸园在东方，有4条河从伊甸流出滋润园子。这4条河分别是幼发拉底河、底格里斯河、基训河和比逊河。现存的只有前两条。今天西方人士谈及的乐园，想到的就是伊甸园(图1.2)。在众多外国人心目中常把"园"视为一种欢乐美好的自然天地。由此可见，园林是由自然和人工结合而成的地域。园林既要以自然的水、石、植物和动物等为主要元素，但也少不了供大众游览观赏使用的如道路、构筑物等人工设施。因此，园林应是以自然素材为主，兼有人为设施，按照科学的规律和艺术的原则，组织供人们享用的优美空间地域。由于它的美好，也就成了人们向往的地域。

图1.2 欧美人意识中的"伊甸园"(油画)

关于园林的含义，一直以来，学术界对这一概念无明确的定论，至今尚有不同的看法。根据《中国大百科全书》明确定义为："在一定的地域内运用工程技术和艺术手段，通过改造地形(或进一步筑山、叠石、理水)、种植树木花草、营造建筑和布置园路等途径创作而成的美的自然环境和游憩区域，称为园林。"而根据《园林基本术语标准》(CJJ/T 91—2002)的定义，园林(Landscape Architecture)是指在一定地域内运用工程技术和艺术手段，通过因地制宜地改造地形、整治水系、栽种植物、营造建筑和布置园路等方法创作而成的优美的游憩境域。

关于"园林"，我们可以综合定义为：在限定的范围中，通过对地形、水体、建筑、植物的合理布置而创造的，可供人们欣赏自然美的环境综合体。现代通常认为的园林范畴，可大到上万公顷的风景区，小到可置于掌上的插花盆景，包括庭园、宅园、小游园、花园、公园、植物园、动物园等。随着园林学科的不断发展,还逐渐包括了森林公园、风景名胜区、自然保护区或国家公园的游览区及休养胜地等。

如前所述,园林的发展是与人类历史的发展紧密联系的,是人与自然关系的反映。随着社会的不断发展,随着城邑的出现,更多的人离开了与自己长期相处的山川进入了城镇。但在封建王朝的统治下,只有那些帝王、贵族、商贾才有权势和财力来建造带有园林的宫苑、府邸和山庄供其享乐,也反映了他们对自然的需要和追求。在欧洲,15 世纪所产生的意大利台地园,17 世纪的法国古典园林和 18 世纪所形成的英国自然风致园都曾风行一时,皆为当时一定社会条件的产物。近代公园的兴起,屋顶花园的出现,抽象园林的产生也都反映了园林形态随着社会的发展而变化,由少数人占有和使用的宫苑和花园,发展到为广大群众共享的公共绿地,从居住的宅园到为旅游服务的风景名胜区(国家公园),园林逐渐从少数人拥有的专用地域转变为大众群体享用的社会空间。随着人们对物质文明、精神文明以及环境效益要求的提高,人们更加认识到园林的重要。

1.1.2　园林学的特性

"园林是一门艺术""园林是室外的休息空间""园林是自然的再现"……人们从不同角度对园林的认识,充分反映了园林学科的多维性。

园林是科学、技术和艺术的综合,而其内容和要求会随着不同的要求而有所变化,随着条件的要求可以偏重于园艺,也可以偏重于技术,还可能偏重于艺术。它可能因为环境地域或园林类型等要求的差异而偏重有所不同。如植物园,则以园艺为主;街头广场、游乐园,可能工程技术则有更高的要求;盆景园、宅园,其艺术布局则显得更为重要。

1)综合性

园林学是一门综合性学科。园林的创作必须同时满足其科学性和艺术性。从科学性角度,需要掌握植物学、测量学、土壤学、建筑构造、气象、地学、人文、历史等知识,从艺术学角度,应了解美学、美术、文学等理论。园林不仅有自己的学科体系,并且与其他学科相互渗透。我们只有掌握了园林的综合性特点,才能够把握园林的艺术性、经济性和发展性。

2)艺术性

艺术性是指园林在满足人们观光、游览、欣赏、游憩等需要的同时,还能够创造出美感并得以享乐。它是指通过一定的艺术手段,将园林要素组合成有机整体从而创造出丰富多彩的园林景观,给予人们赏心悦目的美的享受。

3)经济性

经济性一般指在园林达到游憩、观赏目的的过程中,一方面要尽量减少经济建设的投资,做到经济适用;另一方面,对园林建设投入的人力物力财力反映了一个地区一个时代经济发展和科技技术与文化水平,也反映园林是一种重要的社会物质财富,在满足游人欣赏、活动、游憩需要的同时,还可获取很多实用性价值,以增加如钓鱼、养花、种植等趣味和经济活动。

4)发展性

在人类社会不断的发展过程中,每种文化都在参与甚至支配着社会的发展,发达的社会背后必定有着某种先进的文化作为一种精神的消费。中国园林中的诗赋楹联及其伴生的山水书画,千百年来,对国民美学意识的形成起到了潜移默化的作用,推动着社会文化的不断进步和发展。

园林的以上几方面特性相互结合、相互影响，并且相互促进，从而造就出符合每个时代的艺术典型，充分体现了人们的聪明智慧。古代的园林艺术带来一个又一个新的时代的发展，而各个时代的发展和艺术进步又不断产生着对经济建设的促进，这便是它们各自的特性和谐统一的体现。

1.2 园林发展阶段与形式

在人类历史的长河中，纵观过去、现在和展望未来，人与自然环境的关系变化大体上呈现出4个不同的阶段，相应的，园林的发展也大致可以分为4个阶段，而这4个阶段之间并非截然的"断裂"。由于每个阶段人与自然环境的隔离状况不完全一样，园林作为这种隔离的补偿而创造出的"第二自然"，它的内容、性质和范围也有所不同。

1.2.1 园林的发展阶段

1）第一阶段：人类社会的原始时期

这一时期的生产力低下，劳动工具十分简陋，人类对外部自然环境的主动作用极其有限，几乎完全被动地依赖自然。人类往往受到寒冷、饥饿、猛兽等侵袭和疾病死亡等困难的威胁，因此逐渐聚群而居，形成原始的聚落，但并没有隔绝于自然环境。人与自然环境呈现为亲和的关系。这种情况下没有必要也没有可能出现园林。直到后期进入原始农业的公社，聚落附近出现种植场地，房前屋后有了果木蔬圃。虽说出于生产的目的，但在客观上多少接近园林的雏形，开始了园林的萌芽。

2）第二阶段：奴隶社会和封建社会时期

在奴隶社会和封建社会的漫长时期，人们对自然界已经有所了解，能自觉地加以开发，大量耕作农田，兴修水利灌溉工程，还开采矿山和砍伐森林。这些活动创造了农业文明所特有的"田园风光"，但同时也带来了对自然环境一定程度的破坏。但毕竟限于当时低下的生产力和技术条件，破坏尚处在比较局部的状态。从区域性的客观范围来看，尚未引起严重的自然生态失衡及自然生态系统的恶性变异。即便有所变异，也是旷日持久、极其缓慢的。如：我国的关中平原历经周、秦、汉、唐千余年的不断开发，直到唐末宋初才逐渐显露出生态恶性变异的后果，从而促成经济的政治中心东移。总的看来，在这个阶段人与自然环境之间已从感性的适应阶段转变为理性适应阶段，但仍保持着亲和的关系。

这一时期形成的不同风格的园林，都具有4个共同的特点：第一，绝大多数是直接为统治阶级服务，或者归他们所有；第二，主流是封闭的，内向型的；第三，以追求视觉的景观之美和精神寄托为主要目的，并没有自觉地体现所谓社会、环境效益；第四，造园工作由工匠、文人和艺术家完成。

这些原理按照四大要素的构配方式来加以归纳，无非两种基本形式，即规整式和风景式。前者讲究规矩格律、对称均齐，具有明确的轴线和几何对位关系，甚至花草树木都加以修剪成型并纳入几何关系之中，注重显示园林总体的人工图案美，表现出一种人为所控制的有序的理性的自然,以法国古典园林为代表。后者的规划完全灵活而不拘一格,注重显示纯自然的天成之美,表现出一种顺应大自然风景构成规律的缩影和模拟,以中国古典园林为代表。这两种截然相反的古典园林体现各有不同的创作主导思想,集中地反映了西方和东方在哲学、美学、思维方式和文化背景上的根本差异。

3)第三阶段:18世纪中叶至20世纪60年代

这一时期的工业革命带来了科学技术的飞跃进步和大规模的机器生产方式,为人们开发自然提供了更有效的手段。人们从自然那里获得前所未有的物质财富的同时,无计划的掠夺性的开发也造成了对自然环境的破坏,出现了植被减少、水土流失、水体和空气的污染、气候改变,导致宏观大范围内自然生态的失衡。同时,资本主义大工业相对集中,城市人口密集,大城市不断膨胀,居住环境恶化。这种情形到19世纪中叶后在一些发达国家更为显著,人与自然环境的关系由亲和转为对立、敌斥。有识之士提出改良学说,其中包括自然保护的对策和城市园林绿化方面的探索。

19世纪下半叶,美国造园大师 F. L. 奥姆斯特德(Olmsted)规划纽约"中央公园"及波士顿、华盛顿的公园绿地系统。他是第一位把自己称为"风景园林师"的人,他的城市园林化的思想逐渐为公众和政府接受,"公园"作为一种新兴的公共园林在欧美的大城市中普遍建成,并陆续出现街道、广场绿化,以及公共建筑、校园、住宅区的绿化等多种形式的公共园林。他在实践的同时还致力于人才的培养,在哈佛大学创办景观规划专业,专门培养这方面的从业人员——现代的职业造园师(landscape architect)。

稍后,英国学者霍华德提出"田园城市"的设想。1989年,美国风景园林协会(ASLA)成立。1900年,美国哈佛大学首先开设风景园林学,独立的专业和学科,标志现代风景学科的建立。1948年,国际风景园林师联合会(IFLA)成立。

相对来说,中国园林学科就有着一段曲折发展史。这一阶段的园林与此前相比,在内容和性质上均有所发展和变化:第一,出现由政府出资经营,属于政府所有的并向公众开放的公共园林;第二,园林的规划设计已经摆脱私有的局限性,从封闭的内向型转变为开放的外向型;第三,兴造园林不仅为了获取视觉景观之美和精神的陶冶,同时也着重发挥其改善城市环境质量的生态作用——环境效益,以及为市民提供公共游憩和交往活动的场地——社会效益;第四,由现代型的职业造园师主持园林的规划设计工作,这也是现代园林与古典园林的区别所在。

4)第四阶段:20世纪60年代至今

这一阶段,人们的物质生活和精神生活水平比此前大为提高,有了足够的时间和经济条件来参与各种有利于身心健康,促进身心再生的业余活动(休闲、旅游等),同时面对日益严重的环境问题,使人们深刻认识到开发、利用的程度超过了资源的恢复和再生能力所造成的无法弥补的损失,提出了"可持续发展"战略,人与自然的理性适应状态逐渐升级到更高的境界,二者之间的敌斥、对立关系又逐渐转为亲和。

第一,私人所有的园林已不占主导地位,城市公共园林、绿化开放空间及各种户外娱乐场地扩大,城市的建筑设计由个体而群体;更与园林绿化相结合转化为环境设计;确立了城市生态系统的概念;第二,园林绿化以改善城市环境质量、创造合理的城市生态系统为根本目的,充分发挥植物配植产生氧气,防止大气污染和土壤被侵蚀,增强土壤肥力,涵养水源,为鸟类提供栖息场所以及减灾防灾等方面的积极作用,并在此基础上进行了园林审美的构思;第三,在实践工作中,城市的飞速发展改变了建筑和城市的时空观,建筑、城市规划、园林三者关系已密不可分,往往是"你中有我,我中有你"。

1.2.2 园林的形式

1)规则式园林

图1.3 规则式园林

这类园林又可以称为"几何式""整形式""对称式"或"建筑式"园林。整个园林布局皆表现出人为控制下的几何图案美。园林要素的配合在构图上呈几何构图形式,在平面规划上通常依据一条中轴线,在整体布局中追求前后左右对称。园地划分时多采用几何图形;花园的线条、园路多采用直线形态;广场、水池、花坛多采取几何形体;植物配置多采用对称式种植,株行距明显均齐,花木常被修剪为一定的整形图案,园内行道树排列整齐、端直、美观(图1.3)。

对于水体的设计,外形轮廓均为几何形;多采用整齐的驳岸,水景的类型以整形水池、壁泉、整形瀑布及运河等为主,其中常以喷泉作为主题水景。园林中不仅单体建筑采用中轴对称均衡的设计,建筑群的布局,也采取中轴对称均衡的手法控制全园。园林中的广场外形轮廓均为几何形。封闭性的草坪、规则式林带、树墙、道路均为直线、折线或几何曲线组成,构成方格形、环状放射形等规则图形的几何布局。园内花卉布置一般以图案为主题的模纹花坛和花境为主,树木配置以行列式和对称式为主,并运用大量的绿篱、绿墙隔离和组织空间。树木整形修剪以模拟建筑体形和动物形态为主,如绿柱、绿塔、绿门、绿亭和用常绿树修剪而成的鸟兽等。除建筑、花坛、规则式水景和喷泉为主景外,还常采用盆树、盆花、瓶饰、雕像为主要景物。雕塑小品的基座为规则式,其位置多配置于轴线的起点、终点或交点上。

规则式园林给人的感觉是雄伟、整齐、庄严。它的规划手法,从另一角度探索,园林轴线多视为是主体建筑室内中轴线向室外的延伸。一般情况下,主体建筑主轴线和室外园林轴线是一致的。

2)自然式园林

自然式又称为风景式、不规则式、山水派园林。中国园林从有记载的周秦时代开始,经历代的发展,不论是大型的帝皇苑囿、皇家宫苑,还是小型的私家宅园,都是以自然山水园林为主。发展到清代,保留至今的皇家园林(如颐和园、承德避暑山庄、圆明园),私家宅园(如苏州的拙政园、网师园等)都是自然山水园林的代表作品。中国自然式园林从6世纪传入日本,18世纪后半叶传入英国。自然式园林以模仿再现自然为主,不追求对称的平面布局,园林要素组合造型均采用自然的布置,相互关系较隐蔽含蓄。这种园林形式适宜于有山、水和地形起伏的环境,以含蓄、幽雅的意境深远而见长。

自然式园林讲究"相地合宜,构园得体",地形处理"得景随形","自成天然之趣",在园林中,要求再现大自然的山峰、崖、岭、峡、谷、坞、洞、穴等地貌景观(图1.4)。园林的水体讲究"疏源之去由,察水之来历",主要类型有湖、池、潭、沼、汀、溪、涧、洲、湾、瀑布、跌水等。水体的轮廓为自然屈曲,水岸为自然曲线的倾斜坡度,驳岸采用自然山石砌成。自然式园林种植反映大自然植物群落,不成行成排栽植,不修剪树木,种植以孤植、丛植、群植、密林为主要形式。建筑群多采用不对称均衡的布局,不以轴线控制,但局部可有轴线处理。园林建筑类型有亭、廊、榭、舫、楼、阁、轩、馆、台、厅、堂、桥等。园路的走向、布局随

图1.4 自然式园林

地形而弯,自然起伏,曲线流畅。园林小品有假山、叠石、盆景、石刻、石雕、木刻景窗、门、墙等,多配置于透视线集中的焦点位置。

3)混合式园林

混合式园林,实际上是类似于规则式、自然式两种不同形式规划的交错组合的一种近现代园林形式。园林中既有自然式园林形式的出现,也有规则式园林的存在,它们各自占有一定的比例(图1.5)。

图1.5 混合式园林

混合式园林整体上没有或不能形成控制全园的主中轴线和次轴线,只有局部节点或建筑存在中轴对称布局,全园没有明显的自然山水骨架和自然格局。一般情况下,多结合地形和周围环境,在原地形平坦处、原始树木较少可安排规则式园林布局。在原地形条件较复杂,地形起伏不平的丘陵、山谷、洼地或水体,或树木较多的自然林则可规划为自然式园林。大面积园林以自然式为宜,小面积以规则式较为经济。现代城市的林荫道、广场、街心绿地等以规则式为宜;居民区、单位、工厂、学校、大型建筑前广场绿地以混合式为宜。

1.3　世界园林发展概况

欧洲、西亚和东南亚形成并发展了人类三大宗教——基督教、伊斯兰教、儒道释。也许正

是受其影响,世界园林也巧合地发展为西方、西亚和东方三大流派。无论是从"天堂"源于波斯语的"豪华花园",还是"天人合一"的"蓬莱仙境",均可以看出人类从自然中不断捕捉到一切美好的信息后,便以此勾画出理想中的仙境,并且迫不及待地在现实世界中去实现它,一旦不尽如人意又开始新的循环,对理想—现实—理想的追求永无休止。

1.3.1 西方古代园林

1)古希腊园林(公元前5世纪)

作为欧洲文化发源地的古希腊,在历经了内外频繁的战乱之后,于公元前5世纪进入和平繁荣时期,古希腊园林也随之产生和发展,使古希腊的建筑、园林开欧洲建筑、园林之先河,后来直接影响着古罗马、意大利及法国、英国等国的建筑和园林风格。

在园林形成初期,其适用性很强,形式也比较单调。大多将土地修正为规则式园圃,四周有绿篱围合,种植经济作物、果品和蔬菜,中间为私宅。古希腊园林发展的后期,从波斯学到西亚造园艺术,将庭园由果菜园改造成装饰性庭园,住宅方正规则,内部整齐栽植果树花木,院落中央设置喷泉、喷水,最终发展成了中庭式柱廊园(图1.6)。古希腊柱廊园为几何式,注重实用,多以水池为中心,四周以柱廊道围绕,并可收集雨水,中心有树木、芳香植物及绿篱栽植。古希腊庭院的水法创作,对当时及以后世界造园工程产生了极大的影响,尤其对意大利、法国利用水景造园的影响更为明显。

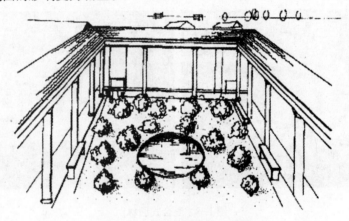

图1.6 古希腊中庭式柱廊园

由于当时的希腊文学艺术繁荣,民主气氛浓厚,广场、剧院、圣林、竞技体育场等遍布各地,因此反映出古希腊开始注重公共园林的建设,在许多公共园林中,出现了如行道树及其旁边的雕刻物,园中也遍布雕刻饰物,内容多为宗教神像及运动者雕像。古希腊人喜欢体育运动,竞技场除了用于人们训练,场外的园林绿地中还设置了许多棚架、座椅等休息设施,已有了现代体育公园的雏形,构成了当时公共园林的主体。

在意大利南部的庞贝城,早在公元前6世纪就已有希腊商人居住。他们带来了古老的希腊文明。到公元前3世纪这里就已发展为2万居民的商业城市。变成罗马属地之后,又有很多豪富文人来此闲居,建造了大批的住宅群,并在住宅之间设置了柱廊园。从1784年发掘的庞贝城遗址中可以清楚地看到柱廊园的布局形式,柱廊园有明显的轴线,方正规则。每个家族的住宅都围成方正的院落,沿四周排列居室,中心为庭园,围绕庭园为一排柱廊,柱廊后边和居室连在一起。园中间位置有喷泉和雕像,四处有规整的花树和葡萄篱架。廊内墙面上绘有逼真的林泉或花鸟图案,以增加庭院的空间效果。

古希腊的柱廊园,改进了波斯在造园上结合自然的形式,变成了喷水池占据中心位置,以人的意志控制自然而有秩序的整形园。把西亚和欧洲两大系统的庭院形式与造园艺术联系起来,起到了过渡的作用。

2)古罗马园林(公元前2世纪)

继古希腊之后,古罗马成为欧洲最强大的国家。公元前2世纪开始由西平宁半岛向外扩张,地跨欧亚非三大洲。希腊于公元前190年被占领,在此之前,古罗马园林几乎一片空白,后来古罗马慢慢被希腊文化所同化,所以古罗马园林基本继承了古希腊园林规则式的特点,并逐步对其发展和丰富,而最终形成了古罗马风格的别墅园和宅园。

当时,强大的古罗马征服了庞贝等广大地区,建立了奴隶制古罗马大帝国。古罗马的奴隶主贵族们又兴起了建造庄园的风气。意大利是伸入地中海的半岛,东海岸的半岛多山岭溪泉,有较长的海滨和谷地,气候湿润,植被繁茂,自然风光极为优美。古罗马贵族们占有大量的土地、人力和财富,极尽奢华享受。他们除在城市里建有豪华的住宅之外,还在郊外选丘陵山地营建宅园,古罗马庄园式园林遍布各地(图1.7)。古罗马山庄的造园艺术吸取了西亚、西班牙和古希腊的传统形式,又充分地结合丘陵山地和溪泉,逐渐发展成具有古罗马特点的台地柱廊园。古罗马的山庄或庭园都是很规整的,图案式的花坛、修饰成形的树木,更有迷阵式绿篱,绿地装饰已有很大的发展。古罗马人认为水是清洁灵性的象征,因此对水法的创造更为奇妙。庭园中水池更为普遍,浴场比比皆是。

图1.7 古罗马庄园

到古罗马庄园全盛时期,造园规模大为进步,逐渐舍弃希腊中庭式,并利用山、海的美在郊外风景胜地做大面积的别墅园,奠定了后世文艺复兴意大利造园的基础。

古罗马宅园多为四合院,一面为正厅,三面为游廊。游廊墙上画满树木、喷泉、花鸟及远景壁画,创造一种宽广的幻觉。

117年,哈德良大帝在古罗马东郊梯沃里建造的哈德良山庄最为典型。山庄占地18 km²,由一系列馆阁庭院所组成。还把山庄作为施政中心,其中有处理政务的殿堂,起居房舍,健身厅室,娱乐圆形剧场等,层台柱廊罗列,气势十分壮观(图1.8)。特别是皇帝巡幸全国时,在全疆所见到的异境名迹都仿造于山庄之内,形成了古罗马历史上首次出现的最壮丽的建筑群,同时也是最大的苑园,如同一座小城市,堪称"小罗马"。

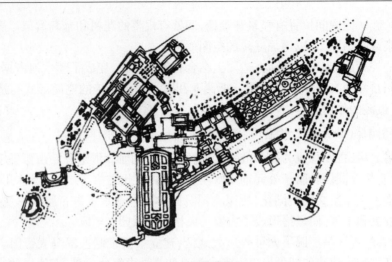

图1.8　哈德良山庄

3）中世纪园林（5—15世纪）

5世纪，罗马帝国崩溃，直到16世纪的欧洲，称为中世纪。在这一时期，欧洲分裂为许多大小不等的封建领地，由于诸侯权力的有限，教会借此发展为拥有强大物质和精神力量的政治势力，开始不择手段地维护自己的神权统治，大多数艺术在这样的环境下难以发展。由于这一时期教会统治的黑暗，人们将这一段近于千年的历史称为"黑暗的中世纪"。

在这800多年的黑暗时代，造园也处于低潮，城堡和修道院成为人们的活动中心。教会作为知识的拥有者，决定了园林的形式，受自给自足的影响，园林以实用性为主，在城堡内种有规则式的药圃和菜园。这段时间是西方园林史上最漫长的一次低潮。

图1.9　修道院中的柱廊园中庭

7—15世纪，阿拉伯人征服了横跨亚、非、欧三大洲的广大区域，建立了伊斯兰大帝国。由于伊斯兰教的约束，保持着伊斯兰文化的特点，多为城堡园林和寺院园林。阿拉伯人是沙漠上的游牧民族，祖先逐水草而居，对绿洲和水的特殊感情在园林艺术上有深刻的影响。特别是受到西亚古埃及的影响，带来了东方植物及伊斯兰教造园艺术，形成了阿拉伯园林风格。修道院的寺园有所发展，寺园四周环绕传统的廊柱，其内修成方庭，水常为缓缓流动状态，发出轻微悦耳之声；建筑大多通透开敞；水草树花池成几何对称均齐布置（图1.9）。

4）意大利园林（16世纪）

16世纪欧洲以意大利为中心兴起的文艺复兴运动，冲破了中世纪封建社会统治的黑暗时期。西方园林的高水平发展也始于此时，园林艺术也组成了"文艺复兴"高潮的一部分。

文艺复兴时期的意大利园林继承了古罗马庄园的传统但注入了新的内容。意大利造园出现了庄园或别墅为主的新面貌，成为世界园林史上最具有代表性的一种台地式庄园或别墅的园林形式。由于意大利三面环海，多为山地，气候炎热，因此这种园林多建于山坡地段，就坡势分成若干层台地，也因此称为台地园。一切艺术形式来源于生活，意大利台地园的艺术形式是与意大利的自然条件和文艺复兴的社会意识以及意大利的生活方式密切相关的。

初期承袭罗马式台坡式庭院。顺地势修筑几层平台,每层边沿都雕栏玉砌,主要的别墅建筑大多位于偏上的平台或在最高层。以别墅为中心,沿山坡中轴线开辟一层层台地,配置平台,每层平台对称设置花坛、水池、喷泉和雕塑(它的轴线就是园林的对称轴线),站在台地之上,可以纵深眺望远方借景。这是规整式园林与风景式园林相结合的一种形式(图1.10)。这一时期,理水手法更为丰富。位于佛罗伦萨的埃斯特园,于高处汇水为蓄水池,顺坡下引称为水瀑、水梯,下一层台地则利用水落差压力设计成各式喷泉,到最底层又汇成水池。不仅如此,还利用水流跌落设计水风琴等音乐流水声供人们欣赏。

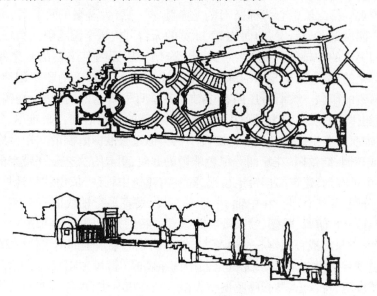

图1.10 意大利台地园

意大利台地园是新的社会阶层创造性的产物,具有鲜明的个性。炎热的气候决定了其建造在依山面海的坡地之上,有利于大陆海洋气流交换而保持凉爽。降温是水景频繁利用的最实用动机。人们充分利用高差创造了丰富的理水手法。位于台地最高层的视线,使其海天一色巨大尺度突出了自然气氛,而削弱了视线下层整形植坛绿丛园中的规则式图案的人工环境,从而使整形的园林与自然园林得到最佳的和谐统一,但依然以前者为其主要景观组成。由于意大利强烈的阳光,限制了艳丽花卉的运用,为保持安宁清爽,常绿植物灌木成为园中的主景。

意大利台地园采用轴线法,严格对称台地,坐南朝北,一般分为三级台地。其特点如下:

①依山势开辟台地,各层次自然相连。

②建筑位于最上层,保留城堡式传统。

③分区简洁,对称水池、植坛,借景园外。

④喷水池在局部中心,池中有雕像。

意大利文艺复兴时期的园林中还出现了一种新的造园方法——绣毯式植坛(Parterre),即在一大块面积的平地上,利用灌木花草的栽植镶嵌组合成各种纹样图案,好似铺于大地上的地毯。在这一时期,中世纪园林的实用性依然存在,但有所发展。随着美洲大陆的发现,也发现了更多的植物并得到广泛运用。

埃斯特庄园(Villa D'Este)为意大利台地园的典范,是伊波利托·埃斯特的庄园。庄园始建于1550年,由当时罗马最优秀的建筑师利戈里奥设计。利戈里奥不仅是一位建筑师,也是一位艺术家和园林设计师。他充分发挥其才华,将别墅花园的几何形构想与建筑感紧密结合,突出喷泉等细部,以及雕塑和镶嵌工艺的大胆运用,使得别墅建筑室内的乡村风景画与室外的景观相得益彰。

庄园坐落于罗马郊区西南陡峭的蒂沃利山坡上,庄园面积约4.5 hm²,园地近似于方形,分为6个台地层,上下高差约50 m,主入口设在最底层,底层被园路分割成八个部分。四块阔叶树林丛对称布置于两侧,中央四块为绿丛植坛,中心设有圆形喷泉。底层花园中还布置有著名的水风琴景观。第二层中心为椭圆形的龙泉池,第三层为著名的百泉谷,并依山就势建造了水剧场。庄园城堡在最高层,前面约12 m宽的天台可俯瞰全园绣毯式植坛景观。

埃斯特庄园突出的中轴线,在景感上统一了全园。庄园因其丰富的水景和水声著称于世。园内没有鲜艳的色彩,完全笼罩的绿色植物给各种水景和精美的雕塑创造了良好背景,给人留下极为深刻的印象。埃斯特庄园在中轴及其垂直平行路网的规整、均衡布局之下,直白、生动且充满韵律。庭院尽管为规则几何图形,但特殊的台地形却一眼难尽,每一个节点或尽端,都有令人惊叹的美景设计。埃斯特庭院不再类似过去欧洲庭院的实用性庭院(如果园、厨园、药草园)或迷园、结纹园、花坛园等绿色雕塑的庭院,更具有文艺复兴带来的开放精神。

从图1.11中可看到,建筑高据台地顶端,庭院沿建筑中轴线,依山就势地展开,于各层的台地之上,层级分明、井然有序。在中轴、中轴平行线、垂直平行轴线的每个端点与轴线的节点上,均衡分布着亭台、游廊、雕塑、喷泉等各式景观。特别是庄园充分利用台地优势,规划了大小喷泉500个(千泉宫或百泉宫),式样繁复、缤纷绚烂的泉水全部由水位落差自然形成,一直保持到现在也没有使用电力驱动,尤其是其中两组喷泉(管风琴喷泉、猫头鹰与小鸟喷泉)添加了人工机械设施,将音乐、鸟雀啼鸣的情趣融入喷泉组合中,堪称古典园林的水法典范。

图1.11　埃斯特庄园

5)法国园林(17世纪)

15—16世纪,法国与意大利发生了3次大规模战争。17世纪后期,法国夺取了欧、亚、美洲大片领土,法王路易十四(1643—1715)建立了君主集权政体,形成了强大的国王专制局面。这一时期,意大利文艺复兴式庄园文化和园林建筑艺术开始渗入法国并得到法国人的喜爱,文化艺术方面也得到欣欣向荣的成长和发展。

法国大部分位于平原地区,有大片的天然植被和大量的河湖。法国人并没有完全接受台地园的形式,他们结合其地势平坦,气候宜人之特点,把中轴线对称均齐的规整式园林布局手法用于平地造园,形成一种平地几何对称均齐规整式庄园,但法国的建筑依然是中世纪的城堡形式绿化,显得单调乏味,只有庄园外的森林用作狩猎场所。

法国园林的特点如下:

①出现整形苑园模式,刻意追求几何图形的整齐植坛。

②由于平原宜人的气候条件,花草树木色彩多样。

③总体布局像建立在封建等级制上的君主专制政体的图解。

④花园的主轴线更加突出且加强。

⑤园景呈平面发展,利用开阔的天然植被和大草地,讲究平面图案美。

⑥树木被极度地修剪成几何形体。用雕像、行道树、喷泉、花坛、小型运河等作为园林装饰。

就在法国的极盛时代,路易十四开始不满于现状,和教皇一样,为了满足自己的虚荣,表现自己的强大和权威,转而追求宫殿庄严壮丽宏大的气氛,建造了宏伟的皇家宫苑,于是出现了西方规则式园林发展的顶点标志——凡尔赛宫(Chateau de Versailles)(图1.12)。

图1.12 法国凡尔赛宫苑

凡尔赛宫位于法国巴黎西南郊外20 km,原为路易十三的狩猎场,1661年经路易十四下令扩建而发展为法国皇宫,历经不断规划设计、改造、增建,至1756年路易十五时期才最后完成,共历时90余年,曾作为法兰西宫廷长达107年(1682—1789)。凡尔赛宫由法国最杰出的造园大师勒诺特设计和主持建造,他起初曾喜好意大利台地园形式设计,但由于地处平原的法国,河湖较多,地形高差小,气温、阳光与意大利有较大差别,只能较少运用瀑布和叠水,因此根据法国的地形条件和文化风尚,他将瀑布跌水改为水池河渠,绿丛植坛也运用于高大宫殿两旁,并大量运用花卉充植于其中,色彩绚丽,唯恐不鲜艳夺目;并将高瞻远景变为前景的平眺;正由于他一方面继承了法兰西园林民族形式的传统,另一方面批判地吸收了外来园林艺术的优秀成就,并结合法国的自然条件才创作出了符合新内容要求的新形式——法国古典园林(图1.13)。

凡尔赛宫按照路易十四决定保留以原三合院式的猎庄作为全宫苑的中心,称为御院,院前建扇形练兵广场,并向前方修筑3条放射形大道。宫西建有面积约6.7 km² 的花园,分为南、北、中3个部分。南北两部分都为绣花式花坛,再向南为橘园、人工湖;北面花坛由密林包

图 1.13　凡尔赛宫苑全景平面图

围,景色幽雅;一条林荫道向北穿过密林,尽头为大水池、海神喷泉。3 km 的中轴向西穿过林园直达十二丛林(大、小林园)。中轴线进入大林园后,与大运河相连,大运河为两条十字交叉的水渠构成十字形。纵长 1 500 m,横长 1 013 m,宽 120 m 具有空间开阔的意境。大运河南端为动物园,北端为特里阿农殿。1670 年,路易十四在大运河横臂北端为其贵妇蒙泰斯潘建一中国茶室,小巧别致,室内装饰陈色均为中国传统样式布置,开启外国引进中式建筑风格之先例。

　　凡尔赛宫苑是法国古典建筑与山水、丛林相结合的规模宏大的宫廷园林。主体建筑占统治地位,其前面有宽广的林荫道和广场,可满足人们的旷达的心理,可容纳上万人同时活动。同时,各个局部多利用丛林安排十分巧妙的透视线,避免一览无余的弊端。园内所有植物的修剪和造型显示出高超的技艺。宫苑周围一般无围墙,为大量的不修剪的自然丛林,园内与远景景色融为一体,形成空间的无限感。凡尔赛宫苑在欧洲影响很大,引起很多国家纷纷效仿。

6)英国园林(18 世纪)

　　英国是海洋包围的岛国,气候潮湿,国土基本平坦或多缓丘地带。古代因英国长期受意大利政治、文化的影响,受到罗马教皇的严格控制。但地理条件得天独厚,民族传统观念较稳固,有其自己的审美传统与兴趣、观念,尤其对大自然的热爱与追求,形成了英国独特的园林风格。英国园林大致分为 3 个发展时期和主要园林形式。

　　(1)英国传统庄园

　　14 世纪之前,英国造园主要模仿意大利的别墅、庄园,园林的规划设计为封闭的环境,多构成古典城堡式的官邸,以防御功能为主。随着 13 世纪后期新式火炮的出现,城堡的防御功能消失殆尽,英国的造园开始从封闭式的内向庄园城堡走了出来,潮湿的海洋气候使生机勃勃的树林遍布于绿草如茵的山坡,美丽的风景成为高地庄园内的眺望对象。此时的英国庄园开始改变古典式城堡而转向追求大自然风景与自然结合的新庄园形式——"台丘",这对其后的园林传统的影响极为深远。

　　(2)英国整形园

　　17 世纪,英国模仿法国凡尔赛宫苑,刻意追求几何整齐植坛,造园出现了明显的人工雕饰,原有的乔木、树丛和绿地被严重破坏,自然景观丧失。皇家宫苑等一些园林,将树木、灌木丛修建成构筑物、鸟兽形状和模纹花坛,各处布置奇形怪状,形成所谓的"整形园"(图 1.14)。

一时成为其上流社会的风尚,其后也在英国影响久远。但它对自然的严重破坏却受到许多学者和作家的批评。培根在《论园苑》中指出:这些园充满了人为意味,只可供孩子们玩赏。1685年,外交官 W. 坦普尔在《论伊壁坞鲁式的园林》一文中说:完全不规则的中国园林可能比其他形式的园林更美。18 世纪初,作家 J. 艾迪生也指出,"我们英国园林师不是顺应自然,而是喜欢尽量违背自然""每一棵树上都有刀剪的痕迹"。英国的教训,实为后世之鉴,也为英国自然风景园的出现创造了条件。

图 1.14 英国整形园

(3)英国自然风景园

18 世纪,英国的工业革命使其成为世界上的头号工业大国,商业也逐渐发达,成为世界强国。特别是毛纺工业的发展,英国在遍布树林的缓丘和绿茵的山坡,开辟了许多牧羊草地。这些地方,草地、森林、树丛、丘陵地貌的结合,构成了天然别致的自然景观,国土面貌大为改观,人们更为重视自然保护,热爱自然。这种优美的自然景观促进了风景画和园林诗的兴盛。当时英国生物学家也大力提倡造林,文学家、画家发表了较多颂扬自然树林的作品,并出现了浪漫主义思潮。于是封闭式的城堡园林和凡尔赛宫式的规整严谨的整形园林逐渐被人们厌弃,加上受中国园林等启迪,英国园林师们将注意力投向了自然,注意从自然风景中汲取营养,其造园开始吸取中国园林、绘画的自然手法与欧洲风景画的特色,探求本国的新园林形式,逐渐形成了自然风景园的新风格,出现了英国自然风景园(图 1.15)。

图 1.15 英国自然风致园

当时,几乎彻底否定了纹样植坛、笔直的林荫道、方整的水池以及整形的树木,扬弃了一切几何形状和对称均齐的布局,代之以弯曲道路、自然式树丛、丘陵草地、蜿蜒的河流,讲究借景与自然环境融为一体,甚至将文艺复兴时期和法国式园林都改成风景式园林,以至于在当时的英国很难找到传统的古代园林。园林师 W. 肯特在园林设计中大量运用自然手法,改造了白金汉郡的斯托乌府邸园。园中有形状自然的河流、湖泊,起伏的草地,自然生长的树木,弯曲的小径。其后他的助手 L. 布朗又加以彻底改造,除去一切规则式痕迹,全园呈现出牧歌式的自然景色。此举引起人们争相效法,形成了"自然风景学派"。

1757 年和 1772 年,英国建筑师、园林师 W. 钱伯斯曾两次到中国考察,先后出版了《中国建筑设计》和《东方造园泛论》,主张并设计了具有中国式手法的"英中式园林"。由于中国园林中的建筑实在是难以模仿,所以英中式园林中的建筑尽管有些怪诞,但其园林终于形成了一个流派,在当时的欧洲曾风行一时。

1.3.2 古埃及与西亚园林

从西班牙到印度,横跨欧亚大陆有着一种至今看起来都显得刻板的园林形式,即西亚园林。它处于波斯湾和阿拉伯文化的双重作用下,伊斯兰教给予了它巨大的影响,是伊斯兰文明的体现和组成部分。

在四大文明古国中,现今的阿拉伯地区就占了半数。埃及临近西亚,埃及的尼罗河流域和西亚的两河流域同为人类文明最早的两个发源地,园林出现也很早。世界古代七大奇迹中唯一与园林有关的便是古巴比伦的悬空园。

1)古埃及园林(3600年)

古埃及园林是世界上最早的规整式园林。古埃及与西亚气候干燥炎热,临近沙漠景色单调,水和树木便成为人们生存的重要条件。人们为避免长期处于阳光下的暴晒,更需要水和树木。树木的蒸发使人感到凉爽,树木的光合作用使人感到清新,因此,自然环境的制约形成了其园林的鲜明特色:

①为减少水的蒸发和渗漏,水渠设计为直线,植物因得水而顺其布置,决定了园林形式为规则式。

②园林植物多为便于存活的无花果、枣、葡萄等果树。

③古埃及人崇尚稳定、规则,认为所有的建筑都像金字塔一样,是用最少的线条构成最稳定、最崇高的形象。

埃及早在公元前4000年就跨入了奴隶制社会,到公元前28—前23世纪,形成法老政体的中央集权制。法老(即埃及国王)死后都兴建金字塔作王陵,并建墓园。金字塔浩大、宏伟、壮观,四周布置规则对称的林木,笔直的中轴祭道,控制两侧均衡,塔前有广场,与正门对应,造成庄严、肃穆的气氛。

其次,古埃及园林主要为奴隶主的私园。由于环境制约,私园规则而简单,庭院形式为方形,为对称几何式,表现其直线美及线条美;私园周围有垣,内种果树、菜地和各种观赏树木和花草,除了生活实用,还具有观赏和游憩的性质。这些私园把绿荫和湿润的小气候作为追求的主要目标,把树木和水池作为主要内容。他们在园中栽植许多树木或藤本棚架植物,搭配鲜花美草,还在园中挖池塘和水渠,利用尼罗河的水进行人工灌溉,庭院中心也设置水池,甚至可行舟供其享乐(图1.16)。

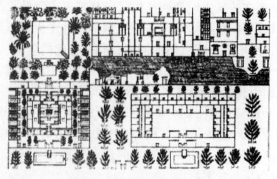

图1.16 古埃及某重臣宅园

2)古巴比伦和波斯园林

位于西亚的幼发拉底河和底格里斯河齐汇美索不达米亚平原向南注入波斯湾。美索不达米亚平原早在公元前3500年时就已经出现了高度发达的古代文明,形成了很多奴隶制度的国家和城市。奴隶主们为了追求享乐,在私宅附近的谷底平原上建造花园引水注园。花园内修筑水池水渠,道路纵横,花草树木繁茂、十分整齐美观。《圣经》中描述的伊甸园就在叙利亚首都大马士革附近。公元前2000年,古巴比伦王国就建立在两河流域的美索不达米亚平原上,王国的都城在今伊拉克巴格达以南约50 km处。

古巴比伦,相对于古埃及的地理环境,水源条件较好,雨量较多,有茂密的森林。人们开始利用地形堆筑土山,修建神庙,引水入池,围养动物。由此,出现了园林产生的另一个源头——猎园园囿。中国和古巴比伦都较早地出现了这种园林形式,但据认为,古巴比伦还早1 000多年,证明它在人类早期文明中占有重要地位。

公元前6世纪,古巴比伦的空中花园(悬空园)诞生了。空中花园是古代世界七大奇迹之一,又称悬园,是由新巴比伦王国的尼布甲尼撒二世(Nebuchadnezzar)在古巴比伦城为其患思乡病的王妃安美依迪丝(Amyitis)修建的,现已不存。据说花园采用立体造园手法,将花园放在4层平台之上,由沥青及砖块建成,平台由25 m高的柱子支撑,并设置有灌溉系统,将水引向空中平台。花园中的庭院多为台阶状,每一阶均为宫殿,并在顶上种植各种花草树木,从远处看好像悬在半空中,故称悬园,被认为是屋顶花园的始祖(图1.17)。

图1.17 空中花园假想图

公元前2世纪,古巴比伦走向衰落,波斯园林出现,开始成为西亚园林的中心。波斯在公元前6世纪时兴起于伊朗西部高原,建立波斯奴隶制帝国。波斯文化非常发达,影响十分深远。王公贵族常以狩猎生活为其娱乐方式,后来又选地造囿,圈养许多动物作为游猎园囿,并逐渐发展成游乐性质的园。波斯地区一向名花异卉资源丰富,人们繁育应用也较早,在游乐园里除树木外,尽量种植花草。早期的"天堂园",四面围墙,园内开出纵横"十"字形的道路构成轴线,分割出四块绿地栽种花草树木。道路交叉点修筑中心水池,象征天堂,因此称为"天堂园"。波斯地区多为高原,雨水稀少,高温干旱,因此水被看成是庭园的生命,所以西亚一带造园必有水。在园中对水的利用更加着意进行艺术加工,因此各式的水法创作也就应运而生。

到公元8世纪,阿拉伯帝国征服波斯以后,领主开始按照伊斯兰教义设计园林。他们将《古兰经》中描述四河——水河、乳河、酒河和蜜河,在现实中化作四条主干水渠,呈十字通过交叉处的中心水池相连,将园林分为了回字形,即为"四分园"。

波斯四分园中心为水源,水渠向四周延伸,将花园分成四块。小园依偎大园,周围树林和亭子遮阳,喷泉用以冷却空气(图1.18)。波斯园林对印度及西班牙园林艺术都产生了较大的影响。

图1.18 波斯四分园

1.3.3 东方园林

西方园林和西亚园林体系均精美布置,它们的确对丰富园林直观感觉做出了贡献。但当西方人一接触到东方园林时,他们当中的有识之士不禁发出了由衷的赞叹,认识到园林不光是丰富直观感觉,还能给予游客内心深刻的启迪。较之西方园林,东方园林更具高超的技艺。

东方园林以中国园林为主要代表。中国古典园林指的是世界园林发展第二阶段上的中国园林体系而言,它由中国的农耕经济、集权政治、封建文化培育成长,比起第一阶段的其他园林体系,历史最久、持续时间最长、分布范围最广,这是一个博大精深而源远流长的风景式园林体系。

1)中国园林

园林,是一种在自然地形地貌的基础上人工营造的主要用于游乐休息的生活环境。园林通常有4个组成要素,即山石、水体、植物和建筑。中国园林是中国建筑艺术的重要组成,与欧洲园林和伊斯兰园林比较,后两者可称之为几何式,采取规则整齐的几何式构图。中国园林则追求有若自然的风貌,可称之为自然式,追求"虽由人作,宛自天开"的境界,即园林虽是人工建造的,应该感觉像是自然本来的样子,是一个对自然加以浓缩、提炼、典型化的艺术再现过程。中国人热爱自然,尊重自然,尊奉天人合一,"人法地,地法天,天法道,道法自然"等哲学思想,对中国园林的创意起了根本性的作用。中国园林早在周秦已经萌芽,但直到明代中叶以后,才有更多的实例保存下来,可分为华北皇家园林和江南私家园林两大流派。中国园林在世界上享有崇高地位,早在公元七八世纪就传到日本并得到发展,清代以来又传到欧洲,被欧洲人尊为世界"园林之母"。

中国园林,是世界园林起源最早的国家之一,也是世界上最早的自然式园林,已有3 000多年的历史。古老中国,大地山川的钟灵毓秀,历史文化的浑厚沉淀,孕育出中国古代园林这样一个源远流长、博大精深的园林体系。它以其丰富多彩的内容和高度的艺术水平在世界上独树一帜;它从粗放的自然风景园囿,到现在公园为主体的园林绿化,都独具风格,令世人赞叹。

中国园林具体源于何时难以考证,但据汉字记载,与当时游猎、观天象、种植等活动有关。据研究,园林产生要早于文字、音乐,与建筑几乎同时出现。在我国殷墟出土的甲骨文中已有园、圃、囿、庭等象形文字(图1.19)。

图1.19　象形文字演变

(1)我国传统园林艺术特点

效仿利用自然山水,以厅、廊、亭相连;融入诗画构思,情景交融;划分不同景点、景区隔景小园;以古典建筑为群体组景;因地制宜,各具南北特色,形成北方皇家园林和南方私家园林风格。

①效仿自然的布局。中国园林以自然山水为风尚,本于自然,高于自然。并非简单模仿自然,而是加以改造、调整、加工、剪裁,从而表现一个精炼概括的自然。有山水者加以利用,无地利者,常叠山引水,而将厅、堂、亭等建筑与山、池、树、石融为一体,成为"虽由人作,宛自天开"的自然山水。

②诗情画意的构思。中国古典园林与传统诗词、书画等文化艺术有密切的关系。把前人诗文中的某些境界、场景在园林中以具体形象复现,或运用景名、牌匾、楹联等文学手段点题,还可以借鉴文学艺术手法、章法规划设计。园林中的"景"不是自然景象的简单再现,而是赋予情意境界,寓情于景,情景交融;寓意于景,联想生意。组景贵在"立意",创造意境。

③园中园的手法。在园林空间组织手法上,常将园林划分为景点、景区,使景与景间既有分隔又有联系,从而形成若干忽高忽低、时敞时闭、层次丰富、曲折多变的"园中院"和"院中园"。明清私家园林便创造了"咫尺山林"中开拓空间的优异效果。

④建筑为主的组景。园林由山水、树木等自然因子和园路、建筑等人工因子组成,而中国古典园林,大都是可居可游的活动空间,建筑不仅占地多(据调查占15%~50%),而且常以园林建筑作为艺术构图的中心,成为整个园林的主景。即在各景区均应有相应的建筑成为该景区的主景。

⑤因地制宜的处理。自南北朝以来,中国园林即根据南北自然条件不同而有南宗、北宗之说,又自秦汉始即根据宫苑和私家园林条件及要求不同而各自发挥其胜。至今中国园林已有北方宫苑、江南园林、岭南园林等不同风格的园林。各个园均有其特色,或以山著称,以水得名;或以花取胜,以竹引人,构成了丰富多彩的园林景观。

(2)中国园林的分类

园林是人化的自然,是政治、经济、文化发展的产物。由于各个历史时期社会经济状况的不同,所处地理条件的不同以及文化艺术的差异,致使中国古典园林在不同的历史时期呈现出不尽相同的势态。就园林形式来看,虽然品类繁多,但大致可归于三类:即皇家宫苑、私家园林和寺观园林。

①皇家宫苑——壮丽精巧。皇家园林是古代皇帝或皇室享用的,以游乐、狩猎、休闲为主,兼有治政、居住等功能的园林,为皇帝个人和皇室所私有。古籍里称为苑、苑圃、宫苑、御苑、御园等的,都可以归属于这个类型。

皇家宫苑即皇家园林,为一国之主居住和游玩的场所,是皇权的象征。其渊源可以上溯到周文王的灵囿。皇家园林的兴衰基本上是与封建国家的历史进程同步的,秦代开创和确立了皇家园林、宫苑结合的园林样式和气势恢宏壮丽的美学品格。汉王朝在秦的基础上,完善地充实了封建帝国的特质和气势,并显示出皇帝对宇宙的占有、天子的威严、国力之强大、帝王的自信,秦汉宫苑奠定了中国古代皇家园林的基本模式,而后又为隋唐所延续,后至北宋的艮岳,则受到文人画的影响,崇尚精巧雅致,而这种崇高与优美、壮丽与精巧的统一在清圆明园中得到最大的体现。圆明园面积 350 hm²,人工堆筑的假山和岛堤约 300 多处,有 100 余座椅,奇花异木、珍禽灵兽、殿馆楼阁不胜枚举,真所谓"天宝地灵之区,帝王豫游之地,无以逾比",而无愧为"园中之王"。

既然封建帝王以"君权天授"自居,是上天的代表,而天是浩瀚无垠的,只有建造广阔的地

图 1.20　北方皇家园林

域才能显示其人(帝王)与天的合一,人与自然的亲和关系。故皇家宫苑以广阔的地域,丰富的建筑造型,艳丽的色彩,精英的装饰为其特色,并形成了一种帝王气氛,即宫、馆、苑相结合的园林。

由于中国历代封建王朝大部分建都在北方地区,其皇家宫苑亦受到地理环境和气候的影响,而有"北方宫苑"之称(图 1.20)。

②私家园林——简朴淡雅。私家园林是古代官僚、文人、地主、富商所拥有的私人宅园,属于民间的贵族、官僚、缙绅所私有。古籍里面称园、园亭、园墅、池馆、山池、山庄、别业、草堂等的,大抵都可以归入这个类型。

按照中国封建的礼制,私家园林的园主,无论其地位如何显赫,财力如何富有,但在园林的建造上都是不能与皇家园林相比。皇家园林还带有较多的伦理天命的色彩,而私家园林纯以人的舒适、愉悦为宗旨,追求天趣,诗情画意,静的世界,人的乐园,故更具有生命力和创造力,在中国古典园林中占有更重要的地位。

私家园林在魏晋南北朝时兴盛起来,受当时老庄哲理、佛教精义、名仕风流以及诗文趣味的影响,形成一种以"简朴"和"淡雅"为特色的文人园林。陶渊明的"采菊东篱下,悠然见南山"至今仍为人们追求田园生活的境界。唐代的私家园林更盛,唐代文人喜在城郊或山岳名胜之地修筑山居和别业。著名诗人王维隐居的"辋川别业"将其淡漫空灵的诗情画意,佛理禅趣融于其中。至宋代文人园林已成为私家造园活动的主流。该时文人的"画论"可作为指导园林创作中的"园论",将诗词、画意作为画家的依据,促进园林艺术在日益狭小的空间中纳入更多的内涵,开拓出更高更深的意境。李格非的《洛阳名园记》至今成为记载园林的杰作。

明清私家园林多集中在苏州、扬州、南京、上海等地。特别是苏州,据《苏州府志》载,有大小园林 200 余处。苏州现存大小古典园林六七十处,其中以拙政园、狮子林、网师园、留园、沧浪亭、艺圃等较为有名。

私家园林是以充满人文气息的自然山水作为摹本,以达到人与自然的和谐和统一。私家园林尤其是以疏朗、简朴、淡雅的文人因素为其主流,故而私家园林应以文人园作为代表。这些园林是文人居住、安身的自然环境,也是他们游玩、愉悦怡性的场所。文人园色彩典雅,空间尺度适合,花木栽植和园林布置均强调诗情画意,景中有诗,景色如画,含义至深,韵味无穷。从而使文人园成为中国园林独特风格的代表。根据地理条件的差别,私家园林又可以分

为北方园林、江南园林和岭南园林。江南园林则是私家园林特有的集中代表,而苏州园林又是江南园林的集中表现,成为世界上享有盛名的特色园林。苏州园林在1997年被联合国教科文组织列入世界文化遗产名录(图1.21)。

图1.21 南方私人园林

③寺观园林——天然幽致。寺观园林是指寺庙、宫观和祠院等宗教建筑的附属花园,也包括寺观内部庭院和外围地段的园林化环境。

自魏晋南北朝始,佛道盛行,不仅在城市及郊区出现了颇多的寺庙建筑,且有更多的寺庙建造在自然环境优美的地区,特别是山岳之中,故有"南朝四百八十寺,多少楼台烟雨中"的诗句。至唐时,各处名山几乎都建有寺庙和道观,逐步形成大小名山、洞天福地、五岳神山等,"天下名山僧占多"即是当时的写照。宋时,禅儒道士与文人的结合更将寺庙建筑及其园林推向文雅和精致的方向,如杭州的西湖。

皇家园林、私家园林、寺观园林这三大类型是中国古典园林的主体,造园活动的主流,园林艺术的精华荟萃。除此之外,也还有一些并非主体、亦非主流的园林类型,如衙署园林、祠堂园林、书院园林、会馆园林以及茶楼酒肆的附属园林等,相对来说,它们数量不多,内容大都类似私家园林。

(3)中国园林的发展时期

中国园林历史悠久,源远流长,形成了一个独立的园林体系。根据已有的资料,中国园林的发展大体分为以下几个发展时期:

①商周时期。从有文字记载的殷周的"囿"算起,中国园林已有3 000多年的历史。随着社会的进步,中国园林逐渐形成独特的民族形式,自成体系。

囿,起于商周时期——为中国园林之根。它是中国古代供帝王贵族进行狩猎、游乐的一种园林形式。通常在选定地域后划出范围或筑界垣。囿中草木鸟兽自然滋生繁育。狩猎既是游乐活动,也是一种军事训练方式;囿中有自然景象、天然植被和鸟兽的活动,可以赏心悦目,得到美的享受。

中国的囿,除了围合一定的地域,让天然的草木和鸟兽滋生繁衍或收养其中,还筑台掘池以供帝王贵族狩猎游乐并欣赏大自然的风光美景。早期的囿台,为四周有墙垣相围的一块较大的地方,饲养禽兽供帝王狩猎活动;开凿池沼作养殖灌溉之用;筑高台供祭祀之需;并建有简单的建筑,为休息观赏之备。因此"囿"具有狩猎、通神、生产和游赏取乐的功能,谓之园林的雏形。

从发现的甲骨文的园、囿、圃的象形文字看,商殷开始有园林的兴建的可能性是很大的。《史记》:"宫室无常,池囿广大。"《孟子》:"弃田以为园囿,使民不得衣食。"《周礼》:"园圃树之瓜果,时敛而收之。"《说文》:"园,树果;圃,树菜也。"《周礼·地官》:"囿人掌囿之兽禁,牧百兽。"《说文》:"囿,养禽兽也。"

有文字记载的最早的囿是周文王的灵囿(约公元前11世纪)(图1.22)。《诗经·大雅》灵台篇记有灵囿的经营,以及对囿的描述。如:"王在灵囿,麀鹿攸伏。麀鹿濯濯,白鸟翯翯。王在灵沼,於牣鱼跃。"周文王建灵囿"方七十里,其间草木茂盛,鸟兽繁衍"。最初的囿,即是把景色优美之地圈围起来,放养禽兽,供帝王狩猎,也叫游囿,天子、诸侯只是范围等级之差别，"天子百里,诸侯四十"。

图 1.22 周文王灵囿

灵囿除了筑台掘沼为人工设施外,全为自然景物。秦汉以来,绝少单独建囿,大都在规模较大的宫苑中辟有供狩猎游乐的部分,或在宫苑中建有驯养兽类以供赏玩的建筑和场地,称兽圈或囿。

除了筑台、圈囿,在植物方面,周朝已开始运用植物分类,开始熟悉和掌握植物的生长习性,以便合理运用:"山林地,宜耘阜物(壳斗科物),川涂地,宜耘膏物(杨柳),丘陵地,宜耘核物(核果类),坟衍地,宜耘荚物(豆科),原湿地,宜耘丛物(芦苇类)。"周朝及以前各时代的园林发展为中国园林风格的形成打下了基础。

②秦汉宫苑。公元前 221 年秦始皇统一天下,建立了中央集权的庞大帝国。为了控制各地局势,大修道路,道旁植松,有人称之为中国最早的行道树。此时期,秦王开始大兴土木,大规模地营造宫室,兴建离宫别馆,在短短的 12 年中就建离宫别馆达五六百处之多。加之咸阳贵族集聚,宫廷遍布八百里秦川,人工治山治水,宏大壮观。秦苑兴建比起东周有所发展,不单纯骑射狩猎或筑台观景,加入了一些思维意向的补充,在宫室营建活动中也有了园林建设,如"引渭水为池,筑为蓬、瀛"。渭南上林苑仅阿房宫便"规恢三百余里"。其中的兰池宫挖池筑岛,模拟海上仙山,为皇家园林的功能又增添了一个求仙的目的。

秦汉以来,开始建宫室和别墅,供帝王居住、游乐、宴饮。逐渐在囿与圃的基础上结合发展起来的一种新的园林形式——苑,又称宫苑。苑中有宫、有观,有山水,成为以建筑组群为主体的建筑宫苑(图 1.23)。

大的苑广袤百里,拥有囿的传统内容,有天然植被,有野生或蓄养的飞禽走兽,供帝王射猎行乐、居住宴饮。小的苑筑于宫中,只供居住、游乐,如汉建章宫的太液池、三神山,可称为内苑。

历代帝王不仅在都城内建有宫苑,在郊外和其他地方也建有离宫别苑。有的有朝贺和处理政事的宫殿,也称为行宫。著名的宫苑,汉有上林苑、建章宫,南北朝有华林苑、龙腾苑,隋有西苑,唐有兴庆宫、大明宫和九成宫,北宋有艮岳,明有西苑(发展为现今的北海、中海、南海),清有圆明园、清漪园(后扩建为颐和园)和避暑山庄等。

到了汉代,国力兴盛,特别是在汉武帝时期(公元前 140—前 87 年),在政治、经济和思想意识上构成一个封建帝国的强盛和稳定的局面,在经济繁荣、强大国力形势下,皇家造园活动

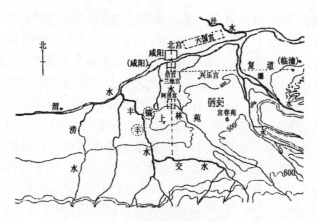

图 1.23 秦咸阳地区宫苑分布

出现空前兴盛的局面。汉代宫苑继承秦代宏大壮观之特点,出现"一池三山"造园艺术。在众多的宫苑中尤以上林苑、未央宫、建章宫和甘泉宫为盛。大型宫苑中分布宫室建筑。苑中养百兽,供帝王射猎取乐,保存了囿的传统。苑中有宫、有观,成为以建筑组群为主体的建筑宫苑。据《汉书·旧仪》记载:汉武帝刘彻于建元二年(公元前 138 年)在秦代上林苑旧苑址上扩建而成的宫苑,地跨五县,周围三百里,"中有苑二十六,宫二十,观三十五"。建章宫是其中最大的宫城,"其北治大池,渐台高二十余丈,名曰太液池,中有蓬莱、方丈、瀛洲,壶梁像海中神山、龟鱼之属"。这种"一池三山"的形式,成为后世宫苑中池山之筑的范例(图 1.24)。

图 1.24 建章宫

1—壁门;2—神明台;3—凤阙;4—九室;5—井干楼;6—圆阙;7—别凤阙;8—鼓簧宫;
9—娇娆阙;10—玉堂;11—奇宝宫;12—铜柱殿;13—疏圃殿;14—神明堂;15—鸣銮殿;
16—承华殿;17—承光宫;18—兮指宫;19—建章前殿;20—奇华殿;21—涵德殿;
22—承华殿;23—婆娑宫;24—天梁宫;25—饴荡宫;26—飞阁相属;
27—凉风台;28—复道;29—鼓簧台;30—蓬莱山

③魏、晋、南北朝。该时期为魏、晋、南北朝长期混战时代,是我国历史上最不稳定的时期。北方落后的少数民族南下入侵,帝国处于分裂状态。由于此时佛教和道教的流行,使得寺观园林开始兴盛起来。同时,由于战争频繁,老百姓感觉生死无常,悲观失望,消极颓废思想发展,封建旧礼教崩溃,思想信仰获得自由,文人士大夫逃避现实,追求虚无,崇尚清谈、礼佛养性、高逸出世,不理世事成为风尚,社会风气日益糜烂,追求返璞归真,寄情于自然山水,自我标榜清高、飘逸、洒脱,居城市而又迷恋自然山林野趣(陶渊明《桃花源记》、石崇金谷园),文学艺术发展,道家、老庄思想备受欢迎,儒家思想不受欢迎。因此,这一时期在城市中大造园林,闹市寻幽。同时,也出现了我国最早的寺院丛林。由于佛教和文人画家的影响,造园中注意"凿渠引水,穿池筑山",人工山水已成为造园的骨干,形成了我国早期的山水园。以山水为主体的园林,逐步代替了以宫室楼阁为主、百兽充其间的宫苑。此时期的造园活动主要取法于自然,但又不是对大自然的机械模仿。而是把自然山水经过提炼和概括,再现于园林艺术空间,促进自然山水园的发展。

这一时期初步确立了园林美学思想,奠定了中国风景式园林发展的基础。第一,自然式园林风格形成;第二,皇家园林的狩猎求仙通神的功能基本消失或保留其象征意义,游赏活动成为主导甚至唯一功能;第三,私家园林作为一个独立的类型异军突起,集中反映这一时期造园活动的成熟;第四,寺观园林拓展了造园活动的领域;第五,"园林"一词已出现在当时的诗文中。

④唐宋时期。经过长期分裂和战乱的南北朝以后,是隋唐的统一和较长时间的和平与稳定。在隋炀帝大业元年(605年)修造的洛阳西苑,是继汉武帝上林苑以来最豪华壮丽的一座皇家园林。据史载:西苑"周二百里,其内造十六院,屈曲周绕龙鳞渠"。宫、殿、亭、台结构精美。游赏方式多样,虽是皇家园林但颇有生活气息。园中以水为主,出现了水渠桥的苑中院、园中园的园林形式。西苑既继承了秦汉宫苑壮丽的气势,又更多地吸收了南北朝时期文人崇尚自然的情趣;既重视山水花木等自然因素,又强化生活与技术的有机结合,促进了园林向着自然山水园的方向快速发展。

特别是到了唐代,唐王朝的建立开创了帝国历史上一个意气风发、勇于开拓、充满活力的全盛时代。政治统一,社会安定,疆域扩大,国力强盛。思想文化上儒、释、道合流,在文化上诗词兴盛。从这个时代,我们能够看到中国传统文化曾经有过的何等开放的风度和旺盛的生命力。园林的发展也相应地进入了盛年期,作为一个园林体系,它所具有的风格特征已经基本上形成了。唐代的园林空前繁荣,城市规划壮丽无比,不断吸引了日本、西域等国家。园林更追求自然,开始就自然风景进行营造,由于诗人、画家等文人学士的亲自参与造林,故而园林成了诗的化身,画的再现,让园林更富有了诗情画意。该时私家园林和寺庙园林也初步形成,皇家宫苑园林为主要代表。

进入盛唐时期,中国山水画出现寄兴写情的画风。园林方面也开始有体现山水之情的创作。中国园林史上最著名的山水园林别业当推唐代诗人兼画家王维的"辋川别业"。

诗人兼画家王维(701—761年)在蓝田县辋川山谷(蓝田县西南10余千米处)天然胜区,利用自然景物,略施建筑点缀,营建了园林——辋川别业,形成既富有自然之趣,又有诗情画意的自然园林,今已湮没。根据传世的《辋川集》中王维和同代诗人裴迪所赋绝句,对照后人所摹的《辋川图》(图1.25),可以把辋川别业大致描述如下:

从山口进,迎面是"孟城坳",山谷低地残存古城,坳背山冈叫"华子冈",山势高峻,林木

图 1.25 唐·王维辋川别业——摹《辋川图》

森森,多青松和秋色树,因而有"飞鸟去不穷,连山复秋色"和"落日松风起"句。背冈面谷,隐处可居,建有辋口庄,于是有"新家孟城口"和"结庐古城下"句。

越过山冈,到了"南岭与北湖,前看复回顾"的背岭面湖的胜处,有文杏馆,"文杏裁为梁,香茅结为宇",大概是山野茅庐。馆后崇岭高起,岭上多大竹,题名"斤竹岭"。这里"一径通山路",沿溪而筑,有"明流纡且直,绿筱密复深"句,状其景色。

缘溪通往另一区,题名"木兰柴"(木兰花),这里景致幽深,有诗说"苍苍落日时,鸟声乱溪水,缘溪路转深,幽兴何时已"。溪流之源的山冈,跟斤竹岭对峙,叫"茱萸片",大概因山冈多"结实红且绿,复如花更开"的山茱萸而题名。翻过茱萸片,为一谷地,有"仄径荫宫槐"句,题名"宫槐陌","是向敧湖道"。

登冈岭,至人迹稀少的山中深处,题名"鹿柴",那里"空山不见人,但闻人语响"。"鹿柴"山冈下为"北宅",一面临敧湖,盖有屋宇,所谓"南山北宅下,结宇临敧湖"。北宅的山冈尽处,峭壁陡立,壁下就是湖。从这里到南宅、竹里馆等处,因有水隔,必须舟渡,所以"轻舟南宅去,北宅渺难即"。

敧湖的景色是,"空阔湖水广,青荧天色同,舣舟一长啸,四面来清风"。如泛舟湖上时,"湖上一回首,青山卷白云"。为了充分欣赏湖光山色,建有"临湖亭",有诗这样描述:"轻舸迎上客,悠悠湖上来,当轩对尊酒,四面芙蓉开。"沿湖堤岸上种植了柳树,"分行接绮树,倒影入清绮","映池同一色,逐吹散如丝",因此题名"柳浪"。"柳浪"往下,有水流湍急的"栾家濑",这里是"浅浅石溜泻","波跳自相溅","汛汛凫鸥渡,时时欲近人",不仅描写了急流,也写出了水禽之景。

辋川别业局部:离水南行复入山,有泉名"金屑泉",据称"潆汀澹不流,金碧如可拾"。山下谷地就是南宅,从南宅缘溪下行到入湖口处,有"白石滩",这里"清浅白石滩,绿蒲向堪把","跋石复临水,弄波情未极"。沿山溪上行到"竹里馆",得以"独坐幽篁里,弹琴复长啸,深林人不知,明月来相照"。此外,还有"辛夷坞""漆园""椒园"等胜处,因多辛夷(即紫玉兰)、漆树、花椒而命名。

辋川别业营建在具山林湖水之胜的天然山谷区,因植物和山川泉石所形成的景物题名,使山貌水态林姿的美更加集中地突出地表现出来,仅在可歇处、可观处、可借景处,相地面筑宇屋亭馆,创作成既富自然之趣,又有诗情画意的自然园林。

另有中唐诗人白居易游庐山,见香炉峰下云山泉石胜绝,因置草堂,建筑朴素,不施朱漆粉刷。草堂旁,春有绣谷花(映山红),夏有石门云,秋有虎溪月,冬有炉峰雪,四时佳景,收之不尽。唐代文学家柳宗元在柳州城南门外沿江处,发现一块弃地,斩除荆丛,种植竹、松、杉、桂等树,临江配置亭堂。这些园林创作反映唐代自然园林式别业山居,是在充分认识自然美的基础上,运用艺术和技术手段来造景、借景而构成优美的园林境域。

宋代则更重生活环境的优化,上至帝王、下至百姓都热衷于园林。宋徽宗建艮岳,文人造宅园,君王与百姓同游西湖,徜徉于自然山水或人工美景之中,赏花、游园成为社会时尚。宋代山水画、花鸟画兴盛,诗词书画,都直接影响了园林的风格。2014年,在陕西唐代高等级千年古墓——唐丞相韩休夫妻墓考古中,发现了极为娴熟的山水画,从此将其写意山水画的绘画历史提前到唐代。在继唐代写意山水画出现之后,宋代写意山水画的继承和发展,对山水园林的形成产生了极大的影响。

从中晚唐一直到宋代,士大夫们要求深居市井也能闹处寻幽,于是在宅旁葺园地,在近郊置别业,蔚为风气。唐长安、洛阳和宋开封都建有宅第园池,宋代洛阳的宅第园池多半就隋唐之旧,因高就低,摄山理水表现山壑溪池之胜,点景起亭,览胜筑台,茂林蔽天,繁花覆地,小桥流水,曲径通幽,巧得自然之趣。这些名园各具特色,这种根据造园者对山水的艺术认识和生活需求,因地制宜地表现山水真情和诗情画意的园,称为"写意山水园"。

宋代园林最高成就,首推寿山艮岳。艮岳,为中国宋代的著名宫苑,是一座人工园林,兴筑于北宋晚期宋徽宗政和七年(1117年),宣和四年(1122年)建成。初名万岁山,后改名艮岳、寿岳,或连称寿山艮岳,亦号华阳宫。1127年金人攻陷汴京后被拆毁。宋徽宗赵佶亲自写有《御制艮岳记》,艮为地处宫城东北隅之意。艮岳位于宋东京城(汴京)东北部,(今河南开封)景龙门内以东,封丘门(安远门)内以西,东华门内以北,景龙江以南,周长约6里,面积约为750亩。艮岳突破秦汉以来宫苑"一池三山"的规范,把诗情画意移入园林,以典型、概括的山水创作为主题,在中国园林史上是一大转折。艮岳由宋徽宗参与筹划兴建,是一座事先经过规划和设计然后按图施工的大型人工山水园。在造园的艺术和技术方面都有许多创新和成就,为宋代园林一项杰出的代表作。位于艮岳东北部的寿山,采取一山三峰的形状,中部主峰,高九十步,约150 m,次峰万松岭在主峰之下,有山涧濯龙峡相隔。寿山东南方为横亘一里的芙蓉城。西南部为池沼区,池水再经回溪分流成两小溪,一条流入山涧,然后注入大方沼、雁池;另一条绕过万松岭注入凤池。全园建筑四十余处,既有华丽的宫廷建筑风格的轩、馆、楼、台,又有简朴的乡野风格的茅舍村屋,建筑造型各异。此外,艮岳西部还有两处园中园,名药寮和西庄,模仿农家景色。在这山水之间,还点缀着从全国采集的名贵花木果树,形成以观赏植物为主的景点,如梅岭、杏岫、丁嶂、椒崖、龙柏坡、斑竹麓等。林间还放养着数以万计的奇禽异兽。艮岳叠山构思巧妙,寿山嵯峨,两峰并峙,列嶂如屏幕。山中景物石径、蹬道、栈阁、洞穴层出不穷。全园水系完整,河湖溪涧融汇其中,山环水抱,风格自然。苑中叠石、掇山的技巧,以及对于山石的审美趣味都有提高。为了兴造此园,官府专门在平江(苏州)设"应奉局",征取江浙一带民间的珍异花木奇石,运输花石的船队称为"花石纲"。为了起运巨型的太湖石而"凿河断桥,毁堰拆闸,数月乃至"。如此不惜工本、弹费民力,连续经营十余年之久,足见此园之矩丽(图1.26)。

由于汴梁附近平皋千里,无崇山峻岭,少洪流巨浸,而徽宗认为帝王或神灵皆非形胜不居,所以对寿山艮岳的景观设置极为重视。取天下瑰奇特异之灵石,移南方艳美珍奇之花木,设雕阑曲槛,葺亭台楼阁,日积月累,历十数年时间,使寿山艮岳构成了有史以来最为优美的

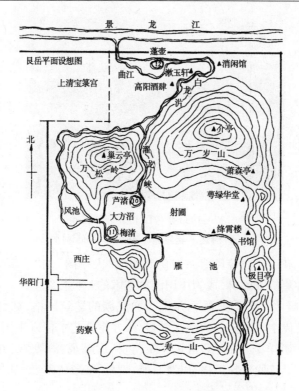

图 1.26 寿山艮岳设想图

游娱苑囿。宣和四年(1122 年)艮岳初成,此后还有兴造,一直延续到靖康年间(1126—1127年)。寿山艮岳完工未久即遇金人围城,及金人再至,围城日久,钦宗命取苑中山禽水鸟十余万尽投之沐河,并拆屋为薪,凿石为炮,伐竹为笼篱,又取大鹿数百千头杀之以饷卫士。至都城被攻陷,居民皆避难于寿山、万岁山之间,次年春,祖秀复游,则苑已毁矣。

⑤元明清时期。蒙古统一中国后,忽必烈时建都北京,改国号为大元。紧接着在北京的琼华岛上建广寒殿理政,并把北海列为禁苑而大兴宫城的营建。朱元璋灭元后改国号为大明,建都南京,到后明,又移至北京,今日的北京皇城和紫禁城即为明代所建。明代的宫苑建筑最有名的即是北京西苑,其园林风格继承了北宋山水宫苑。清朝乾隆皇帝曾六下江南,浏览风景名园,见到佳处便绘图仿建到北京、热河等宫苑内。因此,人们将此三朝代的园林发展总结为"三代王朝'移'江南"。

元、明、清三代建都北京,大力营造宫苑,历经营建,完成了西苑三海、故宫御花园、圆明园、清漪园(今颐和园)、静宜园(香山)、静明园(玉泉山)及承德避暑山庄等著名宫苑。

这些宫苑或以人工挖湖堆山(如三海、圆明园),或利用自然山水加以改造(如避暑山庄、颐和园)。宫苑中以山水、地形、植物来组景,因势因景点缀园林建筑。这些宫苑中仍可明显地看到"一池三山"传统的影响(图 1.27)。清乾隆以后,宫苑中建筑的比重又大为增加。

这些宫苑是历代朝廷集中大量财力物力,并调集全国能工巧匠精心设计施工的,总结了几千年来中国传统的造园经验,融汇了南北各地主要的园林流派风格,在艺术上达到了完美的境地,是中国园林的宝贵遗产。大型宫苑多采用集锦的方式,集全国名园之大成。承德避暑山庄的"芝径云堤",仿自杭州西湖苏堤;烟雨楼仿自嘉兴南湖;金山仿自镇江;万树园模拟蒙古草原风光。圆明园的一百多处景区中,有仿照杭州的"断桥残雪""柳浪闻莺""平湖秋

图 1.27　1933 年俯瞰北京"西苑三海"

[(德)赫达·莫里循(Morrison Hedda)]

月""雷峰夕照""三潭印月""曲院风荷";有仿照宁波"天一阁"的"文源阁";有仿照苏州"狮子林"的假山等。这种集锦式园林,成为中国园林艺术的一种传统。

这时期的宫苑还吸收了蒙、藏、维吾尔等少数民族的建筑风格,如北京颐和园后山建筑群、承德外八庙等。清代中国同国外的交往增多,西方建筑艺术传入中国,首先在宫苑中被采用。如圆明园中俗称"西洋楼"的一组西式建筑,包括远瀛观、海晏堂、方外观、观水法、线法山、谐奇趣等当时西方盛行的建筑风格,以及石雕、喷泉、整形树木、绿丛植坛等园林形式。这些宫苑后来被帝国主义侵略者焚毁了。

明清时期的江浙一带经济繁荣,文化发达,南京、湖州、杭州、扬州、无锡、苏州、太仓、常熟等城市,宅园兴筑,盛极一时。这些园林是在唐宋写意山水园的基础上发展起来的,强调主观的意兴与心绪表达,重视摄山、叠石、理水等技巧,突出山水之美,注重园林的文学趣味,称为文人山水园。

随着社会的发展和进步,明清时的江南已成为国内经济的中心,又是诗人、画家、官僚、商贾集居之地,加之江南的自然条件优越,故在江南一带建造了众多的私家园林。明末吴江人计成写了《园冶》一书,从理论上总结了江南私家造园的技法。而北京地区是明清的政治中心,皇亲国戚、官僚文人的造园活动也不少。避暑山庄、圆明园、清漪园(颐和园)是中国古典园林集大成的作品,充分体现了中国古典园林精湛的艺术水平,确立了中国园林史上特殊的地位。目前,国内现存的园林大多为明清的遗物,是研究古典园林最好的教材。

2)日本园林

日中两国一水相隔,从汉朝起日本文化就受到中国影响。日本的帝王庭园类似于中国汉朝宫苑,其跑马赛狗、狩猎观鱼等活动内容和汉朝建章宫极为类似。高墙和树篱密布,著名的曲水宴也是仿汉朝置杯子流水之上的习惯。6世纪中期绘画、雕刻、建筑传入日本,佛教的输入使得原有的高超工艺手段具备了灵魂。此时天皇更注重向中国文化靠拢,文学上尊崇汉文,造园中多效仿一池三山手法。贵族大臣的宅园纷纷落成,形式上更为自然,其中以苏我马子的飞鸟河府邸最为有名。府邸内,曲池、岩岛、叠石广为应用,除瀑布细流之外,海景也成为园中重要题材之一。9世纪开始,受到中国文化尤其是唐宋山水园的影响,传入后经其吸收融化发展成为日本民族所特有的园林风格。在一块不大的庭地上表现一幅自然的风景园,不仅是自然的再现,并注以感情和哲学的含义,既有自然主义的写实,又有象征主义的写意。此时的建筑以唐式为主,园景在继承一池三山的基础上形成了以海岛为题材的"水石庭"。随着唐朝的衰亡,日本开始减少对中国的依赖,文化上更为独立。宅邸中建筑不再仿唐朝宫殿般的对称式,而是在建筑前凿池造岛,用桥与陆地连接。池中可驾画舫,园中松枫柳梅色彩明媚,较对称的寺庙净土庭园更为自由活泼。13世纪的战乱时期如同中国的魏晋时期,人们的欣赏趣味由贵族化的华丽转为追求自然朴素,禅宗开始流行。倡导无色世界和水边山水画以及茶文化使日本庭园形成了淡泊素雅精练的风格,这时的园林已不再是人们追求物质享受的场所,而是在静静的赏游中得到思辨的乐趣。日本是一个岛国,山多而不险,海近且辽阔;雨量丰富,溪短湍急,川浅迂回;气候温和而季节明显,森林茂密,植被丰富,又多佳石。这些自然条件构成了日本多彩的景色,也给日本园林提供了无穷的源泉。日本民族对自然的热爱、本原的追求、变异的敏感构成了他们的特点。尤其是喜爱海洋和岛屿,瀑布和叠山,置石的溪流和湖地以及沙洲的再现。白砂和拳石分别代表了大海和陆地,为枯山水的雏形。

从8—19世纪日本社会经历了多次时代的变迁,园林的形式也随着经济条件和社会的发展,由最早的一个大水池、一个小瀑布或一泓溪水,几组叠石和别致的树木栽植,构成一个山水园(《作庭记》,图1.28),发展为苑园、舟游式、回游式、茶庭而不断变化,在艺术形式上连贯而一脉相承,形成了一套比较系统完整的园林体系。茶庭出现之前日本园林已放弃了建筑和湖对面相向,由人在房中静赏的布置方法,代之以周游式的道路环绕美丽的楼阁,可以欣赏到丰富多彩的建筑立面的新颖布局。茶庭对天然美的追求仿佛达到了无以复加的程度。石上的青苔、裂纹、梁柱上的节疤等均成了欣赏对象,院中经常只栽常绿树以表示自然朴野,常常将植物剪成自由形体。置石也多以巨大雄浑者为主。日本古典园林发展到顶点时的作品有江户时代小堀远洲的桂离宫。中央为宫,四座茶室规格灵活,近宫者"楷"——严整,远则者——自由。八个洗手池造型各异,五岛十六桥穿插随意,大面积密林充满野趣。这时的园林常以密林隔绝外界干扰,以中心为高潮,再以轻柔的节奏结束。桂离宫集合了禅学、茶道及很多艺术而达到园林之极点(图1.29)。

图1.28 日本作庭图

图1.29 桂离宫庭院图

中国的名山大川常常成为日本庭园的模仿对象。18世纪后很多手法变成了教条,发展停滞。明治维新后西方花园使传统园林受到很大冲击,但日本民族对自然的热爱使得他们永远不会将人工凌驾于自然之上。

习题

1.阐述"园""林""园林"的区别。

2.在当今社会中,园林扮演怎样的角色?

3.比较东西方园林的差异。

4.园林演化史即是一部城市建设史,试从各时期园林的特点入手剖析其如何反映一个城市的"思想"?

5.现代园林规划有何特点?

6.作为城市规划者,如何让城市体现物质与精神的完美结合?

2

城市园林绿地的效益

城市园林绿地具有多种功能。过去人们主要从美化环境、文化休息的观点去理解和认识城市园林绿地的功能，而今，随着科学、技术的发展，人们可以从环境学、生态学、生物学、医学等学科研究的成果中更深刻地认识和估价园林绿地对城市生活的重要意义。

这些多种综合的功能可以包括园林绿地作为巨大的城市生物群体，其大量的乔灌木及草本植物所产生的复杂的生物及物理作用，即生态的作用，以及园林绿地的地域空间，为城市居民创造了有利生产、适于生活、有益健康和安全的物质环境。而园林绿地的丰富多彩的自然景观，不仅美化了城市，而且巧妙地将城市环境与自然环境交织融合在一起，从而满足了人们对自然的接近和爱好、对园林艺术的审美要求等，在心理上、精神上给人以滋养、孕育、启发、激励，并产生有利于人类思想活动的各种作用以及经济方面的各种作用。

2.1 城市园林绿化的属性

城市园林绿化是全社会的一项环境建设工程，它是社会生产力发展的需要，也是人们生存的需要。城市园林绿化不是单为一代人，而是有益后代，造福子孙，不是一家一户的生活环境美，而是要改善整个城市、乡村，甚至整个国土的生态环境。所以，它的效益价值不是单一的，而是综合的，具有多层次、多功能和多效益等特点。

城市园林绿化的材料是有生命的绿色植物，所以它具有自然属性；它又能满足人们的文化艺术享受，因此具有文化属性；它也具有社会再生产推动自然再生产、取得产出效益的经济属性。因此，城市园林绿化具有独特的属性，对其进行保护、开发并合理地利用，即会产生相应的社会效益、生态环境效益和经济效益这三大综合效益。

2.1.1 自然属性

城市绿化创造与维持绿色生态环境,保护着生命的绿色世界,产生生态环境效益。城市是人口高密区,它对绿色植物的需求,不仅仅给市民提供游憩空间、休闲场所、美化环境、创造景观等,更重要的是对改善城市环境、维持生态平衡的作用。从城市生态学角度看,城市园林绿化中一定量的绿色植物,既能维持和改善城市区域范围内的大气碳循环和氧平衡,又能调节城市的温度、湿度,净化空气、水体和土壤,还能促进城市通风、减少风害、降低噪声等。由此可见城市绿化的生态效益是多方位的综合体现。

2.1.2 文化属性

城市绿化能使人们得到一种绿色文化的艺术享受,带来很好的社会效益。

据国家林业局 2012 年"中国国土绿化状况公报"显示,截至 2012 年底,全国城市建成区绿化覆盖面积 171.9 万 hm^2,城市人均公园绿地面积 11.8 m^2。全国城市建成区绿化覆盖率、绿地率已分别达到 39.2% 和 35.3%,且呈逐年上升的趋势。随着城市绿地在城市用地中所占份额的不断增加,必然会成为影响城市风貌的决定性因素和城市的重要基础设施。成为吸引人才、技术乃至资金集结的重要因素。另外,城市园林作为一种人工生态系统,凝结着现时的、历史的各种自然、科学、精神价值。城市绿化的发展应与城市文明建设及社会发展同步进行。

总的来说,城市园林绿化不仅可以创造城市景观,提供休闲、保健场所,促进社会主义精神文明建设,还能防灾避难,具有明显的社会效益。

2.1.3 经济属性

城市绿化的过程,不断促进社会再生产,推动自然再生产,让社会持续取得经济效益。城市园林绿地及风景名胜区的绿化除了生态效益、环境效益和社会效益外,还有经济效益。讨论城市园林绿化经济效益,首先应该明确城市园林绿化属第三产业,有直接经济效益和间接经济效益。直接经济效益是指园林绿化产品、门票、服务的直接经济收入,间接经济效益是指园林绿化所形成的良性生态环境效益和社会效益,间接的经济效益是通过环境的资源潜力所反映出来的,并且这个数量很大。经济效益又有宏观和微观之分,微观是指公园绿地中货币的投入和产出的比例,宏观是指综合园林的社会效益和生态环境效益。全面的经济效益包括绿地建设、内部管理、服务创收和生态价值,它是建设管理的出发点。

2.2 城市园林绿地的效益

2.2.1 社会效益

城市园林绿化不仅可以美化城市,陶冶情操,还能防灾避难,具有明显的社会效益。

1）美化城市环境

在现代化城市快速建设中,随着大量混凝土森林的密集涌现与不断拔起,城镇的景观和特色风貌受到严峻的挑战。通过培育城市中各类园林绿地,充分利用自然地形地貌条件,为人为的城市环境引进自然的色彩和景观,使城市和绿化景观交织融合于一体,让城市绿色化、园林化,可使人们身居的城市仍得自然的孕育和绿的保护。国内外许多城市都具有良好的园林绿化环境,如北京、杭州、青岛、桂林、南京等均具有园林绿地与城市建筑群有机联系的特点。鸟瞰全城,郁郁葱葱,建筑处于绿色包围之中,山水绿地把城市与大自然紧密联系在一起。

在现代城市中,大量的硬质楼房形成了轮廓挺直的建筑群体,而园林绿化则为柔和的软质景观。若两者配合得当,便能丰富城市建筑群体的轮廓线,形成街景,成为美丽的城市景观。特别是城市的滨海和沿江的园林绿化带,能形成优美的城市轮廓骨架。城市中由于交通的需要,街道成网状分布,如在道路形成优美的林荫道绿化带,既衬托了建筑,增加了艺术效果,也形成了园林街和绿色走廊。遮挡不利观瞻的建筑,使之形成绿色景观。因此生活在闹市中的居民在行走中便能观赏街景,得到适当的休息。例如青岛市的海滨绿化,红瓦黄墙的建筑群高低错落地散布在山丘上,掩映在绿树中,再衬托蓝天白云和青山的轮廓而形成了山林海滨城市的独特景色;上海市的外滩滨江绿化带,衬托着高耸的房屋建筑,既美化了环境,又丰富了景观,增添了生机;杭州市的西湖风景园林,使杭州形成了风景旅游城市的特色;扬州市的瘦西湖风景区和运河绿化带,形成了内外两层绿色园林带,使扬州市具有风景园林城市的特色;日内瓦潮的风光,成为日内瓦景观的代表;塞纳河横贯巴黎,其沿河绿地丰富了巴黎城市面貌;澳大利亚的堪培拉,全市处于绿树花草丛中,便成为美丽的花园城市。

城市道路广场的绿化对市容面貌影响很大,它的视线直观而显露。倘若街道绿化得好,人们虽置身于闹市之中,却犹如生活在传统的园林廊道里闲庭信步,避开了许多的干扰。

采取形式多样的城市绿化,可以成为各类建筑的衬托和装饰,通过形体、线条、色彩等效果的综合运用,绿化与建筑相辅相成,可以取得更好的景观艺术效果,使人赏心悦目,获得美的享受。如北京的天坛依靠密植的古柏而衬托了祈年殿;肃穆壮观的毛主席纪念堂用常青的大片油松来烘托"永垂不朽"的气氛;苏州古典园林常用粉墙花影、芭蕉、南天竹、兰花等来表现它的幽雅清静。

园林绿化还可以遮挡有碍观瞻的不良视线,使城市面貌整洁、生动而活泼,并可利用园林植物的不同形态、色彩和风格来达到城市环境的统一性和多样性的景观效果。

城市的环境美可以激发人的思想、陶冶人的情操,提高人的生活情趣,使人对未来充满理想,优美的城市绿化是现代化城市不可缺少的一部分。

2）文化宣传教育

城市园林绿地是一个城市的宣传窗口,是向人们进行文化宣传、科普教育的主要场所,经常开展多种形式的活动,使人们在游憩中受到教育,增长知识,提高文化素养。

园林绿地中的文化教育内容十分广泛,其形式多种多样,历史文化事件、人文古迹等方面的展示使人们在游览中得到熏陶和教育。如在杭州西湖景区中岳王墓景点,人们感受到民族英雄岳飞的爱国主义精神,从中深受教育,激发人们"精忠报国"的热情;再如画展、花展、影展、工艺品展对人们艺术修养的提高都有较好的作用;植物园、动物园、水族馆等,可使游人增长自然科学知识,了解和热爱大自然;此外还有对古代和现代科技成果的展示,可激发人们热爱科学和勇于创新的民族精神,帮助人们克服愚昧、无知、迷信、落后的思想,对提高人们的文化科学水平有积极的作用。

随着信息时代的到来,科学技术的进步与发展,智慧城市建设之门已经开启,将利用先进的信息技术,实现城市智慧式管理和运行,进而为城市中的人们创造更美好、更便捷的生活,促进城市的和谐、可持续成长。因此,知识文化产业在城市产业中将占据愈来愈重要的地位,信息交换、科技交流、文化艺术已成为城市文化知识产业的主要活动领域。在城市开放空间系统中,园林绿地作为人类文化、文明在物质空间构成上的基本因子,它是反映现代文明、城市历史、传统和发展成就与特征的重要载体。

3)社会交往、游憩休闲与健康疗养

社会交往是园林绿地的重要功能之一,公共开放性园林绿地空间是游人进行各种社会交往的理想场所。从心理学角度看,交往是指人们在共同活动过程中相互交流兴趣、情感意向和观念等。交往需要是人作为社会中一员的基本需求,也是社会生活的组成部分。每个人都有与他人交往的愿望。同时人们在交往中实现自我价值,在公众场合中,人们希望引人注目,得到他人的重视与尊敬,这属于人的高一级精神需求。

城市园林绿地为人们的社会交往活动提供了不同类型的开放空间。园林绿地中,大型空间为公共性交往提供了场所;小型空间是社会性交往的理想选择;私密性空间给最熟识的朋友、亲属、恋人等提供了良好氛围。

人类一切建设活动都是为了满足人类自身需要的,而人的需要是不断变化的。随着闲暇时间的增多,人们更加迫切地需求更多能提供休闲、保健的户外活动场所。

据日本学者的一项调查表明:1966 年日本城市劳动者的平均劳动时间为每周 44.6 h,1988 年为每周 30 h,一年为 1 200 h。若一生劳动为 35 年,则一生的劳动时间为 42 000 h。若人均寿命为 80 岁,劳动时间仅占一生的 6%,而约 50% 的闲暇时间。实际上随着社会生产率的不断提高,人们的闲暇时间会不断增加。因此作为城市开放空间的城市绿地也会不断增加。

城市园林绿地,特别是公园、小游园及其他附属绿地,为人们提供了闲暇时间的休闲、保健场所。观赏、游戏、散步都是不同年龄段所喜爱的。同时,园林绿地中还常设琴、棋、书、画、武术、划船、歌舞、电子游艺等活动项目,人们可自由选择自己喜爱的活动内容,在紧张工作之余得到放松。

近年来人们还喜欢离开自己的居住地,到居住地以外的园林绿地空间进行游赏、休闲、保健活动。这种新的生活方式被越来越多的人所接受。

进入 21 世纪,世界旅游事业迅猛发展,越来越多的人更希望投身于大自然的怀抱之中,弥补其长期生活在城市中所造成的"自然匮乏",以此锻炼体魄,增长知识,消除疲劳,充实生活。由于经济和文化生活的不断提高,休假时间的增加,人们已不满足于在市区内园林绿地的活动,而希望离开城市,到郊外,到更远的风景名胜区甚至国外去旅游度假,领受特有的情趣。

我国幅员辽阔,风景资源丰富,历史悠久,文物古迹众多,园林艺术享有盛誉,加之社会主义建设日新月异,这些都是发展旅游事业的优越条件。近几年来,随着旅游度假活动的开展,国内的游人大幅度地增加,一些园林名胜地的开发,都成为旅游者向往之地,对旅游事业的发展起了积极的作用,获得了巨大的经济效益和社会效益。

从城市规划来看,主要利用城市郊区的森林、水域、风景优美的园林绿地来安排为居民服务的度假及休、疗养地,特别是休假活动基地,有时也与体育娱乐活动结合起来安排。

4)防灾、避难、减灾

城市也会有天灾人祸所引起的破坏,如地震、台风、火灾、洪水、山体滑坡、泥石流等城市灾害。城市园林绿化具有防灾避难、蓄水保土、备战防空等功能和保护城市人民生命财产安全的作用。如1923年1月日本关东发生大地震,同时引起大火灾,而城市公园绿地中挽救了很多人的生命。1976年7月中国唐山大地震,15处公园绿地400多公顷,疏散居民20多万人。

城市园林绿地绿色植物的枝叶含有大量水分,一旦发生城市火灾,可以阻止火灾蔓延,隔离火花飞散,如珊瑚树,即使叶片全部烧焦,也不会发生火焰;银杏在夏天即使叶片全部燃烧,仍然会萌芽再生;厚皮香、山茶、海桐、白杨等都是很好的防火树种。因此,在城市规划中应该把绿化作为防止火灾延烧的隔断和居民避难所来考虑。我国有许多城市位于地震多发区域,因此应该把城市公园、体育场、广场、停车场、水体、街坊绿地等进行统一规划,合理布局,构成防灾避难的绿地空间系统,符合避难、疏散、搭棚的要求。2008年以后,我国很多地区,已有相关规定并制定防灾避难的公园场所的不同面积等级和人均要求,定额最低避难场地为5 000~10 000 m²,人均避难面积1.5~2 m²。而日本提出公园面积必须大于10 hm²,才能起到避灾防火的作用。

绿化植物能过滤、吸收和阻碍放射性物质,降低光辐射的传播和冲击波的杀伤力,阻碍弹片的飞散,并对重要建筑、军事设备、保密设施等起遮蔽的作用。其中密林更为有效。例如,第二次世界大战时,欧洲某些城市遭到轰炸,凡是树木浓密的地方所受损失要小许多,所以绿地也是备战防空和防放射性污染的一种技术措施。

为了备战,为保证城市供水,在城市中心应有一个供水充足的人工水库或蓄水池,平时作为游憩用,战时作为消防和消除放射性污染使用。在远郊地带也要修建必要的简易食宿及水、电、路等设施,平时作为居民游览场所,战时可作为安置城市居民疏散的场所,这样就可以使游憩绿地在战时起到备战疏散,防空、防辐射的作用。

植物具有盘根错节的根系,长在山坡上能防止水土流失。如1979年6月27日湖南雪峰山的大暴雨,由于植被被破坏,致使洪水暴发,给当地人民造成了严重损失;另外,城镇周围的防风林带,可防止或减轻台风的袭击。据测定,城郊防风林冬季可降低风速20%,夏秋可以降低风速50%~80%。自然降雨时,将有15%~40%水量被树冠截留或蒸发,有5%~10%的水量被地表蒸发,地表径流量仅占0%~1%,大部分的雨水(即50%~80%的水量)被林地上一层厚而松的枯枝落叶吸收,逐渐渗入土中,成为地下径流。所以它能紧固土壤,固定沙土石砾,防止水土流失,防止山塌岸毁,保护自然景观。

2.2.2 环境效益

1)调节温度

影响城市小气候最突出的有物体表面温度、气温和太阳辐射温度,而气温对于人体的影响是最主要的。其原因主要是太阳辐射的60%~80%被成荫的树木及覆盖了地面的植被所吸收,而其中90%的热能为植物的蒸腾作用所消耗,这样就大大削弱了由太阳辐射造成的地表散热而削弱了"温室效应"。此外,植物含水根系部吸热和蒸发树叶摇拂飘动的机械驱热及散热作用及树荫对人工覆盖层、建筑屋面、墙体热状况的改善,也都是降低气温的因素。

除了局部绿化所产生的不同气温、表面温度和辐射温度的差别外,大面积的绿地覆盖对气温的调节则更加明显(表2.1)。

表2.1　　不同类型绿地降温作用比较

绿地类型	面积/hm²	平均温度/℃
大型公园	32.4	25.6
中型公园	19.5	25.9
小型公园	4.9	26.2
城市空旷地	—	27.2

城市园林绿地中的树木在夏季能为树下游人阻挡直射阳光,并通过它本身的蒸腾和光合作用消耗许多热量。据苏联有关研究,绿地较硬地平均辐射温度低14.1℃。据莫斯科的观测统计,夏季7~8月间,市内柏油路面的温度为30~40℃,而草地只有22~24℃。公园里的气温较一般建筑院落低1.3~3℃,较建筑组群间的气温低10%~20%。无风天气,绿地凉爽,空气向附近较炎热地区流动而产生微风,风速约1 m/s。因此,如果城市里绿地分布均匀,就可以调节整个城市的气候。据测定,盛夏树林下气温比裸地低3~5℃。绿色植物在夏季能吸收60%~80%日光能,90%辐射能,使气温降低3℃左右;园林绿地中地面温度比空旷地面低10~17℃,比柏油路低8~20℃,有垂直绿化的墙面温度比没有绿化的墙面温度低5℃左右(图2.1)。

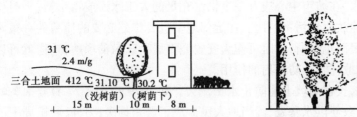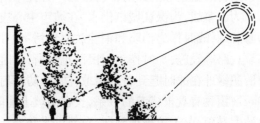

图2.1　绿化环境中的气温比较与绿化截断、过滤、遮挡太阳辐射

城市热岛效应是现代城市气候中的一个显著特征,其成因在于人类对原有自然下垫面的人为改造。以砂石、混凝土、砖瓦、沥青为主的建筑所构成的城市,工厂林立,人口拥挤,交通繁忙,人为热的释放量大大增加,加上通风条件较差,热量扩散较慢,且城市热岛强度随城市规模的扩大而加强。以北京为例,北京是一个拥有千万以上人口的特大城市,建成区面积已近800 km²,人口和经济的发展使城市具有强大的人为热源,因而产生了明显的热岛效应。20世纪60年代前后,历年近百次的观测数据表明:北京城区夏季的平均气温比郊区高3~4℃,中心区的城市热岛强度可高达4~5℃(图2.2)。

规模较大、布局合理的城市园林绿地系统,可以在高温的建筑组群之间交错形成连续的低温地带,将集中型热岛缓解为多中心型热岛,起到良好的降温作用,使人感到舒适。北京大学等单位对城市热岛效应的观测结果表明:由于大面积园林绿地的影响,到20世纪80年代,

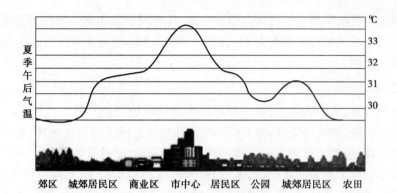

图2.2　城市热岛效应

北京的城市热岛已为多中心型,平均强度只有2.1 ℃,比以往降低约50%。

2)调节湿度

空气湿度过高,易使人厌倦疲乏,过低则感干燥烦躁,一般认为最适宜的相对湿度为30% ~60%。

城市空气的湿度较郊区和农村为低。城市大部分面积被建筑和道路所覆盖,这样,大部分降雨成为径流流入排水系统,蒸发部分的比例很少,而农村地区的降雨大部分涵蓄于土地和植物中,通过地区蒸发和植物的蒸腾作用回到大气中。

城市绿地的绿化植物叶片蒸发表面大,能大量蒸发水分,一般占从根部吸进水分的99.8%。特别在夏季,据北京园林局测算,1 hm² 的阔叶林,在一个夏季能蒸腾2 500 t 水,比同等面积的裸露土地蒸发量高20 倍,相当于同等面积的水库蒸发量。又从试验得知,树木在生长过程中,要形成1 kg 的干物质,需要蒸腾300 ~400 kg 的水。每公顷油松林每日蒸腾量为43.6 ~50.2 t,加拿大白杨林每日蒸腾量为57.2 t。由于绿化植物叶面具有如此强大的蒸腾水分的作用,因此能使周围空气湿度增高。一般情况下,树林内空气湿度较空旷地高7% ~14%;森林的湿度比市高36%;公园的湿度比城市其他地区高27%。即使在树木蒸发量较少的冬季,因为绿地里的风速较小,气流交换较弱,土壤和树木蒸发水分不易扩散,所以绿地的相对湿度也比非绿化区高10% ~20%。另外,行道树也能提高相对湿度10% ~20%(图2.3)。在潮湿的沼泽地也可以种植树木,通过树叶的蒸腾作用,能使沼泽地逐渐降低地下水位。因此,我们在城市里种植大片树林,便可以增加空气的湿度。它的调节作用不可小视,通常情况下,大片绿地调节湿度的范围,可以达到绿地周围相当于树高10 ~20 倍的距离,甚至扩大到半径500 m 的邻近地区。

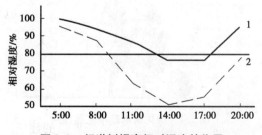

图2.3　行道树提高相对湿度的作用

近年来,城市除了受到"热岛"的困扰,"干岛"问题也日益突出。杭州植物园经过两年观测研究,在2003年提出杭州的干岛效应明显存在,其中风景区和城郊的相对湿度显著地高于城区。城区公园比城区相对湿度要大2%左右。因此,发挥绿地调节湿度的作用对于解决该问题具有重要的作用。

3)净化空气

随着工业的发展,人口的集中,城市环境污染的情况也日益严重。这些污染包括空气污染、土壤污染、水污染、噪声污染等,对人们的生活和健康造成了直接的危害,而且对自然生态环境所产生的破坏,导致了自然生态环境潜在的灾害危机,已经开始引起了人们的注意和重视。许多国家都制定了有关的法律,我国在1989年12月也颁布了《环境保护法》。

要改善和保护城市环境,除了通过法制有效控制污染源,还需不断做好防治和处理。根据科学实践证明,森林和绿地具有多种防护功能和改善环境质量的机能,对污染环境具有稀释、自净、调节、转化的作用,特别是郊区森林绿地是一个生长周期长和结构稳定的生物群体,因此其作用也持续稳定。

(1)维持大气组成成分的平衡

城市环境空气中的碳氧平衡,是在绿地与城市之间不断调整制氧与耗氧关系的基础上实现的。氧是生命系统的必然物质,其平衡能力的大小,对城市地区社会经济发展的可持续性具有潜在影响。通常大气中二氧化碳占0.03%,氧气占21%,随着城市人口集中,工业生产的三废(废水、废气、燃烧烟尘)和噪声越来越多,相应氧气含量减少下降,二氧化碳增多,不仅影响环境质量,而且直接损害人的身心健康,如头痛、耳鸣、呕吐、血压增高等。据统计,地球上60%的氧是由森林绿地供给。绿地每天每公顷吸收900 kg二氧化碳,放出600 kg氧气。如果有足够的园林植物进行光合作用,吸收大量的二氧化碳,放出大量氧气,就会改善环境,促进城市生态良性循环,不仅可以维持空气中氧气和二氧化碳的平衡,而且会使环境得到多方面的改善。据实验,只要25 m² 草坪或10 m² 树木就能吸收1个人全天呼吸出的二氧化碳。

有关研究表明,此时城区及周围的各类绿色植物便会对当地的碳氧平衡起到有效的良性调节作用,从而改善城市环境中的空气质量。由于城市中的新鲜空气来自园林绿地,所以城市园林绿地被称为"城市的肺脏",也是碳氧平衡的维持者。

(2)吸收有害气体

污染空气的有害气体种类很多,最主要的有二氧化碳、二氧化硫、氯气、氟化氢、氨以及汞、铅蒸气等。这些有害气体虽然对园林植物生长不利,但是在一定浓度条件下,有许多植物种类对它们分别具有吸收能力和净化的作用(图2.4)。

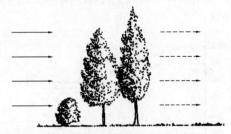

图2.4 绿化树木起净化器作用

在这些有害气体中,以二氧化硫的数量较多,分布较广,危害较大。当二氧化硫浓度超过6%时,人就感到不适,达到10%时人就无法持续工作,达到40%时,人就会死亡。由于在燃烧煤、石油的过程中都要排出二氧化硫,所以工业城市、以燃煤为主要热源的北方城市的上空,二氧化硫的含量通常都比较高。

人们对植物吸收二氧化硫的能力进行了许多的研究,发现空气中的二氧化硫主要是被各种物体表面所吸收,而植物叶面吸收二氧化硫的能力最强。硫是植物必需的元素之一,所以正常植物中都含有一定量的硫。只要在植物可忍受限度内,空气中的二氧化硫浓度越高,植物的吸收量也越大,其含硫量可为正常含量的5~10倍。树木的长叶与落叶过程,也是二氧化硫不断被吸收的过程。

研究表明,绿地上空的二氧化硫的浓度要低于未绿化地区。污染区树木叶片的含硫量高于清洁区许多倍。绿地可以阻留煤烟60%的二氧化硫。松林每天可从1 m^3 空气中吸收20 mg 二氧化硫。每公顷柳杉林每天能吸收60 kg 二氧化硫。此外,研究还表明,对二氧化硫抗性越强的植物,一般吸收二氧化硫的量也越多。阔叶树对二氧化硫的抗性一般比针叶树要强,叶片角质和蜡质层厚的树一般比角质和蜡质层薄的树要强。

根据上海园林局的测定,发现臭椿和夹竹桃不仅抗二氧化硫能力强,并且吸收二氧化硫的能力也很强。臭椿在二氧化硫污染情况下,叶片含硫量可达正常含硫量的29.8倍,夹竹桃可达8倍。其他如珊瑚树、紫薇、石榴、厚皮香、广玉兰、棕榈、胡颓子、银杏、桧柏、粗榧等也有较强的对二氧化硫的抵抗能力(表2.2)。

表2.2 几种针叶树和阔叶树树叶中的含硫量(占叶片干量百分数)

针叶树	含硫量		阔叶树	含硫量	
	最高	最低		最高	最低
桧柏	0.860	0.056	垂柳	3.156	1.586
			加拿大白杨	2.149	0.252
白皮松	0.597	0.075	臭椿	1.656	0.037
油松	0.487	0.022	苹果	1.255	0.058
			榆树	1.215	0.066
侧柏	0.523	0.054	刺槐	1.148	0.065
			毛白杨	0.620	0.057
华山松	0.329	0.070	桃	0.542	0.053

从另一些实验中也证明不少园林植物对于氟化氢、氯以及汞、铅蒸气等有害气体也分别具有相应的吸收和抵抗能力。根据上海市园林局的测定,如女贞、泡桐、梧桐、刺槐、大叶黄杨等有较强的吸氟能力,其中女贞的吸氟能力尤为突出,比一般树木高100倍以上。构树、合欢、紫荆、木槿、杨树、紫藤、紫穗槐等都具有较强的抗氯和吸氯能力;喜树、梓树、接骨木等树种具有吸苯能力;银杏、柳杉、樟树、海桐、青冈栎、女贞、夹竹桃、刺槐、悬铃木、连翘等具有良好的吸臭氧能力;夹竹桃、棕榈、桑树等能在汞蒸气的环境下生长良好,不受危害;而大叶黄杨、女贞、悬铃木、榆树、石榴等则能吸收铅等。

城市空气中有许多有毒物质(二氧化硫、氟化氢、氯气、一氧化氮),植物的叶片可以吸收或富集于体面而使其减少。因此,在散发有害气体的污染源附近,选择与其相应的具有吸收和抗性强的树种进行绿化,对于防治污染、净化空气是有益的。

二氧化硫:松(每天从 1 m³ 空气中吸收 20 kg 二氧化硫)、柳杉(每天吸收 60 kg 二氧化硫)、忍冬、臭椿、卫矛、榆、丁香、圆桃、银杏、云杉、松。绿色植物叶片含硫量可达(0.4% ~ 3%)干重比。

氯气:银杏、忍冬、卫矛、丁香、银杏、合欢、紫荆、木槿。

氟气:泡桐、梧桐、大叶黄杨、女贞、垂柳。

(3)吸滞烟尘和粉尘

尘埃中除含有土壤微粒外,尚含有细菌和其他金属性粉尘、矿物粉尘、植物性粉尘等,它们会影响人体健康。尘埃会使多雾地区雾情加重,降低空气透明度。粉尘是传染病菌的载体,还会随吸收进入体内,产生肺、肺炎等疾病。绿化好的上空大气含尘量通常比裸地或街道少 1/3 ~ 1/2。合理配植绿色植物如刺槐、悬铃木大叶榕、广玉兰、女贞,可以阻挡粉尘飞扬,净化空气,使粉尘减少 23% ~ 52%,飘尘减少 37% ~ 60%);且乔木效果较草坪好,乔木叶面积是占地面积的 60 ~ 70 倍,草坪叶面积是占地面积的 20 ~ 30 倍(表 2.3)。

表 2.3　不同类型区域的树种滞尘状况

树种	区域	滞尘量/(g·m⁻²)	树种	区域	滞尘量/(g·m⁻²)
马尾松	森林区	0.3	茶树	森林区	1.1
朴树	城边缘区	0.7	国外松	近污区	2.0
杉木	森林区	0.9	麻栎	近污区	3.6

城市空气中含有大量尘埃、油烟、碳粒等。有些微颗粒虽小,但其在大气中的总质量却很惊人。据统计,每烧煤 1 t,就产生 11 kg 的煤粉尘,许多工业城市每年每平方千米降尘量平均 500 t 左右,有的城市甚至高达 1 000 t 以上。这些烟灰和粉尘一方面降低了太阳的照明度和辐射强度,削弱了紫外线,对人体的健康不利;另一方面,人呼吸时,飘尘进入肺部,有的会附着于肺细胞上,容易诱发气管炎、支气管炎、尘肺、砂肺等疾病。我国有些城市飘尘大大超过了卫生标准。特别是近年来城市建设全面铺开,加大了粉尘污染的威胁,非常不利于人们的健康。

植物,特别是树木,对烟灰和粉尘有明显的阻挡、过滤和吸附的作用。一方面由于桂冠茂密,具有强大的降低风速的作用,随着风速的降低,一些大粒尘下降;另一方面则由于叶子表面不平,有茸毛,有的还分泌黏性的油脂或汁浆,空气中的尘埃经过树林时,便附着于叶面及枝干的下凹部分等。蒙尘的植物经雨水冲洗,又能恢复其吸尘的能力。

由于植物的叶面积远远大于它的树冠的占地面积,如森林叶面积的总和是其占地面积的六七十倍,生长茂盛的草皮也有二三十倍,因此其吸滞烟尘的能力很强。

据报道,某工矿区直径大于 10 μm 的粉尘降尘量为 1.52 g/m²,而附近公园里只有 0.22 g/m²,减少近 6 倍。而一般工业区空气中的飘尘(直径小于 10 μm 的粉尘)浓度,绿化区比未绿化的对照区少 10% ~ 50%。绿地中的含尘量比街道少 1/3 ~ 2/3。铺草坪的足球场比未铺草坪的足球场,其上空含尘量减少 2/3 ~ 5/6。又如,对某水泥厂附近绿化植物吸滞粉尘效应进行的测定表明,有绿化林带阻挡的地段,要比无树的空旷地带减少降尘量 23.4% ~ 51.7%,减少飘尘量 37.1% ~ 60%。

树木的滞尘能力是与树冠高低、总的叶片面积、叶片大小、着生角度、面粗糙程度等条件有关,根据这些因素,选择刺楸、榆树、朴树、重阳木、刺槐、臭椿、悬铃木、女贞、泡桐等树种对防尘的效果较好。草地的茎叶物,其茎叶可以滞留大量灰尘,且根系与表土牢固结合,能有效地防止风吹尘扬造成的多次污染。

由此可见,在城市工业区与生活区之间营造卫生防护林,扩大绿地面积,种植树木,铺设草坪,是减轻尘埃污染的有效措施。

(4)减少空气中的含菌量

由于园林绿地上有树木、草、花等植物覆盖,其上空的灰尘相应减少,因而也减少了黏附其上的病原菌。据调查,在城市各地区中,以公共场所如火车站、百货商店、电影院等处空气含菌量最高,街道次之,公园次后,城郊绿地最少,相差几倍至几十倍。空气含氧量除与人车密度密切相关外,绿化的情况也有影响。如人多、车多的街道,有浓密行道树与无街道绿化的街道,其含菌量就有一定差别。原因为细菌系依附于人体或附着于灰尘而进行传播,人多、车多的地方尘土也多,含菌量也就高;而有很好的绿化,就可以减少尘埃和含菌量。

另外,许多树木植物都能分泌杀菌素,杀死结核、霍乱、伤寒、白喉等病原菌,也是空气中减少含菌量的重要原因,如桉树、肉桂、柠檬、雪松、圆柏、女贞、广玉兰、木槿、垂柳、百里香、丁香、天竺葵等,已早为医药学所证实。松树林中的空气对呼吸系统有好处,分泌的物质可杀死寄生在呼吸系统里的能使肺部和支气管产生感染的各种微生物,因此被称为“松树维生素”。许多植物的一些芳香性挥发物质还可以使人精神愉快。城市绿化树种中有很多杀菌能力很强的树种,如柠檬桉、悬铃木、紫薇、桧柏属、橙、白皮松、柳杉、雪松等。臭椿、楝树、马尾松、杉木、侧柏、樟树、枫香等也具有一定的杀菌能力(表2.4)。

各类林地和草地的减菌作用也有差别。松树林、柏树林及樟树林的减菌能力较强,这与它们的叶子能散发某些挥发性物质有关。草地上空的含菌量很低,是因为草坪上空尘埃较少,削弱了细菌的扩散。

表2.4　各类林地和草地的含菌量比较

类型	空气含菌量/$(n \cdot m^{-3})$	类型	空气含菌量/$(n \cdot m^{-3})$
黑松林	589	樟树林	1 218
草地	688	喜树林	1 297
日本花柏林	747	杂木林	1 965

据法国测定,在百货商店每立方米空气含菌量高达400万个,林荫道为58万个,公园内为1 000个,而林区只有55个。因此,森林、公园、草地等绿地的空气中含菌量减少的优势极为明显,具有重要的城市卫生疗养意义。为了创造人们居住的健康环境,应该拥有足够面积以及分布均匀的绿地。一些特殊的单位还应该注意选用具有杀菌效用的树种。

(5)健康作用

①负离子的作用。绿色植物进行光合作用的同时,会产生具有生命活力的空气负离子氧——空气维生素。负离子氧吸入人体后,增强神经系统功能,使大脑皮层抑制过程加强,起到镇静、催眠、降低血压的作用,对哮喘、慢性气管炎、神经性皮炎、神经性官能症、失眠、忧郁症等许多疾病有良好的治疗作用。

据有关部门测定,森林、园林绿地和公园都有较多的负离子含量,特别是一些尖锥形的树冠所具有的尖端放电功能,以及山泉、溪流、瀑布等地带的水分子激励而产生负离子氧。这些地带往往具有数万个负离子,是一般地区负离子的上千倍。

②芳香草对人体的影响。芳香型植物的活性挥发物可以随着病人的吸气进入终末支气管,有利于对呼吸道病变的治疗,也有利于通过肺部吸收来增强药物的全身性效应。如辛夷对过敏性鼻炎有一定疗效,玫瑰花含0.03%的玫瑰油,对促进胆汁分泌有作用,玫瑰花香气具有清而不浊、和而不猛、柔目干胆、流气活血、宣通窒滞而绝无辛猛刚燥之弊,是气药中最有捷效又最为驯良者。

③绿色植物对人体神经的作用。根据医学测定,在绿地环境中,人的脉搏次数下降,呼吸平缓,皮肤温度降低,精神状态安详、轻松。绿色对人眼睛的刺激最小,能使眼睛疲劳减轻或消失。绿色在心理上给人以活力和希望、静谧和安宁、丰足和饱满的感觉。

因此,人们喜欢在园林绿地中进行锻炼,既可以吸收负离子氧又可使人增加活力,在松柏樟树的芳香之中锻炼也会收到较好的疗效。

据苏联学者于20世纪30年代研究的500种以上的植物证明:杨、圆柏、云杉、桦木、橡树等都能制造杀菌素,可以杀死结核、霍乱、赤痢、伤寒、白喉等病原菌。从空气的含菌量来看,森林外的细菌含量为3万~4万个/m³,而森林内的仅300~400个/m³,1 hm²圆柏林每昼夜能分泌30 kg的杀菌素。桉树、梧桐、冷杉、毛白杨、臭椿、核桃、白蜡等都有很好的杀菌能力。据南京植物研究所测定,绿化差的公共场所的空气中含菌量比植物园高20多倍。由于松林、柏树、樟树的叶子能散发出某些挥发性物质,杀菌力强;而草坪上空尘埃少,可减少细菌扩散。中国林业科学研究院在北京的观测资料表明:公共场所(王府井、海淀镇)空气的平均含菌量,约为公园的6.9倍,道路空气含菌量,约为公园的5倍。王府井的空气含菌量是中山公园的7倍,海淀区的空气含菌量是海淀小型公园的18倍,香山公园停车场内空气含菌量是香山公园的2倍。可见绿化好坏对环境质量具有重要作用,所以把园林绿化植物称为城市的"净化器"。

4)净化水体

城市和郊区的水体常受到工业废水和居民生活污水的污染,使水质变差,影响环境卫生和人民健康。对有些不是很严重的水体污染,绿化植物具有一定的净化污水的能力,即水体自净作用。

根据国外的研究:从无林山坡流下的水中溶解物质为16.9 t/km²;而从有林山坡流下的水中溶解物质为6.4 t/km²。地表径流通过30~40 m宽的林带,能使其中的亚硝酸盐离子含量降低到原来的1/2~2/3。林木还可以减少水中含菌量。在通过30~40 m宽的林带后,每升水中所含细菌的数量比不经过林带的减少1/2,在通过50 m宽三十年生的杨、桦混交林后,细菌数量减少90%以上。地表径流从草原流向水库的每升水中,有大肠杆菌920个。以此为对照值,从榆树及金合欢林流向水库的每升水含菌数为1/10,从松林中流出的每升水含菌数为1/8,栎树、白蜡、金合欢混交林流出的水含菌数为1/23。水生植物如水葱、田蓟、水生薄荷等能杀菌。实验表明,将这三种植物放在每毫升含600万细菌的污水中,两天后大肠杆菌消失。把芦苇、泽泻和小糠草放在同样的污水中,12 d后放芦苇、泽泻的仅有细菌10万个,放小糠草的尚有细菌12万个。当未经处理的河水经初步氯消毒再流经水葱植株丛后,大肠杆菌全部消灭。水葱还有吸收有毒物质、降低水体生化需氧量的作用,它本身的抗性也较强。芦苇能吸收酚,每平方米芦苇一年可积聚 6 kg 的污染物,杀死水中大肠杆菌。种芦苇的水池比一般种草水池中水的悬浮物减少 30%,氯化物减少 66%,总硬度降低 33%。水葱可吸收污水池中的有机化合物。水葫芦能从污水里吸取汞、银、金、铅等重金属物质,并能降低镉、酚、铬等有机化合物。凤眼莲也具有吸收水中的重金属和有机化合物的能力,如成都的活水公园和上海梦清园是利用水生植物处理的实例。

5)净化土壤

对土壤的净化作用是因为园林植物的根系能吸收、转化、降解和合成土壤中的有害物质,也称为生物净化。土壤中各种微生物对有机污染物的分解作用,需氧微生物能将土壤中的各种有机污染物迅速分解,转化成二氧化碳、水、氨和硫酸盐、磷酸盐等;厌氧微生物在缺氧条件下,能把各种有机污染物分解成甲烷、二氧化碳和硫化氢等;在硫黄细菌的作用下,硫化氢可转化为硫酸盐;氨在亚硝酸细菌和硝酸细菌作用下转化为亚硝酸盐和硝酸盐。植物根系能分泌使土壤中大肠杆菌死亡的物质,并促进好气细菌增多几百倍甚至几千倍,还能吸收空气中的一氧化碳,故能促使土壤中的有机物迅速无机化,不仅净化了土壤,还提高了土壤肥力。利用市郊森林生态系统及湿地系统进行污水处理,不仅可以节省污水处理的费用,并且该森林地区的树木生长更好,湿地生物更加丰富,周围动物更加繁盛起来。因此,城市中一切裸露的土地,加以绿化后,不仅可以改善地上的环境卫生,而且也能改善地下的土壤卫生。

6)通风、防风

绿地对气流的影响表现在两个方面,一方面在静风时,绿地有利于促进城市空气的气流交换,产生微风并改善市区的空气卫生条件,特别是在夏季,通过带状绿化引导气流和季风,对城市通风降温效果明显;另一方面在冬季及暴风袭击时,绿地中的林带则能降低风速,保护城市免受寒风和风沙之害(图 2.5(a))。

城市中的道路、滨河等绿带是城市的通风渠道,规划时需注意季风方向、通风、防风。如在成都市的绿地系统规划中,"组团隔离、绿轴导风(主导风向北、北偏东:成绵、川陕公路、新都、青北江,东部:龙泉、锦江区,总规发展方向)、五圈八片、蓝脉绿网"。如果绿带与该地区夏季主导风向一致,称为"引风林",它可将该城市郊区的气流引入城市中心区,大大改善市区的通风条件。如果用常绿林带在冬季寒风方向种植防风林,可以大大减弱冬季寒风和风沙对市区的危害。由于城市集中了大量水泥建筑群和路面,夏季受太阳辐射增热很大,再加上城市人口密度大,工厂多,还有燃料的燃烧,人的呼吸,气温便会增高。如果城郊有大片森林,凉空气就会不断流向城市,调节气温,输入新鲜空气,改善了通风条件。

据测定,一个高 9 m 的复层树林屏障,在其迎风面 90 m,背风面 270 m 内,风速都有不同程度的减少(图 2.5(b))。另外,据苏联学者研究,由林边空地向林内深入 30 ~ 50 m 处,风速可减至原速度的 30% ~ 40%,深入 120 ~ 200 m 处,则完全平静。风灾时能防风,无风时,由于绿地气温较无林地略低,冷空气向空旷地流动而产生微风。这对于城市防风抗灾尤为重要。防风林的方向位置不同还可以加速和促进气流运动或使风向改变(图 2.5(c))。

7)降低噪声

现代城市中的汽车、火车、船舶和飞机所产生的噪声,工业生产、工程建设过程中的噪声,以及社会活动和日常生活中带来的噪声,日趋严重。城市居民每时每刻都会受到这些噪声的干扰和袭击,对身体健康危害很大。当强度超过 70 dB(A)时,就会使人产生头昏、头痛、神经

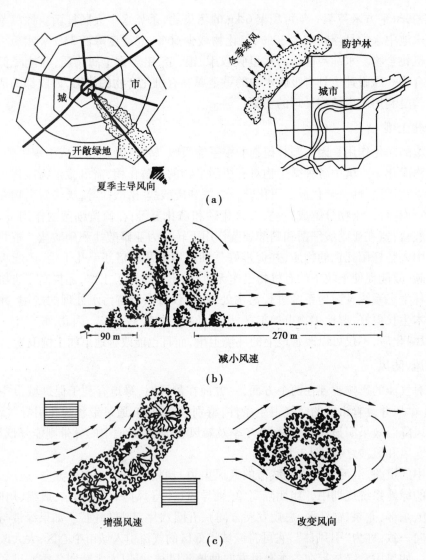

夏季主导风向

(a)

减小风速

(b)

增强风速　　　　　　改变风向

(c)

图 2.5　城市绿地的防风与通风

衰弱、消化不良、高血压等病症。为此,人们采用多种方法来降低或隔绝噪声,应用造林绿化来降低噪声的危害。

据我国 46 个城市监测,1995 年城市环境噪声污染相当严重,区域环境噪声等效声级范围为 51.5 ~ 76.6 dB(A),平均等效声级(面积加权)为 57.1 dB(A),较 1994 年略有降低。道路交通噪声等效声级范围为 67.6 ~ 74.6 dB(A),平均等效声级(长度加权)为 71.5 dB(A),与上年持平,其中 34 个城市平均等效声级超过 70 dB(A)。2/3 的交通干线噪声超过 70 dB(A)。特殊住宅区噪声等效声级全部超标,居民文教区超标的城市达 97.6%,一类混合区和二类混合区超标的城市均为 86.1%,工业集中区超标的城市为 19.4%,交通干线道路两侧区域超标的城市为 71.4%。而绿色树木对声波有散射、吸收作用,如 40 m 宽的林带可以降低噪声 10 ~ 15 dB(A);高 6 ~ 7 m 的绿带平均能减低噪声 10 ~ 13 dB(A);一条宽 10 m 的绿化带可降低噪声 20% ~ 30%,因此,它又被称为"绿色消声器"(图 2.6)。

苏联学者研究了各种树木的隔声能力,如槭树达 15.5 dB(A),杨树 11 dB(A),椴树

图2.6　绿化带隔绝和吸收噪声

9 dB(A),云杉5 dB(A)。随着频率增高,树木的隔声能力逐渐降低。从树种来看,叶面愈大,树冠愈密,吸音能力越显著。就植物配植看,树丛的减噪能力达22%,自然式种植的树群,较行列式的树群减噪效果好,矮树冠较高树冠好,灌木的减噪能力最好。

进一步的研究表明:阔叶乔木树冠,约能吸收到达树叶上噪声声能的26%,其余74%被反射和扩散,如雪松、桧柏、龙柏、水杉、悬铃木、梧桐、垂柳、樟树、榕树、珊瑚树、女贞、桂花等树木。没有树木的高层建筑街道,要比有树木的人行道噪声高5倍。这是因声波从车行道至建筑墙面,再由墙面反射而加倍的缘故。行道树在夏季叶片茂密时,可降低噪声7～9 dB(A),秋冬季可降低3～4 dB(A)。据日本研究,公路两旁各留15 m造林,以乔灌木搭配种植,可以降低一半的交通噪声。1970年,日本人为了克服喷气式飞机的噪声,在大阪国际机场周围沿路道方向两旁种植了大片雪松、女贞混交林,减低噪声约10 dB(A)。苏锡地区的硕放机场附近,栽植了大面积的水杉林地,较好地减轻了飞机起落噪声对附近居民的干扰。成都绕城高速两边100 m宽的林带,也很好地减轻了汽车噪声对附近居住区的影响。

8)涵蓄地下水源

树木下的枯枝落叶可吸收1～2.5 kg的水分,腐殖质能吸收比本身含量大25倍的水,1 m^{2}面积每小时能渗入土壤中的水分约50 kg。1 hm^{2}林木,每年可蒸发4 500～7 500 t水,一片5万亩的林地相当于100万 m^{3}的小型水库。在绿地的降水有10%～23%可能被树冠截留,然后蒸发至空中,10%～80%渗入地下,变成地下径流,这种水经过土壤、岩层的不断过滤,流向下坡或泉池溪涧,就成为许多山林名胜,如黄山、庐山、雁荡山瀑布直泻,水源长流以及杭州虎跑、无锡二泉等泉池涓涓,经年不竭的原因之一。

9)保护生态环境

(1)保护生物多样性

由于植物的多样性的存在才有了多种生物微生物及昆虫类的繁殖,而生物的多样性是生态可持续发展的基础,园林植物具有多种类植物的种植,从而对保护生态环境起到积极的作用。

(2)防止水土流失

蓄水保土对保护自然景观,建设水库,防止山塌岸毁,水道淤浅,以及泥石流等都有着极大的意义。园林绿地对水土保持有显著的功能。树叶防止暴雨直接冲击和剥蚀土壤,草地覆盖地表有效地阻挡了流水冲刷,植物的根系还能紧固土壤,所以植物根系可以固沙固土稳石,有效防止水土流失。

2.2.3　经济效益

讨论城市园林绿化经济效益,首先应该明确城市园林绿化具有的第三产业属性,有直接经济效益和间接经济效益。直接经济效益是指园林绿化产品、门票、服务的直接经济收入,间接经济效益是指园林绿化所形成的良性生态环境效益和社会效益。全面的经济效益包括绿地建设、内部管理、服务创收和生态价值,它是建设管理的出发点。

1)直接经济效益

(1)物质经济收入

早期的园林曾出现过菜园、果园、药草园等生产性的园圃,但随着社会的发展,这些都有了专门性的生产园地,不再属于城市园林的范畴。但在城市园林绿地发挥其环保效益、文化效益以及美化环境的条件下也可以结合生产,增加经济收益。如结合观赏种植一些有经济价值的植物,如果树、香料植物、油料植物、药用植物、花卉植物等,也可以制作一些盆景、盆花,培养金鱼,笼养鸟禽等,既可出售又可丰富人们的闲暇生活。

(2)旅游观赏收入

该项收入不是以商品交换的形式来体现,而是通过资源利用而获得。随着旅游事业的发展,我国的风景旅游资源成为国内外游客的向往和需求。1996年,国内旅游人次达到6.5亿人,国外旅游者达到5 120万人,旅游外汇收入达102亿美元,加上国内旅游收入,总共达到2 500亿人民币。这些资金将不断投入城市建设、交通运输、轻工业、商业、手工业和旅游业等各方面的发展之中。一些贫困地区的景区,如张家界每年的游客达100万人,如果每人消费500元,就有5亿的收入,可使当地居民得到较大利益。所以这部分的经济效益十分可观。

2)间接经济效益

园林绿地的经济功能除了可以以货币作为商品的价值来表现外,有些无法直接以货币来衡量,我们可以通过间接的收益方式来加以体现。

例如,一株正常生长50年的树木折算出的经济价值:放出氧气价值3.12万美元,防止大气污染价值6.25万美元,防止土壤侵蚀、增加土壤肥力3.12万美元,涵养水源、促进水分子再循环3.75万美元,为鸟、昆虫提供栖息环境3.12万美元。

这株树木的初级利用价值是300美元,而环境价值(高级利用)达20万美元,这是它综合发挥功能所产生的效果。我们根据树木在生态方面的改善气候,制造氧气,吸收有害气体和水土保持所产生的效益以及提供人们休息锻炼、社会交往、观赏自然的场所而带来的综合环境效益所估算出来它可产生的经济效益。

综上可见,园林绿地的价值远远超出其本身的价值,结合其生态环境效益来计算,园林绿地的效益是综合的、广泛的、长期的、人所共享的和无可替代的,并且随着时间的推移而不断积累和增加。

城市园林绿地系统是整个自然生态系统的一个重要组成部分,在整个城市中,它的效益是发挥和营造良性的生态环境,向人们不断地提供生产、工作、生活、学习环境需要的使用价值。由于园林绿地系统渗透到各行各业,各个生产生活和工作领域,优美的环境能促进经济的发展,促进人民的健康,为改革开放服务,为人们的生产、生活、学习服务,为整个社会发展服务,具有全社会的广泛的价值。我国古代哲学中所提倡的"天人合一"的全局意识和整体观点,也反映了生态思想的特点。现代科学已经反复证明:人类自然生存的命运,说到底还是要由地球表层的进化状况所决定。在人类文明的初期,人和动物一样生活在基本没多大改变的自然生态系统之中,人与自然的关系表现为同质的和谐,处于极低水平的原始有机统一体之中。到了工业发达、科技昌盛的近现代,人类全面掠夺和征服大自然,使人与自然的关系发生了严重冲突,开始导致生态危机并影响人类自身的生存。所以,努力贯彻体现人与自然共生原则的可持续发展战略,将是人类重构与生态系统和谐关系的唯一正确途径。

习题

1.阐述城市园林绿地的属性。

2.从环境、生态方面等角度考虑、估价在城市现代化建设中园林绿地对城市生活的重要意义。

3.如何利用城市园林绿地的属性更好地为旅游度假事业的发展服务,并从此角度谈谈园林的经济效益?

4.根据园林绿地在水分调节及其对湿度、温度的调节作用,说明其与当今海绵城市建设的关系。

5.植物品种的选择对维持园林绿地的各方面效益的作用如何体现?

6.结合园林的功能考虑如何将其合理地布局从而更好地为城市居民的生活服务?

3

城市绿地系统规划

　　城市绿地系统是城市生态系统的子系统,是由城市不同类型、性质和规模的各种绿地共同构成的一个稳定持久的城市绿色环境体系,是由一定量与质的各种类型和规模的绿化用地相互联系、相互作用组成的绿色有机整体。城市绿地系统包括城市中所有园林植物种植地块和用地。城市绿地系统规划具有系统性、整体性、连续性、动态稳定性、多功能性、地域性的特征。

　　城市园林绿地系统是以绿色植被为特征,要求环境优美、空气清新、阳光充沛、人与自然和谐相处的人工自然环境,是城市居民进行室外游憩、交往和交通集散的城市空间系统,是由一定数量和质量的各类绿地组成的绿色有机整体。城市园林绿地的特殊功能包括改善城市环境,抵御自然灾害,为市民提供生活、生产、工作和学习、活动的良好环境,具有突出的生态效益、社会效益、经济效益。

　　城市园林绿地系统规划是城市总体规划的专业规划,是对城市总体规划的深化和细化。它是由城市规划行政主管部门和城市园林行政主管部门共同负责编制,并纳入城市总体规划。城市园林绿地系统规划是对各种城市园林绿地进行定性、定量、定位的次序安排,形成有合理结构的绿色空间系统,以实现绿地所具有的生态保护、游憩休闲和社会文化等功能的活动。

　　城市绿地规划总方针是为民众服务,为生产服务;要从实际出发,因地制宜,合理布局,既要符合国家、省、市规定的绿地指标,又要创造出具有各市特色的绿地系统。

　　城市是由许多系统组成的一个综合性社会系统,而城市园林绿地系统正是城市建设不可缺少的重要环节。具有特定功能的绿色系统规划是城市总体规划中的一个组成部分,与城市工业、交通、商业等系统的规划同等重要,必须同步进行。

　　城市园林绿地系统规划主要包括城市园林绿地系统规划的目的与任务、规划的原则、绿地类型与用地选择、城市园林绿地定额指标、城市园林绿地布局的形式和手法、城市园林绿地系统规划的程序、城市园林绿化树种规划。

3.1 规划目的、任务与原则

3.1.1 规划目的

城市园林绿地系统规划的最终目的是创造优美自然、清洁卫生、安全舒适、科学文明的现代城市的最佳环境系统。

城市园林绿地系统规划的具体目的是为了保护与改善城市的自然环境,调节城市小气候,保持城市生态平衡,增加城市景观与增强审美功能,为城市提供生产、生活、娱乐、健康所需的物质与精神方面的优越条件。

随着现代工业、商业、科学技术的发展,社会结构不断更新,城市规模不断扩大,人口日趋集中,自然环境质量逐渐下降,这给城市生活造成了很大压力与威胁。面对这样的现状及发展趋势,解决城市发展与自然环境恶化的尖锐矛盾,是城市总体规划的一个新课题。城市园林绿地系统规划以此为目的,承担起了具有战略意义和深远影响的历史重任。

3.1.2 规划任务

1)总任务

城市园林绿地系统规划的规划目的决定了其规划任务。城市园林绿地系统规划的规划任务是规划出切实可行的适合现代城市发展的最佳绿地系统。

2)具体任务

①根据城市的自然条件、社会经济条件、城市性质、发展目标、用地布局等要求,确定城市绿化建设的发展目标和规划指标。

②研究城市地区和乡村地区的相互关系,结合城市自然地貌,统筹安排市域大环境的绿化空间布局。

③确定城市绿地系统的规划结构,合理确定各类城市绿地的总体关系。

④统筹安排各类城市绿地,分别确定其位置、性质、范围和发展指标。

⑤城市绿化树种规划。

⑥城市生物多样性保护与建设的目标、任务和保护建设的措施。

⑦城市古树名木的保护与现状的统筹安排。

⑧制定分期建设规划,确定近期规划的具体项目和重点项目,提出建设规模和投资估算。

⑨从政策、法规、行政、技术经济等方面,提出城市绿地系统规划的实施措施。

⑩编制城市绿地系统规划的图纸和文件。

3.1.3 规划原则

城市园林绿地系统规划,应置于城市总体规划之中,按照国家和地方有关城市园林绿化的法规,贯彻为生产服务、为生活服务的总方针。

1)从实际出发,综合规划

无论总体与局部规划,都要从实际出发,紧密结合当地自然条件,以原有树林、绿地为基础,充分利用山丘、坡地、水旁、沟谷等处,尽可能少占良田,节约人力、物力;并与城市总规划的城市规模、性质、人口、工业、公共建筑、居住区、道路、水系、农副业生产、地上地下设施等密切配合,统筹安排,做出内外协调、统筹兼顾、全面合理的绿地规划。

2)远近结合,创造特色

根据城市的经济能力、施工条件、项目的轻重缓急,订出长远目标,作出近期安排,使规划能逐步得到实施。如一些老城市,人口集中稠密,绿地少,可在拆除建筑物的基地中,酌情划出部分面积,作为城市绿地;也可将城郊某些生产用地,逐步转化为城市公共绿地。一般城市应先普及绿化,扩大绿色覆盖面,再逐步提高绿化质量与艺术水平,向花园式城市发展。

各类城市的园林绿化应各具特色,才能显出各自的不同风貌,发挥出各自的应有功能。例如,北方城市的园林绿地规划,以防风沙为主要目的,园林绿化就要根据防护功能与阻风方位进行规划;南方城市,则以导风、通风、降温的绿化形式与布局方式为主要目的,园林绿化要具有透、阔、秀的特色;工业城市园林绿地规划应以防护、隔离、防污染为主要目标并创造特色;风景疗养城市应以自然、清秀、幽雅为主要目的并协调好与自然的关系;文化名城应以名胜古迹、传统文化及相应的植物文化和绿地配置为主要特色。

3)功能多样,力求高效

城市园林绿地,应该密切结合环保、防灾、娱乐、休闲与审美、体育、文教等多种功能综合进行规划与设计,使其形成相互联系的有机整体。各种绿地的布置应均衡、协调地分布于城区,满足人们活动所需的合理、方便的服务半径。大小公园、绿地、林荫道、小游园的布局都要满足市民游乐、休息等多种需要。合理布置与规划噪声源外围的绿化隔离带、交通、厂区与居住区间的防护林带。地处地震带上的城市须遵照相关应急避难场所规程布置林荫道和避难绿地场所,合理配置防灾植物,满足较宽的绿化场地,以利防震、隔火、疏散与避难。干道、滨河、水渠、铁路边、山丘、河湖等处树木、草坪,要使城区、郊区、住宅区、厂矿区、农田、菜地,既有明显分割,又能连成完整的绿地体系,以利充分发挥最佳生态效益、经济效益及社会效益。

3.1.4　城市绿地系统规划的层次

城市绿地系统专业规划是城市总体规划阶段的多个专业规划之一,属城市总体规划的必要组成部分,该层次的规划主要涉及城市绿地在总体规划层次上的统筹安排。

城市绿地系统专项规划也称"单独编制的专业规划",它是对城市绿地系统专业规划的深化和细化。该规划不仅涉及城市总体规划层面,还涉及详细规划层面的绿地统筹和市域层面的绿地安排。城市绿地系统专项规划是对城市各类绿地及其物种在类型、规模、空间、时间等方面所进行的系统化配置及相关安排。

此外,还有城市绿地的控制性详细规划;城市绿地的修建性详细规划;城市绿地设计;城市绿地的扩初设计和施工图设计。

3.1.5　城市绿地系统规划的目标

20世纪末,中国城市的开发建设能力空前提高,在集中力量发展经济的热潮中,破坏生存环境的能力也急剧提升。人类社会在局部利益与宏观利益、眼前利益与长期利益等方面一直存在着客观矛盾,所以每当世界各国城市快速生长期的来临,也就意味着即将引发上述矛盾。

回顾世界城市发展的历史,从中国古代的"城市山林",近代英国的"花园城市",到欧洲及北美大陆的"公园运动",直到当代"生态城市""可持续发展"等,人类一直在矛盾与困境中不懈地追求与自然共生共荣的理想。

我国从 20 世纪 80 年代起,一些沿海城市开始自发地提出创建"花园城市""森林城市""园林城市"等绿地建设目标,国内知名学者钱学森 1990 年提出建设"山水城市"。

1992 年,建设部制定了"国家城市评选标准(试行)",至今公布了 18 批园林城市(表3.1)。该政策有力地推动了我国城市绿化和生态环境的建设。2005 年新修订的《国家园林城市标准》涉及 8 个方面,即组织管理、规划设计、景观保护、绿化建设、园林建设、生态建设、市政建设和特别条款。2004 年《国家生态园林标准(暂行)》中提出由城市生态环境、城市生活环境及城市基础设施组成的指标体系。其中,城市生态环境指标,包括了综合物种指数、本地植物指数、热岛效应程度、绿化覆盖率、人均公共绿地面积及绿地率等。城市绿化建设不再是单一的建设目标。

表 3.1 国家园林城市(城区)

批次	年份	城市(城区)
1	1992	北京市、合肥市、珠海市
2	1994	杭州市、深圳市
3	1996	马鞍山市、威海市、中山市
4	1997	大连市、南京市、厦门市、南宁市
5	1999	青岛市、濮阳市、十堰市、佛山市、三明市、秦皇岛市、烟台市、上海浦东区(国家园林城区)
6	2001	江门市、惠州市、茂名市、肇庆市、海口市、三亚市、襄樊市、石河子市、常熟市、长春市、上海市闵行区(国家园林城区)
7	2003	上海市、宁波市、福州市、唐山市、吉林市、无锡市、扬州市、苏州市、绍兴市、桂林市、绵阳市、荣成市、张家港市、昆山市、富阳市、开平市、都江堰市
8	2005	武汉市、郑州市、邯郸市、廊城市、长治市、晋城市、包头市、伊春市、日照市、淄博市、寿光市、新泰市、胶南市、徐州市、镇江市、吴江市、宜兴市、安庆市、嘉兴市、泉州市、漳州市、许昌市、南阳市、宜昌市、岳阳市、湛江市、安宁市、遵义市、乐山市、宝鸡市、库乐勒市
9	2006	成都市、焦作市、黄山市、淮北市、湖州市、广安市、青州市、偃师市、太仓市、诸暨市、临海市、桐乡市、宜春市、景德镇市
10	2008	石家庄市、迁安市、沈阳市、调兵山市、四平市、松原市、常州市、南通市、江阴市、衢州市、义乌市、淮南市、铜陵市、永安市、南昌市、新余市、莱芜市、胶州市、乳山市、文登市、新乡市、济源市、舞钢市、登封市、黄石市、株洲市、广州市、东莞市、潮州市、贵阳市、银川市、克拉玛依市、昌吉市、奎屯市、天津市塘沽区、重庆市南岸区、重庆市渝北区同时被命名为"国家园林城区"
11	2008	长沙市、淮安市、赣州市、南充市、西宁市、敦化市、上虞市、宜都市

续表

批次	年份	城市(城区)
12	2010	潍坊市、临沂市、泰安市、重庆市、承德市、太原市、铁岭市、开原市、宿迁市、泰州市、台州市、池州市、萍乡市、吉安市、商丘市、安阳市、平顶山市、三门峡市、鄂州市、湘潭市、韶关市、梅州市、汕头市、柳州市、遂宁市、昆明市、玉溪市、西安市、肥城市、章丘市、武安市、潞城市、侯马市、金坛市、巩义市、景洪市、青铜峡市、哈密市、伊宁市、平湖市、海宁市
13	2010	信阳市、余姚市、延吉市
14	2012	张家口市、阳泉市、本溪市、丹东市、连云港市、芜湖市、六安市、莆田市、龙岩市、九江市、上饶市、东营市、济宁市、聊城市、驻马店市、荆门市、荆州市、娄底市、北海市、百色市、丽江市、吴忠市、孝义市、江都市、江山市、温岭市、如皋市、龙口市、海阳市、永城市
15	2012	佳木斯市、海林市、七台河市、保定市、咸宁市、介休市、泰宁县、长泰县、陇县
16	2013	通辽、鄂尔多斯、宁德、高密、泸州、咸阳、灵武、中卫
17	2014	宁德市、通辽市、内鄂尔多斯市、高密市(县级市)、泸州市、咸阳市、灵武市(县级市)、中卫市
18	2015	沧州市、呼和浩特市、内乌海市、扎兰屯市、乌兰察布市、鞍山市、集安市、珲春市、大庆市、同江市、黑河市、新沂市、东台市、大丰市、扬中市、靖江市、临安市、温州市、龙泉市、蚌埠市、宿州市、宣城市、宁国市、枣庄市、滕州市、开封市、林州市、邓州市、大冶市、孝感市、应城市、松滋市、黄冈市、赤壁市、潜江市、天门市、钦州市、玉林市、阆中市、曲靖市、大理市、嘉峪关市、玉门市、石嘴山市、阜康市、博乐市

总的来看,从早期的"田园城市""绿色城市""花园城市""山水城市""森林城市"到近十几年来的国家或省级"园林城市",作为城市发展的目标,都是对"人与自然在城市中和谐共生关系"的积极探索,而生态园林城市其根本目标是保护和改善城市生态环境、优化城市人居环境、促进城市可持续发展。

3.2　园林绿地类型与用地选择

规划什么样的园林绿地,就选择相应的用地。首先需要研究确定城市园林绿地类型及特点,作为选择用地的依据。

3.2.1　园林绿地类型及特征

目前,世界各国对城市园林绿地类型的划分不统一。德国划分为郊外森林公园、市民公园、运动娱乐公园、广场、分区公园、交通绿地等;美国(洛杉矶)将公园与游憩用地分为游戏场、邻里运动场、地区运动场、体育运动中心、城市公园、区域公园、海岸、野营地、特殊公园、文化遗迹、空地、保护地等;苏联分为公共绿地、专用绿地、特殊用途绿地;日本第二次世界大战期间分为普通绿地(直接以公众的休闲娱乐为目的的绿地)、生产绿地(农林渔地区)、准绿地(庭院和其他受法律保护的保存地块和园景地)。

1991年,我国城市用地分类中就有专项绿地大类(G):公共绿地(G_1),公园(G_{11}),街头绿地(G_{12});生产防护绿地(G_2),园林生产绿地(G_{21}),防护绿地(G_{22})。在1992年由国务院颁发的《城市绿化条例》中提出公共绿地、居住区绿地、防护绿地、单位附属绿地、生产绿地、风景林地、干道绿化带等七类。但从城市总体规划、专业规划角度考虑,并与城市用地分类,有利于经营管理、城市绿地计算口径统一相结合,一般将以上七类绿地综合为公共绿地、居住区绿地、道路交通绿地、单位附属绿地、生产绿地、防护绿地、风景林地。

2002年,国家建设部颁布实施了《城市绿地分类标准》(表3.2)。第一次将全国的城市绿地进行了分类,将园林绿地分为大类、中类、小类3个层次。绿地类别采用英文字母与阿拉伯数字混合型代码表示,该分类标准将城市绿地具体划分为五大类,即公园绿地(G_1)、生产绿地(G_2)、防护绿地(G_3)、附属绿地(G_4)、其他绿地(G_5)。

对城市生态环境质量、居民休闲生活、城市景观和生物多样性保护有直接影响的绿地,包括风景名胜区、水源保护区、郊野公园、森林公园、自然保护区、风景林地、城市绿化隔离带、野生动植物园、湿地、垃圾填埋场恢复绿地等。

表3.2　城市绿地分类标准(2002年)

大类	中类	小类	类别名称	大类	中类	小类	类别名称
G_1			公园绿地	G_2			生产绿地
	G_{11}		综合公园	G_3			防护绿地
		G_{111}	全市性公园				
		G_{112}	区域性公园	G_4			附属绿地
	G_{12}		社区公园		G_{41}		居住绿地
		G_{121}	居住区公园				
		G_{122}	小区游园		G_{42}		公共设施绿地
	G_{13}		专类公园		G_{43}		工业绿地
		G_{131}	儿童公园				
		G_{132}	动物园		G_{44}		仓储绿地
		G_{133}	植物园		G_{45}		对外交通绿地
		G_{134}	历史名园				
		G_{135}	风景名胜公园		G_{46}		道路绿地
		G_{136}	游乐公园		G_{47}		市政设施绿地
		G_{137}	其他专类公园				
	G_{14}		带状公园		G_{48}		特殊绿地
	G_{15}		街旁绿地	G_5			其他绿地

1)公园绿地(G_1)

城市公园绿地是城市中向公众开放的,以游憩为主要功能,有一定的游憩设施和服务设施,同时兼有健全生态、美化景观、防灾减灾等综合作用的绿化用地。它是城市建设用地、城市绿地系统和城市市政公用设施的重要组成部分,是表示城市整体环境水平和居民生活质量的一项重要指标。根据各种公园绿地的主要功能、内容、形式与主要服务对象的不同,又分为综合公园、社区公园、专类公园、带状公园和街旁绿地五类公园绿地。

(1)综合公园

综合公园是指绿地面积较大,内容丰富,设施齐全适合于公众开展各类户外活动的规模较大的绿地。根据其服务半径不同又分为全市性公园和区域性公园,包括市、区居住区级公园。综合性公园一般服务项目较多,属于市一级管理。美国纽约中央公园、旧金山金门公园、莫斯科高尔基城文化休息公园、索科尔夫公园,英国伦敦的利奇蒙德公园等,还有中国北京的陶然亭公园、上海长风公园、广州越秀公园等都属于综合性公园。

综合性公园是城市园林绿地系统、公园系统中的重要组成部分,是城市居民文化生活不可缺少的重要因素。它不仅为城镇提供大片绿地,而且是市民开展文化、娱乐、体育、游憩活动的公共场所,也是一座城市中重要的应急避难场地。综合性公园对于城镇的精神文明、环境保护、社会生活起着重要作用。

(2)社区公园

社区公园是指为一定居住用地范围内的居民服务,具有一定活动内容和设施的集中绿地。它不包括居住组团绿地。根据服务半径的不同,又分为居住区公园和小区游园。它们都有为一个居住区的居民提供服务,具有一定活动内容和设施,为居住区配套建设的集中绿地。居住区公园服务半径一般为 0.5 ~ 1.0 km;小区游园服务半径为 0.3 ~ 0.5 km。

(3)专类公园

具有特定内容或形式,满足不同人群的需要,有一定游憩设施的绿地。除了综合性城市公园外,有条件的城市一般还设有多个专类公园,包括儿童公园、动物园、植物园、历史名园、风景名胜公园、游乐公园、雕塑公园、盆景园、体育公园、纪念性公园等。

①儿童公园。儿童公园指单独设置,供少年儿童游戏及开展科普、文体活动,有安全、完善的设施的绿地。其服务对象主要是少年儿童及携带儿童的成年人,用地不大,常与少年宫结合使用。

②动物园。动物园是人类社会经济文化、科学教育、人民生活水平、城市建设发展到一定程度的产物。是指在人工饲养条件下,移地保护野生动物,供观赏,普及科学知识、进行科学研究和动物繁育,并具有良好设施的绿地,同时为游人提供休息、活动的专类公园。

③植物园。植物园是进行植物科学研究和引种驯化,并供观赏、游憩及开展科普活动的绿地。它是以植物为中心的,按植物科学和游憩要求所形成的大型专类公园。它通常也是城市园林绿化的示范基地、科普基地、引种驯化和物种移地保护基地,常包括有多种植物群落样方、植物展馆、植物栽培实验室、温室等。

④历史名园。历史名园指历史悠久,知名度高,体现传统造园艺术并被审定为文物保护单位的园林,现在开放为市民公园,供人们参观游览,属于全国、省、市各级文物保护单位。历史名园历史文化价值较高,是各个历史时期造园艺术的精品,对这些园林以保护为主,划定出外围保护范围,严格禁止有损园内景观的任何建设行为。

⑤风景名胜公园,指位于城市建设用地范围内,以文物古迹、风景名胜点(区)为主形成的具有城市公园功能的绿地。风景名胜公园中的一些景物具有较高的历史文化价值,是公园的主要景点,围绕这些风景名胜形成的以游赏、历史教育为主的城市公园绿地。

⑥游乐公园。游乐公园是具有大型游乐设施,单独设置,生态环境较好的绿地,其绿化占地比例应大于等于65%的城市专类公园。游乐公园必须具备以下两点:具有大型游乐设施,突出游乐的功能;是严格意义上的公园,绿化占地比例有明确的要求。

⑦其他专类公园,指具有特定内容或形式,有一定游憩设施的绿地,如雕塑园、盆景园、体育公园、纪念性公园等。属绿化占地比例应大于等于65%的城市专类公园。

(4)带状公园

带状公园是指沿城市道路、城墙、水滨等,有一定游憩设施的狭长形绿地。它常常结合城市道路、水系、城墙而建设,是绿地系统中颇具特色的构成要素,承担着城市生态廊道的职能。带状公园的宽度受用地条件的影响,一般呈狭长形,以绿化为主,辅以简单的设施。

(5)街旁绿地

街旁绿地是指位于城市道路用地之外,相对独立成片的绿地,它包括街道广场绿地、小型沿街绿化用地等。街旁绿地是散布于城市中的中小型开放式绿地,虽然有的街旁绿地面积较小,但具备游憩和美化城市景观的功能,是城市中量大面广的一种公园绿地类型。

在历史保护区、旧城改建区,街旁绿地面积要求不小于 1 000 m²,绿化占地比例不小于65%。街旁绿地在历史城市、特大城市中分布最广,利用率最高。近年来,上海、天津在中心城区内建设这类绿地较多,受到市民的普遍欢迎。

街道广场绿地属街旁绿地的一种特殊形式。它属于我国绿地建设中一种新的类型,是美化城市景观,降低城市建筑密度,提供市民活动、交流和避难场所的开放型空间。它在空间位置和尺度,设计方法和景观效果上都不同于小型的沿街绿化用地,也不同于一般的城市游憩集会广场、交通广场和社会停车场库用地。"街道广场绿地"与"道路绿地"中的"广场绿地"不同,"街道广场绿地"位于道路红线之外,而"广场绿地"在城市规划的道路广场用地(即道路红线范围)以内。

2)生产绿地(G_2)

生产绿地是指为城市绿化提供苗木、花草、种子的苗圃、花圃、草圃等圃地。作为城市绿化的生产基地及科研实验基地。常位于郊区土壤、水源较好,交通方便的地段。它一般占地面积较大,受土地市场影响,现在易被置换到郊区。城市生产绿地规划总面积应占城市建成区面积的2%以上;苗木自给率满足城市各项绿化美化工程所用苗木80%以上。

3)防护绿地(G_3)

防护绿地是指城市中具有卫生、隔离和安全防护功能的绿地,主要功能是改善城市自然条件、卫生条件、通风、防风和防沙等。包括卫生隔离带、道路防护绿地、城市高压走廊绿地、防风林、城市组团隔离带等。

防护绿地是为了满足城市对卫生、隔离、安全的要求而设置的,其功能是对自然灾害和城市公害起到一定的防护或减弱作用,不宜兼作公园绿地使用。

(1)城市卫生隔离带

卫生隔离带用于阻隔有害气体、气味、噪声等不良因素对其他城市用地的骚扰,通常介于工厂、污水处理厂、垃圾处理站、殡葬场地等与居住区之间。

（2）道路防护绿地

道路防护绿地是以对道路防风沙、防水土流失、以农田防护为辅的防护体系，是构筑城市网络化生态绿地空间的重要框架，同时改善道路两侧景观。

（3）城市高压走廊绿带

城市高压走廊一般与城市道路、河流、对外交通防护绿地平行布置，形成相对集中，而且对城市用地和景观干扰较小的高压走廊，一般不斜穿、横穿地块。高压走廊绿带是结合城市高压走廊线的规划，根据两侧情况设置一定宽度的防护绿地，以减少高压线对城市安全、景观等方面的不利影响。

（4）防风林带

防风林带主要用于保护城市免受风沙侵袭，或者免受 6 m/s 以上的经常强风、台风的袭击。城市防风林带一般与主导风向垂直布置。

（5）城市组团隔离带

城市组团隔离带是在城市建成区内，以自然地理条件为基础，在生态敏感区域规划建设的绿化带。

4）附属绿地（G_4）

附属绿地是指包含在城市建设用地（除 G_1、G_2、G_3 之外）中的绿地。包括居住用地、公共设施用地、工业用地、仓储用地、对外交通用地、道路广场用地（道路红线内的行道树、分车绿带、交通岛、停车场、交通广场绿地）、市政设施用地和特殊用地中的绿地。

（1）居住绿地

居住区内的绿地，属居住用地的一部分。除去居住建筑用地、居住区内道路广场用地、中小学幼托建筑用地、商业服务公共建筑用地外，它具体包括居住小游园、组团绿地、宅旁绿地、居住区道路绿化、配套公建绿地。居住绿地在城市绿地中占有较大比重，与城市生活密切相关，是居民日常使用频率最高的绿地类型。居住绿地不能单独参加城市建设用地平衡。

随着城市环境建设水平的提高，全国已有许多城市要求居民出行 500 m 可进入公园绿地。为满足城市规划建设管理的需求，结合我国城市用地现状，将"居住区公园"和"小区游园"归属"公园绿地"。

（2）公共设施绿地

公共设施绿地指公共设施用地范围内的绿地。如行政办公、商业金融、文化娱乐、体育卫生、科研教育等用地内的绿地。

（3）工业用地绿地

工业绿地是指工业用地内的绿地。工业用地在城市中占有十分重要的地位，一般城市约占到 20%～30%，工业城市还会更多。工业绿化与城市绿化有共同之处，同时还有很多固有的特点。由于工业生产类型众多，生产工艺不相一致，不同的要求给工厂的绿化提出了不同的限制条件。

（4）仓储用地绿地

即是指城市仓储用地内的绿地。

（5）对外交通绿地

对外交通绿地涉及飞机场、火车站场、汽车站场和码头用地。它是城市的门户，汽车流、物流和人流的集散中心。对外交通绿地除了城市景观和生态功能外，应重点考虑多种流线的分割与疏导、停车遮阴、人流集散等候、机场驱鸟等特殊要求。

(6)道路绿地

道路绿地指城市道路广场用地内的绿化用地,包括道路绿带(行道树绿带、分车绿带、路侧绿带)、交通岛绿地(中心岛绿地、导向岛绿地、立体交叉绿岛)、停车场或广场绿地、铁路和高速公路在城市部分的绿化隔离带等。不包括居住区级道路以下的道路绿地。

(7)市政设施绿地

市政设施绿地包括供应设施、交通设施、邮电通信设施、环境卫生设施、施工与维修设施、殡葬设施等用地内部的绿地。

(8)特殊用地绿地

特殊用地绿地包括军事用地、外事用地、保安用地范围内的绿地。

5)其他绿地（G_5）

其他绿地是指对城市生态环境质量、居民休闲生活、城市景观和生物多样性保护有直接影响的绿地。包括风景名胜区、水源保护区,有些城中新出现的郊野公园、森林公园、自然保护区、风景林地、城市绿化隔离带、野生动植物园、湿地、垃圾填埋场恢复绿地等。

其他绿地位于城市建设用地以外,生态、景观、旅游和娱乐条件较好或亟须改善的区域,一般是植被覆盖较好、山水地貌较好或应当改造好的区域。这类区域对城市居民休闲生活的影响较大,它不但可以为本地居民的休闲生活服务,还可以为外地和外国游人提供旅游观光服务,有时其中的优秀景观甚至可以成为城中的景观标志。其主要功能偏重生态环境保护、景观培育、建设控制、减灾防灾、观光旅游、郊游探险、自然和文化遗产保护等,如风景名胜区、水源保护区、郊野公园、森林公园、自然保护区、风景林地、城市绿化隔离带、野生动植物园、湿地、垃圾填埋场恢复绿地等。

(1)风景名胜区

风景名胜区也称风景区,是指风景资源集中、环境优美、具有一定规模和游览条件,可供人们游览欣赏、休憩娱乐或进行科学文化活动的地域。我国风景名胜区由市县级、省级、国家重点风景名胜区组成,是不可再生的自然和文化遗产。

(2)水源保护区

水源涵养林建设不仅可以固土护堤,涵养水源,改善水文状况,而且可以利用涵养林带,控制污染或有害物质进入水体,保护市民饮用水水源。一般水源涵养林可划分为核心林带、缓冲林带和延绵林带三个层面。核心林带为生态重点区,以建设生态林、景观林为主;缓冲林带为生态敏感区,可纳入农业结构调整范畴;延绵林带为生态保护区,以生态林、景观林为主,可结合种植业结构调整。

(3)自然保护区

自然保护区是指对有代表性的自然生态系统、珍稀濒危野生动植物物种的天然集中分布区、有特殊意义的自然遗迹等保护对象所在的陆地、陆地水体或者海域,依法划出一定面积予以特殊保护和管理的区域。

(4)湿地

《关于特别是水禽生境的国际重要湿地公约》(《拉姆萨公约》)在序言中定义湿地为:"沼泽、湿原、泥炭地或水域,其中水域包括天然的和人工的、永久的和暂时的,水体可以是静止的或流动的,是淡水、半咸水或咸水,包括落潮时水深不超过 6 m 的海域,另外还包括毗邻的堤岸和海滨",它是一个广泛的定义。

湿地是生物多样性丰富的生态系统,在抵御洪水、调节径流、控制污染、改善气候、美化环境等方面起着重要作用,它既是天然蓄水库,又是众多野生动物,特别是珍稀水禽的繁殖和越冬地,它还可以给人类提供水和食物,与人类生存息息相关,被称为"生命的摇篮""地球之肾"和"鸟的乐园"。

(5)郊野公园

郊野公园是现代有些城中新出现的一种绿地类型,一般是指位于城市的郊区、在城市建设用地以外的、划定有良好的绿化和一定的服务设施并向公众开放的区域,以防止城市建成区无序蔓延为主要目的,兼具有保护城市生态平衡,提供城市居民游憩环境,开展户外科普活动场所等多种功能的绿化用地。

(6)森林公园

1999 年发布的国家标准《中国森林公园风景资源质量等级评定》指出,森林公园是"具有一定规模和质量的森林风景资源和环境条件,可以开展森林旅游,并按法定程序申报批准的森林地域"。该定义明确了森林公园必须具备以下基本条件:第一,是具有一定面积和界线的区域范围;第二,以森林景观资源为背景或依托,是这一区域的特点;第三,该区域须具有游憩价值,有一定数量和质量的自然景观或人文景观,区域内可为人们提供游憩、健身、科学研究和文化教育等活动;第四,必须经由法定程序申报和批准。其中,国家级森林公园必须经中国森林风景资源评价委员会审议,国家林业局批准。

(7)城市绿化隔离带

城市绿化隔离带包括城市绿化隔离带和城市组团绿化隔离带。不同于城市组团绿化隔离带的城市绿化隔离带指我国已经出现的城镇连片地区,有些城镇中心相距 10 余 km,城镇边缘已经相接,这些城镇应当用绿色空间分隔,防止城镇的无序蔓延和建设效益的降低。

3.2.2 园林绿地用地选择

城市公共绿地、防护绿地、生产绿地的用地选择与地形、地貌、用地现状和功能关系较大,必须认真选择。街道、广场、滨河绿地、工厂区、居住区、公共建筑地段上的绿地都是按照属性的用地范围,一般无须选择。

1)城市公园绿地用地选择

(1)城市综合公园

综合公园在城市中的位置,应在城市绿地系统规划中确定。在城市规划设计时,应结合河湖系统、道路系统及生活居住用地的规划综合考虑。在进行综合公园选址时应考虑:

①综合公园的服务半径应满足生活居住用地内的居民能方便地使用,并与城市主要道路有密切的联系(表3.3)。

表 3.3　城市综合公园和社区公园的合理服务半径

公园类型	面积规模/hm²	规划服务半径/m	居民步行来园所耗时间/min
市级综合公园	≥20	2 000 ~ 3 000	25 ~ 35
区级综合公园	≥10	1 000 ~ 2 000	15 ~ 20
居住区公园	≥4	500 ~ 800	8 ~ 12
小区游园	≥0.5	300 ~ 500	5 ~ 8

②利用不宜于工程建设及农业生产的复杂破碎的地形,起伏变化较大的坡地。充分利用地形,避免大动土方,既节约城市用地和建园的投资,又有利于丰富园景。

③可选择在具有水面及河湖沿岸景色优美的地段,充分发挥水面的作用,有利于改善城市小气候,增加公园的景色,开展各项水上活动,还有利于地面排水。

④可选择在现有树木较多和有古树的地段。在森林、丛林、花圃等原有种植的基础上加以改造,建设公园,投资省,见效快。

⑤可选择在原有绿地的地方。将现有的公园建筑、名胜古迹、革命遗址、纪念人物事迹和历史传说的地方,加以扩充和改建,补充活动内容和设施。在这类地段建园,可丰富公园的内容,有利于保存文化遗产,起到爱国及民族传统教育的作用。

⑥公园用地应考虑将来有发展的余地。随着国民经济的发展和人民生活水平不断提高,对综合公园的要求会增加,故应保留适当发展的备用地。

(2)城区公园绿地

①应选用各种现有公园、苗圃等绿地或现有林地、树丛等加以扩建、充实、提高或改造,增加必要的服务设施,不断提高园林艺术水平,适应改革开放与人民群众的需要。

②要充分选择河、湖所在地,利用河流两岸、湖泊的外围创造带状、环状的公园绿地。充分利用地下水位高、地形起伏大等不适宜于建筑而适宜绿化的地段,创造丰富多彩的园林景色。

③选择名胜古迹、革命遗址,配植绿化树木,既能显出城市绿化特色,又能起到教育广大群众的作用。

④结合旧城改造,在旧城建筑密度过高地段,有计划拆除部分劣质建筑,规划、建设为公共绿地、花园,以改善环境。

⑤要充分利用街头小块地,"见缝插绿"开辟多种小型公园,方便居民就近休息赏景。

(3)儿童公园

儿童公园的活动内容和场地的规划设计,要适合儿童的特点,方便儿童使用;要满足不同年龄儿童少年活动需要。可根据不同年龄特点,分别设立学龄前儿童活动区、学龄儿童活动区和少年儿童活动区等。

综合性儿童公园一般应选择在风景优美的地区,面积可达 5 hm² 左右。公园活动内容和设备可有游戏场、沙坑、戏水池、球场、大型电动游戏器械、阅览室、科技站、少年宫、小卖部,供休息的亭、廊等。小型儿童乐园其作用与儿童公园相似,但一般设施简易,数量较少,占地也较少,通常设在城市综合性公园内。

在城市规划中,如何考虑提供儿童开展休息娱乐的场地,如何布局城市儿童公园系统都是带有战略意义的重要问题。从选址上,首先应考虑保护儿童公园不受城市水体和气体的污染和城市噪声干扰,以保证儿童公园的设施和教育功能有良好的生态环境和活动空间。选址还要考虑儿童公园的交通条件,使家长和儿童能便捷抵达,安全顺畅。从合理布点考虑,较完备的儿童公园不宜选择在已有儿童活动场的综合性公园附近,以免重复建设,造成资金的浪费;反之,邻近已有综合性儿童公园的区域,在城市公园规划中,就可以不考虑儿童活动区。

(4)动物园

动物园具有科普功能、教育娱乐功能,同时也是研究我国以及世界各种类型动物生态习性的基地、重要的物种移地保护基地。动物园在大城市中一般独立设置,中小城市常附设在综合性公园中。动物园的用地选择应尽量远离有噪声、大气污染、水污染的地区,远离居住用地和公共设施用地,便于为不同生态环境(森林、草原、沙漠、淡水、海水等)、不同地带(热带、寒带、温带)的动物生存创造适宜条件,与周围用地应保持必要的防护距离。

动物园的园址用地应考虑公园的适当分工,根据城市绿地系统来确定。在地形方面,由于动物种类繁多,来自不同的生态环境,故地形宜高低起伏,有山冈、平地、水面等自然风景条件和良好的绿化基础。卫生方面,因动物时常会狂吠吼叫或发出恶臭,并有通过疫兽、粪便、饲料等产生传染疾病的可能,因此动物园最好与居民区有适当的距离,而在下游、下风地带。园内水面要防止城市水的污染,周围要有卫生防护地带,该地带内不应有住宅和公共便利设施、垃圾场、屠宰场、动物加工厂、畜牧场、动物埋葬地等。交通方面,动物园客流较集中、货物运输量也较多,如在市郊更需要交通联系。一般停车场和动物园的入口宜在道路一侧,较为安全。停车场上的公共汽车、无轨电车、小汽车、自行车应适当隔离使用。

(5)植物园

植物园一般远离居住区,但要尽可能设在交通方便、地形多变、土壤水文条件适宜、无城市污染的下风下游地区,以利各种生态习性的植物生长。

植物园的选址,对于植物园的规划、建设将起到决定性的作用。

侧重于科学研究的植物园,一般从属于科研单位,服务对象是科学工作者。它的位置可以选择交通方便的远郊区,一年之中可以缩短开放期,冬季在北方可以停止游览。

侧重于科学普及的植物园,多属于市一级的园林单位,主要服务对象是城市居民、中小学生等。它的位置最好选在交通方便的近郊区。

如果是研究某些特殊生态要求的植物园,如热带植物园、高山植物园、沙生植物园等,就必须选择相应的特殊地,才便于研究,但也要注意一定要交通方便。

附属于大专院校的植物园,最好在校园内辟地为园或与校园融为一体,可方便师生教学。

2)生产绿地用地选择

生产绿地是指为城市绿化提供苗木、花草、种子的苗圃、花圃、草圃等圃地。作为城市绿化的生产基地及科研实验基地,它一般占地面积较大,受土地市场影响,现在易被置换到郊区,但不能多占农田,可选择在郊区交通运输方便,且土壤及水源条件较好,方便育苗管理的地方。城市生产绿地规划总面积应占城市建成区面积的 2% 以上;苗木自给率满足城市各项绿化美化工程所用苗木 80% 以上。

3)防护林地用地选择

因所在位置和防护对象的不同,对防护绿地的宽度和种植方式的要求各异。因此用地的选择具有特殊性:

①防风林应选择在城市外围上风向与主导风向位置垂直,以利阻挡风沙对城市的侵袭。

②卫生防护林按工厂有害气体、噪声等对环境影响程度不同,选定有关地段设置不同宽度的防护林带。

③农田防护林选择在农田附近、利于防风的地带营造林网,形成长方形的网格(长边与常年风向垂直)。

④水土保持林地选河岸、山腰、坡地等地带种植树林,固土、护坡,涵蓄水源,减少地面径流,防止水土流失。

4) 郊区风景名胜区、森林公园绿地用地选择

郊区风景林地、森林公园绿地的选择尽可能利用现有自然山水、森林地貌,规划风景旅游区、休养所、森林公园、自然保护区等。

3.3 城市园林绿地指标

城市园林绿地定额指标是反映城市绿化建设质量和数量的量化方式,是城市绿化水平的基本标志,它反映了城市一个时期的经济水平、城市环境质量及文化生活水平。在城市绿地系统规划编制和国家园林城市评定考核中,通常采用人均公园绿地面积(m^2/人)、城市绿化率(%)和城市绿化覆盖率(%)等三大主要控制指标进行确定,以便能较为全面地反映城市绿化水平,同时也便于城市规划用地的平衡与计算。

城市园林绿地定额指标是指城市中平均每个居民所占有的公园绿地面积、城市绿化覆盖率、城市绿地率等。它反映一个城市的绿化数量和质量、一个时期的城市经济发展和城市居民的生活福利保健水平,也是评价城市环境质量的标准和城市居民精神文明的标志之一。

我国城市规划建设用地结构中指出绿地占建设用地比例为8% ~ 15%。城市规模不同,其绿地指标各不相同。大城市人口密集、建筑密度高,绿地要相应偏大才能满足居民需要,每人应占 10 ~ 12 m^2;居民在 5 万以上的城市,郊区自然环境好、卫生条件较好的城市,绿地面积可适当低些;在建筑量大、工厂多、人口多的城市,风景旅游和休养性质的城市以及干旱地区的城市,其绿化面积都应适当增加,以利改善环境,美化环境,减少污染。

3.3.1 城市绿地总面积

城市绿地总面积(hm^2)= 公园绿地+附属绿地+防护绿地+生产绿地+其他绿地

3.3.2 城市绿地率

城市绿地率是指城市各类绿地总面积占城市面积的百分比。

城市绿地率(%)=(城市建成区内绿地总面积÷城市用地总面积)×100%

其中,建成区内绿地包括公园绿地、生产绿地、防护绿地和附属绿地。

城市绿地率表示城市绿地总面积的大小,是衡量城市规划的重要指标。从健康疗养角度,绿地面积达 50% 以上才有舒适的休养环境。城乡建设环境保护部有关文件中规定:城乡新建区绿化用地应不低于总用地面积的 30%;旧城改建区绿化用地应不低于总用地面积的25%;一般城市的绿地率以 40% ~ 60% 比较适宜。

20 世纪 90 代,我国就开始制订城市绿地指标等相关要求,反映了国家对城市绿化保护与发展的极大重视。数十年的城市建设与发展,我们也看到了城市绿地规划的不断发展和可喜的变化。

2005 年,全国城市规划建成区绿地率 30% 以上,绿化覆盖率 35% 以上,人均公共绿地8 m^2 以上。2010 年,城市规划建成区绿地率 35% 以上,绿化覆盖率 40% 以上,人均公共绿地10 m^2 以上。城市新区绿地率 30%;旧区改造绿地率 25%;工业用地绿地率 20%;精密工业用地绿地率 40%;医院、幼儿园、大专院校绿化面积 40% ~ 70%。

3.3.3　城市绿化覆盖率

城市绿化覆盖率是指城市中各类绿化种植覆盖总面积占城市总用地面积的百分比。

城市绿化覆盖率(%) = (城市内全部绿化种植垂直投影面积÷城市用地总面积)×100%

城市建成区内绿化覆盖面积应包括各类绿地(公园绿地、生产绿地、防护绿地以及附属绿地)的实际绿化种植覆盖面积(含被绿化种植包围的水面)、屋顶绿化覆盖面积以及零散树木的覆盖面积,乔木树冠下的灌木和地被草地不重复计算。

城市中各类绿地的绿色植物覆盖总面积占城市总用地面积的百分比,是衡量一个城市绿化现状和生态环境效益的重要指标,它随着时间的推移、树冠的大小而变化。城市绿化覆盖率到 2010 年应不少于35%。林学上认为,一个地区的绿色植物覆盖率至少应在30%以上,才能对改善气候发挥作用。城乡建设环境保护部 1982 年文件指出:凡有条件的城市,要把绿化覆盖率提高到30%,远期达 50%。

3.3.4　人均公园绿地面积

城市人均公园绿地面积是指城市公园绿地面积的人均占有量(m^2/人)。

人均公园绿地面积 = 市区公园绿地总面积÷市区总人口

公园绿地是城市中向公众开放的,以游憩为主要功能,有一定的游憩设施和服务设施,同时兼有健全生态、美化景观、防灾减灾等综合作用的绿化用地。是城市建设用地、城市绿地系统和城市市政公用设施的重要组成部分,是展示城市整体环境水平和居民生活质量的一项重要指标。园林城市、园林县城和园林城镇达标值均为不小于 9 m^2/人,生态城市达标值为不小于 11 m^2/人。

21 世纪开始,我国的人均公园绿地指标定额为 7 m^2/人,根据科学认为,满足人们休憩生活的绿地较好指标应该为大于 60 m^2/人。

2016 年 3 月 11 日,全国绿化委员会办公室发布的 2015 年中国国土绿化状况公报显示,截至目前,全国城市建成区绿地率达36.34%;人均公园绿地面积达 13.16 m^2。城市建成区园林绿地面积为 188.8 万 hm^2,城市公园数量增至 13 662 个。这充分反映我国城镇园林绿地结构和功能正在进一步优化完善,人均公园绿地面积等指标也在稳步提高。

3.3.5　人均公共绿地面积

人均公共绿地为市区内每人平均占有公共绿地面积(m^2/人)。

人均公共绿地面积 = 城市建成区内绿地总面积÷城市市区总人口

城市建成区内的绿地面积包括城市中的公园绿地、生产绿地、防护绿地以及附属绿地的总和。

在城市总体规划中,绿地作为城市建设用地的规划结构比例为8% ~15%,人均公共绿地面积指标是根据城市人均建设用地指标而定,理想的人均绿地指标不小于 9 m^2,其中公园绿地不小于 7 m^2(表3.4)。

表 3.4 城市人均建设用地指标与人均公共绿地面积指标

人均建设用地 /(m²·人⁻¹)	人均公共绿地/(m²·人⁻¹)		城市绿化覆盖率/%		城市绿地率/%	
	2000 年	2010 年	2000 年	2010 年	2000 年	2010 年
<75	>5	>6	>30	>35	>25	>30
75 ~ 105	>5	>7	>30	>35	>25	>30
>105	>7	>8	>30	>35	>25	>30

3.3.6 道路交通绿化面积指标

道路绿化面积=平均单株行道树的树冠投影面积+分车绿岛上草地面积

道路绿化程度=道路绿化横断面长度÷道路横断面总长度

城市道路均应根据实际情况搞好绿化,其中主干道绿带面积占道路总用地比率不少于20%,次干道绿带面积所占比率不少于15%。道路绿化面积为平均单株行道树的树冠投影面积与分车绿岛上的草地面积之和。常用道路绿化横断面长度与道路横断面总长度之比来衡量道路绿化程度。我国宽度在40 m以上的干道绿化程度为27%,40 m以下的绿化程度为28%。

3.3.7 生产绿地面积指标

城市苗圃拥有量=城市苗圃面积÷建成区面积

建设部要求园林苗圃用地面积应为城市建成区面积的2% ~ 3%。

苗圃拥有量反映了一个城市园林绿化生产用地的多少,是城市园林绿化建设的物质基础。建设部有关文件要求各个城市都要重视园林苗圃的建设,逐步做到苗木自给。生产绿地面积占城市建成区总面积比率不低于2%,还应支持和帮助有条件的单位开展群众育苗。

3.3.8 防护林绿地面积指标

国家建委、卫生部共同颁发《工业企业设计暂行标准》(表3.5)。

表 3.5 城市卫生防护林绿地定额指标

工业企业等级	卫生防护带宽度/m	卫生防护带数目/条	林带宽度/m	林带间隔/m
Ⅰ	1 000	3 ~ 4	20 ~ 50	200 ~ 400
Ⅱ	500	2 ~ 3	10 ~ 30	150 ~ 300
Ⅲ	300	1 ~ 2	10 ~ 30	150 ~ 300
Ⅳ	100	1 ~ 2	10 ~ 20	50
Ⅴ	50	1	10 ~ 20	

城市内河、海、湖等水边及铁路旁的防护林带宽应大于30 m。国家建委和卫生部共同颁发了"工业企业设计暂行标准",规定卫生防护林带宽度为1 000 m、500 m、300 m、100 m和50 m五类。

3.3.9　居住区绿地面积指标

居住区绿地占居住区总用地比率应不低于30%。

3.3.10　单位附属绿地面积指标

单位附属绿地面积占单位总用地面积比率不低于30%,其中工业企业、交通枢纽、仓储、商业中心等绿地率不低于20%;产生有害气体及其他污染的工厂绿地率不低于30%,并根据国家标准设立不少于5 m的防护林带;学校、医院、休疗养院所、机关团体、公共文化设施、部队等单位的绿地率不低于35%。

3.4　城市园林绿地的结构布局

绿地系统的布局结构是城市园林绿地系统的内在结构与外在表现的综合体现,其主要目标是使各类型园林绿地合理分布、紧密联系,组成城市内外有机结合的园林绿地系统整体。

3.4.1　城市园林绿地布局形式

城市园林绿地选定后,根据城市园林绿地总指标及有关指标进行规划布局。城市园林绿地的形式根据城市各自不同的具体条件,通常有块状、环状、楔形、混合式、片状等几种布局形式(图3.1)。

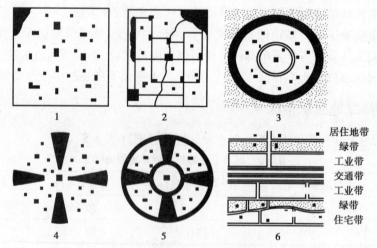

图3.1　城市园林绿地布局形式

1—块状式;2—绿道式;3—环状式;4—楔状(放射式);5—混合式;6—片状(带式)

1)块(点)状绿地

块(点)状绿地是在城市规划总图上,将市、区公园、花园、广场等园林绿地呈块状或点状均匀分布在城市中。这种形式具有布局均匀、接近并方便居民使用的特点,但因绿地分散独立,各块(点)绿地之间缺乏相互间的联系,对构成城市整体艺术面貌的作用不大,也不能起到综合改善城市小气候的作用。块状绿地布局形式多在旧城改建中采用。

2) 环状绿地

环状绿地是围绕城市内部或外缘,布置形成环状的绿地或绿带,用以连接沿线的公园、花园、林荫道等绿地。特点是能使市区的公园、花园、林荫道等统一在环带中,使城市处于绿色环抱之中。但在城市平面布局上,环与环之间联系不够,显得孤立,市民使用不便。一般多结合环城水系、城市环路、风景名胜古迹来布置。

3) 楔形绿地

楔形绿地是以自然的原始生态绿地(如河流、放射干道、防护林)等形成由市郊楔入城区呈放射状的绿地。因反映在城市总平面图上呈楔形而得名。一般多利用城市河流、地形、放射型干道等结合市郊农田和防护林来布置。特点是方便居民接近,同时有利于城市景观面貌与自然环境的融合,提高空间质量,对城市小气候有较好的改造作用。而且将市区与郊区或临近发展轴线相联系,绿地直接伸入中心。但它很容易把城市分割成放射状,不利于横向联系。

4) 混合式绿地

混合式绿地为前三种形式的结合利用,是将几种绿地系统结构相配合,使城市绿地呈网络状综合布置。特点是能较好地体现城市绿化点、线、面的结合,形成较完整的城市绿化系统。其优点是能够使生活居住区获得最大的绿地接触面,方便居民游憩和进行各种文娱体育活动。有利于就近地区气候与城市环境卫生条件的改善,有利于丰富城市景观的艺术面貌。与居住区接触面大,方便居民散步、休息和使用。它既能通过带状绿地和楔形绿地与市郊相连,又能加强市区内的横向联系。这种形式使绿地有机联系密切,整体效果好。有利于城市通风和运输新鲜空气,并能综合发挥绿地的生态效能,改善城市环境。现在我国的城市园林绿地系统规划多采取这种布局形式。

5) 片(带)状绿地

片(带)状绿地多数是由于利用河湖水系、城市道路、旧城墙等因素,形成纵横向带形绿带、放射状绿带与环状绿地交织的绿地网。主要包括城市中的河岸、街道、景观通道等绿化地带以及防护林带。特点是能充分结合各城市道路、水系、地形等自然条件或构筑物形状,将城市分成工业、居住、绿地等若干区块。绿地布局灵活,可起到分割城区的作用,具有混合式的优点。带状绿地布局有利于改善和表现城市的生态环境风貌,对城市景观形象和艺术面貌有较好的体现。这种绿地形式将市内各地区绿地相对加以集中,形成片(带)状,比较适于大城市。

每个城市具有各自特点和具体条件,不可能有适应一切条件的布局形式。所以规划时应结合各市的具体情况,认真探讨各自的最合理的布局形式。如郑州市的城市绿地就是带状形式,而合肥市表现为环状和楔形绿地的结合。

例如,成都市绿地系统规划(2013—2020)中极为重视成都市未来市域绿地系统规划布局。主城区绿地系统总体布局结构表现为组团隔离、绿轴导风、五圈八片、蓝脉绿网。即,组团隔离指在组团与中心城区之间规划隔离带,保证绿化面积和质量,控制建设用地数量;绿轴导风指在主城区正北方向的新都—青白江组团和郫县组团之间,东北方向新都—青白江组团与龙泉驿组团之间,设置气流通道,形成城市绿地系统轴心地带和城市氧源基地;五圈八片指第一圈是府南河环城公园带,第二至四圈分别是二、三、四环路的环路绿地,第五圈是城郊公路圈绿地;蓝脉绿网指以城市重点景观河道为主体形成城市的水网蓝脉,沿河流和城市主要道路设置绿化带,构筑城市生态网络(图3.2)。

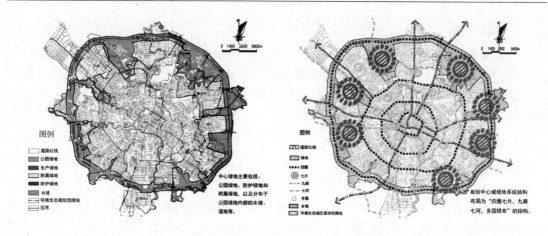

图3.2 成都市绿地系统规划(2013—2020)

3.4.2 城市园林绿地布局手法

城市园林绿地的规划布局,应采用点、线、面相结合的方式,将城市绿地有机地连成一个整体,形成生态、卫生、美丽的花园城市,才能真正充分发挥城市绿地改善气候、净化空气、美化环境等功能。

1)"点"

"点"是指城市中的星点状的各类花园布局。面积不大,而绿化质量要求高。

①充分利用原有公园加以扩建,提高质量。

②在河湖沿岸,交通方便处,新辟各类综合性公园、专题公园、植物园、动物园、陵园等。但要注意均匀分布,服务半径以居民步行 10～20 min 为宜。街道两旁、湖滨岸边适当多布置小花园、小游园,供人们就地休息。儿童公园要注意安排在居住区附近,便于儿童们就近游玩。动物园要稍微远离城市,防止污染城市和传染疾病。

2)"线"

"线"是指城市道路两旁、滨河绿带、工厂及城市防护林带等,将其相互联系组成纵横交错的绿带网,美化街道,保护路面,防风、防尘、防噪声等。

3)"面"

"面"是指城市中居住区、工厂、机关、学校、卫生等单位专用的园林绿地,是城市绿化面积最大的部分。城郊绿化布局应与农、林、牧的规划相结合,将城郊土地尽可能地用来绿化植树,形成围绕城市的绿色环带。特别是人口集中的城市,在规划时应尽量少占用郊区农田,而充分利用郊区的山、川、河、湖等自然条件和风景名胜,因地制宜地创造出各具特色的绿地,如风景区、疗养区等。

4)部分类别城市绿化布局要点

盆地中的城市,为了防止夜间冷空气下沉,易形成雾霾,可在城市周围的坡地上,按等高线方向环形布置乔、灌木林带。

沿海城市或风沙城市,常有台风和强风危害,应在迎风面垂直风向设立防风林带,其宽度为 150 m 左右。

无风或少风城市,可在郊区顺常年风向利用或设置楔形林带,形成通风走廊,引风入城,从而改善城市空气的流通。

石油、冶炼工业城市,应在工业区和居住区之间建立稳定的防护绿化带,种以大片林地形成较稳定的生态系统。

矿石采掘城市,首先应充分利用被破坏和堆放矿渣的用地,采用大片的林带来保护居住区,而后还可利用高低起伏的闲置地形建立公园、风景点及疗养绿地,保护居民的健康以及农作物的安全。

光学仪表、电子工业、精密机械工业城市,应充分实现全城绿化,提高绿化率,大量栽植卫生防护林带,布置花园和林荫道等,组成严密的绿化系统,以保证产品质量。

江南城市,地少人多,应尽量少占郊区农田,充分利用山川河湖等自然风景名胜创建风景区、疗养区。

地震带城市,应规划宽广的林荫道和街头绿地,尽可能布置更多的花园、公园,防止与减少地震灾害。

3.4.3 规划布局原则

城市绿地系统规划布局总的目标是,保持城市生态系统的平衡,满足城市居民的户外游憩需求,满足卫生和安全防护、防灾、城市景观的要求。

1)均衡分布,比例合理,满足全市居民生活、游憩需要,促进城市旅游发展

城市公园绿地,包括全市综合性公园、社区公园、各类专类公园、带状公园绿地等,是城市居民户外游憩活动的重要载体,也是促进城市旅游发展的重要因素。城市公园绿地规划以服务半径为基本的规划依据,"点、线、面、环、楔"相结合的形式,将公园绿地和对城市生态、游憩、景观和生物多样性保护等相关的绿地有机整合为一体,形成绿色网络。按照合理的服务半径和城市生态环境改善,均匀分布各级城市公园绿地,满足城市居民生活休息所需;结合城市道路和水系规划,形成带状绿地,把各类绿地联系起来,相互衔接,组成城市绿色网络。

2)指标限定

城市绿地规划指标制定近、中、远三期规划指标,并确定各类绿地的合理指标,有效指导规划建设。

3)结合当地特色,因地制宜

应从实际出发,充分利用城市自然山水地貌特征,发挥自然环境条件优势,深入挖掘城市历史文化内涵,对城市各类绿地的选择、布置方式、面积大小、规划指标进行合理规划。

4)远近结合,合理引导城市绿化建设

应考虑城市建设规模和发展规模,合理制定分期建设,确保在城市发展过程中,能保持一定水平的绿地规模,使各类绿地的发展速度不低于城市发展的要求。在安排各期规划目标和重点项目时,应依城市绿地自身发展规律与特点而定。近期规划应提出规划目标与重点,具体建设项目、规模和投资估算。

5)分割城市组团

城市绿地系统的规划布局应与城市组团的规划布局相结合。理论上每 $25 \sim 50 \ km^2$,宜设 $600 \sim 1\ 000 \ m$ 宽的组团分割带。组团分割带尽量与城市自然地和生态敏感区的保护相结合。

3.5 城市绿地系统规划程序

城市绿地系统规划,一般分为资料调查与整理、资料分析评价、规划图纸制作及文件的编制等几个阶段(图3.3)。《城市绿地系统规划》的规划成果应包括:规划文本、规划说明书、规划图则和规划基础资料4个部分。

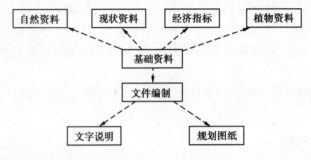

图 3.3 资料整理

3.5.1 基础资料与整理

1)自然资料

(1)地形图

图纸比例与城市总体规划图比例要一致,通常采用1/5 000 或 1/10 000。

(2)气象资料

气象资料包括历年及逐月温度(逐月平均气温、极端最高和极端最低气温);湿度(最冷月平均湿度、最热月平均湿度、雨季或旱季月平均湿度);降水量(逐月平均降水量和年平均降水量);积雪和冻土厚度;风(夏、冬季平均风速,全年风玫瑰图);霜冻期、冰冻期等。

(3)土壤资料

土壤资料包括类型、厚度、分布、理化性质、地下水深度。

2)现状资料

①现有绿地位置、范围、面积、性质、质量与可利用程度。

②名胜古迹、革命旧址、历史名人故址、纪念地址面积、范围、性质及可利用程度;现有娱乐设施和城市景观、地区防灾避难场所。

③适宜绿化而不宜建筑的用地位置、面积等。

④现有河湖水系位置、流量、流向、面积、深度、水质等。

3)现有绿地技术经济指标

①现有公共绿地位置、范围、面积、性质、绿地设施情况及可利用程度。

②现有各类绿地用地比例、绿地面积、绿地率、人均绿地面积。

③现有河、湖水面,水系位置、面积,水质卫生情况,河流宽、深,水的流向、流量,可利用程度。

④适于绿化、不宜修建用地的面积。

⑤郊区荒山、荒地植树造林情况。

⑥当地苗圃面积、现有苗木种类、大小规格、数量及生长情况。

4）植物资料

①现有园林植物种类及生长情况。

②附近城市现有植物种类及生长情况。

③附近山区天然植物中重要植物种类及生长情况。

5）社会与经济资料

调查国土规划、地方区域规划、城市规划,明确城市概况、城市人口、面积、土地利用、城市设施、城市开发事业、法规等。

6）城市环境质量调查

市区各种污染源的位置、污染范围、各种污染物的分布浓度及天然公害、灾害程度。

3.5.2　文件编制

1）文字说明书主要内容

①城市概况、绿地现状(绿地面积、名称、质量、分布、特色)。

②规划原则、规划思想、规划目标、布局方式、规划各种技术经济指标。

③规划各项绿地位置、范围、性质、主要内容及总体要求。

④主要绿地布置。

⑤文物古迹、历史地段、风景区保护范围、保护控制要求。

⑥分期实施计划、城市绿地造价估算。

2）图纸表现内容

①各类绿地名称、面积。

②公园绿地用地范围。

③苗圃、花圃、专业植物园等绿地范围。

④防护林带、林地范围。

⑤文物古迹、历史地段、风景名胜区位置和保护范围。

⑥河湖水系范围。

⑦附主要技术经济指标。

3）规划图制作

规划图则表述城市绿地系统的结构、布局等空间要素,一般需包括:

①城市区位关系图(1:10 000~1:50 000)。

②现状图(1:5 000~1:25 000)。

包括城市综合现状图、建成区现状图和各类绿地现状图以及古树名木和文物古迹分布图等。

③城市绿地现状分析图(1:5 000~1:25 000)。

④规划总图(1:5 000~1:25 000)。

⑤市域大环境绿化规划图(1∶5 000～1∶25 000)。

⑥绿地分类规划图(1∶2 000～1∶10 000)。

包括公园绿地、生产绿地、防护绿地、附属绿地和其他绿地规划图。

⑦近期绿地建设规划图(1∶5 000～1∶25 000)。

3.6　城市绿地树种规划

近年来,城市园林绿化发展迅速,城市环境建设受到多方面的重视。但是,在植物运用上并不尽如人意,植物种类贫乏、景观单调、生态结构单一、群落的稳定性差、后期人工维护保育消耗大量的人力和物力。植物景观设计上,强调视觉效果强于生态要求和生态效益,掩盖了设计内涵的基本生态要求,影响城市绿地系统的健康和服务功能。

树种规划是城市园林绿地系统规划的重要内容之一。它关系到绿化建设的成败、绿化成效的快慢、绿化质量的高低、绿化效应的发挥。树种规划得好,可以有计划地加速育苗,提高绿化速度。反之,如果树种规划不当,不仅耽误绿化建设的时间,影响绿化效益的发挥,而且造成经济上的重大损失。

3.6.1　树种规划的依据

①依照国家、省市有关城市园林绿化的文件、法规;

②遵照本市自然现象、土壤、水文等自然条件,因地制宜;

③从本市环境污染源及污染物的实际出发进行规划;

④参照本市园林绿地现状,现有绿化树种生产、生长实际情况进行规划。

3.6.2　树种规划的一般原则

我国的城市绿化资源丰富,在城市绿化树的选用中应依据其分类方法、经济价值、观赏特性及生长习性,适地适树,正确选用和合理配置自然植物群落。

1)选择本地区乡土树种

要尽量选择适应性强,抗性强,耐旱,抗病虫害,具特色的乡土树种。为避免单调,可积极采用和驯化外来树种。

尊重自然规律,以地带性植物树种为主。树种规划要充分考虑植物的地带性分布规律及特点。本地树种最适应当地的自然条件,具有抗性强的特点,为本地群众喜闻乐见,也能体现地方风格,可作为绿化主体,构建多层次、功能多样性的植物群落,提高绿地稳定性和抗逆性。同时,为了丰富城市绿化景观,还要注意对外来树种的引种、驯化和实验,只要对当地生态条件比较适应,而实践又证明是适地适宜树种,也应该积极采用。但不能盲目引种不适于本地生长的其他地带的树种。

我国土地辽阔、幅员广大,南方和北方、沿海和内陆、高山和平原气候条件各不相同,特别是各地城镇内土壤情况更是复杂。而树木种类繁多,生态特性各异,因此树种规划要从本地实际情况出发,遵循城市生态学原则,运用植物生态学原理,根据树种特性和不同的生态环境情况,因地制宜、因树制宜地进行规划。

2）注意选择树形美观、卫生、抗性强的树种

选择树形美观、卫生、抗性较强的树种，以美化市容、改善环境。所谓抗性强，是指对城市环境中工业设施、交通工具排出的"三废"，以及对酸、碱、旱、涝、砂性及坚硬土壤、气候、病虫等不利因素适应性强的植物品种。

要尽可能选择那些树形美观，色彩、风韵、季相变化上有特色的和卫生、抗性较强的树种，以更好地美化市容，改善环境，促进人们的身体健康。要根据植物群落学的原则进行树种规划：

①以植物种类来说，应以乔木为主，乔木、灌木和草本相结合形成复层绿化。

②植物生长应着眼于慢生树，用速生树合理配合，既可早日取得绿化效果，又能保证绿化长期稳定。植物生长需要一定的成形期，为减少城市绿化的成形时间和维持较快的观赏期，应充分利用速生树与慢生树的混合种植。速生树种成形时间较短，容易成荫，但寿命较短，影响城市绿地的质量与景观。慢生树种早期生长较慢，绿化成荫较迟，但树龄寿命长，树木价值也高。

③以常绿树和落叶树的比例，应以常绿树为主，以达到四季常青又富于变化的目的。

3）注意选择具有较高经济价值和观赏性的树种

在提高各类绿地质量和充分发挥其各种功能的情况下，可与生产相结合，选择有一定经济价值的树种，可获得木材、药材、果品、油料、香料等经济效益。城市绿化要求发挥绿地生态功能的同时，还要扩大现叶、现花、现形、现果、遮阴等树种的应用，发挥城市绿化的观赏、游憩价值乃至经济价值和健康保健价值。

3.6.3 树种规划方法

1）调查研究

开展树种调查研究是树种规划的重要准备工作。调查的范围应以本城市中各类园林绿地为主，调查的重点是各种绿化植物的生长发育状况、生态习性、对环境污染物和病虫害的抗性以及在园林绿化中的作用等。具体内容有城市乡土树种调查；古树名木调查；外来树种调查；边缘树种调查；特色树种调查；抗性树种调查；临近的"自然保护区"森林植被调查；或附近城市郊区山地农村野生树种调查等几方面。

调查中要注意不同地域条件下植物的生长情况，如城市不同小气候区、各种土壤条件的适应，以及污染源附近不同距离内的生长情况。同时，调查当地和相邻地区的原生树种和外地引种驯化的树种，以及这些树种的生态习性，以期利用。

2）树种选定

在调查研究的基础上，准确、稳妥、合理地选定 1~4 种基调树种，5~12 种骨干树种作为重点树种。另外，根据本市区中不同生境类型分别提出各区域中的重点树种、主要树种以及适宜各类绿地的树种。与此同时，还应进一步作好草坪、地被及各类攀缘植物的调查和选用，以便裸露地表的绿化和建筑物上的垂直绿化。

3）主要树种比例的确定

由于各个城市所处的自然气候带不同，土壤水文条件各异，各城市树种选择的数量比例也应具有各自的特色。根据各类绿地的性质和要求,合理确定城市绿化树种的比例。如乔木、灌木、藤本、草本、地被植物之间的比例;裸子植物与被子植物的比例;乡土树种与外来树种的比例;速生与中生和慢生树种的比例;落叶树种与常绿树种的比例;阔叶树种与针叶树种的比例;常绿树在城市绿化面积中所占的比例等。

例如在城市绿化建设中,乔木、灌木的配置比例,一般提倡以乔木为主,乔木占70%为宜;落叶与常绿树的配置比例,则偏重常绿树种。

4)树种规划文字编制与调查表

(1)前言

(2)城市自然地理条件概述

(3)城市绿化现状

(4)城市园林绿化树种调查

(5)城市园林绿化树种规划

(6)附表

①古树名木调查表。

②树种调查统计表(乔、灌、藤)。

③草坪地被植物调查统计表。

5)确定城市所处的植物地理位置

包括植被气候区域与地带、地带性植被类型、群种、地带性土壤与非地带性土壤类型。

3.6.4 城市常用园林绿化树种选择

由于我国土地广阔,各个城市所处的气候带不同,各类树木生长的生态习性不同和表现的观赏价值不同,各类园林绿地上绿化功能不同,因此,各城市选择树种也应不同。

1)不同气候带的城市园林绿化常用树种

(1)热带(海南、广东、广西、台湾南部)

南洋杉、青皮竹、蒲葵、番茉莉、马缨丹、肉桂、鸡毛松、缅树、桃金娘、变叶木、秋枫、羊蹄甲、白兰花、朱槿、柚、昆栏树、石栗、孔雀豆、猴欢喜、素馨、刺竹、椰子等。

(2)亚热带

①南亚热带(台湾中北部、福建、广东东南部、广西中部、珠江流域、云南中南部)。

马尾松、羊蹄甲、落羽杉、木棉、菠萝蜜、孔雀豆、肉桂、油橄榄、杨桃、柠檬桉、银桦、云南松、吊钟花、芭蕉、素馨、湿地松、黄槿、乌榄、竹柏、红豆树、桢楠、山茶、槟榔、猴欢喜、里香、台湾相思、石栗、水杉、蒲葵、麻竹等。

②中亚热带(广东、广西北部、福建中北部、浙江、江西、四川、湖南、湖北、安徽、江苏南部、云贵高原、台湾北部)。

马尾松、相思树、肉桂、鹅掌楸、珊瑚树、水松、桢楠、红千层、木荷、凤尾竹、青冈栎、广玉兰、银杏、香樟、柳杉等。

③北亚热带(秦岭山脉、淮河流域以南、长江中下游以北)。

马尾松、亮叶桦、麻栎、栾树、红桦、紫荆、珊瑚树、金钟花、木槿、黄杨、朴树、紫薇、梧桐等。

（3）暖温带（沈阳以南、山东辽东半岛、秦岭北坡、华北平原、黄土高原东南、河北北部等）

油松、黄景、刺楸、板栗、桂香柳、锦带花、牡荆、南天竹、紫椴、白蜡等。

（4）温带（沈阳以北松辽平原、东北东部、燕山、阴山山脉以北、北疆等）

樟子松、红松、鱼鳞云杉、狗枣猕猴桃、蔷薇、千金榆、疣皮卫矛、天女花、红皮云杉、山葡萄等。

（5）寒温带（大兴安岭山脉以北、小兴安岭北坡、黑龙江省等）

红松、香杨、黑桦、越橘、臭冷杉、杜松、赤杨、朝鲜柳、蒙古栎、光叶春榆等。

2）不同生态习性

①喜光树种：马尾松、红叶李、扶桑、皂荚、白玉兰、青杨、相思树、火炬松、连翘、榉树等。

②耐阴树种：香榧、云杉、十大功劳、南天竹、小叶黄杨、云南山茶、八仙花、罗汉松、珊瑚树、交让木等。

③耐湿树种：水松、桑树、乌桕、丝棉木、胡颓子、垂柳、皂荚、旱柳、棕榈、枫杨等。

④耐瘠薄土壤树种：赤松、桑树、丝兰、木棉、花椒、女贞、海桐、樟子松、丝棉木、铅笔柏等。

⑤喜酸性土的树种：红松、湿地松、赤松、柳杉、雪松、银杏、红豆杉、山茶、越橘、檫木等。

⑥耐盐碱性土的树种：黄杨、旱柳、大麻黄、铅笔柏、柳树、银杏、新疆杨、刺柏、乌桕、槐树灯。

⑦钙质土树种：侧柏、山胡椒、棠梨、山楂、野花椒、黄荆、山麻杆、牛鼻栓、黄连木、栾树等。

3）不同观赏价值的树种

（1）观花树种

①春：桃、丁香、木香、木绣球、白玉兰、牡丹、玫瑰、迎春花、海棠、忍冬等。

②夏：紫薇、石榴、月季、夏鹃、枸杞、扶桑、锦带花、木槿、白兰花、六道木等。

③秋：月季、米兰、山茶、木芙蓉、凤尾兰、扶桑、紫薇、木本、夜来香、白兰花等。

④冬：茶梅、油茶、山茶、结香、迎春（冬末）、蜡梅。

（2）观果树种

柑橘、枸骨、海桐、小檗、山茱萸、无患子、红豆树、小果蔷薇、卫矛、苦楝等。

（3）观叶树种

野漆树、红枫、柿树、枫香、水杉、石楠、银杏、青桐、白蜡、丁香等。

4）不同绿化功能的树种

①行道树或庭荫树：重阳木、枫杨、鹅掌楸、垂柳、毛白杨、枫香、大叶桉、石栗、北京杨、白桦等。

②抗风树种：棕榈、相思树、樟子松、樟树、木麻黄、女贞、海桐、马尾松、青冈栎、广玉兰等。

③防火：交让木、楠、芭蕉、槲树、八角、厚皮香、槐树、海桐、油茶、木荷等。

习题

1. 城市绿地系统规划的具体步骤及其包括的内容是什么？
2. 阐述城市绿地系统规划不同发展阶段的主要特点。

3.探讨园林城市建设与城市精神文明创建的关系。

4.简述园林绿地分类标准及各类用地的特点。

5.各类城市园林绿地用地选择应该注意哪些方面?

6.儿童公园作为如今儿童户外活动的主要空间场所,应该如何考虑它的发展趋势?

7.进行控制城市园林绿地指标对城市建设的意义探讨。

8.就植物生态功能、景观意义及生物习性等方面探讨在具体园林绿地规划时如何进行树种的选择?

〔拓展阅读〕

园林规划的表现方法

园林规划的表现方法一般有园林设计图、透视图、鸟瞰图以及园林模型等。这些表现方法从不同的侧面集中表现了园林规划设计的内容和设计的效果,使规划设计的内容更加完善和直观。下面主要介绍表现方法,供规划设计时采用。

一、园林设计图

园林设计图是园林设计人员的语言,它能够将设计者的思想和要求通过图纸直观地表达出来,人们可以形象地理解到其中的设计意图和艺术效果,并按照图纸去施工,从而创造一种优美的环境。因此,园林图纸的绘制是园林设计工作中必不可少的环节。

所谓园林设计图是指在设计的平面图中反映出地形(包括山石、水体)、道路、建筑、植物等的设计图。园林设计图因设计的要求不同而不同。简单的园林设计,只要画1张绿化种植图,即可表示设计意图。一般的园林设计,要画2张图,即:种植设计图、竖向设计图;而复杂的园林设计要画3张以上的图,即:总平面位置图、竖向设计图、种植设计图。有时,为了进一步表达设计意图及设计效果,还经常配以立面图、透视图、鸟瞰图等加以补充和说明。

由于园林设计图所表现的主要对象——树木、山石、水体、道路等,没有统一的尺寸和形状,所以,很难画出一张"标准图",也不可能完全使用绘图工具和计算机绘图。在绘图过程中,除手绘建筑、规则式道路、广场用绘图工具画,或者因需要用计算机作图之外,很多时候均用徒手画来更亲切地表达。徒手画要达到线条流畅、图面整洁美观的效果,则需要经常反复地练习,这也是规划设计者的一门重要技能。

(一)造园素材的画法

1.栽植制图符号

园林植物的栽植制图符号,由于没有国家统一的标准规格,所以,一般都是按惯例来表示。具体方法如下:

(1)乔木

乔木可分为针叶树和阔叶树两大类。根据落叶与否又有常绿和落叶之区别。

乔木树林按照地面实际栽种面积的树冠投影形状来画林缘线。针叶树林用针刺状波纹表示;阔叶树林用圆弧状波纹表示;常绿树在树冠内画上平行斜线。种植方式有规则式和自然式、密林与疏林的区别。规则式树林可按设计所要求的株行距点出种植点;自然式树林只需要注明种植株数,而不必一一点出种植点。密林表示方法与前相同。疏林往往在林中空地画上不规则的几何形圆弧来表示。

（2）灌木

灌木无明显的主干,呈丛生状。单株种植时采用扁圆不规则的凹凸线表示。丛植时采用不规则凹凸林缘线表示,其形状和面积需与实际栽植位置一致。一般不用针叶灌木的表示法。灌木用作绿篱时,应有规则与自然,常绿与落叶之分。常绿绿篱需画上平行斜线。规则式绿篱边沿应整齐一致。

（3）藤本

藤本植物不能独立生长。需攀附于山石、篱栅和棚架之上。在园林中多以棚架的形式出现。绘图时,棚架的形状要依设计的形状绘制,必需画单株藤本时,可采用不规则圆并由边缘向中心画一弧线的形式来表示。

（4）竹类

竹类在园林中常采用,且多为丛植。其画法是,用圆弧状表示种植的区域,当中画上表示竹子的"个"字形符号即可。

（5）花卉

主要指草本花卉。在公园中花卉常以花坛、花带和花境的形式出现。花坛有多种形式如花丛式、模纹式等。花坛的画法是:在花坛的植床内画上点和小圆圈。花带多用作建筑物的基础镶边,为窄条形的带状种植。画时,可在植床内画上规则的连续弯曲的曲线。花境主要以观赏植物自然组合的群体美为主。它是由规则式构图向自然式构图过渡的一种中间形式。其画法是:在长形带状的植床内,画上表示各种花卉种植面积的边线,并注明花卉名称(也可用数字表示)。

（6）水生植物

在公园中常用荷花、睡莲等水生植物来点缀、美化水面。荷花、睡莲的画法是:在水面上疏密不等地画一些小圆圈,表示水生植物,在水生植物的周围用一虚线画一范围,表示水生植物生长的控制范围。

（7）草坪植物

多匍匐地面生长,耐践踏,大面积种植可形成草坪。草坪依其形状规则与否有规则式与自然式之分。草坪的画法是:在表示草坪的地方点上许多点即可。

在绘制园林平面图时,为了使图面美观、清晰,除上述要求外,还应注意以下几点:

①乔木应在平面图的植树位置上的中心点,画出表示种植点的"·"符号;灌木不画"·"符号,以示区别。

②树冠应按比例将实物的投影面积绘出。设计图上,不按植树时树木的树冠尺寸,而是按数年后的生长情况(或景观最好的树龄期)画在图上。

③乔木树林的圆弧可用大小不同的圆弧相连,边缘线可略有进出(规则式除外)。针叶树林可先用0.3 mm的线画出大小不同的圆弧边线然后再在圆弧上画针刺状边线,针刺状边线应尽可能与圆弧切线垂直或与圆心相对应。草坪画时可用0.3 mm针管笔垂直点下去,不要拖拉,靠近树或边缘可用密点,向中心逐渐过渡到稀少,这样既省力又美观。

④乔木下的草坪,省略草坪的符号,以便显现乔木。乔木下的灌木或绿篱,可只画轮廓线;灌木丛或树林,不必一棵一棵地画,只画全部树冠的外轮廓线。

⑤在总体规划阶段,如果还没有决定树种,则只区别出乔木和灌木。根据需要可绘出常绿树和落叶树、针叶树和阔叶树,以示区别。如已决定了树种,应用符号表示。

⑥详细规划图及种植设计图。如果树种或棵数不多时,可一一写上树名;如树种或棵树很多时,写树名比较复杂,一般就用数字表示,再和树木一览表对照。在所附的一览表内,除记载号数、树种名称以外,还要记载外形尺寸(树高、树冠的尺寸、干周尺寸)。在备注栏根据需要可记载加工形状、棵数、支架形式等。

⑦种植群的棵数,可在树种名称(或号数)的地方用"( )"表示。

⑧在园林设计图中,树种的平面表示法不要太复杂,以免影响图面效果。在实际应用中,往往借助于文字加以说明,不完全靠符号来区分树种。

2. 建筑制图

建筑制图,国家有统一的标准,应按照标准去画。

在绿化规划图中,只要求画出建筑的外墙轮廓线和门的位置。对绿化设计图,除要求表示建筑的外墙轮廓线之外,还要表示出建筑的门、窗、墙、柱、廊、铺装的室外地坪等内容。建筑平面采用水平剖面投影,屋顶一般不表示。

园林建筑小品,国家没有统一的标准图例,可按设计的形式画。

3. 道路(场地)的铺装制图

园林道路是公园的骨架和脉络。起着导游和交通的作用,是构成园林景色的重要因素之一。园林道路(场地)的铺装,不仅应满足其功能要求,还应满足丰富景色、引导游览的要求。好的铺装设计往往给人留下深刻的印象,并平添了几分情趣。

4. 地形制图

在园林中常遇见的地形主要有平地、山地、丘陵、水面等。

在园林平面图中,水面的画法较多,最常用的方法是:用粗线画出水面轮廓,轮廓内画 2～3 条水池轮廓的细线,细线之间的距离可不等。画自然式水池,池内曲线要流畅自然,曲线间的距离不要画成等距离,应有宽窄进出。规则式水池的池内线应当规则整齐。

水池平面的另一种画法是用连续平行线,整齐等距地将水池完全画满。画大水面时将池边平行线加密,池中间线条稀疏。此外,还可以用断续平行线画水面。表示山地、丘陵的等高线,在园林设计图中常用虚线表示,以免与其他图例混淆。

5. 游乐设施制图

在公园的儿童活动区、青少年运动区,游乐设施也占有一定的比例。在园林设计图中如何表示,没有统一的规定。

6. 其他制图符号

公园地处城市环境之中,与城市的基础设施(如给排水、广播、通讯)有密切的关系,此外还与交通设施息息相关。因此,在园林设计图中也常常要使用这些图例。

(二)绘图步骤

1. 根据设计草图的大小,确定适当的图幅号图纸,其幅面大小参考第六章施工设计图纸要求。

2. 用绘图工具(或徒手)将设计草图上的建筑、道路、广场、地形、植物等按照各自的图例逐一描画出来。

3. 制作苗木一览表和图例表(有时亦简称一览表)。一览表的制作比较简单,尺寸、大小及位置的放置可自由,需要注意的是,图例编号与苗木编号应有所区别。

4. 添加图标(标题栏)、指北针、比例、图框等。

（1）图标（又叫标题栏）

图标应放在图纸的右下角。其文字方向为看图的方向，即图样中的文字、符号均以标题栏的文字方向为准。这样既便于看图，也不致产生误解。园林设计图中的标题栏其内容及格式无统一标准。

（2）指北针

指北针图形是提供朝北方向的一个客观标志，根据它来表示园林（绿地）的方位。指北针图形很多，也可以自己设计。好的指北针图形对图面也是一种装饰。

（3）比例

比例是指图形与实物的相应要素的线性尺寸之比。园林中一般用缩小的比例，如1∶500，即图形上的尺寸是实物的1/500。比例的画法，一般有2种：

①用文字表示，如1∶500；

②用直线比例尺表示（图3附-1）。

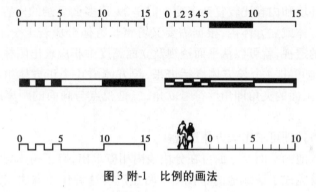

图3附-1　比例的画法

（4）图框

用粗实线来画，有时为了美观，可在粗线内画一条细线。

园林设计图基本绘制完毕后，为了让别人能充分理解设计意图和设计内容，有时还需附以设计说明书以及各类统计表、预算数字等。

二、透视图及鸟瞰图

（一）透视图画法

园林透视图的画法与建筑透视图的绘图原理及方法是相同的，只是在画面上所表现的主题和对象不同。建筑设计主要是表现建筑物，绿化环境作为配景。园林设计在画面上则往往着重于环境的表现。园林透视图所表现的对象主要是树木花草、山石水景、园路以及园林建筑、小品等。

园林透视图上所表现的时间和季节主要根据园林设计人员的意图来决定，树木花草只有大体的尺寸和形状。从某种角度看，园林透视图只是一张近似的效果图，与建筑透视图相比较，则有一定的灵活性和夸张性。

1.透视的基本概念

园林进视图的绘图原理与建筑透视图绘图原理相同，在园林透视图中通常有三种不同的透视情况。

（1）一点透视（亦称平行透视）

以立方体为例，即我们从正面去看它。这种透视具有以下特点：构成立方体的三组平行线,原来垂直的仍然保持垂直;原来水平的仍然保持水平;只有与画面垂直的那一组平行线的透视交于一点,而这一点应当在视平线上。街景透视图即是属于这种类型的透视。

(2)两点透视

仍以立方体为例,我们不是正面去看它,而是把它旋转一个角度去看它,这时除了垂直于地面的那一组平行线的透视仍然保持垂直外,其他两组平行线的透视分别消失于画面的左右两侧,因而产生两个消失点,即为两点透视。

(3)三点透视

某些高大的建筑物,当我们仰着头从近处看它的时候,垂直于地面的那一组平行线的透视也产生一个消失点(在画面的上方),这就产生了三个消失点。这种透视多被用来表现高大雄伟的建筑物,如园林中的纪念碑等。这种透视在园林透视图中应用较少。

2.园林透视图的画法

(1)两点透视图

园林所包括的环境和内容比较复杂多变。但是,无论多么复杂的内容和形体在画图时都可以概括在一个长方体或立方体内,根据需要又可将长方体分成若干个正方体,只要能够求出长方体或正方体的透视,就可以从平面透视及立面高度中相应求出园林透视图。

假设某街头绿地可由一个长方体概括进来,长方体由 6 个正方体组成,求长方体透视。条件:一是长方体与画面的夹角即角度符号 θ 角;二是视点与画面的距离即 SA 的长度;三是视点的高度。

具备以上三个条件即可求出长方体透视。

以上所设街头绿地的平面及立面可在分块线内相应求出,有了树木、道路、广场的位置及高度,再画出细部,就完成了该绿地的透视图。两点透视这种作图方法在园林透视图中应用较多。是绘制视图最基本的方法。

(2)一点透视图

当用两点透视画法画出来的图面不能较完美地反映设计意图时(如画庭园对景、内景、街道绿化等),则可以考虑用一点透视来表现。所谓一点透视,即所要表现的物体正面与画面的夹角(θ 角)等于零;通俗讲,就相当于站在物体的正前方来看它。这种画法的特点是:能使我们所要表现的形体端庄稳重,同时,画起来也比较简单。

一点透视图也可以用平行方格网法求出。作图时先画出正方形方格网的水平透视,再将平面图放在网格上,画出透视平面,然后量高而做出透视图。方法见图3附-2。

至于透视角度的选择,视点与画面的距离以及视高的确定只有多画图、多研究,不断积累经验,最后才能画出较为理想的透视图。

(二)鸟瞰图画法

学习掌握了园林透视图画法后,对于鸟瞰图画法也就容易掌握了。所谓鸟瞰图,就是指把视平线放在高于树木和建筑物的地方,也就是从空中向下看物体,这样作出的透视图称之为鸟瞰图。

一张园林设计平面图,只能反映出树木建筑、水体的平面关系;透视图可反映出某一透视角度的设计意图和效果。若想反映出园林全貌时,必须用鸟瞰图来表现。

1.鸟瞰图的画法

画园林鸟瞰图常用的方法是"方格网法"。一点透视用平行方格网法,两点透视用成角方

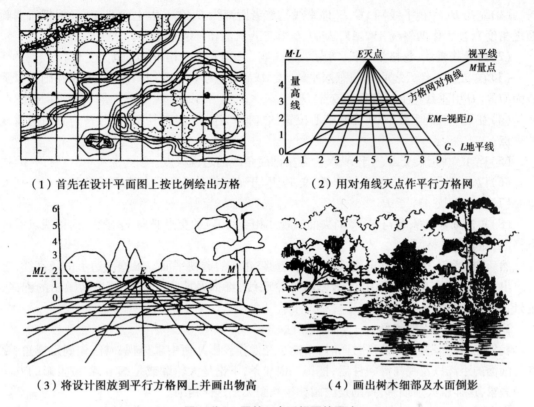

（1）首先在设计平面图上按比例绘出方格

（2）用对角线灭点作平行方格网

（3）将设计图放到平行方格网上并画出物高

（4）画出树木细部及水面倒影

图3 附-2　园林一点透视图的画法

格网法。平行方格网法同透视图中介绍的平行方格网法原理相同,差异在于鸟瞰图的视点高,是从空中俯视园景。

　　成角方格网法(风格与画面成一角度)是最常用的画鸟瞰图的方法(图3 附-3),具体画法如下:

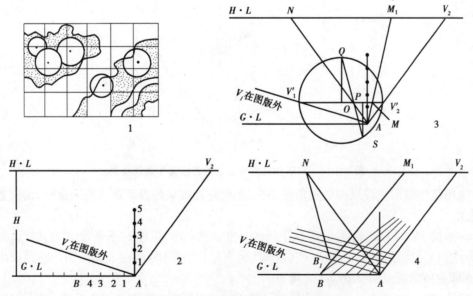

图3 附-3　用成角网格法画鸟瞰图

（1）定出 H、L（视平线）和 G、L（地平线），二者距离为 H，在 G、L 上任取 A 点（根据所选画面之角度），过 A 作两斜线 AV_1、AV_2 与 H、L 相交于 V_1、V_2（V_1 在图版外）。

（2）过 A 作垂线，每格为实长，等分为量高线。A 向左量分格得 AB，也为实长。

（3）在 H、L 和 G、L 之间作任意水平线，交 AV_1、AV_2 为 V_1'、V_2'，以 $V_1'V_2'$ 为直径画圆。圆心为 O，过 O 引垂线与上半圆周相交于 Q。

（4）在下半圆周上任取 S（注意视心位置的选择），连 QS 交直径于 P，则 P 为方格对角线的灭点。

（5）连 AP 并延长交 H、L 于 N，N 为方格网对角线的透视灭点。

（6）以 V_1 为圆心，V_1S 为半径作弧，交 $V_1'V_2'$ 于 M，连 AM，并延长交 H、L 于 M。

（7）连 BM，交 AV_1 于 B_1。

（8）再连 AN、B_1N，各与向 V_2 消失的透视线相交，相应的交点必向 V_1 消失，而得两点透视方格网，即成角方格网。

然后在成角方格网上画出相应的树木、道路、建筑的透视平面。根据图边上的量高线，逐一求出各物体的高度。再画出各物体的外轮廓线、细部及阴影。最后画出鸟瞰图的配景、近景。

2. 理想透视角度的选择——求和判断法

我们在绘制园林透视及鸟瞰图时，不能总是像作投影几何中求透视一样，先确定视角、视点与画面的距离以及视高等条件后，把每一根线条，不论是大轮廓或是细节，都按投影的方法一一去求，这样就太烦琐了，特别是画园林透视图无须这样精细。

在实际工作中，常用求和判断相结合的方法来画透视图。方法如下（图3附-4）：

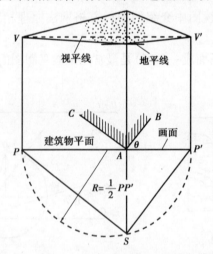

图3附-4　用求和判断相结合的方法徒手画透视图

（1）用徒手画出较理想的透视角度，并推敲研究其效果是否满意。待满意时，延长边线找出消失点 V、V'。

（2）连接 VV' 即为视平线，这时视平线的高度也被求出，再作一条平行于 VV' 的线，并假定为画面，把 VV' 投影到画面上得 P、P'，以 PP' 为直径作一半圆，再自 A 向下引一垂线交半圆于 S。S 点即为所求视点的位置，SA 为视距。

（3）连 SP、SP'，再自 A 作 AB 平行于 SP'，作 AC 平行于 SP，那么，AB 必然垂直于 AC，这就

是说∠CAB 是直角，它所表示的是图上两个边的平面位置，AB 与 PP′的夹角 θ 就是设计图面与画面的夹角。至此，我们所要确定的几个条件都被求出。

如果按照这样推导出来的关系去画透视，就会接近于我们所选择的透视角度，更重要的是用求和判断相结合的方法画透视图，大大提高了画图速度。

总之，要画好一张透视图和鸟瞰图，不仅要掌握上述画图的方法，而且还要了解和掌握各种造园素材的基本画法，以及阴影、倒影及配景（人物、汽车等）的画法，这样在画图的过程中不仅得心应手，而且图面效果也生动、真实。

园林规划设计基本原理

园林艺术是园林学研究的主要内容,是关于园林规划、创作的理论体系,是美学、艺术、诗画、文学、音乐和建筑等多学科理论的综合运用,尤其是美学。

园林艺术运用总体布局、空间组合、体形、比例、色彩、质感等园林语言,构成特定的艺术形象——园林景象,形成一个更为完整的审美主体,以表达时代精神和社会物质文化风貌。

4.1 园林美学概述

园林美是园林师对生活(包括自然)的审美意识(思想感情、审美趣味、审美理想等)和优美的园林形式的有机统一,是自然美、艺术美和社会美的高度融合。它是衡量园林作品艺术表现力强弱的主要标志。

4.1.1 园林美的属性和特征

园林属于多维空间的艺术范畴,一般有两种认为,一曰三维、时空和联想空间(意境);二曰线、面、体、时空、动态和心理空间等。其实质都说明园林是物质与精神空间的总和。

园林美具有多元性,表现在构成园林的多元素和各元素的不同组合形式之中。园林美也有多样性,主要表现在历史、民族、地域、时代性的多样统一之中。

园林作为一个现实生活境域,营造时就必须借助于自然山水、树木花草、亭台楼阁、假山叠石,乃至物候天象等物质造园材料,将它们精心设计,巧于安排,创造出一个优美的园林景观。因此,园林美首先表现在园林作品可视的外部形象物质实体上,如假山的玲珑剔透、树木的红花绿叶、山水的清秀明洁……这些造园材料及其所组成的园林景观便构成了园林美的第一种形态——自然美实体。

尽管园林艺术的形象是具体而实在的,但园林艺术的美却不仅限于这些可视的形象实体表面,而是借助于山水花草等形象实体,运用各种造园手法和技巧,通过合理布置,巧妙安排,灵活运用来表达和传送特定的思想情感,抒写园林意境。园林艺术作品不仅仅是一片有限的风景,而是要有象外之象,景外之景,即是"境生于象外",这种象外之境即为园林意境。重视艺术意境的创造,是中国古典园林美学上的最大特点。中国古典园林美主要是艺术意境美,在有限的园林空间里,缩影无限的自然,造成咫尺山林的感觉,产生"小中见大"的效果,拓宽了园林的艺术空间。如扬州的个园,成功地布置了四季假山,运用不同的素材和技巧,使春、夏、秋、冬四时景色同时展出,从而延长了园景的时间。这种拓宽艺术时空的造园手法强化了园林美的艺术性。

当然,园林艺术作为一种社会意识形态,作为上层建筑,它自然要受制于社会存在。作为一个现实的生活境域,亦会反映社会生活的内容,表现园主的思想倾向。例如,法国的凡尔赛宫苑布局严整,是当时法国古典美学总潮流的反映,是君主政治至高无上的象征。再如上海某公园的缺角亭,作为一个园林建筑的单体审美,缺角后就失去了其完整的形象,但它有着特殊的社会意义,建此亭时,正值东北三省沦陷于日本侵略者手中,园主故意将东北角去掉,表达了为国分忧的爱国之心。理解了这一点,你就不会认为这个亭子不美,而是会感到一种更高层次的美的含义,这就是社会美。

可见,园林美应当包括自然美、社会美、艺术美三种形态。

系统论有一个著名论断:整体不等于各部分之和,而是要大于各部分之和。英国著名美学家赫伯特·里德(Herbert Read,1883—1968)曾指出"在一幅完美的艺术作品中,所有的构成因素都是相互关联的;由这些因素组成的整体,要比其简单的总和更富有价值"。园林美不是各种造园素材单体美的简单拼凑,也不是自然美、社会美和艺术美的简单累加,而是一个综合的美的体系。各种素材的美,各种类型的美相互融合,从而构成一种完整的美的形态。

4.1.2　园林美的主要内容

如果说自然美是以其形式取胜,园林美则是形式美与内容美的高度统一。它的主要内容有以下十个方面。

1)山水地形美

包括地形改造、引水造景、地貌利用、土石假山等,它形成园林的骨架和脉络,为园林植物种植、游览建筑设置和视景点的控制创造条件。

2)借用天象美

借日月雨雪造景。如观云海霞光,看日出日落,设朝阳洞、夕照亭、月到风来亭、烟雨楼、听雨打芭蕉、泉瀑松涛,造断桥残雪、踏雪寻梅等意境。

3)再现生境美

仿效自然,创造人工植物群落和良性循环的生态环境,创造空气清新、温度适中的小气候环境。花草树木永远是生境的主体,也包括多种生物。

4)建筑艺术美

风景园林中由于游览景点、服务管理、维护等功能的要求和造景需要,要求修建一些园林建筑,包括亭台廊榭,殿堂厅轩,围墙栏杆,展室公厕等。建筑决不可多,也不可无,古为今用,外为中用,简洁巧用,画龙点睛。建筑艺术往往是民族文化和时代潮流的结晶。

5)工程设施美

园林中,游道廊桥、假山水景、电照光影、给水排水、挡土护坡等各项设施必须配套,要注意艺术处理而区别于一般的市政设施。

6)文化景观美

风景园林常为宗教圣地或历史古迹所在地,"天下名山僧占多"。园林中的景名景序、门楹对联、摩崖碑刻、字画雕塑等无不浸透着人类文化的精华,创造了诗情画意的境界。

7)色彩音响美

风景园林是一幅五彩缤纷的天然图画,是一曲袅绕动听的美丽诗篇。蓝天白云,花红叶绿,粉墙灰瓦,雕梁画栋,风声雨声,鸟声琴声,欢声笑语,百籁争鸣。

8)造型艺术美

园林中常运用艺术造型来表现某种精神、象征、礼仪、标志、纪念意义以及某种体形、线条美。如图腾、华表、雕像、鸟兽、标牌、喷泉及各种植物造型艺术小品等。

9)旅游生活美

风景园林是一个可游、可憩、可赏、可学、可居、可食、可购的综合活动空间,满意的生活服务,健康的文化娱乐,清洁卫生的环境,交通便利,治安保证与特产购物,都将给人们带来情趣,带来生活的美感。

10)联想意境美

联想和意境是我国造园艺术的特征之一。丰富的景物,通过人们的接近联想和对比联想,达到触景生情,体会弦外之音的效果。意境一词最早出自我国唐代诗人王昌龄《诗格》,说诗有三境:一曰物境,二曰情境,三曰意境。意境就是通过意象的深化而构成心境应合,神形兼备的艺术境界,也就是主客观情景交融的艺术境界。风景园林就应该是这样一种境界。

4.2　形式美法则

形式美的法则可以说是作为任何造型艺术的基本问题。自然界常以其形式美取胜而影响人们的审美感受,各种景物都是由外形式和内形式组成的。外形式由景物的材料、质地、线条、体态、光泽、色彩和声响等因素构成;内形式是上述因素按不同规律而组织起来的结构形式或结构特征所构成。园林艺术与建筑雕塑造型艺术相比较,可塑性较弱,显得较为模糊和随意。只有灵活地掌握了这些原则才能创造出生动优美的环境气氛。

形式美是人类在长期社会生产实践中发现和积累起来的,但是人类社会的生产实践和意识形态在不断改变着,并且还存在着民族、地域性及阶层意识的差别。因此,形式美又带有变移性、相对性和差异性。但是,形式美发展的总趋势是不断提炼与升华的,表现出人类健康、向上、创新和进步的愿望。任何单纯追求刺激、怪诞、畸形、杂乱、美丑颠倒的颓废主义都必将为人类所唾弃。

4.2.1　形式美的表现形态

1)"点"

点是构造的出发点,它的移动便形成线,是基本的形态要素,是进入视野内有存在感而与周围形状和背景相比较能产生点的感觉的形状。点的感觉与点的形状、大小、色彩、排列、光影等有关系。点的强化使得目标鲜明醒目,成为审美重点,也可强调整体均衡和稳定中心(图4.1、表4.1)。

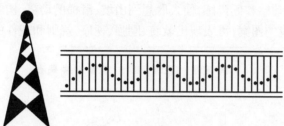

图4.1　"点"的强调与稳定

表4.1　点的感情

	位于某范围中央时,产生静止、中心的感觉		排列有序的点给人以严整感
	位于一端时,视觉上有一种向心引力而产生动势		分组结合的点产生韵律感
	两点并置,若大小不同,注视必先大后小		对应布置的点产生均衡感
	两点并置,若大小相同,视线在两者之间往返,形成联系轴		小点环绕大点形成重点感
	两点靠近则引起排斥感		无数点产生神秘感、朦胧感

2)线条美

线条是造园家的语言,是构成景物外观的基本因素,是造型美的基础。它可表现起伏的地形、曲折的道路、婉转的河岸、美丽的桥拱、丰富的林冠线、严整的广场、挺拔的峭壁、简洁的屋面……

线条的曲直、粗细、长短、虚实、光洁、粗糙等,在人心理上会产生快慢、刚柔、滞滑、利钝、节奏等不同感觉。

线的形态感情：

（1）直线

直线具有坚强、刚直的特性与冷峻感，如水平线、竖直线和斜线。

水平线具有与地面平行而产生附着于地面的稳定感。产生开阔、舒展、亲切、平静的气氛，同时有扩大宽度、降低速度的心理倾向。

竖直线与地面垂直，现实与地球吸引力相反的动力，有一种战胜自然的象征，体现力量与强度，表达崇高向上、坚挺而严肃的情感。

斜线更具有力感、动感和危机感，使人联想到山坡、滑梯的动势，构图也更显活泼与生动。

利用直线类组合成的图案，可表现出耿直、刚强、秩序、规则和理性的形态情感（图4.2）。

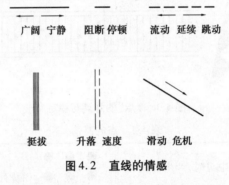

图4.2 直线的情感

（2）曲线

曲线具有柔顺、弹性、流畅、活泼的特征，给人以运动的感觉，其心理诱惑感强于直线。几何曲线规则而明了，表达出理智、圆浑统一的感觉，自由曲线则呈现自然、抒情与奔放的感觉。

利用弧形弯曲线组合成的图案，代表着柔和、流畅、细腻和活泼的形态情感（图4.3）。

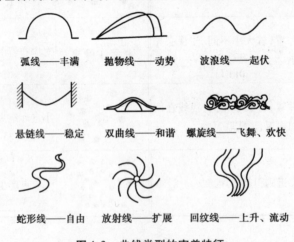

图4.3 曲线类型的审美特征

3）**图形美**

图形是由各种线条围合而成的平面形态，它是通过"面"的形式来表现和传达情感。通常分为规则式图形和自然式图形两类。

面是人们直接感知某一物体形状的依据，圆形、方形、三角形是图形最基本的形状，可称为"三原形"。而它们是由不同的线条采用不同的围合方式而形成的。规则式图形的特征是稳定、有序,有明显的规律变化,有一定的轴线关系和数比关系,庄严肃穆,秩序井然(图4.4);而不规则图形表达了人们对自然的向往,其特征是自然、流动、不对称、活泼、抽象、柔美和随意(图4.5)。

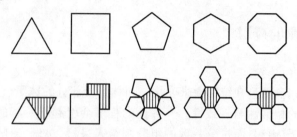

图4.4　规则图形表现庄重、稳定和秩序感

图4.5　流线型图形表现自然、活泼和随意性

4)体形美

体形是由多种面形围合而成的三维空间实体,给人印象最深,具有尺度、比例、体量、凹凸、虚实、刚柔、强弱的量感与质感。风景园林中包含着绚丽多姿的体形美要素,表现于山石、水景、建筑、雕塑、植物造型等,人体本身也是线条与体形美的集中表现。不同类型的景物有不同的体形美,同一类型的景物,也具有多种状态的体形美(图4.6)。现代雕塑艺术不仅表现出景物体形的一般外在规律,而且还抓住景物的内涵加以发挥变形,形成了以表达感情内涵为特征的抽象艺术。

山石　　　水景　　　建筑　　　抽雕

植球　　　造型　　　青松　　　榆叶梅、松、柏

图4.6　园林景物表现出来的体形美

5)光影色彩美

色彩是造型艺术的重要表现手段之一,通过光的反射,色彩能引起人们生理和心理感应,从而获得美感。

6)朦胧美

朦胧美产生于自然界,它是形式美的一种特殊表现形态,使人产生虚实相生、扑朔迷离的美感。

4.2.2 形式美法则的应用

1)多样与统一

各类艺术都要求统一,且在统一中求变化。园林组成部分的体量、色彩、线条、形式、风格等,都要求一定程度的相似性与一致性。一致性的程度会引起统一感的强弱,十分相似的组分会给人以整齐、庄严、肃穆;而过分一致的组分则给人呆板、单调、乏味的感受。因此,过分的统一则是呆板,疏于的统一则显杂乱,所以常在统一之上加上一个"多样",意思是需要在变化之中求得统一,免于成为大杂烩。这一原则与其他原则有着密切的关系,起着"统帅"作用。真正使人感到愉悦的风景景观,均由于它的组成之间存在明显的协调统一。要创造多样统一的艺术效果,可以通过以下多种途径来达到。

(1)形式统一

形式统一应先明确主题格调,再确定局部形式。在自然式和规整式园林中,各种形式都是比较统一的,混合式园林主要是指局部形式是统一的,而整体上两种形式都存在。但园内两种形式的交接处不能太突然,应有一个逐步过渡的空间。公园中重要的表现形式是园内道路,其规整式多用直路,自然式多用曲路。由直变曲可借助于规整式中弧形或折线形道路,使其不知不觉中转入曲径。如几何式花坛整形的形式统一;不同形状的建筑,但勒脚形式统一,或屋顶形式统一等(图4.7)。

图4.7 屋顶形式统一

某些建筑造型与其功能内涵在长期的配合中,形成了相应的规律性,尤其是体量不大的风景建筑,更应有其外形与内涵的变化与统一,如亭、台、楼、阁、餐厅、厕所、展室花房等。如用一般亭子或小卖部的造型去建造厕所,显然是荒唐的。如果在一个充满中国风格的花园内建立一个西洋风格的小卖部,便会感到在形式上失去统一感。

(2)材料统一

无论是一座假山、一堵墙面还是一组建筑,无论是单个或是群体,它们在选材方面既要有变化,又要保持整体的一致性,这样才能显示景物的本质特征。如园林中告示牌、指路牌、灯柱、栏杆、花架、宣传廊、座椅等材料颜色统一(图4.8)。近来多有用现代材料结构表现古建筑的做法,如仿木、仿竹的水泥结构,仿石的斩假石做法,仿大理石的喷涂做法,也可表现理想的质感统一效果。

图4.8　材料统一,造型多样

（3）线条统一

线条统一是指各图形本身的线条图案与局部线条图案的变化统一,例如山石岩缝竖向的统一,天然水池曲岸线的统一等(图4.9)。变化形成多样统一,也可用自然土坡山石构成曲线变化求得多样统一。

图4.9　石林竖向岩峰,水池曲岸线

（4）色彩统一

用色彩统一来达到协调统一,例如美国东部的枫林住宅区,以突出整体红色枫树林为环境艺术特色,又如中国的油菜花田给人美的享受(图4.10)。

图4.10　色彩统一

（5）花木统一

公园树种繁多,但可利用一种数量最多的植物花卉来做基调,以求协调。如杭州花港观鱼公园选用常绿大乔木广玉兰做基调。

（6）局部与整体统一

整体统一,局部协调。在同一园林中,景区景点各具特色,但就全园总体而言,其风格造型、色彩变化均应保持与全园整体基本协调,在变化中求完整。如卢沟桥上的石狮子,每一组狮子雕塑为大狮子围合,材料统一,高矮统一,"群小一大"也统一,而变化的范围却是小狮子的数量、位置和姿态以及大狮子的各种造型(图4.11)。总之,变化于整体之中,求形式与内容的统一,使局部与整体在变化中求协调,这是现代艺术对立统一规律在人类审美活动中的具体表现。

图4.11 卢沟桥狮子雕塑多样与统一

2)对比与微差(对比律)

对比:各要素之间的差异极为显著,称对比(强烈对比)。对比的结果会使得景物生动而鲜明。它追求差异的对比美。

微差:各要素相比,表现出更多相同性,而其不同性在对比之下可忽略不计称微差(微差对比)。微差的表现会使得景物连续而和谐,它追求协调中的差异美。

如图4.12中,A,B,C,D,E,…,A与E,1和6其表现为大和小的对比;而A与B,…,D与E,1和2,5和6则表现微差(图4.12、图4.13)。

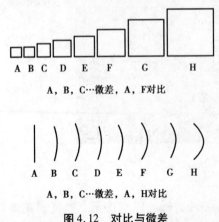

图4.12 对比与微差

图4.13 山石与竹子刚柔对比

对比是比较心理的产物,是强调二者的差异性,是对风景或艺术品之间存在的差异和矛盾加以组合利用,取得相互比较、相辅相成的呼应关系。在园林造景中,往往通过形式和内容的对比关系更加突出主体,更能表现景物的本质特征,产生强烈的艺术感染力。如用小突出大,以丑突显美,用拙反衬巧,用粗显示细,用黑暗预示光明等。风景园林造景运用对比律有形体、线型、空间、数量、动静、主次、色彩、光影、虚实、质地、意境等对比手法。另外,在具体应用中,还有不同的表现方法,如"地与图"的反衬,指背景对主景物的衬托对比。

(1)适于用对比的场所

①花园入口。用对比手法可以突出花园入口的形象,通过对比既容易使游人发现,又标示出公园的属性,给人以强烈的印象。

②精品景点。对于园中喷水池、雕塑、大型花坛、孤赏石等,对比可使位置突出、形象突出或色彩突出。

③建筑附近。尤其对园内的主体建筑,可用对比手法突出建筑形象。

④渲染情绪。在十分淡雅的景区,在重要的景点前稍用对比手法,可使游人情绪为之一振。

(2)对比方法

①大小(空间)对比。大小的对比,常表现以短衬长,以低衬高,以小见大,以大见小等。以小见大为一种障景的艺术手法,在主要景物前设置屏障,利用空间体量大小的对比作用,达到欲扬先抑,出人意料的艺术效果。

景物大小不是绝对的,而是相形之下比较而来。例如一座雕像,本身并不太高,可通过基座以适当的比例加高,而且四周配植人工修剪的矮球形黄杨,使在感觉上加高了雕塑。相反的用笔直的钻天杨或雪松,会觉得雕塑变矮了。苏州残粒园仅 150 m²,布置了丰富的景观却并不显得拥挤,反显得扩大了空间,就在于将景物控制在一个较小的尺度以内,即使是园内唯一的构图中心括苍亭也和假山和谐地结合在一起,倚立在住宅的山墙上,以半亭的形式出现。平面虽小,布局紧凑,立面不受拘束,变化随意。各处小巧精致的景观使残粒园对照之下仿佛更大了一些,它是以小托大,以众汇一手法的成功运用(图 4.14)。苏州留园中庭面积仅十余亩,人们在进入中庭前需要经过局促的小院,曲折的长廊,狭小的内庭,由花台小景构成的第二个院落,密封的廊子,最后方到达可以纵览湖光山色的绿荫亭(图 4.15)。若无 50 m 的过道做准备,绝不会给人如此鲜明的印象,这种手法通常称作"欲扬先抑"。

图 4.14 残粒园半亭

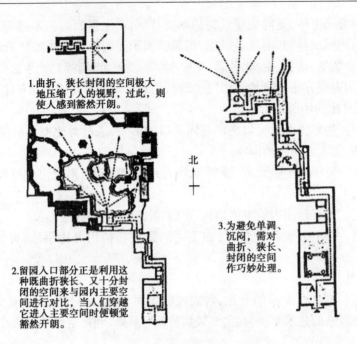

1. 曲折、狭长封闭的空间极大地压缩了人的视野，过此，则使人感到豁然开朗。

北

3. 为避免单调、沉闷，需对曲折、狭长、封闭的空间作巧妙处理。

2. 留园入口部分正是利用这种既曲折狭长、又十分封闭的空间来与园内主要空间进行对比，当人们穿越它进入主要空间时便顿觉豁然开朗。

图 4.15　留园空间对比

②色彩对比。园林中关于色彩的对比，在植物素材的运用上表现更为突出。"红花还需绿叶扶"就是对补色搭配的一种总结。色彩的对比可以包括色彩发生变化和协调的补色对比、色相对比、明度对比、色度对比、冷暖对比、面积对比等。

a. 补色对比：当两种颜色混合后变为黑色时（或当两束不同颜色的光混合后变为白色时），这两种颜色就叫补色。如红和绿，黄和紫，蓝和橙。其中红和绿明度相似，对比最强烈。这种对比就称为补色对比。如绿荫丛中的寺庙园林的色彩对比。

b. 色相对比：指纯色之间的对比。黄和绿，红和蓝在一起时的色彩差异。

c. 明度对比：指不同色彩明暗程度差异。其中明度高的往往会成为引人注目的焦点。如白色就比黑色显眼，中国水墨画就是一种明暗对比的艺术。

d. 色度对比：也称纯度对比，指饱和色与浊化色之间的对比。如树木的嫩绿、浅绿、深绿、墨绿等不同纯度的表现。

e. 冷暖对比：指光波波长的长短之间的对比。如红、黄给人以温暖，蓝、紫给人以寒凉。

f. 面积对比：色彩的面积对比是不同色彩间的面积差别而产生的效果。一般认为色块的面积和其明度和纯度成正比。在纯度一定时，明度上反映出黄：橙：红：紫：蓝：绿＝9：8：6：3：4：6。这就要求小面积的亮色与大面积的暗色搭配以取得协调。

园林利用色彩对比，可以达到明暗与冷暖等对比的效果。园林中的色彩主要来自植物的叶色与花色、建筑物的色彩，为了达到烘托或突出建筑的目的，常用明色、暖色的植物。植物与非植物之间也会产生对比色。如秋高气爽之时，在蔚蓝色天空下正是橙红色槭树类变色的季节，远望能使人感到明快而绚丽。其他如绿色草坪与白色大理石的雕塑、白色油漆的花架上垂挂着开满红花的天空葵等都是对比鲜明的组合。

园林的色彩是围绕着园林的环境随季节和时间的变化。色彩的美主要是情感的表现，要领会色彩的美，就是领会一种色彩所表现的感情。

红色:给人以兴奋、欢乐、热情、活力及危险、恐怖之感。

橙色:给人以明亮、华丽、高贵、庄严及焦躁、卑俗之感。

黄色:给人以温和、光明、快活、华贵、纯净及颓废、病态之感。

青色:给人以希望、坚强、庄重及低贱之感。

蓝色:给人以秀丽、清新、宁静、深远及悲伤、压抑之感。

绿色:给人以青春、和平、朝气、兴旺及衰老之感。

紫色:给人以华贵、典雅、娇艳、幽雅及忧郁、恐惑之感。

褐色:给人以严肃、浑厚、温暖及消沉之感。

白色:给人以纯洁、神圣、清爽、寒凉、轻盈及哀伤、不祥之感。

灰色:给人以平静、稳重、朴素及消极、憔悴之感。

黑色:给人以肃穆、安静、坚实、神秘及恐怖、忧伤之感。

③形状对比。自然界中的物体形状,被人们分为圆形、方形(矩形)和三角形(多边形)三种基本形状,俗称为"三原形"。它们的相互组合可以构成世上所有的形状。

a.圆形:表现自由、舒缓。是所有图形中当面积一定时周边最短最紧凑的形状。古今中外视如金科玉律。给人以纯情、圆润、光华、满足的感受。

b.方形:表现稳定、威严。是最适用于人类的形状,便于加工成型和相互连接。显现其静态、中性、稳定,长宽比可以变化无穷、规则而灵活。

c.三角形:表现运动、冲突。代表所有多边形,为圆形和方形的过渡形状。既不像圆形无直唯曲,略显散漫,也不像方形规规矩矩,缺乏灵性。具有活力,可以增加空间感。

④方向对比。水平与垂直是人们公认的一对方向对比因素。水边平静广阔的水面与一棵高耸的水杉可形成鲜明的对比,一个碑、塔、阁或雕塑一般是垂直矗立在游人面前,它们与地平面存着垂直方向的对比。由于景物高耸,很容易让游人产生仰慕和崇敬感。

北海公园的白塔和延楼,一横一立,同处一画面之中,更突出了自己的个性(图4.16)。

图4.16   白塔与延楼的方向对比

⑤质地对比。利用植物、建筑、山石、水体等造园素材质感的差异形成对比。粗糙与光洁、革质与蜡质、厚实与透明、坚硬与柔软。建筑上仅以墙面而论,也有砖墙、石墙、大理石墙面以及加工打磨情况等不同,而使材料质感上有差异。利用材料质感的对比,可造成浑厚、轻巧、庄严、活泼,或以人工性或以自然性的不同艺术效果(图4.17)。

硬质建筑庭院中种植软质植物的对比,即为一种质地对比的协调处理。

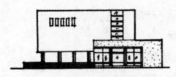

（a）建筑虚实对比　　　　　　（b）墙面质地对比

图4.17　虚实与质地对比

⑥虚实对比。虚给人轻松,实给人厚重。水面中间有一小岛,水体是虚,小岛是实,因而形成了虚实的对比,产生艺术效果。碧山之巅置一小亭,小亭空透轻巧是虚,山巅沉重是实,也形成虚实对比的艺术效果。在空间处理上,开融是虚,闭合是实,虚实交替,视线可通可阻。可从通道、走廊、漏窗、树干间去看景物,也可从广场、道路、水面上去看景物,由虚向实或由实向虚,遮掩变幻,增加观景效果(图4.17(a))。园林中的虚与实、藏与露等都是常用的对比手法。老一辈造园家提醒"对比多了,等于没有对比"。意思是偶然一用效果卓著,用多了游人反而生厌或无动于衷。

⑦开合对比。在空间处理上,开敞空间与闭合空间也可形成对比。在园林绿地中利用空间的收放开合,可形成敞景与聚景。视线忽远忽近,空间忽放忽收,自收敛空间窥视开敞空间,增加空间的对比感、层次感,创造"庭院深深深几许"的境界。

⑧明暗对比。由于光线的强弱,造成景物的明暗。景物的明暗使人有不同的感受,如叶大而厚的树木与叶小而薄的树木,在阳光下给人的感受就不同。在景区的印象上,明给人以开朗活跃的感觉,暗给人以幽静柔和的感觉。在园林绿地中,明朗的广场空地,供人活动,幽暗的疏密林带,供人散步休息。或在开朗的景区前,布置一段幽暗的通道,以突出开朗的景区。一般来说,明暗对比强的景物令人有轻快振奋的感受,明暗对比弱的景物令人有柔和静穆的感受。

其他方面的对比,如主次对比、高低对比、上下对比、直线与曲折线的对比等手法,都在园林中得以广泛应用。

3）节奏与韵律

自然界中许多现象,常是有规律的重复和有组织的变化。例如海边的浪潮,一浪一浪地向岸上扑来,均匀而有节奏。在园林绿地中,也常有这种现象,如道旁植树,植一种树好,还是间植两种树好;在一个带形用地上布置花坛,设计成一个长花坛好,还是设计几个花坛并列起来好,这都牵涉到构图中的韵律节奏问题。节奏是最简单的韵律,韵律是节奏的重复变化和深化,富于感性情调使形式产生情趣感。条理性和重复性是获得韵律感的必要条件,简单而缺乏规律变化的重复则单调枯燥乏味。所以韵律节奏是园林艺术构图多样而统一的重要手法之一。

园林绿地构图的韵律与节奏的常见方式有:

①重复韵律:同种因素等间距反复地出现,如行道树、登山道、路灯、带状树池等(图4.18)。

②交错韵律:相同或不同要素作有规律的纵横交错、相互穿插。常见的有芦席的编织纹理和中国的木棂花窗格子(图4.19)。

③渐变韵律:指连续出现的要素按一定规律或秩序进行微差变化。逐渐加大或变小,逐渐加宽或变窄,逐渐加长或缩短,从椭圆逐渐变成圆形或反之,色彩渐由绿变红等(图4.20(a))。

图 4.18　重复的登山石阶与重复出现的喷泉

图 4.19　席纹式建筑花格的交错韵律

④旋转韵律:某种要素或线条,按照螺旋状方式反复连续进行,或向上,或向左右发展,从而得到旋转感很强的韵律特征。在图案、花纹或雕塑设计中常见(图 4.20(b))。

（a）古塔的渐变排列变化　　　　（b）楼梯、神庙柱头旋转韵律

图 4.20　渐变排列与旋转韵律

⑤突变韵律:指景物以较大的差别和对立形式出现,从而产生突然变化而错落有致的韵律感,给人以强烈变化的印象(图 4.21)。

图 4.21　雪松、灯、柳树之间错落有致的突变韵律

⑥自由韵律:类似像云彩或溪水流动的表示方法,指某些要素或线条以自然流畅的方式,不规则但却有一定规律地婉转流动,反复延续,出现自然优美的韵律感(图 4.22)。

归纳上述各种韵律,根据其表现形式,又可分成三种类型:规则、半规则和不规则韵律。前者表现严整规定性、理智性特征,后者表现其自然多变性、感情性特征,而中者则显示出两

图 4.22　博古架自由而有序的韵律结构

者的共同特征。可以说,韵律设计是一种方法,可以把人的眼睛和意志引向一个方向,把注意力引向景物的主要因素。世界现代韵律观差异很大,甚至难以捉摸,总的来说,韵律是通过有形的规律性变化,求得无形的韵律感的艺术表现形式。

4)比例与尺度

造型艺术的审美对象在空间都占有一定的体积。在长、宽、高三个方向上应该有多大,他们相互之间的关系怎样,什么是优美和谐的比例,古往今来人们均企图通过健康的人体、美妙的音乐、成功的建筑雕塑来分析找出优美比例的规则……因此,尺度与比例的关系一直是人类自古以来试图解决的问题。

比例是指各部分之间、整体与局部之间、整体与周围环境之间的大小关系与度量关系,是物与物之间的对比,它与具体尺寸无关。

尺度是指与人有关的物体实际大小与人印象中的大小之间的关系,它与具体尺寸有不可分割的联系。如墙、门、栏杆、桌椅的大小常常与人的尺寸产生关系,容易在心理上有固定的印象。

比例对比,是判断某景物整体与局部之间存在着的关系,是否合乎逻辑的比例关系。比例具有满足理智和眼睛要求的特征。比例出自数学,表示数量不同而比值相等的关系。世界公认的最佳数比关系是古希腊毕达哥拉斯学派创立的"黄金分割"理论。即无论从数字、线段或面积上相互比较的两个因素,其比值都近似于 1∶0.618。这一数比关系被称为黄金分割率,它作为美的典范被推崇了几千年,人们不断地在各方面进行对照运用,如生物最旺盛的时期处于 0.618 时间点上;按人均 72 ~76 岁的寿命,44 ~48 岁发挥最完美最辉煌最有成就;人处的最佳环境温度为 22 ~24 ℃时感觉最舒适……

然而在人的审美活动中,比例更多的见之于人的心理感应,这是人类长期社会实践的产物,并不仅仅限于黄金比例关系。那么如何能得到比较好的比例关系呢? 17 世纪法国建筑师布龙台认为,某个建筑体(或景物)只要其自身的各部之间有相互关联的同一比例关系时,好的比例也就产生了,这个实体就是完美的。其关键是最简单明确、合乎逻辑的比例关系才产生美感,过于复杂而看不出头绪的比例关系并不美。以上理论确定了圆形、正方形、正三角形、正方内接三角形等,可以作为好的比例衡量标准(图 4.23)。

功能决定比例,人的使用功能常常是事物比例的决定原因。如人体尺寸同活动规律决定了房屋三度空间长、宽、高的比例;门、窗洞的高、宽应有的比例,坐凳、桌子和床的比例,各种实用产品的比例,美术字体,各种书籍的长、宽比例关系等。因此,比例有其绝对的一面,也有其相对的一面。

除去相同性质的物体可以相比之外,园林中还有性质不同的景物也在相比之下演变成恰当或不恰当的相互关系。例如苏州留园北山顶上的可亭,旁植生长缓慢的银杏树,当时(约

图 4.23　圆形、正方形、正三角形可以产生好的比例

200 年前)亭小而显山高,亭与山的体量相比取得了预期的效果。但是现在银杏树成了参天大树,就显得亭小、山矮、比例失调(图 4.24)。

图 4.24　随着时间的推移,亭与树的比例失调

　　园林中到处需要考虑比例的关系,大到局部与全局的比例,小到一木一石与环境的局部。

　　景物安排与地形处理存在比例问题。《园冶》中造园古训提供了一定的经验,作者在"相地"中提出,"约十亩之基,须开池者三,……余七分之地,为垒土得四,……",这里提出的比例关系可作为我们设计时的参考。

　　分区规划时,各区的大小应根据功能、人流及内容要求来决定。例如公园中的儿童游乐区、公共游览区、文化娱乐区等都应根据其功能、内容要求等来确定它们之间的空间比例关系。

　　种植设计也存在比例问题。一般要根据当地的气象、风向、温度、雨量及阴雨日数的资料来决定草坪面积及乔、灌、草花的比例。乔木虽然可以挡风蔽荫,但易造成园内明暗对比失调,所以不能求之过甚,顾此失彼。又例如:在北方,常绿树与落叶树的数量比一般为 1∶3,乔木与灌木比为 7∶3,而到了海南一带,常绿树与落叶树的数量比例成为 2∶1 甚至于 3∶1,乔木与灌木的比例则为 1∶1 左右。

　　尺度指与人有关的物体实际大小与人印象中的大小之间的关系。久而久之,这种尺度和它的表现形式合为一体而成为人类习惯和爱好的尺度观念。如供给成人使用和供给儿童使用的东西,就具有不同的尺度要求。

　　在园林造景中,运用尺度规律进行设计常采用的方法:

（1）单位尺度引进法

即引用某些为人们所熟悉的景物作为尺度标准,来确定群体景物的相互关系,从而得出合乎尺度规律的园林景观(图4.25)。

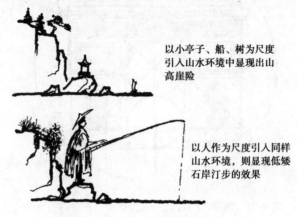

以小亭子、船、树为尺度引入山水环境中显现出山高崖险

以人作为尺度引入同样山水环境,则显现低矮石岸汀步的效果

图4.25　单位尺度的引进效果

（2）人的习惯尺度法

习惯尺度仍是以人体各部分尺寸及其活动习惯规律为准,来确定风景空间及各景物的具体尺度。如以一般民居环境作为常规活动尺度,那么大型工厂、机关建筑、环境就应该用较大尺度处理,这可称为依功能而变的自然尺度。而作为教堂、纪念碑、凯旋门、皇宫大殿、大型溶洞等,就是夸大了的超人尺度。它们往往使人产生自身的渺小感和建筑物(景观)的超然、神圣、庄严之感。此外,因为人的私密性活动而使自然尺度缩小,如建筑中的小卧室,大剧院中的包厢,大草坪边的小绿化空间等,使人有安全、宁静和隐蔽感,这就是亲密空间尺度(图4.26)。

展览馆——超人尺度　　　　公共食堂——自然尺度　　　卧室——亲密尺度

图4.26　尺度的相对关系

（3）景物与空间尺度法

一件雕塑在展室内显得气魄非凡,移到大草坪、广场中则顿感逊色,尺度不佳。一座假山在大水面边奇美无比,而放到小庭园里则感到尺度过大,拥挤不堪。这都是环境因素的相对尺度关系在起作用,也就是景物与环境尺度的协调与统一规律(图4.27)。

（4）模度尺设计法

运用好的数比系列或被认为是最美的图形,如圆形、正方形、矩形、三角形、正方形内接三角形等作为基本模度,进行多种划分、拼接、组合、展开或缩小等,从而在立面、平面或主体空

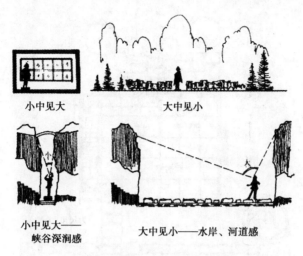

图 4.27　景物与环境尺度的相对关系

间中,取得具有模度倍数关系的空间,如房屋、庭院、花坛等,这不仅能得到好的比例尺度效果,而且也给建造施工带来方便。一般模度尺的应用采取加法和减法设计(图 4.28)。

图 4.28　以三角形为基础模度进行亭台设计

总之,尺度既可以调节景物的相互关系,又能造成人的错觉,从而产生特殊的艺术效果。

①建筑空间 1/10 理论,指建筑室内空间与室外庭院空间之比至少为 1∶10。

②景物高度与场地宽度的尺度比例关系,一般用 1∶6～1∶3 为好。

③地与墙的比例关系。地与墙为 D 和 H,当 $D∶H<1$ 时为夹景效果,空间通过感快而强; $D∶H=1$ 时为稳定效果,空间通过感平缓;$D∶H>1$ 时则具有开阔效果,空间感开敞而散漫,没有通过感(图 4.29)。

④墙或绿篱的高度在空间分隔上的感觉规律。当高为 30 cm 时有图案感,但无空间隔离感,多用于花坛花纹、草坪模纹边缘处理;当高为 60 cm 时,稍有边界划分和隔离感,多用于台边、建筑边缘的处理;当高为 90～120 cm 时,具有较强烈的边界隔离感,多用于安静休息区的隔离处理;当高度大于 160 cm,即超过一般人的视点时,则使人产生空间隔断或封闭感,多用于障景、隔景或特殊活动封闭空间的绿墙处理(图 4.30)。

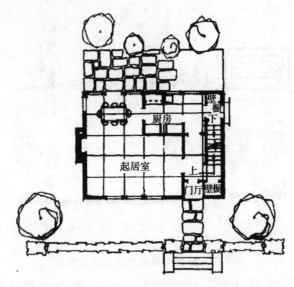

图 4.29　以方块基本模度尺进行平面组合

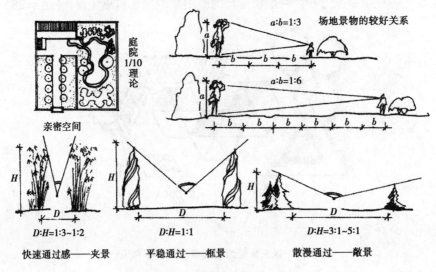

图 4.30　较好的空间视觉尺度

5)稳定与均衡

被古代中国人认为是宇宙组成的五大元素:金、木、水、火、土,五个汉字的象形基本都是左右对称,上小下大。而在西方,"对称"一词与"美丽"同义。构图上的不稳定常常让欣赏者感到不平衡。当构图在平面上取得了平衡,我们称之为均衡;在立面上取得了平衡称之为稳定。

均衡感是人体平衡感的自然产物,它是指景物群体的各部分之间对立统一的空间关系,一般表现为对称均衡和不对称均衡两大类型。

(1)静态均衡

静态均衡也称对称平衡。是指景物以某轴线为中心,在相对静止的条件下,取得左右(或上下)对称的形式,在心理学上表现为稳定、庄重和理性(图 4.31)。

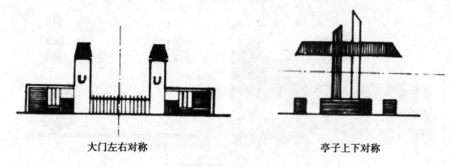

大门左右对称   亭子上下对称

图4.31　静态均衡

（2）动态均衡

动态均衡也称不对称平衡，即景物的质量不同、体量也不同，但却使人感觉到平衡。例如门前左边一块山石，右边一丛乔灌木，因为山石的质感很重，体量虽小，却可以与质量轻、体量大的树丛相比较，同样产生平衡感（图4.32）。这种感觉是生活中积淀下来的经验。动态均衡创作法一般有以下几种类型。

图4.32　山石与树丛产生不对称平衡

①构图中心法：在群体景物之中，有意识地强调一个视线构图中心，而使其他部分均与其取得对应关系，从而在总体上取得均衡感。三角形和圆形图案等重心为几何构图中心，是突出主景最佳位置；自然式园林中的视觉重心，也是突出主景的非几何中心，忌居正中（图4.33）。

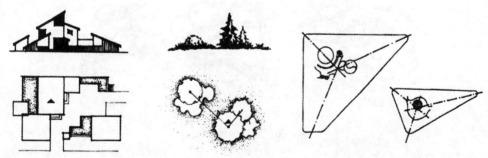

图4.33　构图中心法

②杠杆均衡法：又称动态平衡法、平衡法。根据杠杆力矩的原理，使不同体量或重量感的景物置于相对应的位置而取得平衡感（图4.34）。

③惯性心理法：又称运动平衡法。人在劳动实践中形成了习惯性重心感，若重心产生偏

图4.34　杠杆原理法

移,则必然出现动势倾向,以求得新的均衡。如一般认为右为主(重),左为辅(轻),故鲜花戴在左胸较为均衡;人右手提起物体,身体必向左倾,人向前跑手必向后摆。人体活动一般在立体三角形中取得平衡,根据这些规律,我们在园林造景中就可以广泛地运用三角形构图法。园林静态空间与动态空间的重心处理;均是取得景观均衡的有效方法(图4.35、图4.36)。

图4.35　三角形:静态均衡—动态均衡

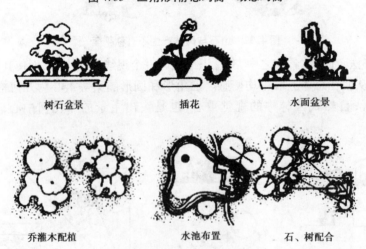

树石盆景　　　　插花　　　　水面盆景

乔灌木配植　　　水池布置　　　石、树配合

图4.36　三角形均衡构图

(3)质感均衡

根据造景元素的材质的不同,寻求人们心理的一种平衡感受。在我国山水园林中,主体建筑和堆山、小亭等常常各据一端,隔湖相望,大而虚的山林空间与较为密实的建筑空间分量基本相等。在重量感觉上一般认为,密实建筑、石山分量大于土山、树木。同一要素内部给人的印象也有区别,当其大小相近时,石塔重于木阁,松柏重于杨柳,实体重于透空材料,浓色重

于浅色,粗糙重于细腻(图4.37)。

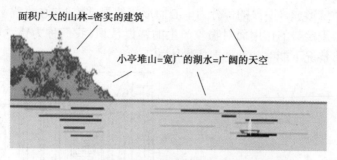

图4.37　树林与石塔、与湖水、与天空的质感平衡

(4)竖向均衡

上小下大在远古曾被认为稳定的唯一标准,因为它和对称一样可以给人一种雄伟的印象。而古人大都将宏大气魄作为决定事物是否美丽的不可缺少的条件之一。上小下大,稳如泰山,即为一种概括。这是因为地球引力强加于人使得物体体重小且越靠近地心就越稳定。一旦人们在技术上有可能不依赖于这种上小下大的模式而仍可使构筑物保持稳定的话,他们是乐于尝试新的形式的。中国假山讲究"立峰时石一块者,……理宜上大下小,立之可观。或峰石两块三块拼缀,亦宜上大下小,似有飞舞之势"。

今天的园林中应用竖向均衡的例子也很广泛,建筑小品如伞形亭、蘑菇亭等倒三角形以求均衡的运用。园林是自然空间,竖向层次上主要是地形和植物(大乔木),人们难以完全依照自己的意志进行安排,这就要求我们不断地创造更新颖、更适合于特定环境的方案。杭州云溪竹径中小巧的碑亭与高于它八九倍的三株大枫香形成了鲜明对照,产生了类似于平面上大而虚的自然空间和小而实的人工建筑两者之间的平衡感(图4.38)。当我们让树木倾斜生长而造成不稳定的动势时,也可以达到活泼生动的气氛,如同生长在悬崖之上苍劲刚健而古老的松树给人的印象一样。它们常常成为舒缓园林节奏中的特强音符。

图4.38　碑亭与树木体量的对比均衡

6)统觉与错觉

欣赏物象时常常形成最明显的部分为中心而形成的视觉统一效应,我们称为统觉。由于外界干扰和自身心理定势的作用而对物象产生的错误认识,我们称为错觉(图4.39)。人们的心理定势在通常情况下能够帮助把握住物体的正确形状。

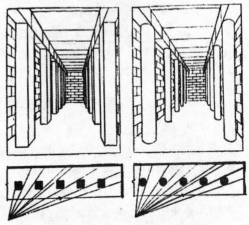

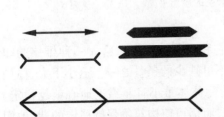

图4.39 相同长度直线段被干扰后的错觉

图4.40 方柱与圆柱的视觉比较

在人工构筑物及其装饰上,统觉和错觉出现得非常频繁,而错觉较统觉运用得更为广泛一些。做规划设计,平面图最为常用,如图4.40,两种立柱在立面图中看不出差别,实际上圆柱较方柱通透一些。这是因为当荷载相同时,即柱面积相等时,圆柱一般较方柱减少遮挡面积达20%以上。我国南方园林中圆柱多于方柱,与此不无关系。因此,我们需要正确地掌握错觉,消除它带来的消极影响,并在规划设计的时候让其成为园林造景中的积极因素;例如,由于人们的视觉中心点常聚焦偏重于物象的中心偏上,等分线段上半部就会显得比下半部更近,仿佛就更大一些。如:匾额、建筑上的徽标、车站时钟、建筑阳台;人体尺度上看,全身的重要视点中心在胸部,如胸花;上半身的视点在领,如领花;面部的视点在额头,如点红点等。我们在进行某些规划设计时,可以充分利用这一错觉开展人们视点中心的注意力布局。反之,为避免造成头重脚轻,如图4.41中的符号在平时书写时都下意识地做了一些变形或偏移;桌子的四脚不外扩1°左右,同样会影响视觉效果(图4.41)。

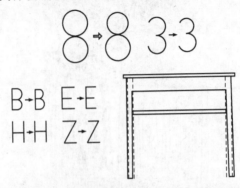

图4.41 符号与物体上下比例的视觉矫正

7)主从与统一

任何事物总是有相对和绝对之分,又总是在比较中发现重点,在变化关系中寻求统一。反之,倘若各个局部都试图占据主要或重要位置,必将使整体陷入杂乱无章之中。因此,在各要素之间保持一种合适的地位和关系,对构图具有很大的帮助。美的标准可能并非唯一,但若不符合这些标准就必然丧失美感。图4.42(a)图中的植物体量相等,形态差别过大,让人感到不够调和。而(b)图中的植物则有主有从,观赏效果就很好。

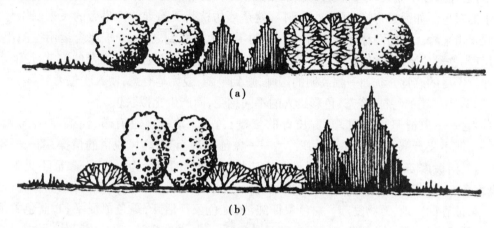

图4.42 植物体量与主从关系

综合性风景空间里,多风景要素、多景区空间、多造景形式的存在,必须有主有次的创作方法,达到丰富多彩、多样统一的效果。园林景观的主景(或主景区)与次要景观(或次景区)总是相比较而存在,又相协调而变化的。这种原理被广泛运用于绘画和造园艺术。如在绘画方面,元代《画鉴》中说"画有宾有主,不可使宾胜主";"有宾无主则散漫,有主无宾则单调、寂寞,有时有主无宾可用字画代之"。《画山水诀》中说"主山最宜高耸,客山须是奔趋"。在园林叠山方面,明代《园冶》一书说:假若一块中竖而为主石,两条旁插而乎劈峰,独立端严,次相辅弼,势如排列,状若趋承。在园林中有众多的景区和景点,它们因地制宜,排列组合而形成景区序列,但其中必有主有次,如泰山风景名胜区就有红门景区、中天门景区、岱顶景区、桃花源景区等,其中岱顶景区当仁不让地为主景区。中国古典园林是由很多大小空间组成的,如苏州的拙政园是以中区的荷花池为主体部分,又以远香堂为建筑构图中心;北京颐和园以昆明湖为主体,而以佛香阁为构图中心,其周围均有次要景点,形成"众星捧月""百鸟朝凤"的形势(图4.43)。

图4.43 植物配植的主从关系和假山布局的主从关系

8)比拟与联想

园林绿地不仅要有优美的景色,而且要有幽深的境界,应有意境的设想。能寓情于景,寓意于景,能把情与意通过景的布置体现出来,使人能见景生情,因情联想,把思维扩大到比园景更广阔更久远的境界中去,创造幽深的诗情画意。

(1)以小见大、以少代多的比拟联想

摹拟自然,以小见大,以少代多,用精练浓缩的手法布置成"咫尺山林"的景观,使人有真山真水的联想。如无锡寄畅园的"八音涧",就是摹仿杭州灵隐寺前冷泉旁的飞来峰山势,却又不同于飞来峰。我国园林在摹拟自然山水的手法上有独到之处,善于综合运用空间组织、比例尺度、色彩质感、视觉幻化等,使一石有一峰的感觉,使散石有平冈山峦的感觉,使池水迂回有曲折不尽的感觉。犹如一幅高明的国画,意到笔随,或无笔有意,使人联想无穷。

(2)运用植物的特征、姿态、色彩给人的不同感受,而产生比拟联想

如:松——象征坚贞不屈,万古长青的气概;竹——象征虚心有节,清高雅洁的风尚;梅——象征不畏严寒,纯洁坚贞的品质;兰——象征居静而芳,高风脱俗的情操;菊——象征不提风霜,活泼多姿;柳——象征灵活性与适应性,有强健的生命力;枫——象征不畏艰难困苦、老而尤红;荷花——象征廉洁朴素,出淤泥而不染;玫瑰花——象征爱情,象征青春;迎春花——象征春回大地,万物复苏。白色象征纯洁,红色象征活跃,绿色象征平和,蓝色象征幽静,黄色象征高贵,黑色象征悲哀。但这些只是象征而已,并非定论,而且因民族、习惯、地区、处理手法等不同又有很大的差异,如"松、竹、梅"有"岁寒三友"之称,"梅、兰、菊、竹"有"四君子"之称,都是诗人、画家的封赠。广州的红木棉树称为英雄树,长沙岳麓山广植枫林,确有"万山红遍,层林尽染"的景趣。而爱晚亭则令人想到"停车坐爱枫林晚,霜叶红于二月花"的古人名句。

(3)运用园林建筑、雕塑造型,而产生的比拟联想

园林建筑、雕塑的造型,常与历史、人物、传闻、动植物形象等相联系,能使人产生思维联想。如布置蘑菇亭、月洞门、小广寒殿等,人置身其中产生身临神话世界或月宫之感,至于儿童游戏场的大象和长颈鹿滑梯,则培养了儿童的勇敢精神,有征服大动物的豪迈感。在名人的雕像前,则会令人有肃然起敬之感。

(4)运用文物古迹而产生的比拟联想

文物古迹发人深省,游成都武侯祠,会联想起诸葛亮的政绩和三足鼎峙的三国时代的局面;游成都杜甫草堂,会联想起杜甫富有群众性的传诵千古的诗章;游杭州岳坟、南京雨花台、绍兴凤南亭,会联想起许多可歌可泣的往事,使人得到鼓舞。文物在观赏游览中也具有很大的吸引力。在园林绿地的规划布置中,应掌握其特征,加以发扬光大。如系国家或省、市级文物保护单位的文物、古迹、故居等,应分情况,"整旧如旧",还原本来面目,使其在旅游中发挥更大的作用。

(5)运用景色的命名和题咏等而产生的比拟联想

好的景色命名和题咏,对景色能起画龙点睛的作用。如含义深、兴味浓、意境高,能使游人有诗情画意的联想。陈毅同志游桂林诗有云:"水作青罗带,山如碧玉簪。洞穴幽且深,处处呈奇观。桂林此三绝,足供一生看。春花娇且媚,夏洪波更宽,冬雪山如画,秋桂馨而丹。"短短几句,描绘出桂林的"三绝"和"四季"景色,提高了风景游览的艺术效果。

4.3 园林艺术法则与造景手法

4.3.1 景的含义

园林风景是由许多景组成的,所谓"景"就是一个具有欣赏内容的单元,是从景色、景致和景观的含义中简化而来,也就是在园林中的某一地段,按其内容与外部的特征具有相对独立性质与效果即可成为一景。一个景的形成要具备两个条件,一是它的本身具有可赏的内容,另一个是它所在的位置要便于被人觉察,二者缺一不可。

东西方的造园理论都十分重视景的利用,把景比作一幅壁画,比作舞台上的天幕布,比作音乐中的主旋律等。实际上就是景的序列,我们如何巧妙地去安排和布置,完全取决于造园家和设计者本身。

4.3.2 中国园林造园艺术法则

1)造园之始,意在笔先

意,可视为意志、意念或意境。强调在造园之前必不可少的创意构思、指导思想、造园意图,这种意图是根据园林的性质、地位而定的。《园冶·兴造论》所谓"……三分匠,七分主人……"之说,它表现了设计主持人的意图起决定作用。

2)相地合宜,构园得体

凡造园,必按地形、地势、地貌的实际情况,考虑园林的性质、规模,构思其艺术特征和园景结构。只有合乎地形骨架的规律,才有构园得体的可能。《园冶》相地篇:无论方向及高低,只要"涉门成趣"即可"得景随形",认为"园地唯山林最胜",而城市地则"必向幽偏可筑";旷野地带应"依呼平岗曲坞,叠陇乔林"。就是说造园多用偏幽山林,平岗山窟,丘陵多树等地,少占农田好地,这也符合当今园林选址的方针。

在如何构园得体方面,《园冶》有一段精辟论述,"约十亩之地,须开池者三,……余七分之地,为垒土得四……",这种水、陆、山三四三的用地比例,虽不可定格,但确有参考价值。园林布局首先要进行地形及竖向控制,只有山水相依,水陆比例合宜,才有可能创造好的生态环境。城乡风景园林应以绿化空间为主,绿地及水面应占有园林面积的80%以上,建筑面积应控制在1.5%以下,并应有必要的地形起伏,创造至高控制点。引进自然水体,从而达到山因水活的境地。

3)因地制宜,随势生机

通过相地,可以取得正确的构园选址,然而在一块地上,要想创造多种景观的协调关系,还要靠因地制宜,随势生机和随机应变的手法,进行合理布局。《园冶》中也多处提到"景到随机""得景随形"等原则,不外乎是要根据环境形势的具体情况,因山就势,因高就低,随机应变,因地制宜地创造园林景观,即所谓"高方欲就亭台,低凹可开池沼;卜筑贵从水面,立基先究源头,疏源之去由,察水之来历",这样才能达到"景以境出"的效果。在现代风景园林的建设中,这种对自然风景资源的保护顺应意识和对园林景观创作的灵活性,仍是实用的。

4)巧于因借,精在体宜

风景园林既然是一个有限空间,就免不了有其局限性,但是具有酷爱自然传统的中国造园家,从来没有就范于现有空间的局限,而是用巧妙的"因借"手法,给有限的园林空间插上了无限风光的翅膀。"因"者,是就地审势的意思,"借"者,景不限内外,所谓"晴峦耸秀,钳宇凌空;极目所至,俗则屏之,嘉则收之……",这种因地、因时借景的做法,大大超越了有限的园林空间。像北京颐和园远借玉泉山宝塔,无锡寄畅园仰借龙光塔,苏州拙政园屏借北寺塔,南京玄武湖公园遥借钟山。古典园林的"无心画""尺户窗"的内借外,此借彼,山借云海,水借蓝天,东借朝阳,西借余晖,秋借红叶,冬借残雪,镜借背景,墙借疏影。借声借色,借情借意,借天借地,借远借近,这真是放眼环字,博大胸怀的表现。用现代语言说,就是汇集所有外围环境的风景信息,拿来为我所用,取得事半功倍的艺术效果。

5)欲扬先抑,柳暗花明

一个包罗万象的园林空间,怎样向游人展示她的风采呢? 东西方造园艺术似乎各具特色。西方园林以开朗明快,宽阔通达,一目了然为其偏好,而中国园林却以含蓄有致、曲径通幽、逐渐展示、引人入胜为特色。尽管现代园林有综合并用的趋势,然而作为造园艺术的精华,两者都有保留发扬的价值。究竟如何取得引人入胜的效果呢? 中国文学及画论给了很好的借鉴,如"山重水复疑无路,柳暗花明又一村","欲露先藏,欲扬先抑"等,这些都符合东方的审美心理与规律。陶渊明的《桃花源记》给我们提供了一个欲扬先抑的范例,见漠寻源,遇洞探幽,豁然开朗,偶入世外桃源,给人无限的向往。如在造园时,运用影壁、假山水景等作为入口屏障;利用绿化树丛作隔景;创造地形变化来组织空间的渐进发展;利用道路系统的曲折引进,园林景物的依次出现,利用虚实院墙隔而不断,利用园中园,景中景的形式等,都可以创造引人入胜的效果。它无形中拉长了游览路线,增加了空间层次,给人们带来柳暗花明,绝路逢生的无穷情趣。

6)起结开合,步移景异

如果说,欲扬先抑给人们带来层次感,起结开合则给人们以韵律感。写文章、绘画有起有结,有开有合,有放有收,有疏有密,有轻有重,有虚有实。造园又何尝不是这样呢? 人们如果在一条等宽的胡同里绕行,尽管曲折多变,层次深远,却贫乏无味,游兴大消。节奏与韵律感,是人类生理活动的产物,表现在园林艺术上,就是创造不同大小类型的空间,通过人们在行进中的视点、视线、视距、视野、视角等反复变化,产生审美心理的变迁,通过移步换景的处理,增加引人入胜的吸引力。风景园林是一个流动的游赏空间,善于在流动中造景,也是中国园林的特色之一。现代综合性园林有着广阔的天地,丰富的内容,多方位的出入口,多种序列交叉游程,所以不能有起、结、开、合的固定程序。在园林布局中,我们可以效仿古典园林的收放原则,创造步移景异的效果。比如景区的大小,景点的聚散,绿化草坪植树的疏密,自然水体流动空间的收与放,园路路面的自由宽窄,风景林木的郁闭与稀疏,园林建筑的虚与实等,这种多领域的开合反复变化,必然会带来游人心理起伏的律动感,达到步移景异、渐入佳境的效果。

7)小中见大,咫尺山林

前面提到的因借是利用外景来扩大空间的做法。小中见大,则是调动内景诸要素之间的关系,通过对比、反衬,造成错觉和联想,达到扩大空间感,形成咫尺山林的效果。这多用于较小的园林空间,利用形式美法则中的对比手法,以小寓大,以少胜多。模拟与缩写是创造咫尺山林,小中见大的主要手法之一,堆石为山,立石为峰,凿池为塘,垒土为岛,都是模拟自然,池仿西湖水,岛作蓬莱、方丈、瀛洲之神山,使人有虽在小天地,置身大自然的感受。

苏州狮子林、苏州环秀山庄都是在咫尺之境,创造山峦云涌、峭崖深谷、林木丛翠之典型佳作。

8) 虽由人作,宛自天开

无论是寺观园林、皇家园林或私家庭园,造园者顺应自然、利用自然和仿效自然的主导思想始终不移,认为只要"稍动天机",即可做到"有真为假,做假成真",无怪乎外国人称中国造园为"巧夺天工"。

纵览我国造园范例,顺天然之理、应自然之规,用现代语言,就是遵循客观规律,符合自然秩序,攒取天然精华,造园顺理成章。如《园冶》中论造山者"峭壁贵于直立;悬崖使其后坚。岩、峦、洞穴之莫穷,涧、壑、坡、矶之俨是"。另有"未山先麓,自然地势之嶙峋;构土成冈,不在石形之巧拙;……","欲知堆土之奥妙,还拟理石之精微。山林意味深求,花木情缘易短。有真为假,做假成真……"。又如理水,事先要"疏源之去由,察水之来历","山脉之通,按其水径;水道之达,理其山形"。做瀑布可利用高楼檐水,用天沟引流,"突出石口,泛漫而下,才如瀑布"。无锡寄畅园的八音涧是闻名的利用跌落水声造景的范例。

再如植物配植,古人对树木花草的厚爱,不亚于山水,寻求植物的自然规律进行人工配植,再现天然之趣。如《园冶》中多处可见"梧荫匝地,槐荫当庭,插柳沿堤,栽梅绕屋","移竹当窗,分梨为院","芍药宜栏,蔷薇未架;不妨凭石,最厌编屏,……","开荒欲引长流,摘景全留杂树"。古人在植物造景中,突出植物特色,如梅花岭、柏松坡、海棠坞、木樨轩、玉兰堂、远香堂(荷花)等。清代陈扶瑶的《花镜》有"种植位置法",其中有"花之喜阳者,引东旭而纳西晖;花之喜阴者,植北固而领南熏"。"松柏……宜峭壁奇峰";"梧、竹……宜深院孤亭";"荷……宜水阁南轩";"菊……宜茅舍清斋";"枫叶飘丹,宜重楼远眺"。

9) 文景相依,诗情画意

中国园林艺术之所以流传古今中外,经久不衰,一是有符合自然规律的造园手法,二是有符合人文情意的诗、画文学。"文因景成,景借文传",正是文、景相依,才更有生机。同时,也因为古人造园,到处充满了情景交融的诗情画意,才使中国园林深入人心,流芳百世。

文、景相依体现出中国风景园林对人文景观与自然景观的有机结合,泰山被联合国列为文化与自然双遗产,就是最好的例证。泰山的宗教、神话、君主封禅、石雕碑刻和民俗传说,伴随着泰山的高峻雄伟和丰富的自然资源,向世界发出了风景音符的最强音。《红楼梦》中所描写的大观园,以文学的笔调,为后人留下了丰富的造园哲理,一个"潇湘馆"的题名就点出种竹的内涵。唐代张继的《枫桥夜泊》一诗,以脍炙人口的诗句,把寒山寺的钟声深深印在中国和日本人民的心底,每年招来无数游客,寒山寺才得以名扬海外。

中国园林的诗情画意,还集中表现在它的题名、槛联上。北京"颐和园"表示颐养调和之意;"圆明园"表示君子适中豁达、明静、虚空之意;表示景区特征的如避暑山庄康熙题三十六景四字和乾隆题三十六景三字景名。四字的有烟波致爽、水芳岩秀、万壑松风、锤峰落照、南山积雪、梨花伴月、濠濮间想、水流云在、风泉清听、青枫绿屿等;三字的有烟雨楼、文津阁、山近轩、水心棚、青雀航、冷香亭、观莲所、松鹤斋、知鱼矶、采菱霞、驯鹿坡、翠云岩、畅远台等。

杭州西湖更有苏堤春晓、曲院风荷、平湖秋月、三潭印月、柳浪闻莺、花港现鱼、南屏晚钟、断桥残雪等景名。引用唐诗古词而题名的，更富有情趣，如苏州拙政园的"与谁同坐轩"，取自苏轼诗"与谁同坐轩？明月、清风、我"。利用匾额点景的如颐和园的"涵虚""罨秀"牌坊，涵虚一表水景，二表涵纳之意；罨秀表示招贤纳士之意。北海公园中的"积翠""堆云"牌坊，前者集水为湖，后者堆山如云之意，取自郑板桥诗"月来满地水，云起一天山"。如泰山普照寺内有"筛月亭"，因旁有古松铺盖，取长松筛月之意。亭之四柱各有景联，东为"高筑西椽先得月，不安四壁怕遮山"；南为"曲径云深宜种竹，空亭月朗正当楼"；西为"收拾岚光归四照，招邀明月得兰分"；北为"引泉种竹开三径，援释归儒近五贤"，对联出自四人之手。这种以景造名，又借名发挥的做法，把园景引入了更深的审美层次。登上泰山南天门，举目可见"门辟九霄仰步三天胜迹，阶崇万级俯临千嶂奇观"，真是一身疲惫顿消，满腹灵气升华。

杭州灵隐用"飞来峰"景名给人带来无限的神秘感。雕在山石上的大肚弥勒佛两对联"大肚能容容世间难容之事，佛颜常笑笑天下可笑之人"，再看大肚佛憨笑之神态，真是点到佳处，发人深思。再如"邀月门"取自李白"举杯邀明月，对影成三人"，"松风阁"取自杜甫"松风吹解带，山月照弹琴"。除了引诗赋题名外，还有因景传文而名扬四海的，如李白的"朝辞白帝彩云间，千里江陵一日还。两岸猿声啼不住，轻舟已过万重山"诗句给四川白帝城增了辉。对于园林中特定景观的文学描述或取名，给人们以更加深刻的诗情画意。如对月亮的形容有金蟾、金兔、金镜、金盘、银台、玉兔、玉轮、悬弓、婵娟、宝镜、素娥、蟾宫等。春景的景名有杏坞春深、长堤春柳、海棠春坞、绿杨柳、春笋廊等。夏景有曲院风荷，以荷为主的诗句"毕竟西湖六月中，风光不与四时同。接天莲叶无穷碧，映日荷花别样红。"夏景还有听蝉谷、消夏湾（太湖）、听雨轩、梧竹幽居、留听阁、远香堂（拙政园）。秋景有金岗秋满（苏州退思园）、扫叶山房（南京清凉山）、闻木樨香轩、秋爽斋、写秋轩等。冬景有风寒居、三友轩、南山积雪、踏雪寻梅。

总之，文以景生，景以文传，引诗点景，诗情画意，这是中国园林艺术的特点之一。

10) 胸有丘壑，统筹全局

写文章要胸有成竹，而造园者必须胸有丘壑，把握总体，合理布局，贯穿始终。只有统筹兼顾，一气呵成，才有可能创造一个完整的风景园林体系。

中国造园是移天缩地的过程，而不是造园诸要素的随意堆砌。绘画要有好的经营位置，造园就要有完整的空间布局。苏州沈复在《浮生六记》中说"若夫图亭楼阁，套室回廊，叠石成山，栽花取势，又在大中见小，小中见大，虚中有实，实中有虚，或藏或露，或浅或深，不仅在周围曲折有致，又不在地广石多徒烦一费"，这就是统筹布局的意思。对山水布局要求"山要环抱，水要萦回"，"山立宾主，水注往来"，拙政园中部以远香堂为中心，北有雪香云蔚亭立于主山之上，以土为主，既高又广；南有黄石假山作为入口障景，可谓宾山；东有牡丹亭立于山上，以石代土，可为次山；西部香洲之北有黄石叠落，可做配山；可见四面有山皆入画，高低主次确有别。《园冶》中说"凡园圃立基，定厅堂为主。先乎取景，妙在朝南，倘有乔木数株，仅就中庭一二。筑垣须广，空地多存，任意为持，听从排布；择成馆舍，余构亭台；格式随宜，栽培得致"。这就明确指出布局要有构图中心，范围要有摆布余地，建筑、栽植等格调灵活，但要各得其所。

造园者必须从大处着眼摆布，小处着手理微，用回游线路组织游览，用统一风格和意境序列贯穿全园。这种原则同样适用于现代风景园林的规划工作，只是现代园林的形式与内容都有较大的变化幅度，以适应现代生活节奏的需要。

总之,造园者只有胸有丘壑,统观全局,运筹帷幄,贯穿始终,才能创造出"虽由人作,宛自天开"的风景园林总体景观。

4.3.3 常用造景艺术手法

中国传统造园艺术的显著特点是:既属工程技术,又属人文造景艺术,技艺交融。

在风景园林中,因借自然,模仿自然,创造供游人游览观赏的景色,我们称之为造景。常用造景艺术手法归纳起来包括主景与配景、对景与障景、分景与隔景、夹景与框景、透景与漏景、配景与添景、前景与背景、层次与景深、仰景与俯景、引景与导景、实景与虚景、景点与点景、内景与外景、远景与近景、朦胧与烟景、四时造景等(图4.44)。

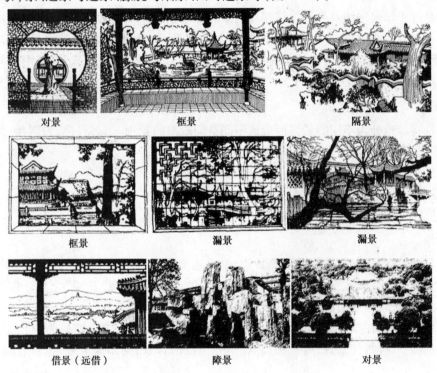

图4.44 主要造景艺术手法

1)主景与配景

主景是景色的重点、核心,是全园视线的控制点,在艺术上富有较强的感染力。配景相对于主景而言,主要起陪衬主景的作用,不能喧宾夺主,在园林中是主景的延伸和补充。突出主景的手法有:

①主体抬高:采用仰视观赏,以简洁明朗的蓝天为背景,使主体造型轮廓线鲜明、突出。

②轴线运用:轴线是风景、建筑发展延伸的方向,需要有力的端点,主景常设置在轴线端点和交点上。

③动势向心:水面、广场、庭院等四面围合的空间周围景物往往具有向心动势,在向心处布置景物形成主景。

④空间构图重心:将景物布置在园林空间重心处构成主景。规则式园林几何中心即为构图中心。自然式园林要依据形成空间的各种物质要素以及透视线所产生的动势来确定均衡

重心。

2)分景

分景是分割空间,增加空间层次,丰富园中景观的一种造园技法。分景常用的形式有点、对、隔、漏。

3)点景

点景是用楹联、匾额、石碑、石刻等形式对园林景观加以介绍、开阔的手法,点出景的主题,激发艺术想象,同时具宣传、装饰、导游作用。

4)对景

对景是位于绿地轴线及风景视线端点的景。位于轴线一端的为正对景;轴线两端皆有景为互对景。正对景在规则式园林中常为轴线上的主景。在风景视线两端设景,两景互为对应,很适于静态观赏。对景常置于游览线的前方,给人以直接、鲜明的感受,多用于园林局部空间的焦点部位。

5)隔景

隔景是将绿地分为不同的景区而造成不同空间效果的景物。它使视线被阻挡,但隔而不断,空间景观相互呼应。通常有实隔、虚隔、虚实隔三种手法:
①实隔:实墙、山体、建筑。
②虚隔:水面、漏窗、通廊、花架、疏林。
③虚实隔:堤岛、桥梁、林带可造成景物若隐若现的效果。

6)障景

障景是抑制视线、分割空间的屏障景物,常采用突然逼近的手法,使视线突然受到抑制,而后逐渐开阔,即所谓"欲扬先抑,欲露先藏"的手法,给人以"柳暗花明"之感。常以假山石墙为障景,多位于入口或园路交叉处,以自然过渡为最佳。

为增加景深感,在空间距离上划分前(近)、中、背(远)景,背景、前景为突出中景服务。创造开朗宽阔、气势雄伟景观,可省去前景,烘托简洁的背景;突出高大建筑,可省略背景,采用低矮前景。

7)添景

添景是用于没有前景而又需要前景时。当中景体量过大或过小,需添加景观要素以协调周围环境或中景与观赏者之间缺乏过渡均可设计添景。位于主景前面景色平淡的地方用以丰富层次的景物,如平展的枝条、伸出的花朵、协调的树形。

8)夹景

为突出景色,以树丛、树列、山石、建筑物等将左右两侧加以屏障,形成较为封闭的狭长空间,左右两侧的景观即称夹景。夹景是利用透视线、轴线突出对景的方法之一,集中视线,增加远景深远感。

9)漏景

由框景演变,框景景色全现,漏景若隐若现,含蓄雅致,为空间渗透的一种主要方法,主要由漏窗,漏墙,疏林、树干、枝叶形成。

10)框景

框景是利用门、窗、树、洞、桥,有选择地摄取另一空间景色的手法。框景设计应对景开框或对框设景。框与景互为对应,共成景观。

11)借景

借景,是指利用园外或远处景观来组织更为丰富的风景欣赏的一种极为重要的造景手段。可以扩大空间,丰富景园。借景依距离、视角、时间、地点等不同,有远借、邻借、仰借、俯借、应时而借……

古典园林的因借手法:内借外、此借彼、山借云海、水借蓝天、东借朝阳、西借余晖、秋借红叶、冬借残雪、镜借背景、墙借疏影、松借坚毅、竹借高洁、借声借色、借情借意、借天、借地、借远、借近……

借远处景色观赏,常登高远眺,可以利用有利地形开辟透视线,也可堆假山叠高台或山顶设亭、建阁。

利用仰视观赏高处景观,如古塔、楼阁、大树以及明月繁星、白云飞鸟……仰视观赏视觉易疲劳,观赏点应设亭、台、座椅。

一年四季,一日之中,景色各有不同。时常借季节、时间来构成园景。如:苏堤春晓(春景);曲院荷风(夏景);平湖秋月(秋景);断桥残雪(冬景);雷峰夕照(晚霞景);三潭印月(夜景)。

4.4 园林空间艺术布局

在园林艺术理论指导下对所有空间进行巧妙、合理、协调、系统的安排的艺术,目的在于构成一个既完整又开放的美好境界。常从静态、动态两方面进行空间艺术布局(构图)。

4.4.1 静态空间艺术构图

在一个相对独立环境中,随诸多因素的变化,使得人的审美感受各不相同,有意识进行构图处理,就会产生丰富多彩的艺术效果。

静态空间艺术是指相对固定空间范围内的审美感受。一般按照活动内容,静态空间可分为生活居住空间、游览观光空间、安静休息空间、体育活动空间等。按照地域特征分为山岳空间、台地空间、谷地空间、平地空间等;按照开朗程度分为开朗空间、半开朗空间和闭锁空间等;按照构成要素分为绿色空间、建筑空间、山石空间、水域空间;按照空间大小分为超人空间、自然空间和亲密空间;依其形式分为规则空间、半规则空间和自然空间;根据空间的多少又分为单一空间和复合空间等。

1)风景界面与空间感

由自然风景的景物面构成的风景空间,称之为风景界面。景物面实质上是空间与实体的交接面。风景界面即局部空间与大环境的交接面,由天地及四周景物构成。

风景界面主要有底界面、壁界面、顶界面。风景底界面可以是草地、水面、砾石或沙地、片石台地以及溪流等类型;风景的壁界面,常常为游人的主要观赏面,为悬崖峭壁、古树丛林、珠帘瀑布、峰林峡谷等。风景的壁面处理,除了自然景观外,人工塑造观赏面也是我国造园中常采用的手法。如山崖壁面的石刻、半山寺庙等,均为风景壁面增色不少;风景顶界面,一般情况下没有明显的界面,多以天空为背景,在溶洞中、石窟内,虽有顶面存在,但不易长时间仰视观赏,多不被注意。

(1)自然风景界面的类型

①洞式空间:两岸为峭壁,且高宽比大,下部多为溪流、河谷。由于河床窄,绝壁陡而高,溪回景异,变换多姿,常给人以幽深、奇奥的美感。

②井式空间:四周为山峦,空间的高宽比在5:1以上,封闭感较强,常构成不流通的内部空间。

③天台式空间:多为山顶的平台,视线开阔,常是险峰上的"无限风光"之处。

④一线天空间:意指人置身于悬崖裂缝间只能看到一条窄狭的天缝。"一线天"可宽可窄,可长可短,宽者可接近嶂谷,窄者就像一条岩缝,仅能容一身穿行,给人一种险峻感、深邃感和奇趣感。

⑤山腰台地空间:在山腰或山脚上部,有突出于山体的台地,这种地势,一面靠山,三面开敞,背山面势,开阔与封闭的对比较强,同时又因离开了山体,增强了层次效果,往往可造成较好的景观。

⑥动态流通空间:在溪流河道沿岸,山的起伏和层次变化,配以倒影效果,常富于景观变换,构成流通空间,宜动态观赏。

⑦洞穴空间:包括溶洞、山内裂隙、山壁岩屋、天坑等,常造成阴森、奇险之感。

⑧回水绝壁空间:当流水受阻,因水的切割而形成绝壁,同时,因水的滞流形成水汀,在深潭的出口,流速减缓而形成沙洲,这种空间有闭锁与开阔的对比,常为风水先生利用来造景。

⑨洲、岛空间:沿海的沙洲、沿湖海的半岛与岛屿,特别是水库形成的众多小岛,使开阔的水面产生多层次和多变化的水面空间景观效果。

⑩植物空间:林中空地、林荫道等由植物组成的空间,是比地貌空间更有生命力的空间环境,也是自然风景空间必不可少的组成部分。

(2)空间的分类

按照风景空间给人的感受不同,可划分为3种空间:

①开敞空间。开敞空间是指人的视线高于周围景物的空间。开敞空间内的风景称为开朗风景。"登高壮观天地间,大江茫茫去不还","孤帆远影碧空尽,唯见长江天际流",均是对开敞空间的写照。高高的山岭、苍茫的大海、辽阔的平原都属于开敞空间。开敞空间可以使人的视线延伸到远方,使人目光宏远,给人以明朗开阔和心怀开放的感受。

②闭锁空间。闭锁空间是指人的视线被周围景物遮挡住的空间。闭锁空间内的风景叫闭锁风景。闭锁空间给人以深幽之感,但也有闭塞感。

③纵深空间。纵深空间是指狭长的地域,如山谷、河道、道路等两侧视线被遮住的空间。纵深空间的端点,正是透视的焦点,容易引起人的注意,常在端部设置风景,谓之对景。

(3)风景界面与空间感受

以平地(或水面)和天空构成的空间,有旷达感,所谓心旷神怡;以峭壁或高树夹持,其高宽比大约6:1~8:1的空间有峡谷或夹景感;由六面山石围合的空间,则有洞府感;以树丛和草坪构成的不小于1:3的空间,有明亮亲切感;以大片高乔木和矮地被组成的空间,给人以荫浓景深的感觉;一个山环水绕,泉瀑直下的围合空间给人清凉世界之感;一组山环树抱、庙宇林立的复合空间,给人以人间仙境的神秘感;一处四面环山、中部低凹的山林空间,给人以深奥幽静感;以烟云水域为主体的洲岛空间,给人以仙山琼阁的联想;还有,中国古典园林的咫尺山林,给人以小中见大的空间感;大环境中的园中园,给人以大中见小(巧)的感受。

由此可见,巧妙地利用不同的风景界面组成关系,进行园林空间造景,将给人们带来静态空间的多种艺术魅力(图4.45)。

峭壁、高树、蹬高夹持界面

铺地、景墙、花架、绿篱围合界面

山石、水潭、瀑布笼罩界面

沙滩、海面、天空展开界面

图4.45　风景界面例图

2)静态空间的视觉规律

利用人的视距规律进行造景、借景,将取得事半功倍之效,可创造出预想的艺术效果。

(1)最宜视距

正常人的清晰视距为25~30 m,明确看到景物细部的视野为30~50 m,能识别景物类型的视距为150~270 m,能辨认景物轮廓的视距为500 m,能明确发现物体的视距为1 200~2 000 m,但这已经没有最佳的观赏效果。至于远观山峦、俯瞰大地、仰望太空等,则是畅观与联想的综合感受了。

(2)最佳视域

人的正常静观视域,垂直视角为130°,水平视角为160°。但按照人的视网膜鉴别率,最佳垂直视角小于30°,水平视角小于45°,即人们静观景物的最佳视距为景物高度的2倍或宽度的1.2倍,以此定位设景则景观效果最佳。但是,即使在静态空间内,也要允许游人在不同部位赏景。建筑师认为,对景物观赏的最佳视点有三个位置,即垂直视角为18°(景物高的3倍距离)、27°(景物高的2倍距离)、45°(景物高的1倍距离)。如果是纪念雕塑,则可以在上述三个视点距离位置为游人创造较开阔平坦的休息欣赏场地(图4.46)。

(3)三远视景

除了正常的静物对视外,还要为游人创造更丰富的视景条件,以满足游赏需要。借鉴画论三远法,可以取得一定的效果。

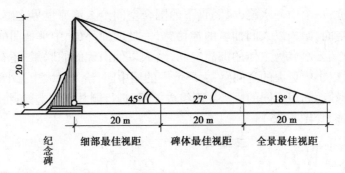

图4.46 最佳静态视距视角示意图

①仰视高远:一般认为视景仰角分别大于45°、60°、90°时,由于视线的不同消失程度可以产生高大感、宏伟感、崇高感和危严感。若>90°,则产生下压的危机感。这种视景法又称虫视法。在中国皇家宫苑和宗教园林中常用此法突出皇权神威,或在山水园中创造群峰万壑、小中见大的意境。如北京颐和园中的中心建筑群,在山下德辉殿后看佛香阁,仰角为62°,产生宏伟感,同时,也产生自我渺小感。

②俯视深远:居高临下,俯看大地,为人们的一大乐趣。园林中也常利用地形或人工造景,创造制高点以供人俯视。绘画中称之为鸟瞰。俯视也有远视、中视和近视的不同效果。一般俯视角小于45°、30°、10°时,则分别产生深远、深渊、凌空感。当小于0°时,则产生欲坠危机感。登泰山而一览众山小,居天都而有升仙神游之感。也产生人定胜天之感。

③中视平远:以视平线为中心的30°夹角视域,可向远方平视。利用创造平视观景的机会,将给人以广阔宁静的感受,坦荡开朗的胸怀。因此园林中常要创造宽阔的水面、平缓的草坪、开敞的视野和远望的条件,这就把天边的水色云光、远方的山廓塔影借来身边,一饱眼福。

三远视景都能产生良好的借景效果,根据"佳则收之,俗则屏之"的原则,对远景的观赏应有选择,但这往往没有近景那么严格,因为远景给人的是抽象概括的朦胧美,而近景才给人以具象细微的质地美。

(4)花坛设计的视角视距规律

独立的花坛或草坪花丛都是一种静态景观,一般花坛又位于视平线以下,根据人的视觉实践,当花坛的花纹距离游人渐远时,所看到的实际画面也随之而缩小变形。不同的视角范围内其视觉效果各有不同。图4.47中,设人的平均视高为1.65 m,在视平线以下的90°中,靠近人的30°和40°范围内,大约有0.97~1.4 m距离为不被注意和视觉模糊区段(图中O—A'和A'—A),在邻近的另外30°范围内,大约有1.5~3 m为视觉清晰区段(图4.47上A—B),在靠近视平线以下的20°范围内,随着角度的抬高,花坛图案开始显著缩小变形,从B—B'视觉画面来看,比起平面图案实际宽度已缩小5~6倍。由此可见花坛或草坪花丛设计时必须注意以下规律:

①一个平面花坛,在其半径大约为4.5 m的区段其观赏效果最佳。

②花坛图案应重点布置在离人1.5~4.5 m,而靠近人1~1.5 m区段只铺设草坪或一般地被植物即可。

③在人的视点高度不变的情况下,花坛半径超过4.5 m以上时,花坛表面应做成斜面。从图4.48可以看出,当倾角不小于30°时花坛已成半立体状,倾角为60°时花坛表面达到了最佳状态。

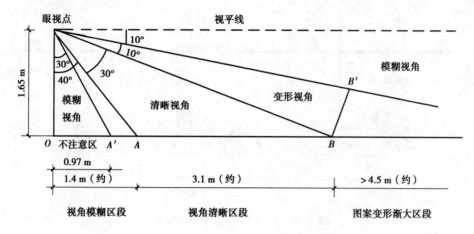

图 4.47　人对花坛视觉的变化规律示意图

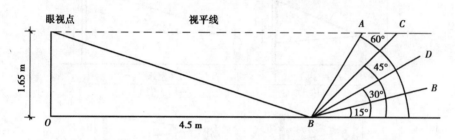

图 4.48　改变花坛平面坡度可产生好的视觉效果

④当立体花坛的高度超过视点高度 2 倍以上时,应相应提高人的视点高度。

⑤如果人在一般平地上欲观赏大型花坛或大面积草坪花纹时,可采用降低花坛或草坪花丛高度的办法,形成沉床式效果,这在法国庭园花园中应用较早。

⑥当花坛半径加大时,除了提高花坛坡度外,还应把花坛图案成倍加宽,以便克服图案缩小变形的缺陷。

总之,上述视角视距分析并非要求我们拘泥于固定的角度和尺寸关系,而是要在多种复杂的情况下,寻求一些规律以创造尽可能理想的静态观景效果。

(5)静态空间的尺度规律

既然风景空间是由风景界面构成的,那么界面之间相互关系的变化必然会给游人带来不同的感受。例如:在一个空旷的草坪上或在一个浅盆景底盘上进行植物或山石造景时,其景物的高度 H 和底面 D 的关系在 $1:6 \sim 1:3$ 时,景观效果最好(图 4.49)。

另外,在室内和室外布置展品时,因其环境空间的不同而对景物的合适视距也有不同之处。一般认为室内视距 $L=$ 展品高度 $H \times 2$ 为宜,而到室外草坪广场上布置展品则 $L=3.7(H-h)$ 为宜(h 为人视点高)(图 4.50)。

当人的视距为 D ,四周的景物高为 H , $D/H=1$ 时,视角 $\alpha=45°$,给人以室内封闭感; $D/H=2 \sim 3$ 时, $\alpha=18° \sim 26°$,给人以庭院亲切感; $D/H=4 \sim 8$ 时, $\alpha=5.5° \sim 6°$,给人以空旷开阔感(图 4.51)。

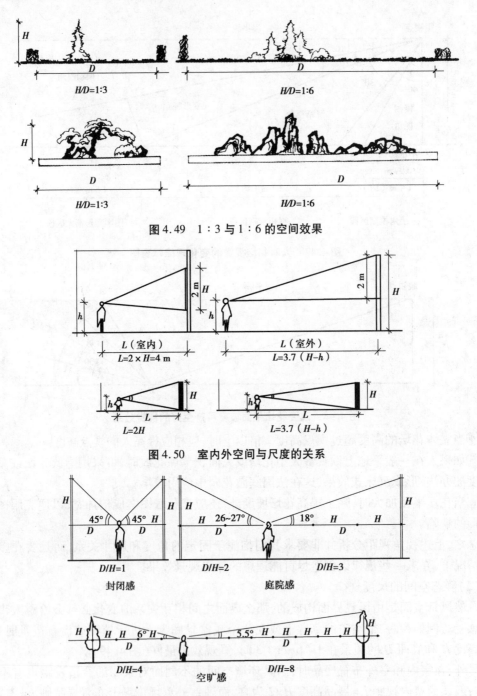

图4.49 1:3与1:6的空间效果

图4.50 室内外空间与尺度的关系

图4.51 不同视距与景高的空间感受示意图

4.4.2 动态序列艺术布局

园林对于游人来说是一个流动空间,一方面表现为自然风景的时空转换,另一方面表现在游人步移景异的过程中。不同的空间类型组成有机整体,并对游人构成丰富的连续景观,就是园林景观的动态序列。

1)园林空间展示程序

中国古典园林多半有规定,要有出入口、行进路线、空间分隔、构图中心、主次分明建筑类型和游憩范围。展示程序的规划路线布置不可简单地点线连接,而是把众多景区景点有机协调组合在一起,使其具有完整统一的艺术结构和景观展示程序(景观序列)。

景观序列平面布置宜曲不宜直,里面设计要有高低起伏,达到步移景异、层次深远、高低错落的景观效果。序列布置一般有起景—高潮—结景,即序景—起景—发展—转景—高潮—结景。

(1)一般序列

一般简单的展示程序有所谓两段式和三段式之分。两段式就是从起景逐步过渡到高潮而结束,如一般纪念陵园从入口到纪念碑的程序。原苏军反法西斯纪念碑就是从母亲雕像开始,经过碑林南道、旗门的过渡转折,最后到达苏军战士雕塑的高潮而结束。但是多数园林具有较复杂的展出程序,大体上分为起景—高潮—结景三个段落。在此期间还有多次转折,由低潮发展为高潮,接着又经过转折、分散、收缩以至结束。如北京颐和园从东宫门进入,以仁寿殿为起景,穿过牡丹台转入昆明湖边豁然开朗,再向北通过长廊的过渡到达排云殿,再拾级而上直到佛香阁、智慧海,到达主景高潮。然后向后山转移再游后湖、谐趣园等园中园,最后到北宫门结束。除此外还可自知春亭,南去过十七孔桥到湖心岛,再乘船北上到石舫码头,上岸再游主景区。无论怎么走,均是一组多层次的动态展示序列(图4.52)。

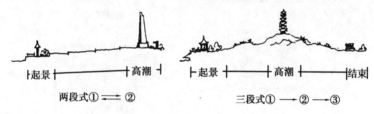

图4.52 空间程序(或序列)示意图

(2)循环序列

为了适应现代生活节奏的需要,多数综合性园林或风景区采用了多向入口、循环道路系统,多景区景点划分,分散式游览线路的布局方法,以容纳成千上万游人的活动需求。因此现代综合性园林或风景区采用主景区领衔,次景区辅佐,多条展示序列。各序列环状沟通,以各自入口为起景,以主景区主景物为构图中心,以综合循环游览景观为主线,以方便游人,满足园林功能需求为主要目的来组织空间序列,这已成为现代综合性园林的特点。在风景区的规划中更要注意游赏序列的合理安排和游程游线的有机组织(图4.53)。

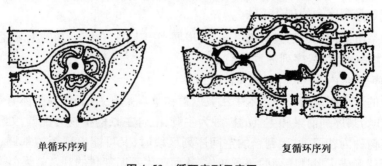

图4.53 循环序列示意图

(3)专类序列

以专类活动内容为主的专类园林,有其各自的特点。如植物园多以植物演化系统组织园景序列,如从低等到高等,从裸子植物到被子植物,从单子叶植物到双子叶植物,还有不少植物园因地制宜地创造自然生态群落景观形成其特色。又如动物园一般从低等动物到鱼类、两栖类、爬行类至鸟类、食草哺乳动物、食肉哺乳动物,乃至灵长类高级动物等,形成完整的景观序列,并创造出以珍奇动物为主的全园构图中心。某些盆景园也有专门的展示序列,如盆栽花卉与树桩盆景、树石盆景、山水盆景、水石盆景、微型盆景和根雕艺术等,这些都为空间展示提出了规定性序列要求,故称其为专类序列。

2)园林道路系统布局序列

园林空间序列的展示,主要依靠道路系统的导游职能,有串联、并联、环形、多环形、放射、分区等形式。因此道路类型就显得十分重要。一般道路系统组织类型如图4.54所示。

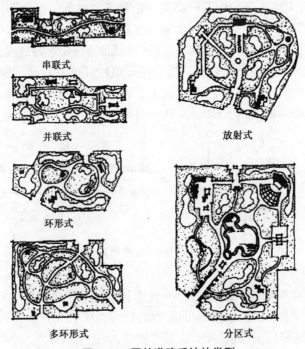

串联式

并联式

放射式

环形式

多环形式

分区式

图4.54　园林道路系统的类型

多种类型的道路体系为游人提供了动态游览条件,因地制宜的园景布局又为动态序列的展示打下了基础。

3)风景园林景观序列的创作手法

风景序列是由多种风景要素有机组合,逐步展现出来的,在统一基础上求变化,又在变化之中见统一,这是创造风景序列的重要手法。

(1)风景序列的主调、基调、配调和转调

景观序列的形成要运用各种艺术手法。以植物景观要素为例,作为整体背景或底色的树林可谓基调,作为某序列前景和主景的树种为主调,配合主景的植物为配调,处于空间序列转折区段的过渡树种为转调,过渡到新的空间序列区段时,又可能出现新的基调、主调和配调,如此逐渐展开就形成了风景序列的调子变化,从而产生不断变化的观赏效果(图4.55)。

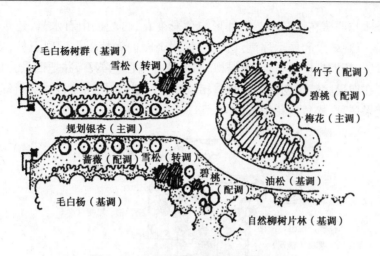

图4.55　公园入口区植物绿化景观序列

（2）风景序列的起结开合

作为风景序列的构成，可以是地形起伏，水系环绕，也可以是植物群落或建筑空间，无论是单一的还是复合的，总应有头有尾，有放有收，这也是创造风景序列常用的手法。以水体为例，水之来源为起，水之去脉为结，水面扩大或分支为开，水之溪流又为合。这和写文章相似，用来龙去脉表现水体空间之活跃，以收放变换而创造水之情趣。例如北京颐和园的后湖，承德避暑山庄的分合水系，杭州西湖的聚散水面（图4.56）。

图4.56　风景空间序列起结开合

（3）风景序列的断续起伏

这是利用地形地势变化而创造风景序列的手法之一，多用于风景区或郊野公园。一般风景区山水起伏，游程较远，我们将多种景区景点拉开距离，分区段设置，在游步道的引导下，景序断续发展，游程起伏高下，从而取得引人入胜、渐入佳境的效果。例如峨眉山风景区从报国寺起始，途径伏虎寺、纯阳殿、中峰寺到清音阁就是第一阶段的断续起伏序列；从清音阁起，经洪椿坪、九十九道拐、仙峰寺（九老洞）到洗象池是第二阶段的断续起伏序列；又经过雷洞坪、接引殿到金顶，这是第三阶段的断续起伏序列（图4.57）。

图4.57　风景空间序列的断续起伏

（4）园林植物景观序列与季相和色彩布局

园林植物是风景园林景观的主体，然而植物又有其独特的生态规律。在不同的立地条件下,利用植物个体与群落在不同季节的外形与色彩变化,再配以山石水景,建筑道路等,必将出现绚丽多姿的景观效果和展示序列。例如,扬州个园内春植翠竹配以石笋,夏种广玉兰配太湖石,秋种枫树、梧桐配以黄石,冬植蜡梅、南天竹配以白色英石,并把四景分别布置在游览线的四个角落,在咫尺庭院中创造了四时季相景序。一般园林中,常以桃红柳绿表春,浓荫白花主夏,红叶金果属秋,松竹梅花为冬(图4.58)。

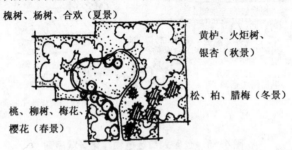

图4.58 园林植物景观序列(季相与色彩布局)

(5)园林建筑群动向序列布局

园林建筑在风景园林中只占有1%~2%的面积,但往往它是某景区的构图中心,起到画龙点睛的作用。由于使用功能和建筑艺术的需要,对建筑群体组合的本身以及对整个园林中的建筑布置,均应有动态序列的安排。对一个建筑群组而言,应该有入口、门庭、过道、次要建筑、主体建筑的序列安排。对整个风景园林而言,从大门入口区到次要景区,最后到主景区,都有必要将不同功能的景区,有计划地排列在景区序列线上,形成一个既有统一展示层次,又有多样变化的组合形式,以达到应用与造景之间的完美统一(图4.59、图4.60)。

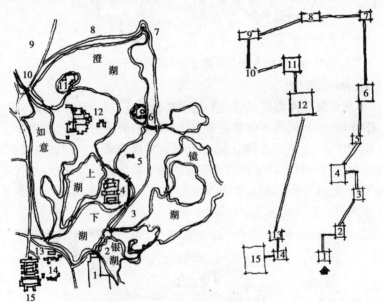

图4.59 承德避暑山庄湖区建筑组群及景点序列布置

1—东宫;2—水心榭;3—清舒山馆;4—月色江声;5—新所;6—上帝阁;

7—热河泉(船坞);8—万树园;9—试马埭;10—水流云;11—烟雨楼;

12—如意洲;13—万壑松风;14—松鹤斋;15—正宫

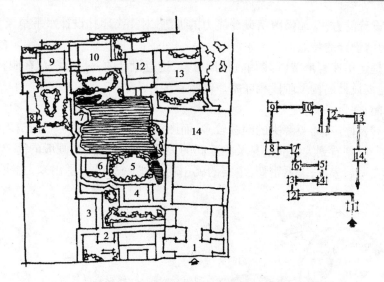

图4.60　苏州网师园建筑群组序列安排

1—入口；2—琴室；3—蹈和馆；4—小山从桂轩；5—云冈；6—濯缨水阁；

7—月到风来亭；8—冷泉亭、涵碧泉；9—殿春簃；10—看松读画轩；

11—竹外一枝轩；12—集虚斋；13—五峰书屋；14—撷秀楼台

习题

1.形式美法则的类型有哪些,它们各自的特点及其适用范围是什么?

2.形式美法则运用到实际的造园设计中应该注意哪些问题?

3.墙或绿篱的高度不同,给人的感受也不同。它们之间的关系是什么?

4.如何区别框景与漏景各自的特点及其运用?

5.列举中国古代造园法则,其基本法则是什么?

6.中国古代园林强调曲径通幽,可以运用哪些手法达到其效果?

7.根据人的观赏视距视角规律,如何进行花坛的布置?

8.园林景观的一般动态序列为哪两种? 以简单的图示予以表达。

9.园林内各区、各点主要依靠园路进行联系,其园路可分为几级,各级园路具有怎样的功能?

10.造园艺术上如何搭配植物树种的景观序列?

〔拓展阅读〕

园林图解设计

应用草图来帮助思考是设计师普遍采用的方法。但在园林规划设计工作中,人们往往比较重视正式的设计图以及着重表现最终方案的效果图,而对设计过程中帮助思考而描画的设计草图比较忽视,更谈不上有意识地运用图解的方法来进行思考和帮助设计。但是,设计者时常运用图解设计的方法,加强图解设计能力的训练,对提高园林设计水平是极为有利的。

一、园林图解设计的特点

图解设计是运用速写草图(即图解)帮助思考,进行设计的一种方法。在园林规划设计工作中,它常与规划设计的构思阶段相联系。其特点为:

1. 化繁为简,一目了然

园林规划涉及面广,需要解决的问题较多,而图解设计通过绘制客观而清晰的视觉形象,使设计者在同一时刻看到大量的信息及相互间的关系。它如同儿童画般的简单易懂,属于同类的事物就归在一起表示;关系密切,重要的就用粗黑线(或点)表示出来,主次分明,一目了然(图4 附-1)。

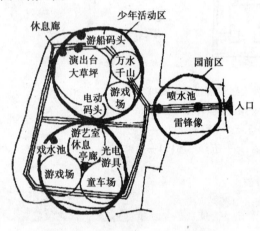

图4 附-1 某儿童公园分区示意图

图4 附-2 自我交流环

2. 自我交流,往复提高

图解设计过程可以看作自我交谈。在交谈中,设计者与设计草图相互交流,即通过眼、脑、手和速写四个环节,对通过交流环的信息进行添加、削减或者变化(图4 附-2)。信息的多次循环、保留并组合有价值的信息,从而产生新的方案设想。

3. 公众设计,快速简便

由于园林绿地的功能日益增多,造园技术日益复杂,专业分工也日趋专门化。因此,在实际工作中常常是由若干个专业技术人员组成设计团队,分工协作,共同进行规划设计工作。为了保证工作效益和质量,团队成员必须始终共享信息和设想。应用图解的方法,就可把个人的设想迅速提供给团队成员,并且可保留下来作为今后参阅和处理的有效资料。此外,图解有助于排除专业术语所引起的障碍,使不同行业的人们(如决策机关、工程建设单位等)有可能就规划设计的有关问题进行交流和讨论。

二、园林图解设计的技法

1. 图解语言

图解语言包括图像、标记、数字和词汇。其特点是:全部符号及其相互关系被同时加以考虑,这对于描述同时存在的关系复杂的问题具有独特的效能。

图解语言与文字语言具有相似的语法规律,它是由名词、动词和修饰词(诸如形容词、副词和短语)三个基本部分组成。名词代表主体;动词在名词间建立关系;修饰词修饰主体的质或量,或者表示主体间的关系。在图解分析中,主体多以圆圈表示;相互关系常以线条表示;

修饰则以线条的变化来表示,并用数字、文字或其他符号进行常用修饰词符号补充。

2.图解词汇

(1)基本词汇

①名词(主体):以符号表示主体的方法很多,图4附-3(a)即为较常用的符号(每一排为1组群)。使用时需注意,一幅图中主体符号不宜太多,必要时可对基本符号加添数字、文字或其他符号来补充或说明。

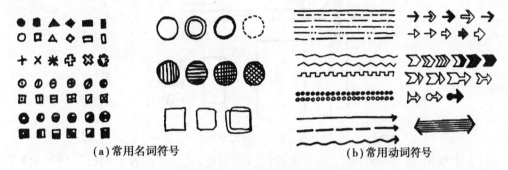

(a)常用名词符号　　　　　　　　　　　　(b)常用动词符号

图4附-3　常用设计表达符号

②动词(相互关系):与主体相同,不同的关系可用不同类型的线条表示。这些线条既可以用来限定组群主体,也可以作为分割一个框图或表达特殊关系的手段。

箭头是指示关系的专用符号。带线条的箭头指示单向关系,连续的事物或者一个过程。重叠的箭头则可表示框图中的重要部分或者显示依赖关系和补充信息的馈入。双向箭头表示二者互相影响,具有可逆性(图4附-3(b))。

③修饰词:修饰词对主体和相互关系的修饰可用线条的粗细、多少来显示,明暗的强弱和局部的添加也是常用的方法。此外,修饰还可以表示强调:第一,特殊的主体或者特殊的关系;第二,分离相互交织的框图或者某一过程中的特殊点或特殊阶段(图4附-4)。

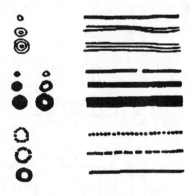

图4附-4　常用修饰词符号

(2)专业词汇

园林规划设计仅用上述基本图解词汇是远远不够的。要表现园林规划尤其是园林设计的具体内容还必须运用本行业的"图解词汇"——园林平面图图例。灵活自如地掌握这些专业图解词汇,就会得心应手地把大脑中想象的思路,快速地反映到纸面上来,使图解思考与设计同时进行。

3.常用园林图解设计图

(1)资料分析图:是将基址的自然及人文特性依据景观研究分析的结果而描绘出来的一种图。通常有基地分析图、景观分析图、绿化现状图以及基地坡度、水文分析图等,这些图可使设计者了解基址的基本情况(图4附-5)。

(2)功能(行为)关系图——泡泡图:这种图可帮助设计者进行思考,快速地记下设计者在脑海中闪过的灵感,它将抽象的概念以图面的形式表现出来,并利用文字加以标注、说明。此外,利用泡泡图还可以修改最初的方案设想,使方案趋于完善。

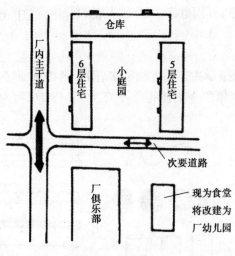

图 4 附-5　基地分析

（3）方案草图:是在地形图上,把上述图解内容引进,并运用园林规划设计的原理和技巧徒手描画的一种图。绘制方案草图通常有两种形式,即铅笔草图和彩色水笔草图。

三、园林图解设计的运用

现以一个简单的实例说明图解设计在园林规划工作中的运用。

题目:某工厂居民区两栋住宅间的绿化。

由于题目比较简单,因此,在调查研究的基础上绘出了基地分析图、景观分析图和功能关系图(见图 4 附-5—图 4 附-7)。

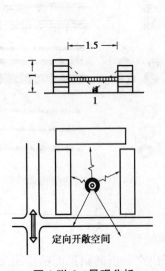

图 4 附-6　景观分析

1—高层住宅居民能俯视绿地景观而绿地内
的人视线被墙隔断;

2—三面围合的建筑空间强烈的朝向开敞边

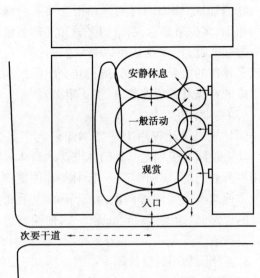

图 4 附-7　功能关系泡泡图

通过上述分析,对方案总的发展方向有了一个比较明确的基本构思。此时,即可着手设计,也就是面临着选择表现基本构思的最佳平面布局形式。由于是委托设计,因此设计时不仅要考虑绿地的功能、平面布局以及工程和艺术的规律,还要考虑委托单位的人力、物力和财力以及对方案的理解、接受能力。故方案设计时可根据方案发展的大致方向(如平面布局形式、造园主体等)分几类做方案,以探讨方案发展的各种可能性。图4附-8就是从绿地的平面布局形式出发,结合功能和景观要求而做出的方案构思草图。

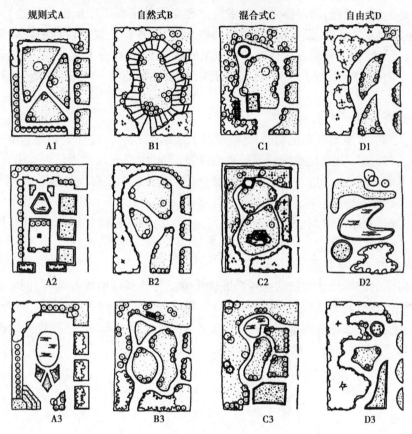

图4附-8　多方探讨

经过比较(并征求委托单位的意见)决定发展C2方案。C2即为运用图解设计的方法,经构思、设计、评估、筛选而得到的基本方案草图。

在运用图解设计的过程中,应注意以下几点:

1. 从具体到抽象

园林设计,千变万化,且各具特色。在设计过程中,设计者必须善于简化问题,提炼事物的本质,以探讨其内在的规律和相互关系,即抽象化的过程。通常可采用提炼、简化、精选、比较等方法进行。这样,可使设计中的问题由繁变简,关系明了,重点突出,从而有助于设计者对设计中的关键、重要问题进行充分的研究。

2. 从整体到局部

在设计之初,设计者对方案总的发展方向应有一个明确的基本构思。这个构思的好坏对整个设计的成败有着极大的影响。特别是在一些复杂的设计中,面临的矛盾和影响因素很多,如果一开始就有一个总的设计意图,那么,不仅可以主动地掌握全局,协调各部分的关系,而且,对局部的缺点也较易克服。相反,如果一开始就在大方向上失策,则很难在后面的局部措施上加以补救,甚至会造成整个设计的返工和失败。因此,设计工作应加强整体意识,注重基本构思,在整体的控制下,由大到小,由粗到细,逐步深入发展下去,这样才能保证设计工作始终不偏离方向。

3. 从平面到立面

园林绿地的设计意图,功能要求和艺术效果等在园林平面图中反映得最为具体,如功能分区、道路系统以及各景区、景点、景物之间的联系等,这些都是规划设计中将要遇到和需要解决的问题。因此,把主要精力放在对总平面图的研究上,放在多方案的探讨上,是很明智的做法。至于立面图、透视图等,它们只是平面图的一种补充和说明,不应花太多的精力和时间。

4. 从功能到景观

任何设计都要求能同时满足功能和美(美感)的要求,园林设计亦是如此。由于园林绿地是一种特殊的"产品",其功能要求就显得更为重要。因此,绿地的功能是否实用合理,不仅是设计者所要考虑的问题,也是人们评审方案的一个客观标准。只有当功能的合理与艺术的和谐相统一时,设计才是完美的。

总之,在设计的过程中,上述四个方面互相穿插、互相渗透,彼此影响,共同作用于整个设计过程。

四、基本技能——徒手画

要想获得园林图解设计的技法必须熟练徒手画。与其盲目地练习速写,倒不如描画现有的园林设计图。在描画的过程中仔细观察原图,熟练图解语言和表现技法。另外,也可将现有的园林设计实例画成图解的形式,以探讨文字与图解之间的联系,寻找较为简练而流畅的图解表现技法,这也不失为一种学习上的"短、平、快"。

5

园林构成要素

所有的艺术作品都是通过一定的材料和媒介来实现自己的内容和形式的统一表达,其手段就是通过写实和写虚。园林是自然风景景观和园林景观的综合概念,园林景观的构成要素主要包括山石(地形)、水、植物、建筑及构筑物四个方面。从园林构成素材来看,一般可分为:①地形、水体等无生命的自然现象;②建筑、小品、道路及其他硬质景观;③树木、花卉、鸟兽虫鱼等有生命的自然景物等。其中地形、水体、建筑和植物是构成要素的主要组成部分。

5.1 地形(山石)

"地形"是"地貌"的近义词,意思是地球表面三度空间的起伏变化。简而言之,地形就是地表的外观。从自然风景的范围来看,地形主要包括山谷、高山、丘陵、草原以及平原等复杂多样的类型,这些地表类型一般称为"大地形"。从园林的范围来讲,地形主要包含土丘、台地、斜坡、平地,或因台阶和坡道所引起的水平面变化的地形,这类地形统称为"小地形"。起伏最小的地形称为"微地形",它包括沙丘上的微弱起伏或波纹,或是道路上的石头和石块的不同质地变化。总之,地形是指外部环境的地表因素。

在园林景观中,地形有很重要的意义,因为地形直接联系着众多的环境因素和环境外貌。此外,地形也能影响某一区域的美学特征,影响空间的构成和空间感受,也影响景观、排水、小气候、土地的使用,以及影响特定园址中的功能作用。地形还对景观中其他自然设计要素如植物、铺地材料、水体和建筑等的作用和重要性起支配作用。所以,园林所有的构成要素和景观中的其他因素在某种程度上都依赖地形并与地面接触和联系。因此,景观环境的地形变化,就意味着该地区的空间轮廓、外部形态,以及其他处于该区域中的自然要素的功能的变化。地面的形状、坡度和方位都会与其相关的一切因素产生影响。

5.1.1 地形的类型

对于园林的地形状态,由于涉及人们的观赏、游憩与活动,一般较为理想的比例是:陆地占全园的 2/3 ~ 3/4,其中平地占 1/2 ~ 2/3,丘陵地和山地占 1/3 ~ 1/2。

园林中的陆地类型可分为平地、坡地、山地 3 类:

1)平地

平地是指坡度比较平缓的地面,通常占陆地 1/2,坡度小于 5%,适宜作为广场、草地、建筑等方面用地,便于开展各类活动,利于人流集散,方便游人游览休息,形成开朗的园林景观。平地在视觉上较为空旷、开阔,感觉平稳、安定,可以有微小的坡度或轻微的起伏。景观具有较强的视觉连续性,容易与水平造景协调一致,与竖向造型对比鲜明,使景物更加突出。

2)坡地

坡地是倾斜的地面部分,可分为缓坡(8% ~ 10%)、中坡(10% ~ 20%)、陡坡(20% ~ 40%)。一般占陆地 1/3,坡度小于 40%。坡地一般用作种植观赏、提供界面视线和视点,塑造多级平台、围合空间等。在园林绿地中,坡地常见的表现形式有土丘、丘陵、山峦和小山。坡地在景观中可作为焦点和具有支配地位的要素,赋有一定的仰望尊崇的感情色彩。

3)山地

山地包括自然山地和人工的堆山叠石。一般占陆地 1/3,可以构成自然山水园的主景,起到组织空间,丰富园林观赏内容,改善小气候,点缀、装饰园林景色的作用。造景艺术上,常作为主景、背景、障景、隔景等手法使用。山地分为土山、石山、土石山等。

从地形在竖向上的起伏、塑造等景观表现可分为:

凸地形 视线开阔,具有延伸性,空间呈发散状。地形高处的景物往往突出、明显,又可组织成为造景之地(图 5.1(a))。当高处的景物达到一定体量时还能产生一种控制感(图 5.1(b))。

(a) (b)

图 5.1 凸地形的景观表现

凹地形 具有内向性,给人封闭感和隐秘不公开感,空间的制约程度取决于周围坡度的陡峭程度、高度以及空间的宽度。图 5.2 为一城市住区的下沉式绿地公园,下沉为公园带来了自身的小空间。

图 5.2 凹地形塑造的下沉式公园

5.1.2 地形的功能与作用

1)改变立面形象

山水园林在平地上应力求变化,通过适度的填挖形成微地形的高低起伏,使空间富于立体化而产生情趣,从而达到引起观赏者注意的目的。利用地形打造阶梯、台地也能起到同样的作用,并通过植物配合加以利用,如跌落景墙、高低错落的花台等,尤其在入口,地形高差的变化有助于界限感的产生(图5.3)。

图5.3 地形的立面表现

2)合理利用光线

正光下的景物缺乏变化而平淡,早晨的侧光会产生明显的立体感。海边光线柔和,使景物软化,有迷茫的佛国意境;内陆的角度光线会使远物清晰易辨,富于雕塑感;光线由下向上照射,具戏剧效果,清晨、傍晚以及夜晚中的建筑、雕塑、广场等重点地段借此吸引人流。留出光线廊道,或有意塑造山坡山亭,造成霞光、晨光等逆光效果,或假山、空洞的光孔利用,都将使得人们体会到不同寻常的园林艺术感受(图5.4)。

3)创造心理气氛与美学功能

古代的人们居于山洞,捕捉走兽飞禽,采果伐木,都离不开依山傍水的环境。山承担着阳光雨露,风暴雷霆,供草木鸟兽生长,使人以之为生而不私有。因此,历代人士对山有很高的评价,有"仁者乐山"之说,将江山比作人仁德的化身,充满了对山的崇拜。尽管后世对山由崇

图5.4　地形塑造的光线利用

拜转为了欣赏,它带给人们的雄浑气势和质朴清秀仍一直是造园家所追求的目标。在城市里,从古代庭院内的假山到现代公园里常用的挖湖堆山,无不表明地形上的变化历来都对自然气氛的创造起着举足轻重的作用。因此,园林设计中,提倡追求自然,打破那种过于规整呆板的感觉。重点地方强调高下对比,尽量做好对微地形的处理。地形的起伏不仅丰富了园林景观,而且还创造了不同的视线条件、形成了不同的性格空间。

4)合理安排与控制视线

杭州花港观鱼公园东北面的柳林草坪是经过细心规划设计而成。它位于园中主干道和西里湖之间,南有茂密的树带,东西有分散的树丛,十多株柳树位于北面靠湖一侧,形成了50多亩地的独立空间。湖的北面视野开阔,左有刘庄建筑群,右边隔着苏堤上六桥杨柳隐约可见湖心的"三潭映月",北面保淑塔立于重山之上,秋季红叶如火欲燃,夏日清风贴水徐来。所有这些景色由下而上地展示着景观序列。柳林草坪北低南高,向湖岸倾斜。柳林先掩后露,相互配合,收到了良好的效果(图5.5)。

图5.5　"先掩后露"的视线控制和引导　　　图5.6　幽静的公园草坡

"先掩后露"的运用,可将视线引导向某一特定点,影响可视景物和可见范围,形成连续的景观序列,完全封闭通向不雅景物的视线,影响观赏者和景物空间之间的高度和距离关系。

5)改善游人感观

在大多数公园和花园里,草坪所代表的平地绿化空间所占面积最多,时刻对园林气氛产生着影响。当然,我们也不能过分追求坡度变化,除了考虑工程的经济,一般1%的坡度已能够使人感觉到地面的倾斜,同时也可以满足排水的要求。如坡度达到2%~3%,会给人以较为明显的印象。微地形处理,通常4%~7%的坡度最为常见。南昌人民公园中部的松树草坪就是在高起的四周种植松树造成幽深的感觉(图5.6)。坡度为8%~12%时称为缓坡。陡坡的坡度大于12%,它一般是山体即将出现的前兆。坡地虽给人们活动带来一些不便,但若加以改造利用往往使地形富于变化。这种变化可以造成运动节奏的改变,如影响行人和车辆运行的方向、速度和节奏(图5.7);可以形成阜障,遮挡无关景物,还可以对人的视域作出调整。如图5.8所示,人在起伏的坡地上高起的任何一端都能更方便地观赏坡底和对坡的景物。坡底因是两坡之间视线最为集中的地方,可以布置一些活动者希望引起注目的内容,如滑冰、健身操,或者儿童游戏场地,易于家长看护。

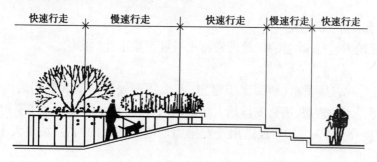

图5.7 地形控制速度和节奏

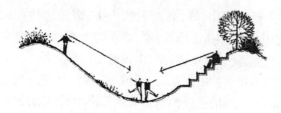

图5.8 地形的阜障作用

6)分隔空间

有效自然的划分空间,使之形成不同功能或景色特点的区域,获得空间大小对比的艺术效果,利用许多不同的方式创造和限制外部空间(图5.9)。

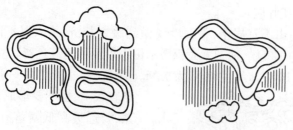

图5.9 山体对空间的分隔

7)改善小气候

影响园林绿地某一区域的光照、温度、湿度、风速等生态因子。

5.1.3　地形塑造

地形的塑造是园林建设中最基本的一步。因为它在园林设计中的重要性,我们必须首先注意许多问题,并在设计中反复斟酌。

1)地形的表现形式

(1)地形改造

地形改造应注意对原有地形的利用;改造后的地形条件要满足造景及各种活动和使用的需要,并形成良好的地表自然排水类型,避免过大的地表径流;地形改造应与园林总体布局同时进行。

(2)地形、排水和坡面稳定

应注意考虑地形与排水的关系,地形和排水对坡面稳定性的影响。

(3)坡度

坡度小于1%时容易积水,地表面不稳定,不太适合安排活动和使用的内容;坡度介于1%～5%的地形排水较理想,适合安排绝大多数的内容,特别是需要大面积平坦地的内容,不需改造地形;坡度介于5%～10%仅适用于安排用地范围不大的内容;坡度大于10%只能局部小范围加以利用。

地形的地貌形式:

高起地形:岭,连绵不断的群山;峰,高而尖的山头;峦,浑圆的山头;顶,高而平的山头;阜,起伏小但坡度缓的小山;坨,多指小山丘;埭,堵水的土堤;坂,较缓的土坡;麓,山根低矮部分;岗,山脊;峭壁,山体直立,陡如墙壁;悬崖,山顶悬于山脚之外。

低矮地形:峡,两座高山相夹的中间部分;峪或谷,两山之间的低处;壑,较谷更宽更低的低地;坝,两旁高地围起而很广阔的平缓凹地;坞,四周高中间低形成的小面积洼地。

凹入地形:岫,不通的浅穴;洞,有浅有深,穿通山腹。

2)堆山法则

在园林造园中,堆山又称"掇山""筑山"。掇山最根本的法则是"因地制宜,有假有真,做假成真"(《园冶》)。

(1)主客分明,遥相呼应

堆山不宜对称,主山不宜居中,平面上要做到缓急相济,给人以不同感受。北坡一般较陡,南坡有背风向阳的小气候,适于大面积展示植物景观和建筑色彩。立面上要有主峰、次峰和配峰的安排。图5.10中,a为主峰,b为次峰,c为配峰,三者切忌一字罗列,不能处在同一条直线上,也不要形成直角或等边三角形关系,要远近高低错落有致,顾盼呼应。正如宋朝画家郭熙所说:"山,近看如此,远数里看又如此,远十数里看又如此,每远每异,所谓山形步步移也。山,正面如此,侧面又如此,背面又如此,每看每异,所谓山形面面看也。"(图5.11)作为陪衬的山(客山)要和主峰

图5.10　山形的塑造

在高度上保持合适的比例。图 5.12 中,(a)图客山过大,难以反衬出主山之雄。(b)图又嫌太小,显得无足轻重,不具备可比性。(c)图中,两者关系处理较好,做到了"众山拱伏,主山始尊。群峰互盘,祖嶂乃厚"(王维《画学秘诀》)。由此可见,增加山的高度和体积不是产生雄伟感的唯一途径,有时反会加大工程量。

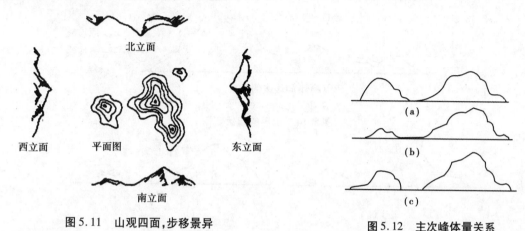

图 5.11　山观四面,步移景异　　　　图 5.12　主次峰体量关系

中国园林中为使假山叠石有真山的效果,常将视距安排在山高的 3 倍甚至 2 倍以内,靠视角的增大产生高耸感。大空间中 4~8 倍的视距仍会对山体有雄伟的印象,如果视距大于景物高度的 10 倍,这种印象就会消失。北海琼华岛山高 32 m,白塔也有大约 30 m 高,使岛的高度增加了 1 倍,即使由北岸的静心斋一带观赏,也可满足 1:10 的要求。从南岸看,视距比为 1:3.5,西北端看为 1:7,使全园都在其控制之中。琼华岛的位置偏南靠近东岸,由各个角度都可得到不同的观感,做到了"步步移""面面看"的效果,产生了高远感。

(2)山有"三远"

"自山下而仰山巅,谓之高远;自山前而窥山后,谓之深远;自近山而望远山,谓之平远"(《林泉高致》)。深远通常被认为是三远之中最难以做到的(图 5.13),它可使山体丰厚幽深。为了达到预想效果而又不至于开挖堆砌太多的土方,常使山趾相交形成幽谷,或在主山前设置小山创造前后层次。如图 5.10 中山谷 d 采用了前种手法,图 5.14(a)图为其山阴面效果,(b)图为后一种手法的示意。总之要在主山前多布置层次。图 5.14(c)图中的斜坡如能作一定的挖填处理,就能避免主山一览无余地暴露在人们眼前,创造出峰回路转的变化空间。

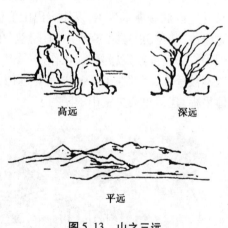

图 5.13　山之三远

3)山脊线的设置

山的组合可以很复杂,但要有一气呵成之感,不可使人觉得孤立零碎。图 5.15 中图(a)中两座山互不理睬,不及图(b)中的两山彼此有顾盼之情。

山脉即使中断也要尽可能做到"形散而神不散",脊线要"藕断丝连",保持内在的联系。

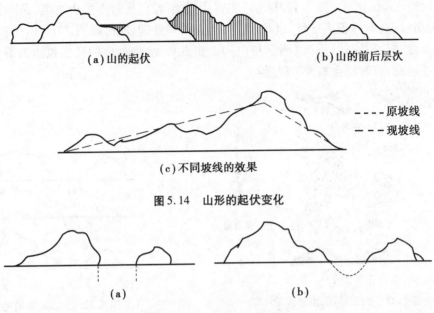

(a)山的起伏   (b)山的前后层次

- - - - 原坡线
- - - 现坡线

(c)不同坡线的效果

图5.14　山形的起伏变化

(a)   (b)

图5.15　山形的起伏变化

从断面上看山脚宜缓、稳定自然,山坡宜陡、险峻、峭立,山顶宜缓、空阔开朗,山坡至山顶应有变化,同时注意利用有特点的地形地貌。

4)山的高度掌握

山的高度要根据需要来确定。供人登临的山,要有高大感并利于远眺,应该高于平地树冠线,一般为10~30 m。这种高度不至于使人产生"见林不见山"的感觉。当山的高度难以满足这一要求时,要尽可能不在山的欣赏面靠山的山脚处种植高大乔木(庇荫可种植小乔木),并应以低矮灌木为主,以便突出山的体量。同时,在山顶覆以茂密的高大乔木林,根部用小树掩盖,避免山的真实高度一目了然(图5.16)。横向上要注意采用余脉延伸,用植矮树于山端等方法掩虚露实,起到强化作用(图5.17)。对仅仅起到分隔空间和障景作用的小土山,一般不被登临,高度在1.5 m以上能遮挡视线即可。建筑一般不宜建在山的最高点,会使得山体呆板,建筑也会失去山的陪衬。

图5.16　西泠印社植物和地形的组合

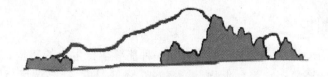

图5.17 植物对地形的修饰作用

5.1.4 叠山置石

人工堆叠的山称为叠山,一般包括假山和置石两部分。假山以造景为目的,体量大且集中布置,效仿自然山水,可观可游,较置石复杂。叠山置石是东方园林独特的园艺技艺。

园林中置石,缘于古人出行不便而产生的"一拳代山"的念头,在厅堂院落中立以石峰了却心愿。置石常独立造景或作配景。它体量小,表现个体美,以观赏为主。

置石可分孤置、散置、群置等形式。孤置主要作为特意的孤赏之用。散置和群置则要"攒三聚五",相互保持联系。利用山石能与自然融合而又可由人随意安排的特点减少人工气氛。如墙角往往是两个人工面相交的地方,最感呆板,通过抱角镶隅的遮挡不仅可以使墙面生动,也可将山石较难看的两面加以屏蔽。还可以用山石如意踏垛(涩浪)作为建筑台阶,显得更为自然。明朝龚贤曾道:"石必一丛数块,大石间小石,然后联络。面宜一向,即不一向也宜大小顾盼。"(图5.18)

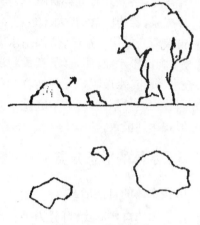

图5.18 石之顾盼

5.2 水体

5.2.1 水体的作用

"目中有山,始可作树,意中有水,方许作山。"在规划设计地形景观时,山水应该同时考虑,山和水相依,彼此更可以表露出各自的特点。这是从园林艺术角度出发最直接的用意所在。

在炎热的夏季里通过水分蒸发可使空气湿润凉爽,水面低平可引清风吹到岸上,古人有"夏地树常荫,水边风最凉"之说。水和其他要素配合,可以产生更为丰富的变化。"山令人古,水令人远。"园林中只要有水,就会显示出活泼的生气。宋朝朱熹曾概括道:"仁者安于义理,而厚重不迁,有似于山,故乐山。""知者安于事理,而周流无滞。有似于水,故乐水。"山和水具体形态千变万化,"厚重不迁"(静)和"周流无滞"(动)是各自最基本的特征。因此"非山之住水,不足以见乎周流,非水之住山,不足以见乎环抱"。可见山水相依才能令地形变化动静相参、丰富完整。

5.2.2　水体的特性

水是最有生命力的环境要素。它总给人们一种能够孕育生命的感觉,事实也是如此。水体是人类赖以生存的资源。它养育生物,滋养植被,降低温度,提高湿度,清洁物体……水具有可塑性、透明性、成像性、发声性。水至柔,水随性,水可静可动。水不像石材那样坚稳质硬,它没有形体,却能变幻出千姿百态。

在园林艺术造园中:

作水面,风止时平和如镜,风起时波光粼粼;

作流水,细小的涓涓不止,宽阔的波涛汹涌;

作瀑布,落差大时气势磅礴,落差小的叠水,一波三折,委婉动人;

作喷泉,纷纷跌落的"大珠小珠"演绎着声、光、影的精彩乐章。

古波斯高原用水造园,仿佛用水渠划分田垅,开始有了喷泉;印度把波斯水渠发展成为流水、叠水和倒影水池;西班牙、意大利淋漓尽致地发挥了水的可塑性,出现各式各样的喷泉、流水、叠水、瀑布,水域雕塑几者结合相得益彰。静水池边洁白的女神石像,激流的海神铜像在西方园林中屡见不鲜,多数为庭院主景为环境带来典雅和生气。文艺复兴以来,水与雕塑结合的形式达到极致。

5.2.3　水体的形态分类

1)按水体的自然形式

按水体的自然形式,可分为带状水体和块状水体。

带状水体:江河等平面上大型水体和溪涧等山间幽闭景观。前者多处在大型风景区中,后者与地形结合紧密,在园林中出现更为频繁。

块状水体:大者如湖海,烟波浩渺,水天相接。院里面将大湖常以"海"命名,如福海、北海等,以求得"纳千金之汪洋"的艺术效果。小者如池沼,适于山居茅舍,带给人以安宁静穆的气氛。在城市里,不可能将天然水系移到园林之中,需要我们对天然水体观察提炼,求得"神似"而非"形似",以人工水面(如湖面)创造近似于自然水面的效果。

2)按水体的景观表现形式

按水体的景观表现形式,可分为自然式水体和规则式水体。

自然式水体有天然的或模仿天然形状的水体,常见的有天然形成的湖、溪、涧、泉、潭、池、江、海、瀑等,水体在园林中多随地形而变化。规则式的水体有人工开凿成几何形状的水面,如运河、水渠、方潭、圆池、水井及几何形的喷泉、叠瀑等。它们常与雕塑、山石、花坛等共同组景。

3)按水体的使用功能

观赏的水体可以较小,主要是为构景之用。水面有波光倒影又能成为风景的透视线。水中的岛、桥及岸线也能自成景色。水能丰富景色的内容,提高观赏的兴趣。

开展水上活动的水体,一般需要有较大的水面,适当的水深,清洁的水质,水岸及岸边最好有一层砂土,岸坡要和缓。进行水上活动的水体,在园林里除了要符合这些活动的要求外,也要注意观赏的要求,使得活动与观赏能配合起来。

5.2.4 驳岸与池体设计

驳岸的种类很多,可由土、草、石、沙、砖、混凝土等材料构成(图5.19)。草坡因有根系保护比土坡容易保持稳定。山石岸宜低不宜高,小水面湖岸宜曲不宜直,常在上部悬挑以水岫产生幽远的感觉。在石岸较长、人工味较浓的地方,可以种植灌木和藤木以减少暴露在外的面积。自然斜坡和阶梯式驳岸对水位变化有较强的适应性。两岸间的宽窄可以决定水流的速度(图5.20(a)),可形成湍急的溪流或平静的水面。

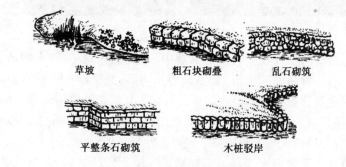

草坡　粗石块砌叠　乱石砌筑

平整条石砌筑　木桩驳岸

图5.19　驳岸的类型

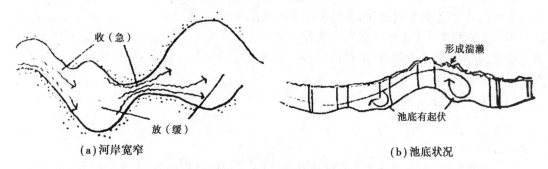

(a)河岸宽窄　　　　　　　　　(b)池底状况

图5.20　河岸宽窄与池底状况对水流的影响

池底的设计常被人们忽略,但它与水接触的面积很大,对水的形态和惊人的景观效果有着重要影响。当用细腻光滑的材料做底面时,水流会很平静;换用粗糙的材料如卵石,就会引起水流的碰撞产生波浪和水声;当水底不平时会使水随地形起伏运动形成湍濑(图5.20(b));池水深时,水色就会暗淡,水面对景物的反射效果就越好。因此,人们为了加强反射效果,常将池壁和池底都漆成深蓝色或黑色。如果追求清澈见底的效果,则池水应浅。水池深浅还应由水生植物的不同要求来决定。

5.2.5 水景观设计的基本形式

水景观有常见的4种基本设计形式:静水、落水、流水和喷水。园林中各种水体有不同的特点,需结合环境布置形成各种水的景观。

1)静水

静水主要指自然界形成的静态水体(湖、塘)和水流缓慢的水体(江、河),以及各种人工水池。静态的水体能反映出倒影、粼粼的微波、潋滟的水光,给人以明快、清宁、开朗或幽深的感受(图5.21)。

图 5.21　静水景观

静水一般有一定规模,在环境中常成为景观中心或视觉中心。静水的形状有两种:一种是自然形成的有机形;一种是人工形成的,多采用几何形;由于静水一般水面较大,水面平稳很容易形成倒影,因此其位置、大小、形状的设计与它主要倒影的物体关系密切。

池岸的形式直接影响人与水体的关系。静水的池岸设计可分为亲水性和不亲水性。

亲水性的池岸分为规则式和不规则式。规则式池岸一般设计成可供游人坐的亲水平台。平台离水面高度,以让人手触摸水为佳。不规则形池岸,可以辅以错落有致的石块、石板,如果水浅,还可以让孩子走入水中嬉戏。岸边石块可以供人就座抚水,拉近人与水的距离。也可以直接让草地、土地自然过渡,多见于旅游区或公园。

不亲水的池岸只用于水位涨幅变化较大的江河类水体。一般在水体边要设防洪堤或防御性堤岸,堤岸上临水设步道,用栏杆围成。可在较好的观景点设观景平台,挑向水面,让人感觉与水更亲近。

2)流水

流水主要指自然溪流、河水和人工水渠、水道等。流水是一种以动态水流为观赏对象的水景(图 5.22)。

关于水渠形状,西方园林多为直线或几何线形,东方园林则偏爱"曲水流觞"的蜿蜒之美。对于供人进入的流水,其水深应在 30 cm 以下,以防儿童溺水,并应在水底作防滑处理。对于溪底,可选用大卵石、砾石、水洗砾石、瓷砖或石料铺砌,以美化景观。也可在水面种植水生植物,如石菖蒲、玉婵花等缓解水势。

图 5.22　流水景观　　　　　　　　　　图 5.23　瀑布景观

3)落水

落水是指各种水平距离较短,用以观赏其由于较大的垂直落差引起效果的水体。常见的有瀑布、叠水、水帘、流水墙等。其中瀑布、叠水最为典型。

瀑布是一种较大型的落水水体。其声响和飞溅具有气势恢宏的效果。瀑布按其跌落方式可分为丝带式、幕布式、阶梯式、滑落式等。其中设主景石,如镜石、分流石、破浪石、承瀑石等(图5.23)。

水帘与瀑布的原理基本相同,但水帘后常设有洞穴,吸引游人探究,置身洞中,似隐似现,奥妙无穷。

叠水是一种高差较小的落水,常取流水的一段,设置几级台阶状落差,以水姿的变幻来造景。叠水的水声没有瀑布大,水势也远不及瀑布,但其潺潺流声更添幽远之意(图5.24)。

涌泉,水流较小,水声较静。

流水墙水势更缓,水沿墙体慢慢流下,柔性的水与坚硬的墙体相衬相映。水往下流,反射出粼粼光点。墙支撑着水,水装点着墙,别有情趣。特别适合公共室内空间,在夜晚灯光下,尤为迷人。可在墙体上配上仿生水盘或流水叠石,形成多叠壁泉的野趣。

图5.24　叠水景观

图5.25　喷水、喷泉景观

4)喷水或喷泉

喷水(或喷泉),是一种利用压力把水从低处打至高处再跌落下来形成景观的水体形式,是城市动态水景的重要组成部分,常与声、光效果配合,形式多样(图5.25)。

5.2.6　水的几种造景手法

1)基底作用

水面在整体空间具有面的感觉时,有衬托岸畔和水中景观的基底作用(图5.26)。

2)系带作用

①线型系带作用。水面具有将不同的园林空间、景点连接起来产生整体感的作用。

②面型系带作用。水作为一种关联因素具有使散落的景点统一起来的作用(图5.27)。

③水有将不同平面形状和大小的水面统一在一个整体之中的能力。

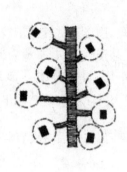

图 5.26 水的基底作用

(a)线型   (b)面型

图 5.27 水的线、面系带作用

3)焦点作用

常将水景安排在向心空间的焦点上、轴线的焦点上、空间的醒目处或视线容易集中的地方,使其突出并成为焦点(图 5.28)。

4)整体水环境设计

从整体水环境出发,将形与色、动与静、秩序与自由、限定和引导等水的特性充分发挥;能改善城市小气候,丰富城市街景和提供多种水景类型(图 5.29)。

图 5.28 水的焦点作用

图 5.29 整体水环境设计

5.3 园林建筑

在园林风景中,既有使用功能,又能与环境组成景色,供观赏游览的各类建筑物或构筑物、园林装饰小品等,统称为"园林建筑"。真正意义上的园林建筑更多的是指亭、廊、桥、门、窗、景墙及其一些有功能用途的小型建筑。

5.3.1 园林建筑的作用

1)满足园林功能要求

园林是改善、美化人们生活环境的设施,也是供人们休息、游览和文化娱乐的场所,由于人们在园林中各种游憩、娱乐活动的需要,就要求在园林中设置有关的建筑。随着园林活动的内容日益丰富,园林现代化设施水平的提高,以及园林类型的增加,势必在园林中出现多种多样的建筑类型,满足与日俱增的各种活动的需要。不仅要有茶室、餐厅,还要有展览馆、演出厅,以及体育建筑、科技建筑、各种活动中心等,以满足使用功能上的需要。

按使用功能,园林建筑设施可分为四大类:

游憩设施——开展科普展览、文体游乐、游览观光;

服务设施——餐饮、小卖部、宾馆;

公用设施——路标、车场、照明、给排水、厕所;

管理设施——门、围墙及其他;

2)满足景观要求

(1)点景

点景即点缀风景。园林建筑要与自然风景融汇结合,相生成景,建筑常成为园林景致的构图中心或主题。有的隐蔽在花丛、树木之中,成为宜于近观的局部小景;有的则耸立在高山之巅,成为全园主景,以控制全园景物的布局。因此,建筑在园林景观构图中,常具有"画龙点睛"的作用,以优美的园林建筑形象,为园林景观增色生辉。

(2)赏景

赏景即观赏风景。以建筑作为观赏园内或国外景物的场所,一幢单体建筑,往往为静观园景画面的一个欣赏点;而一组建筑常与游廊连接,往往成为动观园景全貌的一条观赏线。因此,建筑的朝向、门窗的位置和大小等都要考虑到赏景的要求,如视野范围、视线距离,以及群体建筑布局中建筑与景物的围、透关系等。

(3)引导游览路线

园林游览路线虽与园路的布局分不开,但比园路更能吸引游人,具有起承转合作用的往往是园林建筑。当人们视线触及优美的建筑形象时,游览路线就自然地顺视线而延伸,建筑常成为视线引导的主要目标。人们常说"步移景异"就是一种视线引导的表现。

(4)组织园林空间

园林设计中空间组合和布局是重要内容,中国园林常以一系列空间变化起、结、开、合的巧妙安排,给人以艺术享受。以建筑构成的各种形状的庭院及游廊、花墙、园洞门等,恰是组织空间、划分空间的最好手段。

5.3.2 园林建筑的特点

1)布局

园林建筑布局上,要因地制宜,巧于因借。建筑规划选址除考虑功能要求外,要善于利用地形,结合自然环境,与山石、水体和植物,互相配合,互相渗透。园林建筑应借助地形、环境上的特点,与自然融合一体,建筑位置与朝向要与周围景物构成巧妙的借、对的关系。

2)情景交融

园林建筑应情景结合,抒发情趣,尤其在古典园林建筑中,建筑常与诗、画结合。诗、画对园林意境的描绘加强了建筑的感染力,达到情景交融、触景生情的境界,这是园林建筑的意境所在。

3）空间处理

在园林建筑空间处理上，尽量避免轴线对称、整形布局。而力求曲折变化、参差错落，空间布局要灵活，忌呆板、追求空间流动，虚实穿插，互相渗透。并通过空间的划分，形成大小空间的对比，增加空间层次，扩大空间感。

4）造型

园林建筑在造型上，更重视美观的要求，建筑体形、轮廓要有表现力，要能增加园林画面的美，建筑体量的大小，建筑体态或轻巧、或持重，都应与园林景观协调统一。建筑造型要表现园林特色、环境特色及地方特色。一般而言，园林建筑在造型上，体量宜轻巧，形式宜活泼，力求简洁、明快，在室内与室外的交融中，宜通透有度，既便于与自然环境浑然一体，又取得功能与景观的有机统一。

5）装修

在细部装饰上，应有更精巧的装饰，既要增加建筑本身的美观，又要以装饰物来组织空间，组织画面，要通透，要有层次，如常用的挂落、栏杆、漏窗、花格等，都是良好的装饰构件。

5.3.3　园林建筑类型

从园林中所占面积来看，建筑无论是从比例上还是景观意义上是无法和山、水、植物相提并论的。它之所以成为"点睛之笔"，能够吸引大量游人，就在于它具有其他元素无法取而代之，而且最适合人们活动和功能需求的内部空间，同时也是自然景色的必要补充。尤其在中国园林设计中，自然景观和人文景观相互依存、缺一不可，建筑便理所当然地成为后者的寄寓之所和前者的有力烘托。中国园林建筑形式多样，色彩别致，分隔灵活，内涵丰富，在世界上鲜有可比肩者。

园林建筑按照使用功能可分为：

1）游憩建筑

（1）科普展览建筑

科普展览建筑是供历史文物、文学艺术、摄影、绘画、科普、书画、金石、工艺美术、花鸟鱼虫等展览的设施。

（2）文体娱乐建筑

文体娱乐建筑包括文体场地、露天剧场、游艺室、康乐厅、健身房等。

（3）游览观光建筑

游览观光建筑不仅为游人提供游览休息赏景的场所，而且本身也是景点或成景的构图中心。它包括亭、廊、榭、舫、厅、堂、楼阁、斋、馆、轩、码头、花架、花台、休息坐凳等（图5.30）。

①亭。"亭者，停也。所以停憩游行也"（《园冶》）。亭是园林绿地中最常见的建筑形式，是游人休停之处，精巧别致，为多面观景点状小品建筑，外形多成几何图形。

②廊。"廊者，庑出一步也，宜曲宜长，则胜"（《园冶》）。廊除能遮阳避雨供作坐憩外，起着引导游览和组织空间的作用。作透景、隔景、框景造景之用，使空间富于变化。

③榭。榭是指有平台挑出水面观赏风景的园林建筑。榭是园林中游憩建筑之一，依借环境临水建榭，并有平台伸向水面，体型扁平。《园冶》谓："榭者，藉也。藉景而成者也。或水

边,或花畔,制亦随态。"说明榭是一种借助于周围景色而见长的园林游憩建筑。其基本特点是临水,尤其着重于借取水面景色。在功能上除应满足游人休息的需要外,还有观景及点缀风景的作用。

④舫。舫立在水边不动,故又有"不系舟"之称,也称旱船。舫的立意是"湖中画舫",运用联想手法,建于水中的船形建筑,犹如置身舟楫之中。舫的原意是船,一般指小船,这里指在园林湖泊的水边建造起来的一种船形园林建筑,供游人游赏、饮宴以及观景、点景之用。整个船体以水平线条为主,其平面分为前、中、尾三段,一般前舱较高,中舱较低,尾舱则多为两层楼,以便登高眺望。

⑤厅、堂。厅、堂是园林中的主要建筑。"堂者,当也。谓当正向阳之屋,以取堂堂高显之义",厅也与之相似。厅堂为高大宽敞向阳之屋,一般多为面阔三至五间,采用硬山或歇山屋盖。基本形式有两面开放,南北向的单一空间的厅;两面开放,两个空间的厅;四面开放的厅等。四面厅在园林中广泛运用,四周为画廊、长窗、隔扇,不设墙壁,可以坐于厅中,观看四面景色。

⑥楼、阁。楼、阁属于园林中的高层建筑,供登高远望,游憩赏景之用。一般认为,重屋为楼,重亭且可登上而且四面有墙有窗者为阁(图5.30)。楼,一般多为两层,层高 $H_上 : H_下 = 8 : 10$,正面为长窗或地平窗,两侧砌山墙或开洞门,楼梯可放室内,或由室外倚假山上二楼,造型多姿。现代园林中所见的楼阁多为茶室、餐厅、接待室之用。

阁形与楼相似,造型较轻盈灵巧,重檐四面开窗,构造与亭相似。阁一般建于山上或水池、台之上。

⑦殿。古时把堂之高大者称之为"殿"。布局上处于主要地位的大厅或正房,结构高大而间架多,气势雄伟,多为帝王治政执事之处。在宗教建筑中供神佛的地方也称殿(图5.30)。主要功能是丰富园林景观,作为名胜古迹的代表建筑供人们游览瞻仰。

⑧斋。"燕居之室曰斋",意指凡是安静居住(燕居)的房屋就称为斋。古时的斋多指学舍书屋,专心攻读静修幽静之处,自成院落,与景区分隔成一封闭式景点(图5.30)。

⑨馆。古人曰,"馆,客舍也",是接待宾客的房舍(图5.30)。凡成组的游宴场所、起居客舍、赏景的建筑物,均可称馆。供游览、眺望、起居、宴饮之用。体量可大可小,布置大方随意,构造与厅堂类同。

⑩轩。厅堂前的出廊卷棚顶部分或殿堂的前檐称为轩。园林中的轩,高敞、安静。轩,其功能是为游人提供安静休息的场所,可布置在宽敞的地方供游、宴之用(图5.30)。

⑪华表柱。来源于古代氏族社会的图腾标志。

⑫牌坊、牌楼。在华表柱(冲天柱)上加横梁(额枋),横梁之上不起楼(即不用斗拱及屋檐)即为牌坊。牌楼与牌坊相似,在横梁之上有斗拱屋檐或"挑起楼",可用冲天柱制作。

(4)园林建筑小品

园林建筑小品一般体形小,数量多,分布广,具有较强的装饰性,对园林绿地景色影响很大。主要包括雕塑、园椅、园凳、园桌、展览及宣传牌、景墙、景窗、门洞、栏杆、花架等。

①园椅、园凳、园桌。园椅、园凳、园桌是供游人坐息、赏景之用的建筑小品(图5.31)。一般布置在环境安静、景色良好以及游人需要停留休息的地方。在满足美观和功能的前提下,注意结合花台、挡土墙、栏杆、山石等设置。注意与周围环境相协调,以点缀风景,增加景

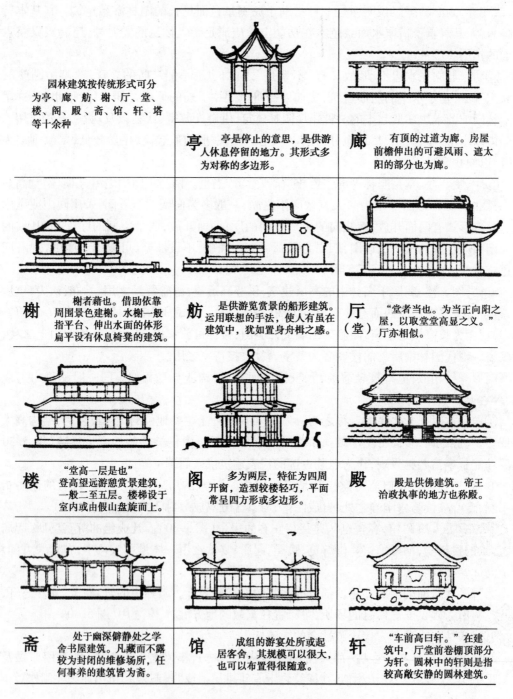

园林建筑按传统形式可分为亭、廊、舫、榭、厅、堂、楼、阁、殿、斋、馆、轩、塔等十余种

亭 亭是停止的意思,是供游人休息停留的地方。其形式多为对称的多边形。

廊 有顶的过道为廊。房屋前檐伸出的可避风雨、遮太阳的部分也为廊。

榭 榭者藉也。借助依靠周围景色建榭。水榭一般指平台、伸出水面的体形扁平设有休息椅凳的建筑。

舫 是供游览赏景的船形建筑。运用联想的手法,使人有虽在建筑中,犹如置身舟楫之感。

厅(堂) "堂者当也。为当正向阳之屋,以取堂堂高显之义。"厅亦相似。

楼 "堂高一层是也"登高望远游憩赏景建筑,一般二至五层。楼梯设于室内或由假山盘旋而上。

阁 多为两层,特征为四周开窗,造型较楼轻巧,平面常呈四方形或多边形。

殿 殿是供佛建筑。帝王治政执事的地方也称殿。

斋 处于幽深僻静处之学舍书屋建筑。凡藏而不露较为封闭的维修场所,任何事养的建筑皆为斋。

馆 成组的游宴处所或起居客舍,其规模可以很大,也可以布置得很随意。

轩 "车前高曰轩。"在建筑中,厅堂前卷棚顶部分为轩。圆林中的轩则是指较高敞安静的圆林建筑。

图5.30 中国传统园林建筑主要形式

观欣赏性。

②展览牌、宣传牌。展览牌、宣传牌是进行科普宣传、政策教育的设施,具有利用率高、灵活多样、美化环境的优点。一般常设在园林绿地的广场边、道路交叉或对景处,可结合建筑、游廊、围墙、挡土墙等灵活布置。

图 5.31 各式休息座椅

③景墙。景墙有隔断、引导、衬景、装饰等作用。墙的形式很多,常与植物结合造景。

④景窗、门洞。具有特色的景窗门洞,不仅有组织空间和采光等作用,而且还能为园林增添景色。园窗有空窗和漏花窗等类型,常在景墙上设计各种不同形状的窗框,用以组织园内外的框景。漏花窗类型很多(图 5.32),主要用于园景的装饰和漏景。园门有指示、引导和点

景装饰的作用,往往给人以"引人入胜""别有洞天"的感觉。

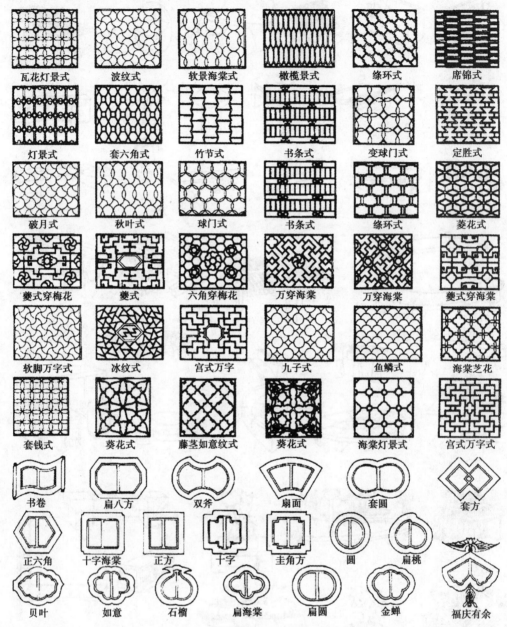

图5.32 各式漏窗图案

⑤栏杆。主要起防护、分割和装饰美化作用。一般不宜多设,也不宜过高,应将分割功能与装饰巧妙地结合起来使用。

⑥花格。广泛地用于漏窗、花格墙、室内装饰和空间隔断等。

⑦雕塑。园林雕塑有表现园林意境、点缀装饰风景、丰富游览内容的作用。大致可分为三类:纪念性雕塑、主题性雕塑、装饰性雕塑。现代环境中,雕塑逐渐被运用在园林绿地的各个领域中。

除以上游憩建筑设施外,园林中还有花池、树池、饮水池、花台、花架、瓶饰、果皮箱、纪念碑等小品。

2）服务类建筑

园林中的服务性建筑包括餐厅、酒吧、茶室、小吃部、接待室、小宾馆、小卖部、摄影、售票房等。这类建筑虽然体量不大，但与人们密切相关，它们集使用功能与艺术造景于一体，在园林中起着重要的作用。

（1）饮食业建筑

饮食业建筑包括餐厅、食堂、酒吧、茶室、冷饮、小吃部等。这类设施近年来在风景区和公园内已逐渐成为一项重要的设施，对人流集散、功能要求、服务游客、建筑形象等有很重要的作用。既为游人提供饮料、休息的场所，也为赏景、会客等提供方便。

（2）商业性建筑

商业性建筑包括商店或小卖部、购物中心等。主要提供游客用的物品和糖果、香烟、水果、饼食、饮料、土特产、手工艺品等，同时还为游人创造一个休息、赏景之所。

（3）住宿建筑

住宿建筑包括如招待所、宾馆。规模较大的风景区或公园多设一个或多个接待室、招待所，甚至宾馆等，主要为游客提供住宿、休息和赏景。

（4）摄影部、售票房

摄影部、售票房主要是为了供应照相材料、制作照片、展售风景照片和为游客室内、外摄影，同时还可扩大宣传，起到一定的导游作用。票房是公园大门或外广场的小型建筑，也可作为园内分区收票的集中点，常和亭廊组合一体，兼顾管理和游憩需要。

3）公用类建筑

公用建筑主要包括电话、通信、导游牌、路标、停车场、存车处、供电及照明、供水及排水设施、日气供暖设施、标志物及果皮箱、饮水站、厕所等。

（1）导游牌、路标

在园林各路口，设立标牌，协助游人顺利到达游览、观光地点，尤其在道路系统较复杂，景点丰富的大型园林中，还起到点景的作用。

（2）停车场、存车处

停车场或存车处是风景区和公园必不可少的设施，为了方便游人常和大门入口结合在一起，但需专门设置，不可与门外广场并用。

（3）供电及照明

供电设施主要包括园路照明、造景照明、生活生产照明、生产用电、广播宣传用电、游乐设施用电等。园林照明除了创造一个明亮的园林环境，满足夜间游园活动、节日庆祝活动以及保卫工作等要求以外，更是创造现代化园林景观的手段之一。园灯是园林夜间照明设施，白天兼有装饰作用，因此要注意其艺术景观效果。

（4）供水与排水设施

园林中用水有生活用水、生产用水、养护用水、造景用水和消防用水。一般水源有：引用原河湖的地表水；利用天然涌出的泉水；利用地下水；直接用城市自来水或设深井水泵吸水。消防用水为单独体系，不可混用，做到有备无患。园林造景用水可设循环水系设施，以节约用水。水池还可和园林绿化养护用水结合，做到一水多用。山地园和风景区应设分级扬水站和高位储水池,以便引水上山,均衡使用。

园林绿地的排水,主要靠地面和明渠排水。为了防止地表冲刷,需注意固坡及护岸。

(5)厕所

园林厕所是维护环境卫生不可缺少的,既要有其功能特征,外形美观,又不能过于讲究,喧宾夺主。要求有较好的通风、排污设备,应具有自动冲水和卫生用水设施。

4)管理类建筑

管理类建筑主要指风景区、公园的管理设施,以及方便职工的各种设施。

(1)大门、围墙

园林大门在园林中突出醒目,给游人第一印象。依各类园林不同,可分为柱墩式、牌坊式、屋宇式、门廊式、墙门式、门楼式,以及其他形式的大门等。

(2)其他管理设施

其他管理设施是指办公室、广播站、宿舍食堂、医疗卫生、治安保卫、温室荫棚、变电室、垃圾污水处理场等。

5.3.4 主要园林建筑特征与设计

在我国古代,虽然园林作为居宅的延续部分,其中的建筑往往带有较强的实用功能,但由于园林是园主享受生活、再现理想山水自然的地方,所以其中建筑的布局摆脱了传统居住建筑的那种轴线对称、拘谨严肃的格局,造型更为丰富,组合十分灵活,布置也因地制宜而富于变化,从而形成了极具特色的风格。因此,在我们今天的公园绿地建设中,认真学习、继承和发扬其合理的内核是十分必要的。

1)亭

(1)园林亭的特点

亭在我国园林中运用,至今已有 1 500 多年的悠久历史,其之所以能被长期运用,是由于具有更为突出的园林特色。亭是常见的遮阳避雨,供人休息、眺望的园林建筑。

①造型。在造型上,形态多样,轻巧活泼,易于结合各种园林环境,其特有的造型更增加了园林景致的画意。因而,亭成为我国园林中点缀风景及景物构图的重要内容。

②体量。亭的体量随宜,大小自立。亭在园林中既可作为园林主景,也可形成园林局部小品。如北京景山公园的五亭,气势雄伟,构成该园主景;而镇江金山公园扇面亭位于园中一隅,构成局部小景。又如北京颐和园的廊如亭,为八角形平面,三排柱的重檐亭,面积约 250 m²,高约 20 m,与十七孔桥及龙王庙取得均衡,其体量之大是国内罕见的。而苏州怡园的螺髻亭,为一座六角形小亭,面积仅约 2.5 m²,高仅 3.5 m,设置在小假山之巅,其体量虽小,却与所处的环境十分协调。因此,亭的体量大小随宜,可因地制宜,适于各种造景之需。

③布局。亭在园林布局中,其位置的选择极为灵活,不受格局所限。可独立设置,也可于其他建筑物而组成群体,结合巨石、大树等,得其天然之趣,充分利用各种奇特的地形基址创造出优美的园林意境。正是"花间隐榭水际安亭。……唯榭只隐花间,亭胡拘水际,通泉竹里,按景山巅,或翠筠茂密之阿,苍松蟠郁之麓;或借濠濮之上……安享有武,基立无凭"(《园冶》)。亭不仅适于城市园林,即使在自然的高山大川中,也能极尽其妙。如庐山的含鄱亭、岳麓山的爱晚亭、云南石林的望峰亭等,都达到了画龙点睛之妙。

山上建亭一般设在地势险要之处,如山顶、山脊、山腰等位置突出的地方或危岩巨石之上,山顶建亭可有效地控制、点缀风景;平地建亭位置多在交叉路口和路侧林荫之间;水面建亭宜尽量贴近水面,与水面环境融为一体(图5.33)。

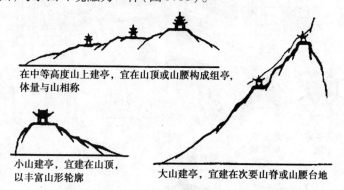

图5.33 山地建亭的位置

④装饰。亭在装饰上繁简皆宜,可以精雕细琢,构成花团锦簇之亭,也可不施任何装饰,构成简洁质朴之亭。如北京中山公园的"松柏交翠"亭,斗拱彩画全身装饰,可谓富丽堂皇也;而成都杜甫草堂中的几个茅草亭则朴素大方,别具一格。近年来,新建有钢筋混凝土亭,外形仿自然树皮、竹皮等,更具有淡雅之调,故在亭的装饰风格上,可谓"淡妆浓抹总相宜"。

⑤功能:

a.休息:可防日晒、避雨淋、消暑纳凉,是城市中游人休息之处。

b.赏景:作为城市中凭眺、畅览城市景色的赏景点。

c.点景:亭为城市景物之一,其位置体量、色彩等应因地制宜,表达出各种城市景观的情趣,成为城市景观构图中心。

d.专用:作为特定目的使用。如纪念亭、碑亭、井亭、鼓乐亭,以及售票亭、小卖亭、摄影亭等。

(2)传统亭的类型与形式

亭的造型主要取决于平面形状、屋顶的形式及体形比例。由于亭的平面形状极为多样,并且不论是单体亭或是组合亭,其平面构图完整,加上屋顶形式丰富多姿,构成了绚丽多彩的体态。此外,精美的装饰和细部处理,更使亭的造型尽善尽美(图5.34—图5.36)。

从平面形态上可分为圆形、长方形、三角形、四角形、六角形、八角形、扇形等。从层顶形式分有单檐、重檐、三重檐、攒尖顶、平顶、悬山顶、硬山顶、歇山顶、单坡顶、卷棚顶、褶板顶等。

从亭的位置上分为山亭、半山亭、桥亭、水亭、半亭、廊亭等。

①亭的平立面形式。正多边形尤以正方形平面是几何形中最规整、严谨,轴线布局明确的图形。常见多为三、四、五、六、八角形亭。平面长阔比为1:1,面阔一般为3~4 m。两个正方形可组成菱形。

长方形平面长阔比多接近黄金分割1:1.6,由于亭同殿、阁、厅堂不同,其体量小巧,常可见其全貌,比例若过于狭长就不具有美感的基本条件了。另还包括半亭、曲边形(仿生形)亭、多功能复合式亭(双亭、组亭)(图5.37)。

②亭顶形式。亭顶形式有攒尖项、歇山、卷棚、盝顶与开口顶、单檐与重檐的组合等(图5.38)。

坡度起翘示意

顶平 凳平

大型古亭斗拱

歇山顶示意

攒尖顶示意

圆亭梁布置基本构造

八角亭梁布置

四方亭梁布置

三角亭梁布置

六角亭梁布置

梁柱构造

扇形亭

碑亭

方亭

梅花亭

三角亭

外廊六角亭

八角亭

圆亭

半亭

长六角亭

下三角上六角石抹亭

下六角上攒尖顶亭

四角在檐攒尖顶亭

重檐圆亭

上四角下六角亭

四方仿刹顶亭

三角清音阁

竹亭

茅亭

重檐十字歇山亭

图 5.34 各式亭造型(1)

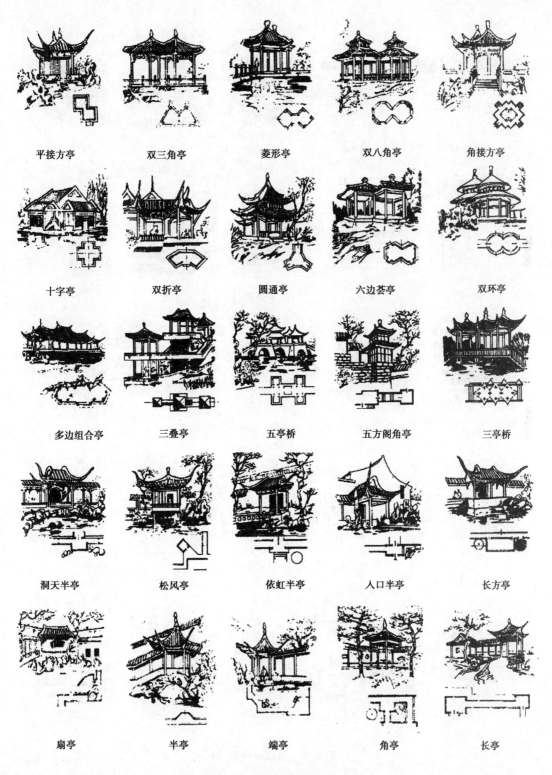

平接方亭　　双三角亭　　菱形亭　　双八角亭　　角接方亭

十字亭　　双折亭　　圆通亭　　六边荟亭　　双环亭

多边组合亭　　三叠亭　　五亭桥　　五方阁角亭　　三亭桥

洞天半亭　　松风亭　　依虹半亭　　入口半亭　　长方亭

扇亭　　半亭　　端亭　　角亭　　长亭

图5.35　各式亭造型(2)

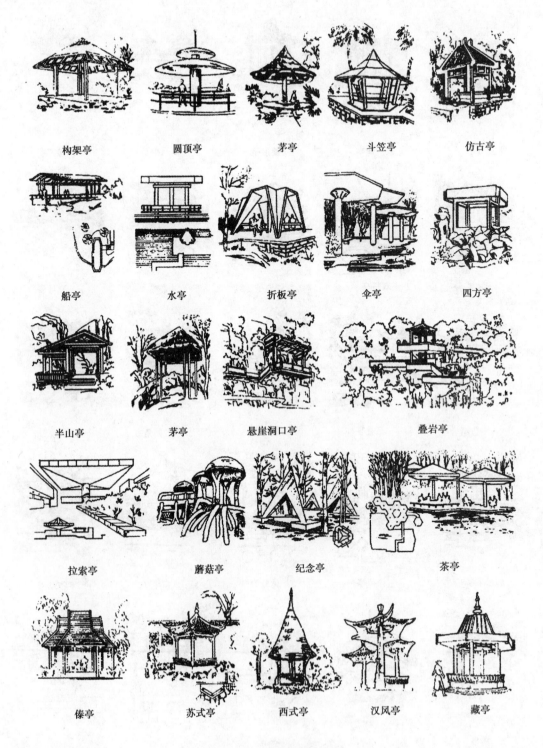

构架亭　　圆顶亭　　茅亭　　斗笠亭　　仿古亭

船亭　　水亭　　折板亭　　伞亭　　四方亭

半山亭　　茅亭　　悬崖洞口亭　　叠岩亭

拉索亭　　蘑菇亭　　纪念亭　　茶亭

傣亭　　苏式亭　　西式亭　　汉风亭　　藏亭

图 5.36　各式亭造型(3)

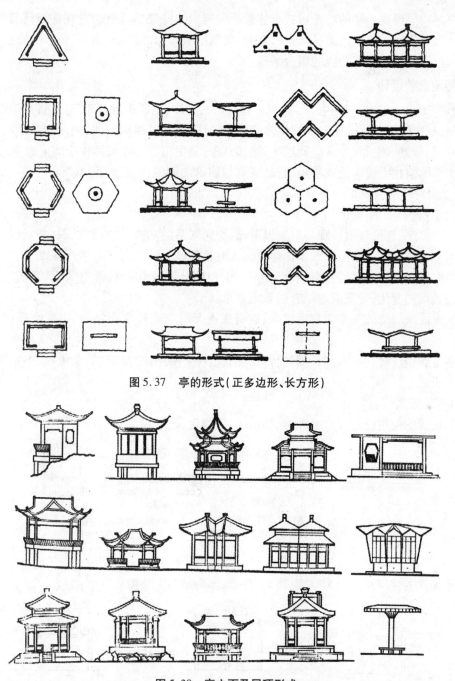

图 5.37　亭的形式（正多边形、长方形）

图 5.38　亭立面及屋顶形式

　　③亭柱形式。亭柱形式的亭有单柱伞亭，双柱半亭，三柱角亭，四柱方亭、长方亭，五柱圆亭、梅花五瓣亭，六柱重檐亭、六角亭，八柱八角亭，十二柱方亭、十二月亭、十二时辰亭，十六柱文亭、重檐亭等。

　　④亭的材料形式。材料形式的亭有地方材料的木、竹、石、茅草亭，混合材料的复合亭，轻钢亭，钢筋混凝土亭的仿传统、仿竹、仿树皮、仿茅草塑亭，特种材料的塑料树脂、玻璃钢、薄壳充气软结构、波折板、网架亭等。

⑤亭的功能形式。亭的功能形式有休憩遮阳避雨的传统亭、现代亭,观赏游览的传统亭、现代亭,纪念、文物古迹的纪念亭、碑亭,交通、集散组织人流的站亭、路亭,骑水的廊亭、桥亭,倚水的楼台、水亭,综合多功能的组合亭等。

2)传统廊的设计

"廊者,庑出一步也,宜曲宜长,则胜。"廊是亭的延伸,是联系风景建筑的纽带,随山就势,曲折迂回,逶迤蜿蜒。廊既能起到视觉多变的引导作用,又可组织空间,创造透景、隔景、框景造景,并可划分景区空间,丰富空间层次,增加景深,是中国园林建筑群体中的重要组成部分。

廊在传统园林中被广泛地应用,它是建筑与建筑之间的连接通道,以"间"为单元组合而成,又能结合环境布置平面。

(1)廊在园林中的作用

①串联建筑、遮风避雨。廊具有遮风避雨、交通联系的功能。它可将园林各景区、景点连接成一个有序的整体。亦可联系单体建筑组成有机群体,且主次分明,错落有致。

②组织空间。划分并围合空间,可将单一的空间分隔成几个局部空间,而又能互相渗透丰富空间景观的变化,形成围透结合的景观效果。

③组廊成景。廊的平面能自由组合,本身通透开敞与室外空间结合,组成完整独立的景观效果。

④展览作用。廊具有系列长度的特点,能适合一些展出的要求,如金鱼廊、书画廊、花卉廊等。

(2)廊的形式

①依据廊的使用位置分为平地廊、爬山廊、沿墙走廊、水走廊、桥廊等(图5.39)。

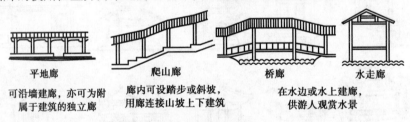

平地廊
可沿墙建廊,亦可为附属于建筑的独立廊

爬山廊
廊内可设踏步或斜坡,用廊连接山坡上下建筑

桥廊
在水边或水上建廊,供游人观赏水景

水走廊

图5.39 廊的位置形式

②依据廊的结构形式分为空廊、半廊、柱廊、复廊等(图5.40)。

空廊
用于划分庭园空间时,使庭园景色既有联系又有分隔

复廊
中间隔一道墙的廊,墙上多开有漏窗,使窗外景物隐约可见

暖廊
窗扇可以开闭,以适应气候变化

图5.40 廊的结构形式

③依据廊的平面形式分为直廊、曲廊、回廊等(图5.41)。

④依据廊的功能分为休息廊、展览廊、候车廊、分隔空间廊等(图5.42)。

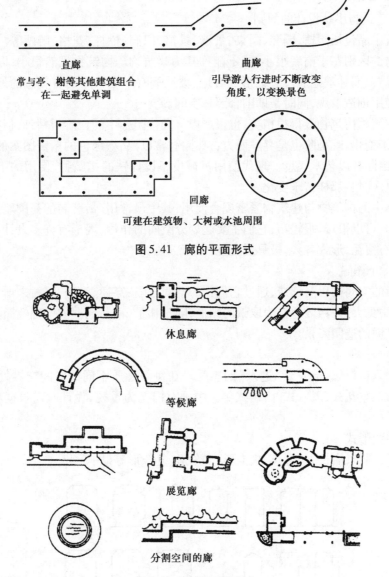

图5.41 廊的平面形式

休息廊

等候廊

展览廊

分割空间的廊

图5.42 廊的平面形式

（3）廊的设计要点

廊的布置"今予所构曲廊，之字曲者，随形而弯，依势而曲。或蟠山腰，或穷水际，通花渡壑。蜿蜒无尽……"（《园冶》）。

①平地建廊常沿界墙和附属建筑物布置；

②视野开阔地可用廊来围合、组织空间；

③山地建廊，供游人登山观景和联系不同高度建筑物；

④水边建廊，廊基宜紧贴水面，尽量与水接近；

⑤内部空间是造景的重要内容。为了避免空间的单调，使其产生层次变化，可以通过廊的形式，在廊的适当位置做隔断，可以增加曲折空间的层次及深远感。在廊内设置园门、景窗也可达到同样效果。

3)园林建筑小品

(1)园林建筑与小品设计的原则

园林建筑小品包括园椅、园凳、园桌、景墙、景窗、门洞、栏杆、花格、雕塑等。园林构筑物与园林建筑物的区别在于前者很小,或不能称其为建筑物。构筑物虽然很小,但对园林的地形构成至关重要,园林基地通过它们形成台地、坡地等有一定秩序的有美感的地形。构筑物与植物结合使用创造景观,同时帮助围合园林空间。

古典西方园林构筑物显得很精美,也很严肃。现代园林中的台阶很精细,但很自由,顺坡而下,形式富于变化,既是阶也是凳。西方古典园林常以黑、墨绿色的精美图案的铁花制作大门和围墙,带给园林以艺术气息。现代使用机械设备设计铁的构筑物,使用的不锈钢、电镀、油漆的颜色也像时装那样富于变化。

中国园林中的构筑物与建筑物紧密配合使用,其中最常用、最著名的是围墙,许多围墙并没有维护作用,可以很矮、很轻巧,它们主要起划分空间的作用,墙上有许多设计精巧的门洞、漏花窗,墙头有覆瓦,形式各异,极具观赏性。

(2)园门和园窗

园林意境的空间构思与创造,通过它们作为空间分隔、穿插、渗透、陪衬来增加景深变化,扩大空间,小中见大,并巧妙地作为取景的画框;随步移景,不断地框取一幅幅园景,遮移视线又成为情趣横溢的造园障景。

①园门

门为一种入口标志,给人以"进入"的感受。在每个性质不同的空间交界处一般都要设置,门有牌坊式、垂花式、屋宇式、门洞式等。中国对门尤为重视,设计时需根据功能要求、景园特色统一考虑。

园门的主要形式:

a.几何形:圆形、横长方、直长方、圭形、多角形、复合形等(图5.43)。

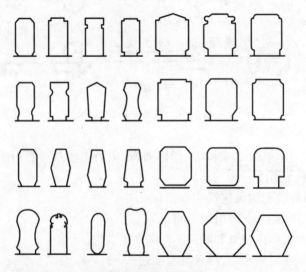

图5.43 几何形门洞

b.仿生形:海棠形、桃、李、石榴水果形、葫芦、汉瓶、如意等(图5.44)。

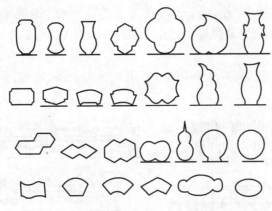

图 5.44　仿生形门洞

②景窗

景窗是以自然形体为图案的漏窗。在古典式景窗中,可以鸟兽花卉为题材,以木片竹筋为骨材、用灰浆麻丝逐层裹塑而成;在现代窗景中,亦可用人物、故事、戏剧、小说为题材,并多用扁铁、金属、有机玻璃、水泥等材料组合而成,更丰富了景窗的内容与表现形式(图 5.45)。

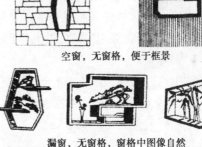

空窗,无窗格,便于框景

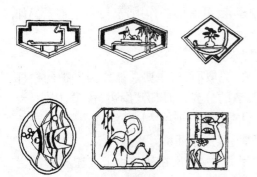

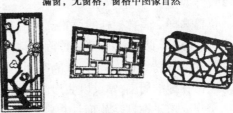

漏窗,无窗格,窗格中图像自然

漏窗,有窗格,窗格中图像规则

图 5.45　景窗图案　　　　　　**图 5.46　景窗形式**

a.空窗。不装窗扇和漏花的空洞,常作为景框,与墙后面的石峰、竹丛等形成框景,可起到增加景深和扩大空间的作用。

b.漏窗。指在窗洞中设有能使光线通透的分格,通过漏窗看景物,可获得美妙的景观效果(图 5.46)。又分为格子的花纹式和图案的主题式。

(3)园林栏杆

①栏杆形式。栏杆,一般依附于建筑物,而园林栏杆则更多为独立设置,除具有围护功能外,还出于园林景观的需要。以栏杆点缀装饰园林环境,以其简洁、明快的造型,丰富园林景致。

a. 高栏杆:用于园林边界,高 1.5 m 以上。常以砖石、金属、钢筋混凝土为材料。

b. 中栏杆:用于分区边界及危险处、水边、山崖边,高 0.8~1.2 m。常用材料为金属、石、砖。

c. 低栏杆:用于绿地边,高 0.4 m 以下,常用材料为金属、竹木、石、预制混凝土、塑钢等(图 5.47)。

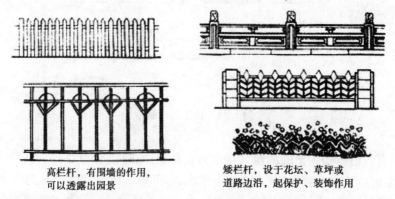

高栏杆,有围墙的作用,
可以透露出园景

矮栏杆,设于花坛、草坪或
道路边沿,起保护、装饰作用

图 5.47　栏杆的形式

园林栏杆是构成园林空间的要素之一。因此,具有分隔园林空间、组织疏导人流及划分活动范围的作用。园林栏杆多用于开敞性空间的分隔,在开阔的大空间中,给人以空旷之感。若设置栏杆,人们凭栏赏景,则能获得大空间中的亲切感。园林中各种活动范围,不同的分区,常以栏杆为界。

因此园林中栏杆常作为组织、疏导人流交通的设施。园林栏杆还具有为游人提供就座休憩之所,尤其在风景优美又最可赏之地设以栏杆代替座凳,既有围护作用,又可就坐赏景。如园林中的座凳栏杆就是典型的例子。

②设计要点:

a. 位置选择。园林栏杆的设置位置与其功能有关,一般而言,主要功能作为围护的栏杆常设在地貌、地形变化之处,交通危险的地段,人流集散的分界,如崖旁、岸边、桥梁、码头、台地、道路等的周边。而主要作为分隔空间的栏杆,常设在活动分区的周边,绿地周围等;在花坛、草地、树林地的周围,常设以装饰性很强的花边栏杆,以点缀环境。

b. 美观要求。栏杆是装饰性很强的建筑装饰小品之一,不论在建筑物上或园林中的栏杆,都要强调其美观上的作用。园林栏杆的美观,表现在它与园林环境的协调统一,以及完美的造型。不同类型的园林,不同的环境,需要不同形式的栏杆与其相协调,以栏杆优美造型来衬托环境,加强气氛,加强景致的表现力,如颐和园为皇家古典园林,采用石望柱栏杆,其持重的体量,粗壮的构件,构成稳重、端庄的气氛,而自然风景区常用自然材料,少留人工痕迹,以使其与自然浑然一体,造型上亦力求简洁、明朗,与环境一致。

栏杆造型虽以简洁为雅,切忌烦琐,但其简繁、轻重、曲直、实透等的选择,均应与园林环境协调统一。

栏杆的花格纹样应新颖,并应具有民族特色,色彩一般宜轻松、明快。

c. 尺度要求。园林中不同类型的栏杆,其高度尺寸有所区别,才能满足不同功能的要求。作为围护栏杆,一般高度为 900~1 200 mm。当有特殊要求时,栏杆高度按需增高,如动物园的兽舍栏杆。一般作为分隔空间用的低栏杆高度为 600～800 mm。园林建筑中常设有靠背栏杆,既作围护,又供就座休息,其高度一般为 900 mm 左右,其中座椅面高度为 420～450 mm。同时,兼有围护及就座休息功能的座凳栏杆,其高度为 400～450 mm。

园林的草坪、花坛、树林地等周边常设置镶边栏杆,其高度为 200～400 mm,按所处环境可略加增减。

(4)花架与棚架

花架是建筑与植物结合的造景物,是园林绿地中以植物材料为顶的廊,它既具有廊的功能,又比廊更接近自然,与自然环境易于协调,融合于环境之中,其布局灵活多样,尽可能由所配置植物的特点来构思花架,形式有条形、圆形、转角形、多边形、弧形、复柱形等。

①花架的形式通常有单片式花架、独立式花架、直廊式花架和组合式花架。

a. 单片式花架:一般高度可随植物高低而定,建在庭园或天台花园上为攀缘植物支架,可制成预制单元,任意拼装。

b. 独立式花架:由于形体、构图集中,最适于作景物设置或在视线交点处布置,植物攀缘不宜过多,只作装饰与陪衬,更重于表现花架的造型。

c. 直廊式花架:其形体及构造与一般廊相似,只是不需屋面板,是最常见的形式,造型上更注重顶架的变化,有平架、球面架、拱形架、坡屋架、折形架等。

d. 组合式花架:花架可与亭廊等有顶建筑组合以丰富造型,并为雨天使用提供活动场所。

②花架设计要点:

a. 花架与植物搭配。花架要与可用植物材料相适应,配合植株的大小、高低、轻重及与枝干的疏密来选择格栅的宽窄粗细,还要与结构的合理、造形的美观要求统一。种植池有的放在架内也有的常放在架外,有的种植在地面,也有可能高置。

b. 花架尺度与空间。花架尺度要与所在空间与观赏距离相适应,每个单元之间的大小又要与总体量配合,长而大的花架开间要大些,临近高大建筑的花架也要高些。

c. 花架造型。花架样式要与环境建筑协调,如西方柱式建筑,花架也可用柱式的柱的造型。中国坡顶建筑,花架也可配以起脊的椽条。新建的园林花架可设计新颖的造型更增添景观效果。

d. 花架应适于近观需要。花架常为植物所覆盖,因此远观的轮廓倒不很重要,而近视露出部分花纹,因而质感要注意。如上面椽头探出部分端部处理应有统一轻巧的造型。下面柱子和座凳材料的质感与形式要配合恰当。为了结构稳定及形式美观,柱间要考虑设花格与挂落等装饰,同时也能有助于植物的攀缘。另外还可以在格栅上做些空中栽植池便于垂盆植物种植。

(5)园椅

①功能。人们在园林中休憩歇坐,促膝畅谈,无不以园椅相伴,因此,园椅首要的功能是供游人就座休息,欣赏周围景物。在景色秀丽的湖滨,在高山之巅,在花间林下,设置园椅,可供人们欣赏湖光山色,品赏奇花异卉,尤其在街头绿地,小型游园,人们需更长时间的就座休息,园椅成为不可缺少的设施。但在园林中,园椅不仅作为休息、赏景的设施,而又作为园林装饰小品,以其优美精巧的造型,点缀园林环境,成为园林景物之一。在园林中恰当地设置园椅,将会加深园林意境的表现,如在苍松古槐之下,设以自然山石的桌椅,使环境更为幽雅古朴。在园林广场一侧、花坛四周,设数把条形长椅,众人相聚,欢乐气氛油然而生,在园林大片

自然林地,有时给人们以荒漠之感,倘若在林间树下,置以适当的园椅,则给人们亲切之感。人迹所至给大自然增添生活的情趣,所以小小园椅可衬托园林气氛,加深表现园林意境。

②位置选择:

a.结合游人体力,按一定行程距离或一定高程,在需要休息的地段设置休息椅。

b.根据园林景致布局需要,设置园椅点缀园林环境,增加情趣。

c.考虑地区气候特色及不同季节的需要。

d.考虑游人心理,不同年龄、性别、职业以及不同爱好的游人。

③布置方式:

a.设在道路旁边的园椅,应退出人流路线以外,以免人流干扰,妨碍交通(图5.48)。

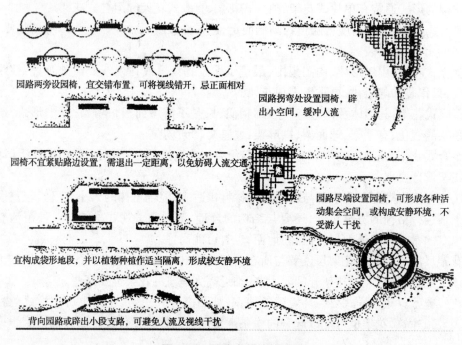

图5.48 园路旁园椅的设置

b.小广场,因有园路穿越,宜用周边式布置园椅,更有效地利用并形成良好的休息空间,同时利于形成空间构图中心(图5.49)。

c.结合建筑物设置园椅时,应与建筑使用功能相协调,并衬托、点缀室外空间。

d.应充分利用环境特点,结合草坪、山石、树木、花坛布置,以取得具有园林特色的效果。

④园椅、圆桌的尺寸要求如下:

a.园椅尺寸:一般坐板高度为350~450 mm,椅面深度为400~600 mm,靠背与坐板夹角为98°~105°,靠背高度为350~650 mm,座位宽度为600~700 mm/人。

b.园桌尺寸:一般桌面高度为700~800 mm,桌面宽度为700~800 mm(四人方桌)。

⑤其他要求:椅面形状亦应考虑就座时的舒适感,应有一定曲线。椅面宜光滑、不存水。选材要考虑容易清洁,表面光滑,导热性好等,椅前方落脚的地面应置踏板,以防地面被踩踏成坑而积水,不便落座。

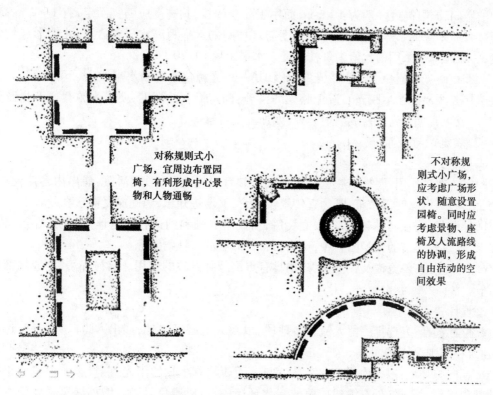

对称规则式小广场，宜周边布置园椅，有利形成中心景物和人物通畅

不对称规则式小广场，应考虑广场形状，随意设置园椅。同时应考虑景物、座椅及人流路线的协调，形成自由活动的空间效果

图5.49　小广场座椅布置形式

（6）园灯

园灯既有照明又有点缀装饰园林环境的功能，因此，要保证晚间游览活动的照明需要，又要以其美观的造型装饰环境，为园林景色增添生气。

绚丽明亮的灯光，可使园林环境气氛更为热烈、生动、欣欣向荣、富有生气。柔和、轻松的灯光会使园林环境更加宁静、舒适、亲切宜人。因此，灯光将衬托各种园林气氛，使园林意境更富有诗意。

园灯造型要精美，要与环境相协调，要结合环境的主题，赋予一定的寓意，成为富有情趣的园林建筑小品。如农展馆庭院中设麦穗形园灯象征丰收的景象；而水罐形园灯设在草地的一角，可引起人们对绿草、鲜花的喜爱；树皮式雕塑的园灯立于密林之中，人工与自然连成一体相得益彰，别具风韵。

①设计要点如下：

a.位置选择。一般设在园林绿地的出入口广场，交通要道、园路两侧及交叉口、台阶、桥梁、建筑物周围、水景喷泉、雕塑、花坛、草坪边缘等。

b.环境与照度的要求。应保证有恰当的照度。据园林环境地段的不同有不同的照度要求，如出入口广场等人流集散处，要求有充分足够的照度；而在安静的散步小路则只要求一般照度即可。整个园林在灯光照明上，需统一布局，以构成园林中的灯光照度既均匀又有起伏，具有明暗节奏的艺术效果，但也要防止出现不适当的阴暗角落。

c.灯柱高度的选择。保证有均匀的照度，首先灯具布置的位置要均匀，距离要合理；其次，灯柱的高度要恰当。园灯设置的高度与用途有关，一般园灯高度为8 m左右，而大量人流活动的空间,园灯高度一般为4~6 m,而用于配景的灯,其高度应随宜而定,有1~2 m高的,甚至数十厘米高的不等,而且灯柱的高度与灯柱间的水平距离比值要恰当,才能形成均匀的照度,一般园林中采用的比值为灯柱高度:水平距离=1/20:1/12。

d. 刺目眩光的避免。产生眩光的原因,其一是光源位于人眼水平线上、下30°视角内;其二是直接光源易于产生眩光。避免眩光的措施:确定恰当的高度,使发光源置于产生眩光的范围外,或将直接发光源换成散射光源,如加乳白灯罩等。

(7)展览栏与路牌

①功能:

a. 宣传教育作用:园林中展览栏作为宣传教育设施之一,形式活泼,展出内容广泛,有科技、文化艺术、国家时事政策,既为宣传政策教育,又增进知识,因此深受群众喜爱。

b. 导游作用:在园林各路口,设立标牌,协助游人顺利到达各游览地点,尤其在道路系统较复杂,景点较丰富的大型园林中,更为必备,如动物园、植物园等。

c. 点景作用:展览栏及各种标牌,均具有点缀园林景致的作用。陪衬环境,构成局部构图中心。

②设计要点如下:

a. 位置选择:宜选择停留人流较多地段,以及人流必经之处,如出入口广场周围、道路旁侧、建筑物周围、亭廊附近等。

b. 朝向与环境:以朝南或朝北为佳,面东、面西均有半日的阳光直射,影响展览效果并会降低其利用率。不过,处在绿树成荫的绿化环境中,可以避免日晒。增加展览栏建筑本身的遮阳设施可减少日晒。环境的亮度,地面亮度与展览栏相差不可过大,以免造成玻璃的反光,影响观览效果。

c. 地段要求:展览栏应退出人流路线之外,以免人流干扰;展览栏前应留有足够的空地,且应地势平坦,以便游人参观;周围最宜有休息设施,环境优美、舒适,以吸引游人在此停留。

d. 造型与环境:造型应与园林环境密切结合,与周围景物协调统一。

在窄长的环境,宜采用贴边布置,以充分利用空间,在宽敞的环境中,则宜用展览栏围合空间,构成一定的可游可憩的环境。

在背景景物优美的环境中,可采用轻巧、通透的造型,以便建筑与景物融成一体,且便于视线通透。反之则宜用实体展墙,以障有碍之景物。

基本尺寸要恰当,其大小、高低既要符合展品的布置,又要满足参观者的视线要求,一般小型画面的中心高度距地面1.5 m左右为宜。

e. 照明设计和通风:应做好展览栏的照明设计及通风设施。照明可丰富夜间园林景色效果,增强表现展览栏的造型。照明设施也是夜晚参观必备的设施,故照明应考虑画面的均匀照度,不可有刺目的眩光,一般宜用间接光源。

由于人工照明及日照将引起展览窗内温度升高,对展品不利,一般在展览窗的上部作通光小窗口,以排热气,降低温度。

(8)园桥、汀步

桥在园林中不仅是路在水中的延伸,而且还参与组织游览路线,也是水面重要的风景点。并且也许你会设想原始人穿河过谷,可能是利用天然倒下的树木,或从大自然赐予的石梁——天生桥上而过,或攀扶着森林中盘缠的野藤,或跳跃在溪涧的石块之上,先民的最初尝试给园林带来了无限的风光(图5.50)。

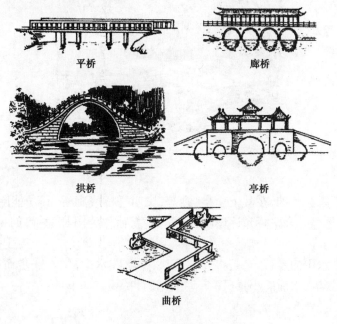

平桥　　　　　　　　　廊桥

拱桥　　　　　　　　　亭桥

曲桥

图5.50　园桥形式

①园桥类型分为平桥、曲桥、拱桥、屋桥等。

a.平桥。平桥简朴雅致,紧贴水面,增加风景层次,平添不尽之意,便于观赏水中倒影、池里游鱼,平中有险(图5.51)。

图5.51　石平桥

b.曲桥。无论三、五、七、九折,园林中统称曲桥和折桥,它曲折起伏多姿,为游人提供各种不同观赏点,桥本身又为水面增添了景致(图5.52)。

图5.52　曲桥

c.拱桥。多置于大水面,它是将桥面抬高,做成玉带形式。这种造型优美的曲线,圆润而富有动感。既丰富了水面的立体景观,又便于桥下通船(图5.53)。

图 5.53　石拱桥

d.屋桥。以石桥为基础,在其上建亭、廊等,又叫亭桥或廊桥,其功能除一般桥的交通和造景外,可供游人休憩。公路桥允许坡度在 4% 左右,而作为园林的桥,如为步行桥则可不受限制。

②汀步是置于水中的步石,它是将几块石块,平落在水中,供人践步而行。由于它自然、活泼,因此常成为溪流、水面的小景(图 5.54)。设计的要点如下:

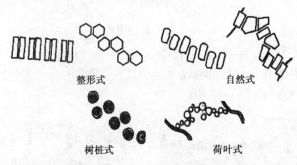

整形式　　　　　　　　自然式

树桩式　　　　　　荷叶式

图 5.54　汀步的形式

a.基础要坚实、平稳,面石要坚硬、耐磨。多采用天然的岩块,也可以使用各种美丽的人工石。

b.石块的形状,表面要平,忌做成龟甲形以防滑,又忌有凹槽,以防止积水及结冰。

c.汀步置石的间距,应考虑人的步幅,中国人成人步幅为 56~60 cm,石块的间距可为 8~15 cm。石块不宜过小,一般应在 40 cm×40 cm 以上。汀步石面应高出水面 6~10 cm 为好。

d.置石的长边应与前进的方向相垂直,这样可以给人一种稳定的感觉。

e.汀步置石要能表现出韵律变化,要具有生机、活跃感和音乐美(图 5.55)。

图 5.55　荷叶、松桩形式汀步

（9）环境雕塑设计

雕塑及各类环境艺术小品，是环境设计中主要艺术景观表现方式，它既可以作为环境主角，形成艺术情感表述高潮，也可作为配角点缀烘托环境气氛，使其更具文化气息和时代风格。

①雕塑的特点如下：

a. 与周围环境的关联性。环境景观雕塑与纯艺术品雕塑不同，它不作为独立个体存在，而与周围环境内容、功能有关。

b. 相对固定性。由于雕塑在环境中的位置一般固定不动，人们观赏的距离、角度都应预先考虑设定，应根据当地天光条件、背景条件和场地条件来寻找合适的表现方式。

②雕塑的分类。雕塑是三维艺术表现方式，设计涉及空间造型、色彩、材料、质感等多方面，其艺术表现力也比其他艺术小品强烈。

A. 按空间形式即雕塑二维到三维的立体化程度可分为：

a. 浮雕：属比较平面化的雕塑，通常只能在其正面或略微斜侧的角度观赏。一般附在一定面积的实体表面，借助侧光和顶光来表现深度和立体感。浮雕常以墙体或面的造型出现在环境中，外轮廓简洁、凝练，注重细节刻画，一般需要近距离观赏。又可分为高浮雕和浅浮雕（图5.56）。

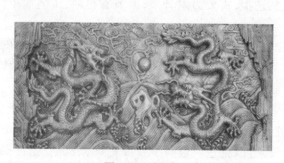

图5.56　浮雕

图5.57　圆雕

b. 圆雕：属一种完全立体化雕塑，可从多个角度观赏，有强烈的空间感和清晰的轮廓。圆雕造型起伏多变，随天光或光源变化产生丰富的光影效果，表现力强，适合近距离和远距离观赏（图5.57）。圆雕设置位置应保证有一定空间，如广场中心、中庭、入口门厅等，也可结合在花坛、水池等设置其他配景小品中。适合远距离观赏的圆雕大多体量较大、形体简洁；适合近距离观赏的圆雕，体量较小、雕刻精致。

c. 透雕。透雕是浮雕形式一种立体化。除去浮雕衬底，保留形象主体即可得到比浮雕立体感更强的透雕形式。形体有实有虚，空间上通透，形象更清晰，光影变化也更丰富。适合于园林环境设计，可以形成隔而不断、若隐若现的效果（图5.58）。

B. 按材料分可分为：

a. 石材雕塑。石材是在天然材料中耐久性最好的材料。特点是深厚有力、坚固稳定，适合表现体积感和体块结构。

● 花岗岩：浑拙有力、深沉粗犷。

● 大理石：繁华优雅、细腻润泽。

b. 金属材料雕塑：

图 5.58　透雕

●青铜材料:可塑性好,表面特有的斑驳色彩有历史感。适合表现纪念主题,可表现微妙的细节变化。

●铸铁材料:沧桑古朴,适于细部表现,但耐腐蚀能力较差,不常用于室外环境。

●不锈钢材料和各种合金材料:表面光泽平整、质轻易拉伸延展,用于现代风格环境设计。光滑平整的表面,具有反射强烈光和幻影效果,但很难表现细小变化,适于形体简洁的现代风格。

使用这些质轻材料做成体量较大的造型,需要另附骨架,但节省材料,工艺简单,被广泛采用。

c.混凝土雕塑。混凝土雕塑风格与石材相似,都以体块见长。混凝土没有石材的天然花纹和质感,靠表面处理形成特有质感。混凝土雕塑坚固稳定、造价低廉而类似石材,作为石材代用品得到广泛应用。

d.木雕。木材由于其耐久性差,因此多用于室内环境。我国的传统木雕艺术十分丰富,许多建筑物件上都以木雕作为装饰,充分体现了人们对美好生活的热爱。木雕受其原料的限制一般都体积较小,而以繁复精美见长,可以施色。也有少数如桩雕,表现苍劲古拙的力度美。但是,木雕易燃应注意维护。

e.玻璃钢雕塑。玻璃钢是一种高分子聚合材料,具有新度高、体轻、工艺简便的特点,可制作各种表面效果,塑造细致的局部,但在室外容易老化,常用于室内。

环境雕塑大多是在相当长一段时间不作更改的艺术小品。材料选择耐久性好、坚强牢固、耐腐蚀、耐气候变化的类型,如果雕塑较大,还应考虑维护。

C.按艺术手法分可分为:

a.具象雕塑。塑造的形象是通过在客观形象的基础上提炼、取舍,再夸张变形处理后形成。由于形象与原形比较相似,而易于被人们所理解和接受(图 5.59)。

b.抽象雕塑。没有具体客观事物特征,只是抽象概念的点、线、面、体等元素组合。抽象雕塑表现内容不易懂,但对观者包容性大。观赏人根据自己不同文化、艺术背景,可对作品作出不同理解,对观赏者想象力没有限制,很能表达情感,渲染气氛(图 5.60)。

现代建筑形体大多简洁凝练,抽象雕塑往往能与之很好配合,相得益彰。

图 5.59　具象雕塑

图 5.60　抽象雕塑

5.4　园林植物

植物是园林绿地景观构成的重要基础要素,是绿地生态的主体,也是影响公共环境和面貌的主要因素之一。我国幅员辽阔、气候温和、植物品种繁多,特别是长江以南的地区具有全国最丰富的植物资源,这就为园林植物的规划提供了良好的自然条件。

园林植物是指在园林建设中所需要的一切植物材料,以绿色植物为主,包括木本植物和草本植物。在配置和选用园林植物时既要考虑植物本身的生长发育特性,又要考虑植物与环境及其他植物的生态关系;同时还应满足功能需要、符合审美及视觉原则。

5.4.1　植物类型

1)乔木

乔木具有体形高大、主干明显、分枝点高、寿命长等特点,是园林绿地中数量最多、作用最大的一类植物。它是园林植物的主体,对绿地环境和空间构图影响很大。

乔木分为针叶树、阔叶树、常绿树与落叶树。乔木依其大小、高度又分为大乔木(大于20 m)、中乔木(8~20 m)和小乔木(小于8 m)。大中型乔木一般可作为主景树,也可以树丛、树林的形式出现。小乔木多用于分隔、限制空间。

2)灌木

灌木没有明显主干,主要呈丛生状态,或分枝点较低。灌木有常绿与落叶之分,在园林绿地中常以绿篱、绿墙、丛植、片植的形式出现。依其高度,可分为大灌木(大于2 m)、中灌木(1~2 m)和小灌木(0.3~1 m)。

3)竹类

竹类为禾本科植物,树干有节、中空;叶形美观,是园林中常见的植物类型。常用竹类有毛竹、紫竹、淡竹、刚竹、佛肚竹、凤尾竹等。

4)藤木

藤本植物不能直立,需攀缘于山石、墙面、篱栅、廊架之上。有常绿与落叶之分,常用藤本植物如紫藤、爬山虎、常春藤、五叶地锦、木香、野蔷薇等,其生态习性、观赏特性详见附录1。

5)花卉

园林花卉主要指草本花卉、宿根花卉和球根花卉。

按其形态特征及生长寿命可分为:

①一、二年生花卉:即当年春季或秋季播种,于当年或第二年开花的植物。如鸡冠花、千日红、一串红、百日菊、万寿菊等。

②宿根花卉:即多年生草本植物,大多为当年开花后地上茎叶枯萎,其根部越冬,翌年春季继续生长,有的地上茎叶冬季不枯死,但停止生长。这一类植物有玉簪、麦冬类、万年青、蜀葵等。

③球根花卉:也是多年生草本植物,地下茎或根肥大呈球状或块状,如唐菖蒲、郁金香、水仙类、百合类等。

6)地被、草坪

地被、草坪植物高度为 0.15 ~ 0.3 m,呈低矮、蔓生状。在园林绿地中常用作"铺地"材料,可形成形状各异的草坪。运用地被植物可将孤立的或多组景观因素组成为一个整体。草坪植物有结缕草、天鹅绒草、假俭草、野牛车等。

7)水生

植物生长于水中,按其习性可分为:

①浮生植物。漂浮在水面上生长,如浮萍、水浮莲、凤眼莲等。

②沼生植物。这类植物多生长在岸边沼泽地带,如千屈莱、西洋莱等。

③浅水植物。多生长在 10 ~ 20 cm 深的水中,如茭白、水生鸢尾等。

④中水植物。多生长在 20 ~ 50 cm 深的水中,如荷花、睡莲等。

⑤深水植物。水深在 120 cm 以上,如菱等,在公园水面上多以种植荷花、睡莲为主。

5.4.2 环境条件对园林植物的影响

园林植物是活的有机体,除本身在生长发育过程中不断受到内在因素的作用外,同时还要受到外界环境条件的综合影响,其中比较明显的有温度、阳光、水分、土壤、空气和人类活动等。

1)温度

温度与叶绿素的形成、光合作用、呼吸作用、根系活动以及其他生命现象都有密切关系。但是由于纬度、海拔、小地形和其他因素的不同,使太阳辐射能量的分配有很大差别。太阳辐射能量是热量的来源,温度是热量的具体指示,一般来说,0 ~ 29 ℃ 是植物生长的最佳温度。在各个不同地区所形成植物生长发育的温度条件是不同的。这些不同的温度条件长期和持久重复地作用于各种植物,各种植物在长久的历史过程中对这些不同的温度条件产生了一定的适应性,并将其有利的变异从遗传上巩固下来,不能产生适应性的植物则为自然所淘汰。这就是形成我国自南向北的热带植物、亚热带植物、温带植物和寒带植物的水平分布带,以及由低到高的垂直分布带的原因。当然,随着纬度的不同,垂直分布的植物类型是不同的,但其生态类型的变化过程仍然是依照这种规律行事,超越了这个范围,植物的生长发育就要受到影响甚至死亡。

2)阳光

园林植物的整个生长发育过程是依靠从土壤和空气中不断吸收养料制成有机物来维持的,然而这个吸收过程必须在有蒸腾作用存在的条件下进行。没有光,这个过程将无法实现,同样光合作用也会停止。所以,绿色植物在整个生活过程中对光的需要,正像人对氧的需要一样重要。但是不同植物对光的要求并不相同,这种差异在幼龄期表现尤其明显。根据这种差异性常把园林植物分成阳性植物(如悬铃木、松树、刺槐、黄连木)和耐阴植物(如杜英、枇杷)两大类。阳性植物只宜种在开阔向阳地带,耐阴植物只能种在光线不强和背阴的地方。

园林植物的耐阴性不仅因树种不同而不同,而且常随植物的年龄、纬度、土壤状况等而发生变化。如年龄愈小,气候条件愈好,土壤肥沃湿润其耐阴性就越强。从外观来看,树冠紧密的比疏松的耐阴。

城市树木所受的光量差异很大,因建筑物的大小、方向和宽度的不同而不同,如东西向的道路,其北面的树木因为所受光量的不同,一般向南倾斜,即向阳性。

3)水分

植物的一切生化反应都需要水分参与,一旦水分供应间断或不足,就会影响生长发育,持续时间太长还会使植物干死,这种现象在幼苗时期表现得更为严重。反之如果水分过多,会使土壤中空气流通不畅,氧气缺乏,温度过低,降低了根系的呼吸能力,同样会影响植物的生长发育,甚至使根系腐烂坏死,如雪松。

不同类型的植物对水分多少的要求颇为悬殊。即使同一植物对水的需要量也是随着树龄、发育时期和季节的不同而变化的。春夏时树木生长旺盛,蒸腾强度大,需水量必然多。冬季多数植物处于休眠状态,需水量就少。城市的自然降水形成地下水,为植物生长提供水分。

4)土壤

土壤是大多数植物生长的基础,并从其中获得水分、氮和矿物质等营养元素,以便合成有机化合物,保证生长发育的需要。但是不同的土壤厚度、机械组成和酸碱度等,在一定程度上会影响植物的生长发育和其类型的分布区域。土层厚薄涉及土壤水分的含量和养分的多少。城市土壤常受到人为的践踏或其他不利因素影响而限制植物根部的生长。土壤酸碱度(pH)影响矿物质养分的溶解转化和吸收。如酸性土壤容易引起缺磷、钙、镁,增加金属汞、砷、铬等化合物的溶解度,危害植物。碱性植物容易引起缺铁、锰、硼、锌等现象。对于植物来说,缺少任何一种它所必需的元素都会出现病态。缺铁会影响叶绿素的形成,叶片变黄脱落,影响光合作用。除此之外,土壤酸碱度还会影响植物种子萌发、苗木生长、微生物活动等。

不同植物对土壤酸碱度的反应不同,就大多数植物来说,在酸碱度为 3.5~9 的范围内均能生长发育,但是最适宜的酸碱度却较狭窄,根据植物对土壤酸碱度的不同要求可分为以下3 类:

①酸性土植物:只要在酸性(pH<6.7)的土壤中生长最多最盛的植物均属之,如马尾松、杜鹃类。

②中性土植物:生长环境的土壤 pH 值为 6.8~7.0,一般植物均属此类。

③碱性土植物:在 pH 值大于 7.0 的土壤上生长最多最盛者,如桂柳、碱蓬等。

5)空气

空气是植物生存的必要条件,没有空气中的氧和二氧化碳,植物的呼吸和光合作用就无法进行,同样会死亡。相反,空气中有害物质含量增多时同样会对植物产生危害作用。在自然界中空气的成分一般不会出现过多或过少的现象,而城市中的空气污染会影响植物的正常生长,甚至导致其死亡,在厂矿集中的城镇附近的空气中含烟尘量和有害气体会增加,污染大气和土壤。以二氧化硫为例,各种植物对二氧化硫的抗性是不同的。当其含量低时,硫是可以被植物吸收同化的;但当浓度达到百万分之一时,就能使针叶树受害;当浓度达到百万分之十时,一般阔叶树叶子变黄脱落,人不能持久工作;当浓度达到百万分之四百时,人也会死亡。因此在污染地区进行绿化,必须选用抗性强、净化能力大的植物。

6)人类活动

城市中种植的植物明显受到人工环境的影响。随着城市的发展,对于新的空间的利用越来越多,人类对植物的影响也就越来越显著。人的活动不仅改变了植物的生长地区界限,并且影响到植物群落的组合。譬如,在沙漠上营造防护林限制流沙移动,引水灌溉改造沙漠可以创造新的植物群落,引种驯化可以促进一些植物类型的定居和发展,不断替代了一些经济价值不大的类型。充分说明人类正在根据自己的需要不断地利用植物来改善环境、改造自然。当然同时也衍生了一些愚蠢的做法,如对森林进行毁灭性的破坏,不仅失去了山清水秀的自然之美,还严重破坏了生态平衡,导致气候恶化,造成水土流失,绿洲变为沙漠,土壤流失严重,山石滑落等灾害也越显突出。

除此以外,人类的放牧、昆虫的传粉、动物对果实种子的传播等、对植物生长发育和分布都有着重要的作用。因此,园林植物的生长发育和分布区的形成,是同时受到各种环境条件综合影响和制约的。

5.4.3 植物的观赏特性

植物的美主要表现在外形美、色彩美、意蕴美等方面。不同的植物其观赏特性也各不相同,常有观姿、观花、观果、观叶、观干等区别。

1)外形美

（1）树冠

树冠的形态大致分为以下几种(图5.61):

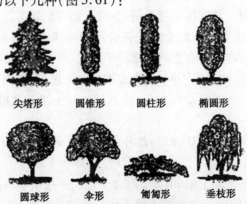

| 尖塔形 | 圆锥形 | 圆柱形 | 椭圆形 |

| 圆球形 | 伞形 | 匍匐形 | 垂枝形 |

图5.61 树冠的形态类型

①尖塔形。树形塔状,枝条稍下倾,有塔状层次,总体轮廓鲜明。如雪松、铁坚杉、冷杉、水杉等。

②圆柱形。树干直立、侧枝细短、枝叶紧密、冠高,冠径小;冠高与冠径之比大于3∶1,可增强高度,有高耸感。如珊瑚树、钻天杨、龙柏、南洋杉等。

③圆锥形。树冠锥形,冠高小,冠径大;冠高与冠径之比小于3∶1,有高耸感。如圆柏、柏木等。

④伞形。主枝成45°,冠上部平齐成伞状张开;有水平韵律感,易与平坦地形和低平建筑相融合。如合欢、凤凰木、悬铃木等。

⑤椭圆形。树冠长椭圆形,枝条分布上下较少,中部较多。如悬铃木。

⑥圆球形。树冠圆球状,枝条细而向四周展开。如杨梅、七里香、石楠等。

⑦垂枝形。枝条柔软下垂,易与水波相协调。如垂柳、龙爪槐、迎春等。

⑧匍匐形。枝条低矮,紧贴地面而生,树枝具下垂性,具水平韵律感。如偃柏、草坪植物等。

⑨被覆形。枝条平伸,叶成盘状,具宽阔延伸感。如老年松树。

⑩棕榈形。主干独立,枝叶簇生于顶端。如棕榈、蒲葵、椰子等。

（2）枝叶

叶形、叶色和落叶后的枝条均可供观赏。叶形大小不等、形状各异。尤其是叶形较大、形状奇特的枝叶,观赏价值较高,如芭蕉、马褂木、乌桕、银杏、龟背竹、变叶木等。叶色多为绿色,如嫩绿、浅绿、深绿、黄绿、墨绿等。有的植物在秋季叶色变红,如扒香、鸡爪槭、乌桕、檫木、黄连木等。有的植物在秋季叶色变黄,如银杏、栾树、蜡梅、法国梧桐等。有的植物叶色为红色或红绿相间色,如红枫、红背桂等。

（3）干、根

树根是植物支撑树冠的基础,树干是支柱,主干直立高大的大乔木气势雄伟、整齐美观。主干扭曲、盘绕而上的植物如罗汉松、紫藤、凌霄等有常青古雅、苍劲之感。树干形状特别的,如纺锤形的大王椰子、截面为方形的四方竹、竹节突出的佛肚竹等,观赏价值也很高。还有的树干颜色、花纹奇特,如白皮松、白桦、白千层树的白色;中国梧桐、毛竹的绿色;紫竹的紫色;斑竹的环状花纹、黄金间碧玉（刚竹的变种）、黄绿相间的条状花纹、杨树枝条脱落后所形成的"眼睛"等,均可供人观赏。

树根的观赏是指观赏树露出地表面的根。有些植物如水杉的板状根、榕树的气生根、在石隙或石壁上生长的网状根等,都具有一定的观赏价值。

2）色彩美

植物的花果由于形状奇特、色彩艳丽而成为园景的一部分。植物的花主要从姿、色、香等三方面欣赏:

（1）花姿

有的植物以花大而取胜,如大丽菊、绣球花、牡丹、芍药、荷花、广玉兰等;有的以形怪而取胜,如蝴蝶花（三色堇）、鸽子花（珙桐）、马蹄莲、倒挂金钟等;有的以繁取胜,如紫薇、凤凰木、锦带花、紫荆等;还有的以秀取胜,如鸟萝、金银花、七姐妹等。

（2）花色

花色不胜枚举,常见的有以下几种:

白色:白玉兰、广玉兰、月季、白丁香、白杜鹃、茉莉、栀子花等。

红色:石榴、桃花、映山红、樱花、山茶、蔷薇、牡丹、月季、炮仗花等。

黄色:迎春、蜡梅、金桂、棣棠、连翘、鸡蛋花等。

紫色:紫藤、紫荆、紫薇、木槿、红花羊蹄甲等。

绿色:绿梅、绿牡丹等。

(3)花香

植物的花除花姿、花色可供观赏外,花香也可为园林增色。如桂花、兰花、夜来香、白兰、茉莉、栀子、玫瑰、含笑、蜡梅等植物的花都有一定的香气。

植物的果也可供人观赏。许多植物果色鲜艳、果形奇特,也是观果的上品,如佛手、火棘、枸骨、山楂、柿子、石榴、橘子、金柑等。盆栽或成片栽植,效果更佳,如长沙橘子洲头的橘林,每到秋季,硕果累累,成为公园的一景。

3)意蕴美

植物的外形、色彩、生态属性常使人触景生情,产生联想。

松柏——象征坚强不屈、万古长青

木棉——又称"英雄树"

竹——象征品德高尚、"虚心有节"

梅——象征不屈不挠

兰——象征居静而芳

菊——象征不怕风霜的坚强性格

荷花——象征出污泥而不染

玫瑰花——象征爱情

迎春花——象征春回大地

很多园林植物,是中国古代诗人画家吟诗作画的主要题材,其象征意义和造景效果已为世人所接受,如松竹梅有"三友"之称,"梅兰竹菊"有"四君子"之称。

5.4.4 植物规划

1)种植原则

(1)满足功能要求

植物规划首先要满足功能要求,并与山水、建筑、园路等自然环境和人工环境相协调。如综合性公园、文化娱乐区人流量大,节日活动多,四季人流不断,要求绿化能达到遮荫、美化、季相明显等效果。儿童活动区的植物要求体态奇特,色彩鲜艳,无毒无刺;而安静休息区的植物种植和林相变化则要求多种多样,有不同的景观。有时为了满足某种特殊功能的需要,还要采用相应的植物配置。如上海长风公园的西北山丘,因考虑阻挡寒风,衬托南部百花洲,故选择耐寒、常绿、色深的黑松,并采取纯林的配置手法。这样不仅阻挡了寒风,而且还为南部的百花洲起到了背景的作用。

(2)多用乡土树种

植物规划要以乡土树种为公园的基调树种。同一城市的不同公园可视公园性质选择不同的乡土树种。这样植物成活率高,既经济又有地方特色,如湛江海滨公园的椰林,广州晓港公园的竹林,长沙橘洲公园的橘林等,都取得了基调鲜明的良好效果。同时,植物配置要充分利用现状树木,特别是古树名木。规划时需充分利用和保护这些古树名木,可使其成为公园中独特的林木景观。

(3)注重整体搭配

植物配置应注意整体效果,主次分明,层次清楚,具有特色,应避免"宾主不分""喧宾夺主"和"主体孤立"等现象,使全园既统一又有变化,以产生和谐的艺术效果。如杭州花港观鱼以常绿观花乔木广玉兰为基调,统一全园景色,而在各景区中又有反映特色的主调树种,如金鱼园以海棠为主调、牡丹园以牡丹为主调、大草坪以樱花为主调等。

(4)重视植物的造景特色

植物配置应重视植物的造景特色。植物是有生命的物质,不同于建筑、绘画等,它随着季节的变换会产生不同的风景艺术效果。同时,随着植物物候期的变化,其形态、色彩、风韵也各不相同。因此,利用植物的这一特性,可配合不同的景区、景点形成不同的美景。如桂林七星公园,以桂花为主题进行植物造景,仲秋时节,满园飘香;南京雨花台烈士陵园以红枫、雪松树群作为先烈石雕群像的背景;昆明圆通公园的"樱花甬道"等。

(5)合理安排植物类型和种植比重

植物配置应对各种植物类型和种植比重作出适当的安排,如乔木、灌木、藤本、地被植物、花、草、常绿树、落叶树、针叶树、阔叶树等要保持一定的比例。一般根据园林的大小、性质以及所处地理环境的不同,所用比例亦不相同。以下配置比例可供参考:

①种植类型的比例:密林为40%,疏林和树丛为25%～30%,草地为20%～25%,花卉为3%～5%。

②常绿树与落叶树的比例:华北地区常绿树为30%～40%,落叶树为60%～70%;长江流域常绿树为50%～60%,落叶树为40%～50%;华南地区常绿树为70%～80%,落叶树为20%～30%。

总之,园林植物规划应采取在普遍绿化的基础上重点美化,对一些管理要求较细致的植物,如花卉、耐阴植物等宜集中设置,以便日常养护和管理。

2)种植方式

植物的种植方式通常分为规则式、自然式、风景林和水生植物4种形式。

(1)规则式

规则式种植方式主要用于具有对称轴线的园林中,主要种植形式有:

①中心植。在对称轴线的相交点,几何形花坛、广场的中心处,栽植树形高大、体形优美、外形较为规整的树种,如雪松、银杏、樟树等。

②对植。在建筑物道路入口处两侧,左右对称种植两株树形整齐、轮廓严整的树。对植多选用耐修剪的常绿树,如海桐、七里香、罗汉松、柏木等。

③列植。将树木成行成排以一定的株行距种植,通常为单行种植或双行种植(图5.62)。其形式有:

a.单行列植:以一种树种组成,或用两种树种间植搭配而成。

b.双行列植:重复的单行列植。

c.双行叠植:两行树木的种植点错开而重叠,多用于绿篱的种植。

④模样植。以不同色彩的观叶植物或花叶兼美的植物,在规则的植床内组成复杂华丽的

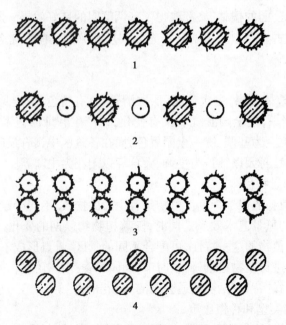

图 5.62　列植种植示意图

图案纹样,如文字、肖像、时钟等。主要表现整体的图案美。植床的外形多采用比较简单的几何形状,常用于平地或斜坡上。

⑤片植。在边框整齐的几何形植床内,成片地种植同一种植物,如成行成排种植的林带、防护林、竹林、花卉、草坪植物等。

(2)自然式

自然式种植以模仿自然界中的植物景观为目的,其种植方式有孤植和丛植等形式。

①孤植。孤植树一般配置在园林空间构图的中心处,主要起造景与庇荫作用。孤植树一般要求有较高的观赏价值,具有树形高大、冠形美观、枝叶繁密、叶色鲜明等特点,如银杏、雪松、桂花、樟树、槭树等。

②丛植。丛植多由 2~10 株乔灌木组成。丛植的方式自由灵活,既可形成雄伟浑厚、气势较大的景观,也可以形成小巧玲珑、鲜明活泼的特色。在园林中,它既可以用作主景,也可用作配景,在景观和功能两方面起着重要的作用。

树丛的平面构图,以表现树种的个体美和树丛的群体美为主。因此,在树种的选择上,应选用庇荫性强,树姿、叶色、花果等具有较高观赏价值的树种;在树丛的配置上,要求从不同的角度观看,都有不雷同的景观。因此,不等边三角形是树丛构图的基本形式,由此可演变出4、5、6、7、8、9 等株数的种植组合(图 5.63)。

a.2 株树。2 株树的树丛,株数少,对比不宜太强,最好采用同一树种,但大小、动势要有区别,以显活泼。株距要小于小树冠径,使其尽量靠近;动势上要有俯仰、顾盼的呼应。

b.3 株树。3 株树最好为同种树或冠形类似的树种。树木最好分为大、中、小三种类型,配置时,一般最大和最小的一株较靠近(小的可为另一种树),中等大小的一株要稍加远离,形成有呼应的两组。平面构图上为不等边三角形。

c.4 株树。4 株树采用同一树种,或两个不同的树种,以不等三角形构图扩大为不等四边形构图。采用同种树种植时,其体量、大小、姿态要有所区别;两种树种配置时,应有一种树种

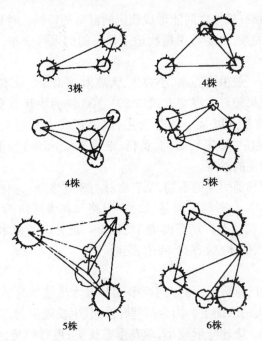

3株　　4株

4株　　5株

5株　　6株

图5.63　丛植配置示意图

在数量上占明显优势,形成3:1的构图,体量最大最小的树不可单独在一组。

d.5株树。从5株树开始,树丛的组合因素增加,树种可增至2种,常绿或落叶,乔木或灌木。树木的分组形式,以3:2最为理想,4:1的分组难度较大。两种树种不可等量,要注意构成不等边的三角形或四边形,切忌3株树组合在同一直线上。5株树丛是在3株、4株树丛的基础上演变而来,只要掌握了前面各组树丛组合规律,便可灵活运用。以3:2分组,可采用不等边五边形或四边形的形式,第2种树应分别位于两组中,以造成呼应关系。以4:1分组,可采用不等边四边形的形式,忌3株树组合在同一条直线上。

e.6~9株树。6株树丛,理想分组为4:2,如果是体量相差较大时,也可用3:3的分组形式,树种最好不要超过3种。7株树丛的理想分组为5:2和4:3,树种不超过3种。8株树丛的理想分组为5:3和2:6,树种不超过4种。9株树丛的理想分组为3:6、5:4和2:7,树种不超过4种。

采取丛植方式组合树丛,在园林中可以形成为独立的景观对象,供人观赏。因此,和孤立木一样,应留有一定的观赏视距。如作为障景而设的树丛,视距可少留一些,树种也应选取枝叶浓密、生长强健和喜光耐旱的树种。

由于树丛是具有完整构图结构的整体,因此,一般不允许道路从树丛中间穿过。但可在道路的两侧分别布置两个树丛,以解决道路交通与树丛景观相互影响的问题。也可以因道而设树丛,或因树丛景观而设道。

(3)风景林

风景林根据树种的多少分为纯林和混交林,依树林郁闭度的大小分为密林和疏林。

①纯林。纯林多为水平状态的郁闭。为了使纯林景观有所变化,可按自然地形的起伏,在高处种植高树,低处种植矮树,形成有变化的林冠线。在平面布局上,林缘应该有进退曲折的变化,也可以树丛、树群的形式加以处理。纯林树种可选用松类、杉类、毛竹、桃、桂花等。

②混交林。依据植物有机体之间能形成稳定的群落的特性。种植组合时,不仅要考虑地上部分相互依存的生态关系,也要考虑植物地下根系间的垂直分布,以形成自然均衡的人工混交林。

混交林的地上部分,一般由大乔木、小乔木、大灌木、小灌木、草本等组成。树种以常绿和落叶乔灌木混交,景观效果较好。混交方式以 50～100 株的块状混交为主,也可将自然生长的混交林加以改造,在数量上以某一树种为主,以便形成主从层次。如以枫香为上层(占30%),樟树、栎类为中层(占65%),石楠、黄杨、瑞香等(占5%)为下层,则可形成春、夏、冬以绿为主,秋季以红叶为主的景观。

纯林、混交林根据树林郁闭度的不同,又有密林与疏林之分。密林的郁闭度为 0.7～1.0,道路广场密度为 5%～10%。密林一般是以林中道路和林缘道路的方式供游人游览、欣赏。疏林的郁闭度为 0.4～0.6,道路广场密度为 5% 以上。疏林中的树木株行距可为 10～20 m,因此,林下空间大,适于人们休息、游戏、阅读、交谈。

(4)水生植物

水生植物的种植设计,应按水面的大小和深度以及水生植物的形态特征进行安排。

①荷花宜种植在较大的水面上。因为荷花叶形大、生长较快,如果水面太小,会很快覆盖整个水面,而无水景可赏。睡莲叶形较小,单花形态优美,色彩鲜艳,宜种在小水面上供人细赏;而茭白、菖蒲之类,宜种于港汊水湾之处,造成一种具有野趣的水景。

②水生植物栽植面积的确定,应结合水上活动、水面景观效果统一考虑。大型水面,多在边角、水湾处种植,小型水面,以不超过水面的 1/3 为宜。

③为了控制水生植物的生长范围,一般在水下构筑一定的设施,如用混凝土建造各种栽植池,限定栽植范围,或用水缸,缸中放上肥沃土壤种植睡莲等;有时还在水面上放置竹竿,拦住浮生植物。总之,水生植物的种植要兼顾水景(水面与倒影效果)以及水生植物自身的生长属性加以综合考虑。

植物的种植、配置方式是多种多样的,有时很难确定它究竟应该归属于哪一类。如种植池边框为规则式,而植物种植又为自然式;植物种植为自然曲线,而植物外形又为修剪过的规则形体,如圆球形、圆柱形等;还有的株行距相等,但线型不规则,或株行距不等,但线型又规则;等等。

5.4.5　植物创造的空间

1)乔木

乔木巨大的体积对园林的形象和空间的安排有很大的影响力,在种植设计上能够起到根本的骨架作用,一般应优先考虑。乔木犹如"廊",可以在上方形成封闭,这正是六个方向上最为重要的界面。顶上的防护与遮蔽,会让人们在心理上有安全感。因此,疏林草地上的一株大树往往比一圈灌木围合的内向空间更容易吸引人在其下面休息与活动。景观空间中可作为主景树;突出的位置与高度可作为视线焦点;乔木可以在垂直方向上形成封闭造成模糊的边界感;透过树干枝叶产生深远感;大乔木易压制较弱因素,当面积小时慎用。一般应优先考虑(图 5.64)。

乔木使空间有深远感　　作为主景的观赏树　　大乔木占有突出优势

大乔木在小空间中作主景　　乔木作为出入口标志和景点

图 5.64　乔木的空间作用

2)灌木

灌木可起分隔空间、闭合空间的作用,犹如"墙";能将视线向远方延伸,形成狭长空间;大灌木可成为阻挡视线屏障和控制空间私密性;可作为主景和花卉、地被的背景;小灌木阻挡视线、分割空间,形成开敞空间。灌木生长快,见效快(图 5.65)。

高灌木在垂直方向封闭空间　　高灌木将视线引伸远方　　小灌木形成开敞空间

图 5.65　灌木的空间作用

3)地被

主要用于烘托环境气氛;将孤立的互不相干的乔灌木等因素形成统一布局的整体;对空间边界有暗示、强调作用。过视线而不过人。

习题

1.从园林构成要素方面分析,在具体运用中如何突出空间的主景?

2.试分析地形塑造在园林空间营造中所起的功能与作用。

3.阐述水体在园林造景中的作用及其设计手法。

4.使空间变得更为丰富,并出现"增大"空间效果的手段有哪些?

5.如何达到园林各要素之间"藕断丝连""顾盼有情"的内在景观联系?

6.比较南、北方园林建筑的差异(可从建筑形式、色彩处理、尺度差异、园林中的处理手法、建筑体型等方面探讨)。

7.园林建筑与小品的设计有哪些原则?

8.园林规划设计如何结合自然?

〔拓展阅读〕

园林景观形式设计方法

　　园林景观设计,就是在一定的地域范围内,运用园林艺术和工程技术手段,通过改造地形、种植植物、营造建筑和布置园路等途径创造美的自然环境和生活、游憩境域的过程。通过景观设计,使环境具有美学欣赏价值、日常使用的功能,并能保证生态可持续发展。在一定程度上,体现了当时人类文明的发展程度和价值取向及设计者个人的审美观念。

一、设计流程

　　园林景观设计的方法开始于调查,即调查业主的目的;调查场地的尺度;调查潜在使用者的需求,这一过程称为立项、场地勘察、场地分析。

　　调查结束后进入下一阶段——功能设计(泡泡图),即将功能分区、道路及建筑等用泡泡形状表示。

　　然后是形式设计,即采用某些形式(图形组合)来表达设计意图的设计。

　　最后就是施工阶段。

二、设计在图纸上的表现

　　许多功能性概念易于用示意图表示,尤其是那些涉及使用面积、道路模式,以及展示设计方案的其他初步思想之间的关系的概念。如使用面积和活动区域能用不规则的斑块或圆圈表示。在绘出它们之前,必须先估算出它们的尺寸,这一步很重要,因为在一定比例的方案图中,数量性状要通过相应的比例去体现。

　　我们可用易于识别的一个或两个圆圈来表示不同的空间。简单的箭头可表示走廊和其他运动的轨迹,不同性状和大小的箭头能清楚地区分出主要和次要走廊以及不同的道路模式,如人行道和机动车道。星形或交叉的形状能代表重要的活动中心、人流的集结点、潜在的冲突点以及其他具有较重要意义的紧凑之地(图5 附-1)。"之"字形线或关节形状的线能表示线性垂直元素,如墙、屏、栅栏、防护堤等。

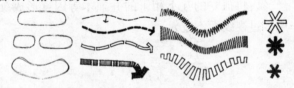

图5 附-1　具体性状的表示

　　(一)功能概念设计

　　进行这一设计阶段,常使用抽象而又易于画的符号,它们能很快地被组合和组织,能帮助你集中精力做这一阶段的主要工作,即优化不同使用面积之间的功能关系,解决选址定位问题,发展有效的环路系统,推敲一些设计元素为什么要放在那里并且如何使它们更好地联系在一起。

　　概念性的表示符号能应用于任何比例的图中,如图5 附-2 所示。

　　(二)形式设计

　　形式设计过程取决于两种不同的思维模式。一种是以逻辑为基础并以几何图形为模板,所得到的图形遵循各种几何形体内在的数学规律。运用这种方法可以设计出高度统一的空间。

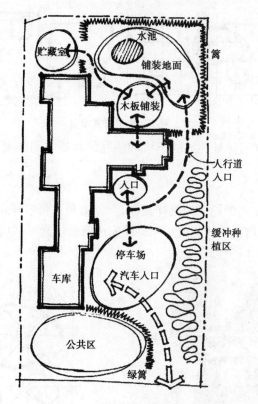

图5 附-2 某住宅小庭院概念设计

另外一种是以自然的形体为模板,通过直觉的、非理性的方法,把某种意境融入设计中。这种设计图形似乎无规律、琐碎、离奇、随机,但却迎合了使用者喜欢消遣和冒险的一面。

两种模式都有内在的结构但却没有必要把它们绝对地区分开来,如一系列规则的园林随机排列在一起能产生愉悦感,但看到一些不规则的一串串泡泡也会产生类似的感觉。

1.几何式的形式设计

重复是构图组织中一条有用的原则。如果我们把一些简单的几何图形或由几何图形换算出的图形有规律地重复排列,就会得到整体上高度统一的形式。通过调整大小和位置,甚至能从最基本的图形演变成有趣的设计形式。

几何形体主要有三个基本的图形:即正方形、三角形、圆形。

几何形体通常可以衍生出很多形状。从每一个基本图形又可衍生出次级基本类型,如从正方形中可以衍生矩形;从三角形中可衍生出45°/90°和30°/60°的三角形;从圆中可衍生出各种圆形,最常见的包括两圆相接、圆和半圆、圆和切线、圆的分割、椭圆、螺线等。

(1)矩形样式

矩形是最简单和最有用的设计图形,它同建筑材料形状相似,易于同建筑物相配。在外环境设计中,正方形和矩形是最常见的组织形式,原因是这两种图形易于衍生出相关图形。

用90°的网格线铺在概念性方案的下面,就能很容易地组织出功能性适宜图。通过90°网格线的引导,概念性方案中的粗略形状将会被重新改写为规则的矩形样式(图5 附-3)。

90°模式最易与中轴对称搭配,它经常被用在表现正统思想的基础性设计。矩形的形式尽管简单,它也能设计出一些不寻常的有趣空间,特别是把垂直因素引入其中,把二维空间变

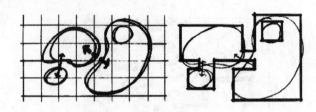

图 5 附-3　矩形样式设计

为三维空间后。由台阶和墙体处理成的下沉和抬高的水平空间的变化,丰富了空间特性(图 5 附-4)。

(2)三角形样式

三角形样式,常有 45°/90°角三角形样式和 30°/60°角三角形样式。

同矩形模式一样,三角形模式也能用网格线完成概念性到形式的跨越。把两个矩形网格线以 45°相交就能得到基本的模式。

图 5 附-4　矩形样式实景

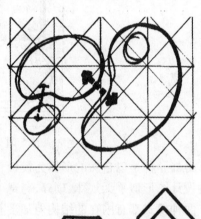

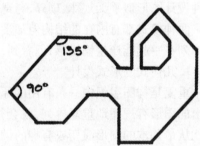

图 5 附-5　45°/90°角三角形样式

当 45°或 90°改变方向时,向内的转角应该是 90°或 135°。45°的锐角通常会产生一些功能上不可利用的空间,这些空间在实施中会产生一些问题(图 5 附-5)。

三角形模式带有运动的趋势,能给空间带来某种动感,随着水平方向的变化和三角形垂直元素的加入,这种动感会愈加强烈。

六边形同样可以绘出同 30°/60°网格线一样的几何图形。根据概念性方案图的需要,可以按相同尺度或不同尺度对六边形进行复制。当然,如果需要的话,也可以把六边形放在一起,使它们相接、相交或彼此镶嵌。为保证统一性,尽量避免排列时旋转(图 5 附-6)。

(3)圆形样式

圆的魅力在于它的简洁性、统一感和整体感。它同时具有运动和静止的双重特性。单个

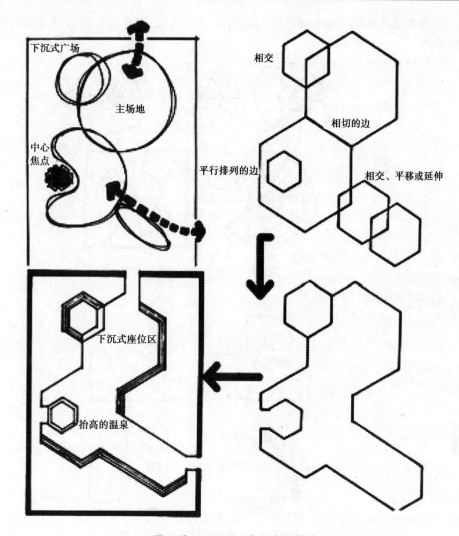

图5 附-6 30°/60°角三角形样式

圆形设计出的空间将突出简洁性和力量感,多个圆在一起所达到的效果就不止这些了。

①多圆组合

改变非同心圆圆心的排列方式将会带来一些变化。基本的模式是不同尺度的圆相叠加或相交。从一个基本的圆开始,复制、扩大或缩小。圆的尺寸和数量由概念性方案所决定,必要时还可以把它们嵌套在一起代表不同的物体。当几个圆相交时,把它们相交的弧调整到接近90°,可以从视觉上突出它们之间的交叠(图5 附-7)。

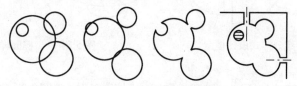

图5 附-7 多圆组合的重叠

②同心圆

根据概念性方案中所示的尺寸和位置,遵循网格线的特征,绘制实际物体平面图。所绘制的线条可能不能同下面的网格线完全吻合,但它们必须是这一圆心发出的射线或弧线(图5 附-8)。

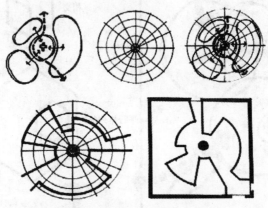

图5 附-8　同心圆样式设计模型

③圆弧和切线(图5 附-9)

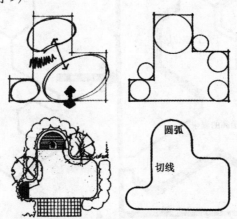

图5 附-9　圆弧和切线样式设计模型

④圆的一部分

圆在这里被分割成半圆、1/4 圆、馅饼形状的一部分,并且可以沿着水平轴和垂直轴移动而构成新的图形(图5 附-10)。

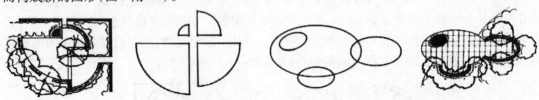

图5 附-10　圆的一部分样式设计模型　　　图5 附-11　椭圆样式设计模型

⑤椭圆

在多圆组合中所阐述的原则在椭圆或卵圆中同样适用。椭圆能单独应用,也可以多个组合在一起,或同圆组合在一起。椭圆同圆相比尽管增加了动感,但仍有严谨的数学排列形式(图5 附-11)。

为归纳几何形体在设计中的应用,利用不同图形的模式对一社区广场进行设计。以不同的几何形体为模板进行设计产生了不同的空间效果,但每一方案中都有相同的元素:临水的平台、设座位的主广场、小桥和必要的出入口(图5附-12)。

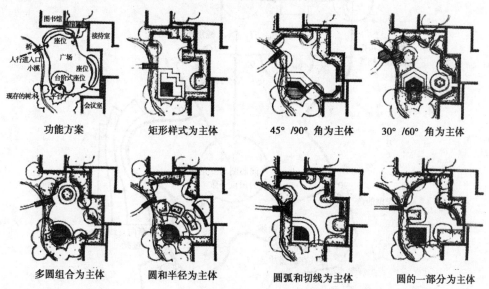

图5附-12 几何式的不同形式设计形成的不同模型方案

2. 自然式的形式设计

在一个项目处于研究阶段时,当收集到关于场地和使用者的信息后,可能会在进一步的设计中明显产生一种必须用自然形式设计的感觉。许多理由使设计者感觉到应用有规律的纯几何形体可能不如使用那些较松散的、更贴近生物有机体的自然形体。这可能是由场地本身决定的。最初很少被人干预的自然景观或包含一些符合自然规律的元素的景观与人为地把自然界的材料和形体重新再组合的景观相比,更易被人接受。另一种情况,这种用自然方式进行设计的倾向根植于使用者的需求、愿望或渴望,同场地本身没有关系。使用者希望看到一些松弛的、柔软的、自由的、贴近自然的新东西。

在自然式的图形中,这些形式可能是对自然界形体的模仿、抽象或类比。模仿即是指对自然界的形体不做太大的改变;抽象则是对自然界的精髓加以提取,再被设计者重新解释并应用于特定的场地,它的最终形式同原物体相比可能会大相径庭。

类比是来自基本的自然现象,但又超出外形的限制。通常是在两者之间进行功能上的类比。

就像正方形是建筑中最常见的形式一样,自然蜿蜒的曲线是景观设计中应用最广泛的自然形式。来回曲折而平滑的河岸线就是蜿蜒曲线的基本形式,它的特征是由一些逐渐改变方向的曲线组成。与直线的特点一样,曲线也能环绕形成封闭的曲线。当这种封闭的曲线被用于景观之中时,它能形成草坪的边界、水池的驳岸或者水中种植槽的外沿。

图5附-13是某社区的游园的设计方案,它显示了由概念性方案发展为以曲线为主旋律方案发展的过程。图中的人行道、墙、小溪和种植区的边线都设计成蜿蜒的形式。

3. 多种形体的整合

尽管仅仅使用一种设计元素能产生很强的统一感(如重复使用同一类型的形状、线条和

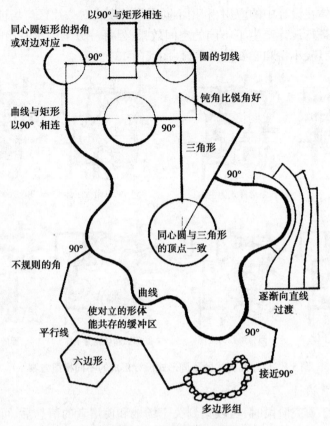

以90°与矩形相连

同心圆矩形的拐角
或者对边对应

90°

圆的切线

钝角比锐角好

曲线与矩形
以90°相连

90°

三角形

90°

同心圆与三角形
的顶点一致

90°

不规则的角

90°

曲线

逐渐向直线
过渡

使对立的形体
能共存的缓冲区

平行线

90°

六边形

接近90°

多边形组

图5附-13　多种图形的整合

角度,同时靠改变它们的尺寸和方向来避免单调感),但在通常情况下,需要连接两个或更多相对独立的形体;或者因功能方案中存在其他的一些形体元素,不管何种原因,都要注意创造一个协调的整合体。最有用的接合规则就是使用90°角连接。即当圆与矩形或其他有角度的图形连接在一起时,沿半径或切线方向应该使用直角相连。这时,使得所有的线条同圆心都产生了直接的联系。从而使彼此之间形成很强的连接感。

90°连接也是曲线和直线之间以及直线和自然形体之间可行的连接方式。平行线是两种形体相接的另一种形式。锐角在连接时要慎重使用,因为它连接方式不太直接,它们经常会与其他形体之间产生太牵强的感觉。

除此之外,还可以通过缓冲区和逐级变化的方法达到协调的过渡效果。缓冲区意味着让相互组合的图形之间留出明显的视觉过渡区,以缓解可能产生的视觉冲突。在图5附-13的右侧显示了曲线向直线过渡的一种形式。

三、实例分析

1. 设计要求

(1)在员工工作之余,为他们提供户外放松的舒适环境。

(2)为偶尔正式的室外会议和庆祝性聚会预留出一定空间。

(3)为附近高处的阳台和窗户上的观景者提供有趣的景致。

(4)把废弃游泳池处的一片洼地利用起来。

2. 主要构图元素

(1)圆形作为主要构图元素。

(2)自然曲线作为第二构图元素。

3. 设计原则

主景:循环的小溪和池塘作为主要的焦点元素。

尺度:较大的人体尺度,能容纳20~30人。

对比:圆形与现存的直线形墙体形成对比。

趣味性:不同尺寸的圆和丰富多样的植物。

统一性:把圆形进行简单的重复,形成整体关系的感觉。

协调性:在相互冲突的内部圆和外部直线形墙体之间种植草坪,以便从视觉上形成过渡。所有铺装地面和墙的边界均以90°相连。

空间特点:从小到大不同层次的空间具有不同的使用目的。隆起的圆形草坪具有古罗马竞技场的效果,紧靠池塘的下沉阶梯形成较大的围合空间(图5 附-14)。

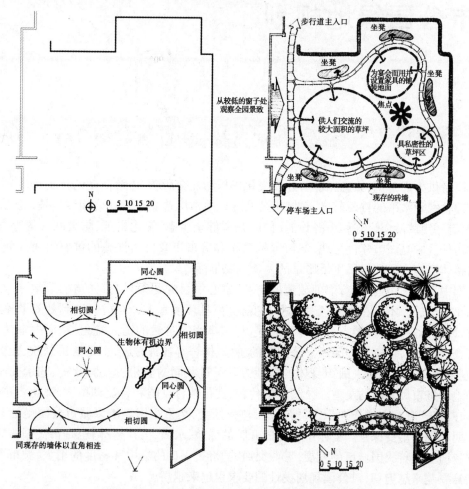

图5 附-14　某单位绿地花园圆形样式组合设计实例

城市公园绿地规划

6.1 概述

公园是供人们游览、休息、观赏,开展文化娱乐和社交活动、体育活动的优美场所,也是反映城市园林绿化水平的重要窗口,在城市公共绿地中常居首要地位。公园绿地是以游憩为主要功能,有一定的游憩设施和服务设施,同时兼有健全生态、美化景观、防灾减灾等综合作用的绿化用地。它是城市建设用地、城市绿地系统和城市市政公用设施的重要组成部分,是表示城市整体环境水平和居民生活质量的一项重要指标。

公园中具有优美的环境,郁郁葱葱的树丛,赏心悦目的花果,如茵如毡的草地,还有形形色色的小品设施。不仅在式样色彩上富有变化,而且环境宜人,空气清新,到处莺歌燕舞,鸟语花香,风景如画。它使游人平添耳目之娱,尽情享受大自然的诱人魅力,从而振奋精神,消除疲劳,忘却烦恼,促进身心健康。公园中的游乐、体育等各种设施,也是居民联欢、交往的媒介,特别是青少年和老年人锻炼身体的好地方。通过共同的游乐、运动、竞赛、艺术交流等活动不断地增进市民之间的友谊。公园中的科普、文化教育设施和各类动植物、文化古迹等,可使游人在游乐、观赏中增长知识,了解历史,热爱社会,热爱祖国。所以城市公园是社会主义精神文明建设的重要课堂。公园中设有的开旷的绿地、水面、大片树林,也是市民们防灾避难的有效场所。随着我国城市的发展,工业交通的繁忙,人口的集中和密度的增大,城市人民对公园的需要越来越迫切,对公园规划设计的要求也越来越高。

6.1.1 城市公园绿地的发展概况

公园起源于人类有了集聚生活之后。据诗经记载,周文王(公元前 1171—前 1122 年)之囿,方七十里;"刍荛者往焉,雉兔者往焉,与民同乐"。帝王之囿,开放给庶民共同使用,与民同乐,这在世界造园史上开公园之先河。

古希腊都市中的市集,相当于广场,称为 Agora,供市民共同生活或祭典之用。古罗马亦有供给市民生活之中心设施,亦相当于广场的雏形,名 Forum。而 Colosseum 大圆形露天剧场是最早的公共用剧场。中世纪的城市,市内缺乏空地,因此在城外开放田园地带,同时有称为 Cuild 之苑地,以供市民作野外休养之用。

进入文艺复兴时期,庄苑(Villa)庭园的发展,以及路易十四为民众开放大面积的凡尔赛宫苑,虽然具备了公园的精神,但与近代的公园迥然不同。

直至 19 世纪前期,英国及法国始创近代的公园为民众享用,如伦敦的海德公园、摄政公园、肯辛顿公园、圣詹姆斯公园,巴黎的 Jardin des Tuileries、Jardindu Luxemburg,罗马的 Giardino Borghese 相继建立。

真正按近代公园构想及建设的首例则是由著名的奥姆斯特德(1822—1903)主持设计的美国纽约中央公园,公园面积 340 hm^2,以田园风景、自然布置为特色,成为纽约市民游憩、娱乐的场所。公园设有儿童游乐场、跑马道,在世界公园史上另立新篇章。

随着公园的不断发展,公园由静态赏景为主发展到户外娱乐活动为主。1900—1925 年,美国将公园定义为 Public Park,其目的是为市民提供安静、平和,自然风景优美的场所,以赏景休息为主。而 20 世纪 20 年代,则成为"公众的户外娱乐"为目的的保留用地。

在英国,被法律认定的城市公园建立是在 19 世纪中叶,1849 年《公众保健法》作出了对居住区绿地应作为附近市民的娱乐场所的规定。1925 年,又规定对公共绿地应扩大利用。公园是城市的肺,供市民外出散步、呼吸新鲜空气,散步道除有花木外,草地允许人人通过。

以第一次世界大战(1914—1918 年)为转折点,德国的公园在战前一般以英美为典范,大战后在质和量上都名列前茅,园地在战争期间,为生产粮食作出了很大贡献。战后,对生产的要求淡薄,市民便占用建设绿地以就近享用土地、日光和空气,并制定法律使其永久化,在园中设儿童游戏场、俱乐部、运动场、露天剧场、日光浴场、鸟类保护区、示范庭院等,具有了完整的公园特性。

日本公园则自 1875 年开始,首先开放浅草公园、芝公园、上野公园、深川公园、飞鸟公园 5 所,这些公园均是以旧的寺庙为中心的公园。而真正参考西方公园规划建设的公园是始于 1903 年所建的日比谷公园。在第二次世界大战后旧皇室宫苑开放,城市规划严格控制绿地。如第二次世界大战后的广岛、名古屋,均保留有数千米长、百米宽的公园道路。政府重视公园面积扩大,加大投资推进绿地的建设,1972 年,人均绿地达 2.8 m^2,1973 年起,国库补助 10^{12} 日元,将人均绿地提高到 4.2 m^2,政府不遗余力地建设公园,使日本近年已成为亚洲地区公园发达的先进国家之一。

我国近代公园的建设开始较晚。1840 年鸦片战争以后,在中国的西方殖民者为了满足自己的游憩需要,在租界兴建了一批公园,其中最早的是 1868 年在上海公共租界建成的开放的外滩公园(Public Garden 及 Bund Garden,清朝人译作"公花园"),全园面积 2.03 hm^2,耗资 9 600 两白银,所有权属工部局,并成立了一个公园管理委员会,每年投资 1 000~2 000 两银子作为维护经费。作为中国的第一座城市公园,遗憾的是竟然在 60 年过去后,直到 1928 年才对华人开放。因此从严格意义上讲,外滩公园只能算是为少数人服务的绿地花园,并不是一个纯粹的现代城市公园。1914 年将北京紫禁城西南的社稷坛开放为公园,后改名为中山公园,并逐渐开放了北海公园、颐和园。后来才开始陆续在各地开放和建设了部分真正意义上的公园。

新中国成立后,我国的公园建设加快。特别是 20 世纪 90 年代以来,我国的公园事业蓬勃发展,类型更加丰富多彩,园内活动设施完善齐备。到 1995 年,我国公园数量为 1 009 个,人均公园绿地面为 4.6 m²;1999 年,全国共有公园 1 926 处,面积 39 084 hm²,而截至 2015 年底,仅仅 20 年间,最新的统计指出,我国城市公园数量猛增至 13 662 个,人均公园绿地面积达 13.16 m²,城市建成区园林绿地面积为 188.8 万 hm²。

6.1.2 城市公园的意义及功能

公园是为城市居民提供室外休息、观赏、游戏、运动、娱乐,由政府或公共团体经管的市政设施。换句话说,公园是公共团体或政府为保持城市居民的身心健康,提高国民教育,并自由享受园内的设施,兼有防火、避难及防灾的绿化用地。

虽然因职业、年龄及社会生活方式的不同,对公园的概念和要求多少有些不同,然而,对公园要求有新鲜空气、有山有水、有花草树木、环境优美这一点是相同的。公园补充了城市生活中所缺少的自然山林,风景旖旎的树木,宽阔的草坪,五彩的花卉,新鲜湿润的空气,随心所欲的散步和运动。这对在城市生活的人有着恢复身心疲劳的作用。

公园设立的目的,是补充现代社会人类偏重于物质文明生活的缺陷,使每个人都有机会享受自然的生活,陶冶精神。因公园有无形的教育功能,这对提高人们的素质起到一定的作用。

随着城市集中发展,工业化进程速度加快,引发了城市的大气污染、水污浊、噪声严重等城市公害,使得城市生活环境恶化。而公园则起到了净化空气、减少公害的重要作用。因此,现代公园的功能是多方面的。

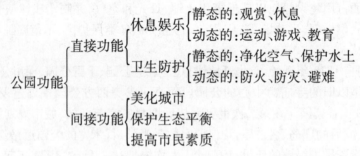

1)直接功能

人类生活中必需的自然环境,在公园中暂时可以获得满足。公园可提供人们湿润新鲜的空气,提供人们运动、娱乐的场所和设施。公园中的音乐台、舞池、剧场直接为市民提供集会和娱乐活动场所。

公园环境优美,改善附近的卫生环境,同时也能对预料不到的灾害,如火灾、地震等起预防或避难场所的作用。另外,还有防噪声、防有害气体、防尘作用。

2)间接功能

在城市人工环境中,有了树木花草,使城市充满生机,城市面貌更加美丽,抑制了尘土飞扬,使城市清洁卫生。同时,公园中的名胜古迹、纪念碑、各类景点、景物,对市民起到热爱祖国和热爱家乡、热爱城市的教育作用。公园中的植物园、专类园、温室、动物园、水族馆、图书室、展览室等,均有科普、科教的作用。人们在游览休息中无形地获得教益,这对提高市民素质,加强精神文明建设起到积极的促进作用。

6.1.3 公园分类

无论何种公园,其目的都是为广大市民谋福利,使市民在其中获得休息、娱乐。然而,现代的公园功能、性质、大小各有不同,种类繁多,分类也较为困难。特别是由于国情的不同,世界各国对城市公园绿地没有形成统一的分类系统,我国要建立分类系统也尚在研讨之中。现将各国分类情况介绍如下:

1)美国分类

(1)儿童公园

(2)近邻娱乐公园

(3)运动公园:运动场、田径场、高尔夫球场、海滨、游泳场、露营地等

(4)教育公园:动物、植物标本等

(5)广场

(6)近邻公园

(7)市区小公园

(8)风景眺望公园

(9)水滨公园

(10)综合公园

(11)保留地

(12)林荫大道与公园道路

2)德国分类

(1)郊外森林公园

(2)国民公园

(3)运动场及游戏场

(4)各种广场

(5)有行道树的装饰道路

(6)郊外绿地

(7)运动设施

(8)蔬菜园

3)日本分类

(1)公园

①居住区公园(儿童公园、邻里公园、地区公园)

②城市公园(综合公园、运动公园)

(2)特殊公园

①风景公园

②动植物园

③历史公园、史迹、名胜、天然纪念物等为主的公园

（3）大规模公园

①区域公园

②娱乐观光城市,有娱乐观光价值的城市等

4)中国分类

（1）综合性公园

（2）纪念性公园

（3）儿童公园

（4）动物园

（5）植物园

（6）古典园林

（7）风景名胜公园

（8）带状公园

（9）街旁游园

（10）其他专类公园

我国的城市公园绿地按主要功能和内容,将其分为市区级公园(全市性公园、区域性公园)、社区公园(居住区公园、小区游园)、专类公园(儿童公园、动物园、植物园、历史名园、风景名胜公园、游乐公园、其他专类公园)、带状公园和街旁绿地等,分类的目的是针对不同类型的公园绿地提出不同的规划设计要求。

6.1.4　城市公园规划设计

1)公园规划设计程序

公园的总体设计应根据批准的设计任务书,结合现状条件,在调查分析基础上,对功能或景区进行合理划分,对景观构想、景点设置、出入口位置、竖向及地貌、园路系统、河湖水系、植物布局以及建筑物和构筑物位置、规模、造型及各专业工程管线系统等作出综合规划和设计。公园规划设计是在功能性和艺术指导下,实现对其美好园林设想的创作过程,即从设想到成图以及文字说明书的编写,按照设计图施工直到建成和使用管理,即为公园规划设计的全过程。公园规划是对创意设想的可能性的调查和分析,它具有全局性的指导性意义。公园设计则是实现规划的手段和目标,也是指导园林局部施工设计和建设的依据(图6.1)。

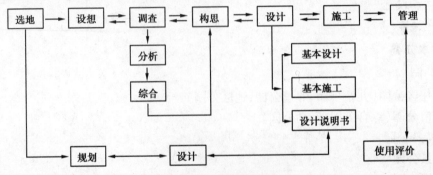

图6.1　公园规划设计程序

2）公园规划设计的原则

①为各种不同年龄的人们创造适当的娱乐条件和优美的休息环境。

②继承和发展我国造园传统艺术，吸收国外先进经验，创造社会主义新园林。

③充分调查了解当地人民的生活习惯、爱好及地方特点，努力表现地方特点和时代风貌。

④在城市总体规划或城市绿地系统规划的指导下，使公园在全市分布均衡，并与各区域建筑、市政设施融为一体，既显出各自的特色，富有变化，又不相互重复。

⑤因地制宜，充分利用现状及自然地形条件，有机整合成统一体，便于分期建设和日常管理。

⑥正确处理近期规划与远期规划的关系，以及社会效益、环境效益、经济效益的关系。

3）公园绿地指标计算

按人均游憩绿地的计算方法，可以计算出城市公园绿地的人均指标和全市指标。

人均指标（需求量）计算公式：

$$F = P \times f / e$$

式中　F——人均指标（m^2/人）；

　　　P——游览季节双休日居民的出游率（%）；

　　　f——每个游人占有公园面积（m^2/人）；

　　　e——公园游人周转系数。

大型公园，取：$P_1 > 12\%$，$60\ m^2$/人$< f_1 < 100\ m^2$/人，$e_1 < 1.5$。

小型公园，取：$P_2 > 20\%$，$f_2 = 60\ m^2$/人，$e_2 < 3$。

城市居民所需城市公园绿地总面积由下式可得：

$$城市公园绿地总用地 = 居民（人数）\times F_总$$

4）公园绿地游人容量计算

公园游人容量是确定功能分区、设施数量、内容规模、用地面积大小的依据，也是公园管理上控制游人量的依据。公园的游人容量，即公园的游览旺季（节假日）游人高峰小时的在园人数。确定公园游人容量以游览旺季的周末为标准，这是公园发挥作用的主要时间。

公园游人容量应按下式计算：

$$C = A / A_m$$

式中　C——公园游人容量（人）；

　　　A——公园总面积（m^2）；

　　　A_m——公园游人人均占地面积（m^2/人）。

公园游人人均占地面积根据游人在公园中比较舒适地进行游园考虑。公园的游人数量为服务区范围居民的15%～20%，50万人口的城市公园游人量应为全市居民人数的10%。在我国城市公园游人人均占有公园面积以60 m^2为宜；居住区公园、带状公园和居住小区游园以30 m^2为宜。近期公园绿地人均指标低的城市，游人人均占有公园面积可酌情降低，但最低游人人均占有公园的绿地面积≥15 m^2。风景名胜公园游人人均占有公园面积宜>100 m^2。按规定，水面面积与坡度>50%的陡坡山地面积之和超过总面积50%的公园，游人人均占有公园面积适当增加。

6.1.5 公园绿地规划设计的程序与内容

1)规划设计的程序

①了解公园规划设计的任务情况,包括建园的审批文件,征收用地及投资额,公园用地范围以及建设施工的条件。

②拟订工作计划。

③收集现状资料。

a.基础资料;

b.公园的历史、现状及与其他用地的关系;

c.自然条件、人文资源、市政管线、植被树种;

d.图纸资料;

e.社会调查与公众意见;

f.现场勘察。

④研究分析公园现状,结合设计任务的要求,考虑各种影响因素,拟订公园内应设置的项目内容与设施,并确定其规模大小;编制总体设计任务文件。

⑤进行公园规划,确定全国的总体布局,计算工程量,造价概算,分期建设的安排。

⑥经审批同意后,可进行各项内容和各个局部地段的详细设计,包括建筑、道路、地形、水体、植物配置设计。

⑦绘制局部详图:造园工程技术设计、建筑结构设计、施工图。

⑧编制预算及文字说明。

规划设计的步骤根据公园面积的大小,工程复杂的程度,可按具体情况增减。如公园面积很大,则需先有分区的规划;如公园规模不大,则公园规划与详细设计可结合进行。公园规划设计后,进行施工阶段还需制定施工组织设计。在施工放样时,对规划设计结合地形的实际情况需要校核、修正和补充。在施工后需进行地形测量,以便复核整形。有些造园工程内容如叠石、大树的种植等,在施工过程中还需在现场根据实际的情况,对原设计方案进行调整。城市公园绿地规划设计的步骤流程见图6.2。

2)现状资料收集

(1)基础资料

公园所在城市及区域的历史沿革,城市的总体规划与各个专项规划,城市经济发展计划,社会发展计划,产业发展计划,城市环境质量,城市交通条件等。

(2)公园外部条件

①地理位置:公园在城市中与周边其他用地的关系。

②人口状况:公园服务范围内的居民类型,人口组成结构、分布、密度、发展及老龄化程度。

③交通条件:公园周边的景观及城市道路的等级,公园周围公共交通的类型与数量,停车场分布,人流集散方向。

④城市景观条件:公园周边建筑的形式、体量、色彩。

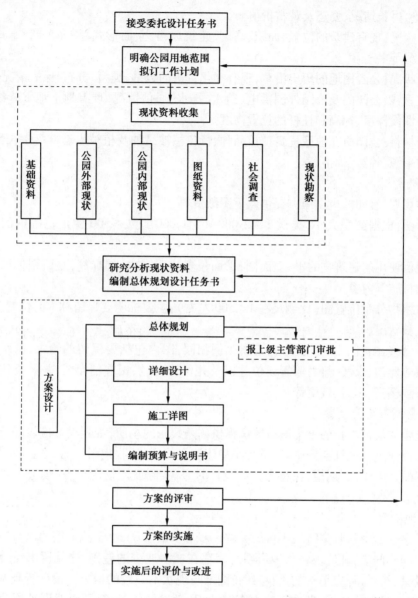

图6.2 城市公园绿地规划设计的步骤流程

（3）公园基地条件

①气象状况：年最高、最低及平均气温，历年最高、最低及平均降水量，湿度，风向与风速，晴雨天数，冰冻线深度，大气污染等。

②水文状况：现有水面与水系的范围，水底标高，河床情况，常水位，最高与最低水位，历史上最高洪水位的标高，水流的方向、水质、水温与岸线情况，地下水的常水位与最高、最低水位的标高，地下水的水质情况。

③地形、地质、土壤状况：地质构造、地基承载力、表层地质、冰冻系数、自然稳定角度，地形类型、倾斜度、起伏度、地貌特点，土壤种类、排水、肥沃度、土壤侵蚀等。

④山体土丘状况：位置、坡度、面积、土方量、形状等。

⑤植被状况：现有园林植物、生态、群落组成，古树、大树的品种、数量、分布、覆盖范围、地

面标高、质量、生长情况、姿态及观赏价值。

⑥建筑状况:现有建筑的位置、面积、高度、建筑风格、立面形式、平面形状、基地标高、用途及使用情况等。

⑦历史状况:公园用地的历史沿革,现有文化古迹的数量、类型、分布、保护情况等。

⑧市政管钱:公园内及公园外围供电、给水、排水、通信情况,现有地上地下管线的种类、走向、管径、埋设深度、标高和柱杆的位置高度。

⑨造园材料:公园所在地区优良植被品种、特色植被品种及植被生态群落生长情况,造园施工材料的来源、种类、价格等。

(4)图纸资料

在总体规划设计时,应由甲方提供以下图纸资料:

①地形图:根据面积大小,提供 1∶2 000、1∶1 000 或 1∶500 园址范围内的总平面地形图。

②要保留使用的建筑物的平、立面图;平面位置注明室内、外标高,立面图标明建筑物的尺寸、颜色、材质等内容。

③现状植物分布位置图(比例尺在 1∶500 左右):主要标明要保留林木的位置,并注明品种、胸径、生长状况。

④地下管线图:比例尺一般与施工图比例相同,图内包括要保留的给水、雨水、污水、电信、电力、散热器沟、煤气、热力等管线位置以及井位等,提供相应剖面图,并需要注明管径大小、管底、管顶标高、压力、坡度等。

(5)社会调查与公众参与

综合公园的最根本目的是为城市居民提供休憩娱乐的场所,规划设计应该满足居民的实际需求。可以通过发放社会调查表、举行小型座谈会的形式,收集附近居民的要求与建议,使设计者了解居民的想法、期望,在将来方案设计时,从实际使用情况出发,创造出符合市民需要的作品。

(6)实地勘察

实地勘察也是资料收集阶段不可缺少的一步。一般来说,由于地形图的测量时间与公园规划设计时间不同步,基地现状与地形图之间存在或多或少的差别,这就要求设计者必须到现场认真勘察,核对、补充手头的资料,纠正图纸与现状不一致的地方。设计者到基地现场踏勘,通过仔细观察现状环境,有助于建立直观认识,激发创作灵感,同时对园址周边的景物也有了更深的认识,在将来的规划设计中可以有的放矢地采用借景或屏蔽的手法,确定公园景观的主要取向。在勘察过程中,最好请当地有关部门的人员陪同,有助于增加设计者对公园场地植物、地形地貌、人文历史的全面了解,把握公园所在地的文脉与特色,创造有个性的公园。在勘察过程中,综合使用照相机、摄像机、拍摄一些基地环境的素材,供将来规划设计时参考及后期制作多媒体成果时使用。

3)编制总体设计任务书

设计者根据所收集到的文件,结合甲方设计任务书的要求,经过分析研究,定出总体设计原则和目标,编制出进行公园设计的要求和说明,即总体设计任务文件。主要内容包括:公园在城市绿地系统中的关系,公园所处地段的特征和四周环境,公园面积和游人容量,公园总体设计的艺术特色和风格要求,公园地形设计、建筑设计、道路设计、水体设计、种植设计的要求,拟订出公园内应该设置的项目内容与设施各部分规模大小,公园建设的投资概算,设计工作进度安排。

4)总体规划

确定公园的总体布局,对公园各部分作全面的安排。常用的图纸比例为1∶500、1∶1 000或1∶2 000。包括的内容有:

①公园的范围,公园用地内外分隔的设计处理与四周环境的关系,园外借景或障景的分析和设计处理。

②计算用地面积和游人量,确定公园活动内容、需设置的项目和设施的规模、建筑面积和设备要求。

③确定出入口位置,并进行园门布置和机动车停车场、自行车停车棚的位置安排。

④公园的功能分区,活动项目和设施的布局,确定公园建筑的位置和组织活动空间。

⑤按各种景色构成不同景观的艺术境界进行景色分区。

⑥公园河湖水系的规划,水底标高、水面标高的控制,水中构筑物的设置。

⑦公园道路系统、广场的布局及组织游线。

⑧规划设计公园的艺术布局、安排平面的及立面的构图中心和景点、组织风景视线和景观空间。

⑨地形处理、竖向规划,估计填挖土方的数量、运土方向和距离、进行土方平衡。

⑩园林工程规划设计:护坡、驳岸、挡土墙、围墙、水塔、水中构筑物、变电间、厕所、化粪池、消防用水、灌溉和生活给水、雨水排水、污水排水、电力线、照明线、广播通信线等管网的布置。

⑪植物群落的分布、树木种植规划、制订苗木计划、估算树种规格与数量。

⑫公园规划设计意图的说明、土地使用平衡表、工程量计算、造价概算、分期建园计划。

5)详细设计

在全园规划的基础上,对公园的各个局部地段及各项工程设施进行详细的设计。常用的图纸比例为1∶500或1∶200。

①主要出入口、次要出入口和专用出入口的设计,包括园门建筑、内外广场、服务设施、景观小品、绿化种植、市政管线、室外照明、汽车停车场和自行车停车棚等的设计。

②各功能区的设计:各区的建筑物、室外场地、活动设施、绿地、道路广场、园林小品、植物种植、山石水体、园林工程、构筑物、管线、照明等的设计。

③园内各种道路的走向,纵横断面,宽度,路面材料及做法、道路中心线坐标及标高、道路长度及坡度、曲线及转弯半径、行道树的配置、道路透景视线。

④各种公园建筑初步设计方案:平面、立面、剖面、主要尺寸、标高、坐标、结构形式、建筑材料、主要设备。

⑤各种管线的规格,管径尺寸、埋置深度、标高、坐标、长度、坡度或电杆灯柱的位置、形式、高度,水、电表位置,变电间或配电间、广播调度室位置,音箱位置,室外照明方式和照明点位置,消防栓位置。

⑥地面排水的设计:分水线,汇水线,汇水面积,明沟或暗管的大小,线路走向,进水口、出水口和窨井位置。

⑦土山、石山设计:平面范围、面积、坐标、等高线、标高、立面、立体轮廓、叠石的艺术造型。

⑧水体设计:河湖的范围、形状,水底的土质处理、标高,水面控制标高,岸线处理。

⑨各种建筑小品的位置、平面形状、立面形式。

⑩园林植物的品种、位置和配植形式:确定乔木和灌木的群植、丛植、孤植及与绿篱的位置,花卉的布置,草地的范围。

6)植物种植设计

依据树木种植规划,对公园各局部地段进行植物配置。常用的图纸比例为1∶500或1∶200,包括以下内容:

①树木种植的位置、标高、品种、规格、数量。

②树木配植形式:平面、立面形式及景观;乔木与灌木,落叶与常绿,针叶与阔叶等树种的组合。

③蔓生植物的种植位置、标高、品种、规格、数量、攀缘与棚架情况。

④水生植物的种植位置、范围,水底与水面的标高,品种、规格、数量。

⑤花卉的布置,花坛、花境、花架等的位置,标高、品种、规格、数量。

⑥花卉种植排列的形式:图案排列的式样,自然排列的范围与疏密程度,不同的花期、色彩、高低、草本与木本花卉的组合。

⑦草地的位置范围、标高、地形坡度、品种。

⑧园林植物的修剪要求,自然的与整形的形式。

⑨园林植物的生长期,速生与慢生品种的组合,在近期与远期需要保留、疏伐与调整的方案。

⑩植物材料表:品种、规格、数量、种植日期。

7)施工详图

按详细设计的意图,对部分内容和复杂工程进行结构设计,制定施工的图纸与说明,常用的图纸比例为1∶100、1∶500或1∶20。包括以下内容:

①给水工程:水池、水闸、泵房、水墙、水表、消防栓、灌溉用水的水龙头等的施工详图。

②排水工程:雨水进水口、明沟、窨井及出水口的铺设,厕所化粪池的施工图。

③供电及照明:电表、配电间或变电间、电杆、灯柱、照明灯等的施工详图。

④广播通信:广播室施工图,广播喇叭的装饰设计。

⑤煤气管线,煤气表具。

⑥废物收集处,废物箱的施工图。

⑦护坡、驳岸、挡土墙、围墙、台阶等园林工程的施工图。

⑧叠石、雕塑、栏杆、说明牌、指路牌等小品的施工图。

⑨道路广场硬地的铺设及回车道、停车场的施工图。

⑩公园建筑、庭院、活动设施及场地的施工图。

8)编制预算及说明书

对各阶段布置内容的设计意图,经济技术指标,工程的安排等用图表及文字形式说明。

①公园建设的工程项目、工程量、建筑材料、价格预算表。

②公园建筑物、活动设施及场地的项目、面积、容量表。

③公园分期建设计划，要求在每期建设后，在建设地段能形成公园的面貌，以便分期投入使用。

④建园的人力配备：工种、技术要求、工作日数量、工作日期。

⑤公园概况，在城市绿地系统中的地位，公园四周情况等的说明。

⑥公园规划设计的原则、特点及设计意图的说明。

⑦公园各个功能分区及景色分区的设计说明。

⑧公园的经济技术指标：游人量、游人分布、每人用地面积及土地使用平衡表。

⑨公园施工建设程序。

⑩公园规划设计中要说明的其他问题。

为了表现公园规划设计的意图，除绘制平面图、立面图、剖面图外，还可采用绘制轴测投影图、鸟瞰图、透视图和制作模型，使用电脑制作多媒体等多种形式，以便形象地表现公园的设计构思。

6.2　综合性公园

6.2.1　概述

1)综合性公园的定义与类型

城市综合性公园是城市公园的"核心"，它不仅提供了大面积的种植绿地，而且还有丰富的游憩活动空间和设施，是城市居民共享的"绿色空间"。综合公园作为城市主要的公共开放空间，是城市绿地系统的重要组成部分，对于城市景观环境塑造、城市生态环境调节、居民社会生活起着极为重要的作用。

根据国际上对现代公园系统分类的相关情况，各地区城市的综合性公园面积从几万平方米到几十万平方米不等。在中小城市多设 1～2 处，在大城市则分设全市性和区域性公园多处。在我国根据城市中的服务对象与服务范围，分为市级公园和区级公园两类。

（1）市级公园

为全市居民服务，是全市公园绿地中面积最大，活动内容最丰富，设施最完善的绿地。公园面积一般在 100 hm² 以上，随市区居民人数的多少而有所不同。在中小城市设 1～2 处，其服务半径 2～3 km，居民步行 30～50 min 内可达，乘坐公共交通工具 10～20 min 可到达。大城市或特大城市设公园 5 处左右，服务半径 3～5 km。

（2）区级公园

在较大的城市，市级以下通常划分若干个行政区。区级公园即是指位于某个行政区内，而为这个行政区服务的公园，园内有较丰富的服务内容和设施，它属全市性公共绿地的一部分（10 hm²）。一般在区内设 1～2 处，服务半径为 1～1.5 km。步行 15～25 min 内可达，乘坐公共交通工具 5～10 min 可到达。

2)综合公园的功能

综合公园除具有绿地的一般作用外，对丰富城市居民的文化娱乐生活方面承担着更为重

要的任务:

①游乐休憩方面:为增强大众身心健康,全面地考虑各种年龄、性别、职业、爱好、习惯等的不同要求,设置游览、娱乐、休息的设施,满足人们在游乐、休闲等方面的需求。

②社会文化方面:举办节日游园,以及国际友好活动,为儿童和青少年组织活动、老人活动等提供场所。

③科普教育方面:宣传现代科技文化和历史文化,以及全新知识;介绍时事新闻,展示科学技术的新成就,普及自然人文知识等。

3)综合公园的面积与位置

综合性公园,需有较多的活动内容与设施,用地面积较大,一般不少于 10 hm²。按人均 10~50 m² 进行计算(常按 30~45 m² 计算),容纳量为服务半径内人数的 15%~20%。在 50 万以上人口的城市中,全市性公园至少应能容纳全市居民中 10% 的人同时游园。综合公园的面积还应与城市规模、性质、用地条件、气候、绿化状况及公园在城市中的位置与作用等因素全面考虑来确定。

综合公园在城市中的位置,应在城市绿地系统规划中确定。在城市规划设计时,应结合河湖系统、道路系统及生活居住用地的规划综合考虑。在进行公园选址时应考虑以下方面:

①综合公园的服务半径应使生活居住用地内的居民能方便地使用,并与城市主要道路有密切的联系。

②利用不宜于工程建设及农业生产的复杂破碎的地形,起伏变化较大的坡地建园。既可以充分利用城市用地,又有利于丰富园景。

③可选择在自然条件优越,人文景观丰富,现有树木较多,或靠近水面及河湖的地段,充分发挥水面的作用。既有利于改善城市小气候,也可以增加公园的景色。

④公园用地应考虑将来有发展的余地。随着国民经济的发展和人民生活水平的不断提高,对综合公园的要求会增加,故应保留适当发展的备用地。

4)影响综合性公园设施内容的主要因素

①当地的风土人情与居民的习俗。公园内可考虑按当地居民所喜爱的活动、风俗、生活习惯等地方特点来设置项目内容。

②公园在城市中的地位。在整个城市的规划布局中,城市绿地系统对该公园的要求:位置处于城市中心地区的公园,一般游人较多,人流量大,要考虑他们的多样活动要求;在城市边缘地区的公园则更多考虑安静观赏的要求。

③公园附近的城市文化娱乐设置情况。公园附近已有的大型文娱设施,公园内就不一定重复设置。例如附近有剧场、音乐厅则公园内就可不再设置这些项目。

④公园面积的大小。大面积的公园设置的项目多、规模大,游人在园内的时间一般较长,对服务设施有更多的要求。

⑤公园的自然条件情况。例如,有风景、山石、岩洞、水体、古树、树林、竹林、较好的大片花草,起伏的地形等,可因地制宜地设置活动项目。

6.2.2 综合公园的规划设计

综合性公园是市一级的大型公园。由于内容多,牵涉面广,进行建设时往往会碰到各种各样错综复杂的问题。因此,在建设工作进行之前,首先需要进行总体规划,使公园各组成部分得到合理的安排和布置,平衡矛盾,协调关系,并妥善处理好近期与远期、局部与整体的关系,使公园建设能按计划顺利进行。

进行公园的总体规划,首先应了解该公园在城市园林绿地系统中的地位、作用和服务范围,并充分了解当地民众的要求,主管部门的意图,然后才能着手进行规划工作。在规划中应结合当地具体情况,考虑各类游人不同的心理,尽量满足不同年龄、不同爱好的各类游人的要求,为他们提供各种方便的条件,创造一个环境清新优美、设施完备的游憩活动场所。

总体规划中所要解决的主要问题包括:①公园范围的确定;②出入口的确定;③分区规划;④园路布局;⑤绿化规划;⑥地形处理;⑦园林工程规划(给排水、通信、广播等);⑧总体规划说明书。

1)出入口

公园出入口的位置选择和处理是公园规划设计中的一项主要工作。它不仅影响游人是否能方便地前来游览,影响城市街道的交通组织,影响人流的安排和疏散,影响景观的塑造和印象,而且在很大程度上还影响公园内部的规划和分区。

(1)位置的确定与分类

公园出入口设计要充分考虑到它对城市街景的美化作用以及对公园景观的影响,出入口作为给游人的第一印象,其平面布局、立面造型、整体风格应根据公园的性质和内容来具体确定,一般公园大门造型都与其周围的城市建筑有较明显的区别,以突出其特色。

公园入口一般分为主要入口、次要入口和专用入口三种类型。主要出入口往往设置1个,主要是公园大多数游人出入公园的地方,一般直接或间接通向公园的中心区。它的位置要求面对游人的主要来向,直接和城市主干道相连,位置明显,但应避免设于几条主要街道的交叉口上,以免影响城市交通组织。次要出入口一般设置1个或多个,是为方便附近居民使用或为园内局部地区或某些设施服务的。主次出入口都要有平坦的、足够的用地来修建入口处所需的设施。专用出入口一般设置1~2个,是为园务管理需要而设,不供游览使用,其位置可稍偏僻,以方便管理,又不影响游人活动为原则。

主要入口的设施一般包括以下3个部分,即大门建筑,如售票房、小卖部、休息廊等;入口前广场,如汽车停车场、自行车存放处;入口后的广场。

入口前广场的大小要考虑游人集散量的大小,并和公园的规模、设施及附近建筑情况相适应。目前已建成的公园主要入口前广场的大小差异较大,长宽约在(12~50)m×(60~300)m,但以(30~40)m×(100~200)m 的居多。公园附近已有停车场的市内公园可不另设停车场。而市郊公园因大部分游人是乘车或骑车来公园,因此应设停车场和自行车存放处。

入口后的广场位于大门入口之内,面积可小些。它是从园外到园内集散的过渡地段,往往与公园主路直接联系,这里常布置丰富的出入口景观园林小品,如花坛、水池、喷泉、雕塑、花架、宣传牌、导游图和服务部等。

(2)出入口的规划设计

公园出入口是游园的起点,给人以观赏的第一印象。故在设计时,既要考虑方便适用,又要美观大方,使之具有反映该园性质特点的独特风貌。一个好的大门设计,往往给人以美的享受。

公园大门入口常常采用的手法有:

①先抑后扬　入口处多设障景,入园后再豁然开朗,造成强烈的空间对比。

②开门见山　入园后即可见园林主体。

③外场内院　以大门为界,大门外为交通场地,大门内为步行内院。

④丁字形障景　进门后广场与主要园路丁字形相连,并设障景以引导。

除以上入口处理外,还有一些入口设计形式(图6.3)。此外,公园大门建筑还应注意造型、比例、尺度、色彩及与周围环境相协调等问题。

　　　(a)出入口对称均衡的处理　　　　　　　　(b)出入口不对称均衡的处理

图6.3　公园出入口布置示例

2)分区规划

为了合理地组织游人开展各项活动,避免相互干扰,并便于管理,在公园划分出一定的区域把各种性质相似的活动内容组织到一起,形成具有一定使用功能和特色的区域,我们称之为分区规划。所谓分区规划,就是将整个公园分成若干个小区,然后对各个小区进行详细规划。根据分区规划的标准、要求的不同,可分为两种形式。

(1)景色分区

景色分区是我国古典园林特有的规划方法,在现代公园规划中仍时常采用。景色分区是从园林艺术的角度考虑园区布局,将园地中自然景色与人文景观突出的某片区域划分出来,并拟定某一主题进行统一规划。

公园中构成主题的因素通常有山水、建筑、动物、植物、民俗文化和民间传说、文物古迹等。一般来说,面积小、功能比较简单的公园,其主题因素比较单一,划分的景区也少;而面积大、功能比较齐全的公园,如市、区级综合性公园、风景游览区等,其主题因素较为复杂,规划时可设置多个景区。如杭州花港观鱼公园(1952年建),面积18 hm^2,共分为6个景区,即鱼池古迹区、大草坪区、红鱼池区、牡丹园、密林区、新花港区。每一景区都有1个主题,如牡丹园以种植牡丹为主,园中筑有土丘假山,山顶置牡丹亭,十多片牡丹种植小区在山石、红枫和翠柏的衬托下,显得格外突出(图6.4)。

(2)功能分区

功能分区理论是20世纪50年代受苏联文化休息公园规划理论的影响,结合我国的具体实际而逐步形成的一种规划理论。这种理论强调宣传教育与游憩活动的完美结合。因此,公园用地按活动内容来进行分区规划。通常分为6个功能区,即公共设施(演出舞台、公共游艺场等);文化教育设施区(剧场、展览馆等);体育活动设施区;儿童活动区;安静休息区;经营管理设施区等。

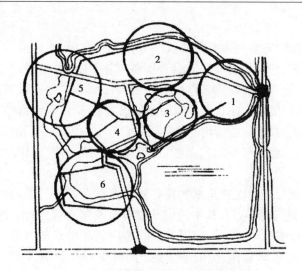

图6.4　杭州花港观鱼景色分区示意图
1—鱼池古迹区;2—大草坪区;3—红鱼池区;
4—牡丹园;5—密林区;6—新花港区

　　景色分区和功能分区这两套理论各有所长,景色分区是从艺术形式的角度来考虑公园的布局,含蓄优美,趣味无穷。功能分区是从实用的角度来安排公园的活动内容,简单明确,实用方便。一个好的公园规划应当力求达到功能与艺术这两方面的有机统一。

　　随着时代的发展,现代城市公园的功能需要越来越多,综合性越来越强。因此,公园的分区应根据公园的实际功能和规模来进行划分。面积较大的综合性公园,规划设计时,功能分区就比较重要,分区应使在公园中开展的各种活动互不干扰,使用方便,并尽可能按照自然环境和现状特点来进行布置分区。当公园面积较小,用地较紧时,明确分区往往会有困难,常将各种不同性质的活动内容做整体的合理安排,有些项目可以做适当压缩或将一种活动的规模、设施减少合并到功能性质相近的区域中。

　　根据现代综合性公园的内容和功能需要,一般可分为以下几个功能区:文化娱乐区、安静休息区、儿童活动区、老人活动区、体育活动区、公园管理区等。

　　①文化娱乐区。此区主要通过游玩的方式进行文化教育和娱乐活动,属于综合公园里面的动区(闹区)。因此,主要设施如展览室、展览画廊、露天剧场、游戏、文娱室、阅览室、音乐厅、电影场、俱乐部、歌舞厅、茶座等,都相对集中地布置在该区。由于园内一些主要园林建筑设置在这里,因此常位于公园的中部,成为全园布局的重点。由于活动场所多,活动形式多,人流多,热闹而喧哗,建筑密度大,布置时要注意避免区内各项活动之间的相互干扰,故要使有干扰的活动项目相互之间保持一定的距离,并利用树木、建筑、山石等加以隔离。群众性的娱乐项目常常人流量较多,而且集散的时间集中,所以要妥善地组织交通。需接近公园出入口或与出入口有方便的联系,以避免不必要的园内拥挤。区内游人密度大,要考虑设置足够的道路广场和生活服务设施。由于构筑物、建筑物相对集中,为集中供水、供电、供暖以及地下管网布置提供了方便。文化娱乐区的规划,尽可能巧妙地利用地形特点创造出景观优美、环境舒适,投资较少、效果较好的景点和活动区域。如利用较大水面设置水上活动,利用坡地设置露天剧场,或利用下沉谷地开辟演出、表演场地等。一般情况下,该区布置在地形平坦之处,面积较大时,可常采用规则式布局;地形有起伏且面积较小时,宜采用自然式布局。人均

用地以 30m² 为宜。

②体育活动区。比较完整的体育活动区一般设有体育场、体育馆、游泳池以及各种球类活动的场所和生活服务设施,其主要功能是开展各项体育活动。它的特点表现为游人多,集散时间短,干扰大。一般可布置在离入口较远的公园一侧。尽量靠近城市主干道布局,或专门设置出入口,以利人流集散。注意充分利用地形设立游泳池、看台和水上码头;还要考虑与整个公园的绿地景观相协调;注意活动的场地、设施应与其他各区有相应分隔,以地形、树丛、丛林进行分隔较好;注意建筑造型的艺术性;可以缓坡草地、台阶等作为观众看台,更增加人与大自然的亲和性。

③儿童活动区。该区是为促进儿童的身心健康而设立的专门活动区。具有占地面积小(3%)、各种活动设施复杂的特点。其中的设施要符合儿童心理,造型设计应色彩明快、尺度小。一般儿童游戏场设有秋千、滑梯、滚筒、浪船、跷跷板和电动设施等。儿童体育场应有涉水、汀步、攀梯、吊绳、圆筒、障碍跑、爬山等。科学园地应有农田、蔬菜园、果园、花卉等。少年之家应有阅览室、游戏室、展览厅等。

活动区常以城市人口的5%计,按每人活动面积为 50 m² 来规划该区。该区多布置在公园出入口附近或景色开朗处,在出入口常设有塑像,其布置规划和分区道路要易于识别。该区的布置一般靠近公园主入口,便于儿童进园后,能尽快到达园地,开展自己喜爱的活动,也避免入园后,儿童穿越园路过程,影响其他区游人活动的开展。不同年龄的少年儿童要分开考虑。学龄前儿童区面积较小,由于幼儿活动范围小,需布置安全、平稳的项目;学龄儿童区,面积大,可安排大中小型游乐设施,设置便于识别的雕塑小品。植物种植,应选择无毒、无刺、无异味、色彩绚丽的树木、花草。儿童区的建筑、设施、小品宜选择造型新颖、色彩鲜艳的作品,以引起儿童对活动内容的兴趣,同时也符合儿童天真烂漫、好动活泼的特征。尺度、造型、色彩,要富有教育意义;道路的布置安全、简洁明确,容易辨认,以保证安全,便于活动;活动地周围不宜用铁丝网或其他具伤害性物品,以保证活动区内儿童的安全。区内应考虑易于开展集体活动及夏季的遮阴树林、宽阔草坪、缓坡林地,有条件的公园,在儿童区内需设小卖部、盥洗、厕所等服务设施。

④老年人活动区。随着我国城市人口老龄化速度的加快,老年人在城市人口中所占比例日益增大,公园中的老年人活动区在公园绿地中的使用率日趋增大。在一些大中型城市,很多老年人已养成了早晨在公园中晨练,白天在公园绿地中活动,晚上和家人、朋友在公园绿地散步、谈心的习惯,所以公园中老年人活动区的设置是不可忽视的问题。

老年人活动区在公园规划中应考虑设在观赏游览区或安静休息区附近,要求环境优雅、风景宜人。具体可从以下几个方面进行考虑:

a. 注意动静分区。在老年人活动区内可再分为动态活动区和静态活动区。动态活动区以健身、娱乐活动为主,可进行球类、武术、舞蹈、演唱、慢跑等活动。活动区外围应设置林荫及亭、廊、花架、坐凳等休息设施,便于老年人活动后休息。静态活动区主要供老人们晒太阳、下棋、聊天、观望、学习、打牌、谈心等。场地保证夏季有足够的遮阳、冬季有充足的阳光。动态活动区与静态活动区应有适当的隔离和距离,但以能相互观望为好。

b. 设置必需的服务建筑和必备的活动设施。在公园绿地的老年人活动区内应注意设置必要的服务性建筑,并考虑到老人的使用方便,如厕所内的地面要注意防滑,并设置扶手及放置拐杖处,还应考虑无障碍通行,以利于乘坐轮椅的老人使用。需设置一些简单的拉伸、单杠、压腿等锻炼设施和器材。

c.注意安全防护要求。道路、广场注意平整防滑,道路不宜太弯和太窄。

⑤安静休息区(游览观赏区)。该区占地面积大,用地约占50%,但并不一定集中于一处。游人密度以100 m²/人为宜。该区设在离出入口较远处,以显安静。可与老年人活动区靠近或布置在一起,与儿童、体育等活动区要适当分隔。安静休息区多选址在有一定起伏地形且有较好的植被景观环境的区域,如溪旁、河边、湖泊、河流、深潭、瀑布等处,临水观景,视野开阔,树木林荫等处,以方便游赏和休息。该区应设计素雅,自然风格为主,景观要求较高;点缀的建筑,布置宜散落不宜聚集,宜素雅不宜华丽。

⑥园务管理区与服务设施。该区一般设在便于公园管理又便于与城市联系方便的地方。主要限于管理公园各项活动使用,以便为游人提供服务。该区内务活动较多,要求有一定的服务半径;为了管理方便可设置内外交通方便的专用的出入口,供内部使用;以树林等与游人活动区域分隔。主要由园务管理、园区服务以及生产性建筑场院构成。

3)园路类型与规划设计

园林道路是园林的组成部分,起着组织空间、引导游览、交通联系并提供散步休息场所的作用。它像脉络一样,把园林的各个景区连成整体。园林道路本身又是园林风景的组成部分,蜿蜒起伏的曲线,丰富的写意,精美的图案,都给人以美的享受。园路布局要从园林的使用功能出发,根据地形、地貌、风景点的分布和园务管理活动的需要综合考虑,统一规划。园路设置需因地制宜,主次分明,有明确的方向性。

(1)园路的功能与类型

公园中的道路系统起着交通运输、人流集散、分割空间、联系景区、景点的主要作用。园路联系着公园内不同的分区、建筑、活动设施和景点,组织交通,引导游览,便于识别方向。同时也是公园景观、骨架、脉络、景点纽带、构景的要素。

园路可分为主干道、次干道、游步道、小径四级。

①主干道:是全园的主要道路,构成园路的骨架,连接公园各功能分区、主要建筑与活动设施、主要风景点,组织各区景观。要求方便游人集散,成双、通畅、蜿蜒、起伏、曲折,以引导游人欣赏景色。主干道路面宽度4~6 m,道路纵坡8%以下,横坡1%~4%。

②次干道:是公园各区内连接景区内各景点的主道。主要引导游人去到各景点、专类园,自成体系,组织景观,对主干道起辅助作用,在主干道不能形成环路时,补其不足。地形起伏可比主路大,路面宽度2~4 m,坡度大时可以平台、踏步处理。

③游步道:又叫小路。是园林中深入山间、水际、林中、花丛,供人们漫步游赏使用的园路,布置自由,行走方便,安静隐蔽。路面宽度1.2~2 m。

④小径:考虑到游人的不同需要,在园路布局中:为游人由一个景区(点)到另一个景区(点)开辟的捷径。供单人通行,宽度<1 m。

(2)园路布局

①回环性:多为四通八达的环形路,游人从任何一点出发都能游遍全园,不走回头路。

②疏密适度:道路大体占公园总面积的10%~20%。在动物园、植物园或小游园内,道路网的密度可以稍大,但不宜超过25%。

③因景筑路:将园路与景观的布置结合起来,从而达到因景筑路、因路得景的效果。

④曲折性:园路随地形和景物而曲折起伏,若隐若现,丰富景观,延长游览路线,增加层次

景深,活跃空间气氛。

(3)园路设计

公园道路设计应与地形、水体、植物、建筑形成完整的风景构图,创造连续展示园林景观的空间或欣赏前方景物的透视线。因此,园路将各个景点连接起来,联系方式的重要性并不亚于景点本身。

以谐趣园为例,在后溪河的末端设置这样一座周游式的园中园必然要求通过控制主景展现的过程让游人得到停顿和喘息。自谐趣西南角的宫门入园后(图6.5中1点),主体建筑涵远堂(4)即在左前方出现,但通向它的廊子却有意识地弯曲,结合其他建筑的侧墙封闭了视域,而正前方的洗秋亭(12)以正面接引游人,使得2/3以上的游人沿右边水廊到达这里,这时涵远堂(4)的正面展示在人们面前,继自行十几米便来到了饮绿亭(11)。这座小亭靠近湖心,由入口看,它阻塞了向东北纵长透景线,而此时,不仅涵远堂以最佳视角出现,东面的知鱼桥(9)、知春堂(8),西面的瞩新楼(3)也可同时兼顾,游人至此必经知春堂前往涵远堂,完成整个游览过程。

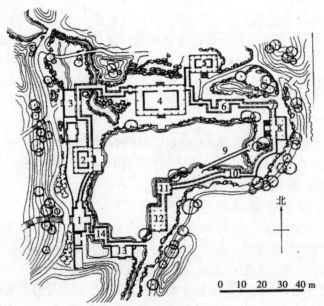

图6.5 谐趣园平面布置图

在自然式园路的设计中,我们应该尽量地注重人的心理感受,园路的转折、交叉以及与建筑的关系,都会涉及园路引导游人产生的景观感受,从而影响观景效果。设计园路时,要注意弯道的处理,道路转折应衔接通顺,符合游人的行为规律。例如,单一的弧形路容易产生无限的感觉;T字形路增添了视线的变化,在公园甚至街道受到人们的喜爱,应用得比较多。对于园路交叉,交角不宜太小,以免形成狭长尖角地形;园路多时也不宜集中交叉于一处;必须交叉一处时,可将交叉口扩大为广场。因为丁字路往往是视线焦点,能增添视域变化,利于点缀风景。园路与建筑的关系也不可忽视,园路不宜直通建筑或山水景观之前,应使景点处于道路外弧;园路通往大建筑时,为了避免路上游人干扰建筑内部活动,可在建筑前设广场;通往一般建筑时,适当加宽路面,或形成分支。

小型公园线路宜迂回靠边,拉长距离,使游人有以小见大之感。供人们在安静休息区欣赏自然景物的道路宜曲不宜直,但要曲之有法,曲之有度。如图6.6中所示的道路或过于曲折做作(图6.6(e)),或过圆(图6.6(a)),使人感到无目的地转着圈走,感到疲劳乏味;图6.6(b)各段曲率不同避免了单调感;路不应直通到建筑和山水之前,因为这会"只见一点,不见其余"。道路所连接的只是园林中的一个景点,要使所连景点处于道路的外弧方面,让人有"不知转入此中来"之感(图6.6(f))。若将其布置在道路内侧会将不美观的侧背面暴露出来(图6.6(c));道路应穿越景点,不应形成死胡同让人走回头路;在同一局部内规则式路和自然式路不得混用;自然道路应避免三条以上的道路汇于一点,以造成绿地被等分的效果;路弧外交接时应使交角成直角(图6.6(d)),弧内交接则应成锐角(图6.6(h));如再成直角就会等分绿地(图6.6(f))。园路的材料应古朴自然,不要将很多华丽的室内铺装材料拿来使用,否则易滑易脏,人为地和周围环境拉开了距离,影响和谐。

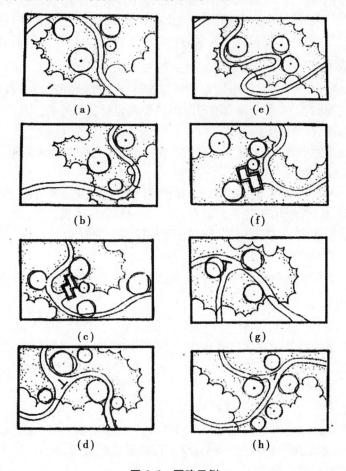

图6.6　园路示例

6.3 专项、专题公园

6.3.1 植物园

1)植物园的性质与任务

植物园是植物科学研究机构,也是以采集、鉴定、引种驯化、栽培实验为中心,可供人们游览的公园。植物园的主要任务是发掘野生植物资源,引进国内外重要的经济植物,调查收集稀有珍贵和濒危植物种类,以丰富栽培植物的种类或品种,为生产实践服务。研究植物的生长发育规律,植物引种后的适应性和经济性状及遗传变异规律,总结和提高植物引种驯化的理论和方法,建立具有园林外貌和科学内容的各种展览和试验区,作为科研、科普的园地。

2)规划原则要求

总的原则是在城市总体规划和绿地系统规划指导下,体现科研、科普教育、生产的功能;因地制宜地布置植物和建筑,使全园具有科学的内容和园林艺术外貌。具体要求:

①明确建园目的、性质、任务。

②功能分区及用地平衡,展览区用地最大,可占全园总面积的40% ~60% ,苗圃及实验区占25% ~35% ,其他占25% ~35% 。

③展览区是为群众开放使用的,用地应选择地形富于变化,交通联系方便,游人易到达为宜。

④苗圃是科研、生产场所,一般不向群众开放,应与展览区隔离。

⑤建筑包括展览建筑、科研用建筑、服务性建筑等。

⑥道路系统与公园道路布局相同。

⑦排灌工程为了保证园内植物生长健壮,在规划时就应做好,保证旱可浇,涝可排。

3)植物园组成

(1)科普展区

在该区主要展示植物界的客观自然规律,人类利用植物和改造植物的最新知识。可根据当地实际情况,因地制宜地布置植物进化系统展览、经济植物、抗性植物、水生植物、岩石植物、树木、温室、专类园等。

(2)科研试验区

该区主要功能是科学研究或科研与生产相结合。一般不向游人开放,仅供专业人员参观学习。例如,温室区主要作引种驯化、杂交育种、植物繁殖贮藏等,另外,还有实验苗圃、繁殖苗圃、移植苗圃、原始材料圃等。

(3)职工生活区

植物园一般都在城市郊区,需在园内设有隔离的生活区。

4)植物科普展览

该区根据当地的实际情况,设置植物进化系统展览区,经济、抗性、水生、岩石、树木、专类园、温室区等。植物进化系统展览区应按植物进化系统分目、分科,要结合生态习性要求和园林艺术效果进行布置,给游人普及植物进化系统的概念和植物分类、科属特征。在经济植物区,展示经过栽培试验确属有用的经济植物。在抗性植物区,展示对大气污染物质有较强抗性和吸收能力的植物。在水生植物区,展示水生、湿生、沼生等不同特点的植物。在岩石区,布置色彩丰富的岩石植物和高山植物。树木区,展示本地或外地引进露地生长良好的乔灌树种。专类区,集中展示一些具有一定特色、栽培历史悠久的品种变种。在温室区,展示在本地区不能露地越冬的优良观赏植物。

根据各地区的地方具体条件,创造特殊地方风格的植物区系。如庐山有高山植物用岩石园;广东植物园为亚热带区,设了棕榈区等。

5)建筑设施

植物园的建筑依功能不同,可分为展览、科学研究、服务等几种类型。展览性的建筑,如展览温室、植物博物馆、荫棚、宣传廊等,可布置在出入口附近、主干道的轴线上。科研用房,如图书馆、资料室、标本室、试验室、工作间、气象站、繁殖温室、荫棚、工具房等,应与苗圃、试验地靠近。服务性建筑,如办公室、招待所、接待室、茶室、小卖部、休息亭、花架、厕所、停车场等。其他地形处理、排灌设施、道路处理同综合性公园。

6)绿化设计

植物园的绿化设计,应在满足其性质和功能需要的前提下,讲究园林艺术构图,使全园具有绿色覆盖,形成较稳定的植物群落。在形式上,以自然式为主,创造各种密林、疏林、树群、树丛、孤植树、草地、花丛等景观。注意乔、灌、草相结合的立体、混交绿地。具体收集多少种植物,每种收集多少,每株占面积多少,应根据各地各园的具体条件而定(图6.7)。

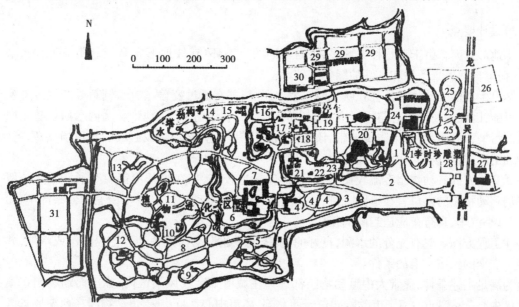

图6.7　上海植物园总平面图

1—草药园;2—竹林;3—大假山;4—环境保护区;5—竹园;6—科普厅;7—植物楼;8—蔷薇园;9—桂花园;10—水生池;11—牡丹园;12—槭树园;13—杜鹃园;14—松柏园;15—抽水站;16—盆景生产区;17—盆景园;18—人工生态区;19—接待楼;20—展览温室;21—兰花室;22—杜鹃;23—山茶;24—引种温室;25—果树试验区;26—植物检疫站;27—生活区;28—停车场;29—草本引种试验区;30—科研区;31—树木引种区

6.3.2　动物园

1）动物园的性质与任务

动物园是集中饲养、展览和研究野生动物及少量优良品种家禽、家畜的可供人们游览休息的公园。

其主要任务是普及动物科学知识、宣传动物与人的利害关系及经济价值等，作为中小学生的动物知识直观教材、大专院校实习基地。在科研方面，研究野生动物的驯化和繁殖、病理和治疗方法、习性与饲养，并进一步揭示动物变异进化规律，创造新品种。在生产方面，繁殖珍贵动物，使动物为人类服务，还可通过动物交换活动，增进各国人民的友谊。

2）规划原则、要求

总原则是在城市总体规划、特别是绿地系统规划的指导下，依照动物进化论为原则，既方便游人参观游览，又方便管理。具体要求：

①有明确功能分区，既互不干扰，又有联系，以方便游客参观和工作人员管理。

②动物笼舍和服务建筑应与出入口、广场、导游线相协调，形成串联、并联、放射、混合等方式，以方便游人全面或重点参观。

③游览路线一般逆时针右转，主要道路和专用道路要求能通行汽车，以便管理使用。

④主体建筑设在主要出入口的开阔地上、全园主要轴线上或全园制高点上。

⑤外围应设围墙、隔离沟和林地，设置方便的出入口、专用出入口，以防动物出园伤害人畜。

3）设计要点

①地形方面。由于动物种类繁多，来自不同的生态环境，故地形宜高低起伏，有山冈、平地、水面等自然风景条件和良好的绿化基础。

②卫生方面。动物时常会狂吠吼叫或发出恶臭，并有通过疫兽、粪便、饲料等产生传染疾病的可能，因此动物园最好与居民区有适当的距离，并在下游、下风地带。园内水面要防止城市水的污染，周围要有卫生防护地带，该地带内不应有住宅和公共福利设施、垃圾场、屠宰场、动物加工厂、畜牧场、动物埋葬地等。

③交通方面。动物园客流较集中，货物运输量也较多，如在市郊更需要交通联系。一般停车场和动物园的入口宜在道路一侧，较为安全，如西安市动物园。停车场上的公共汽车、无轨电车、小汽车、自行车应适当隔离使用。

④工程方面。应有充分的水源，良好的地基，便于建设动物笼舍和开挖隔离沟或水池，并有经济安全的供应水电的条件。

为满足上述条件，通常大中型动物园都选择在城市郊区或风景区内，如上海动物园在离静安区中心 7 ~ 8 km。南宁市动物园位于西北郊，离市中心 5 km。杭州动物园在西湖风景区内，与虎跑风景点相邻。

4）动物园功能分区

①宣传教育、科学研究区是科普、科研活动中心，由动物科普馆组成，设在动物园出入口附近，方便交通。

②动物展览区由各种动物的笼舍组成，占用最大面积。以动物的进化顺序安排，即由低

等动物到高等动物,即无脊椎动物、鱼类、两栖类到爬行类、鸟类、哺乳类。还应和动物的生态习性、地理分布、游人爱好、地方珍贵动物、建筑艺术等相结合统一规划。哺乳类可占用地1/2 ~ 3/5,鸟类可占 1/5 ~ 1/4,其他占 1/5 ~ 1/4。因地制宜安排笼舍,以利动物饲养和展览,以形成数个动物笼舍相结合的既有联系又有绿化隔离的动物展览区。

另外,也可按动物地理分布安排(如欧洲、亚洲、非洲、美洲、澳大利亚等),而且还可创造不同特色的景区,给游人以动物分布的概念,还可按动物生活环境安排(如水生、高山、疏林、草原、沙漠、冰山等),以有利动物生长和园容布置。

③服务休息区为游人设置的休息亭廊、接待室、饭馆、小卖部、服务点等,便于游人使用。

④经营管理区行政办公室、饲料站、兽疗所、检疫站应设在隐蔽处,用绿化与展、科普区相隔离,但又要联系方便。

⑤职工生活区为了避免干扰和保持环境卫生,一般设在园外。

5)设施内容

动物笼舍建筑为了满足动物生态习性、饲养管理和参观的需要,大致由以下 3 部分组成:

①动物活动部分 包括室内外活动场地,串笼及繁殖室。室内要求卫生,通风排气,其空间的大小,要满足动物生态习性和运动的需要。

②游人参观部分 包括进厅、参观厅廊、道路等。其空间比例大小和设备主要是为了保证游人的安全。

③管理设备部分 包括管理室、贮藏室、饲料间、燃料堆放场、设备间、锅炉间、厕所、杂院等。其大小构造根据管理人员的需要而定。

科普教育设施有演讲厅、图书馆、展览馆、画廊等。其他服务设施、交通道路、暖气等同综合性公园。

6)绿化设计

动物园绿化首先要维护动物生活,结合动物生态习性和生活环境,创造自然的生态模式。另外,要为游人创造良好的休息条件,创造动物、建筑、自然环境相协调的景致,形成山林、河湖、鸟语花香的美好境地。其绿化也应适当结合动物饲料的需要,结合生产,节省开支。

在园的外围应设置宽30 m 的防风、防尘、杀菌林带。在陈列区,特别是兽舍旁,应结合动物的生态习性,表现动物原产地的景观,既不能阻挡游人的视线,又要满足游人夏季遮阳的需要。在休息游览区,可结合干道、广场,种植林荫树、花坛、花架。在大面积的生产区,可结合生产情况种植果木、生产饲料(图 6.8)。

6.3.3 儿童公园

1)儿童公园的性质与任务

儿童公园是城市中儿童游戏、娱乐、开展体育活动,并从中得到文化科学普及知识的专类公园。其主要任务是使儿童在活动中锻炼身体,增长知识,热爱自然,热爱科学,热爱祖国等,培养优良的社会风尚。有综合性儿童公园、特色性儿童公园、小型儿童乐园等。

2)规划原则要求

①按不同年龄儿童使用比例,心理及活动特点进行划分空间。

②创造优良的自然环境,绿化用地占全园用地的 50% 以上,保持全园绿化覆盖率在 70%

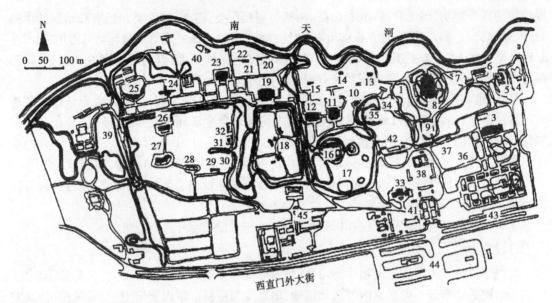

图 6.8 北京动物园总平面图

1—小动物;2—猴山;3—象房;4—黑熊山;5—白熊山;6—猛兽室;7—狼山;8—狮虎山;9—猴楼;
10—猛禽栏;11—河马馆;12—犀牛馆;13—鸸鹋房;14—鸵鸟房;15—麋鹿苑;16—鸣禽馆;17—水禽湖;
18—鹿苑;19—羚羊馆;20—斑马;21—野驴;22—骆驼;23—长颈鹿馆;24—爬虫馆;25—华北鸟;
26—金丝猴;27—猩猩馆;28—海兽馆;29—金鱼廊;30—扭角羚;31—野豕房;32—野牛;33—熊猫馆;
34—食堂;35—茶点部;36—儿童活动场;37—阅览室;38—饲料站;39—兽医院;40—冷库;41—管理处;
42—接待处;43—存车处;44—汽车、电车站场;45—北京市园林局

以上,并注意通风、日照。

③大门设置道路网、雕塑等,要简明、显目,以便幼儿寻找。

④建筑等小品设施要求形象生动,色彩鲜明,主题突出,比例尺度小,易为儿童接受。

3)功能分区

(1)幼儿区

既有6岁以下儿童的游戏活动场所,又有陪伴幼儿的成人休息设施。其位置应选在居住区内或靠近住宅100 m的地方,150~200户的居住区内设一处,以方便幼儿到达为原则,其规模要求每位幼儿在10 m²以上。其中应以高大乔木绿化为主,适当增设一些游戏设施,如广场、沙池、小屋、小游具、小山、水池、花架、荫棚、桌椅、游戏室等,以培养幼儿团结、友爱及爱护公共财物的集体主义精神,还应配备厕所和一定的服务设施。在幼儿活动设施的附近要设置老人休息亭廊、坐凳等服务设施,供幼儿父母等成人使用。

(2)学龄儿童区

7~13岁小学生活动场所,小学生进校后学习生活空间扩大,具有学习和嬉戏两方面的特征,具有成群活动的兴趣。其位置以日常生活领域为宜,要求设在没有汽车、火车等交通车辆通过的地段,以300 m以内能到达为宜。一般在1 000户的居住区内应设一处,其规模以每人30 m²为宜,面积以3 000 m²为原则。其中设施以大乔木为主,除以上各种游乐运动设施外,还应增设一些冒险活动、幻想设施、女生的静态游戏设施、凉亭、座椅、饮水台、钟塔等。

(3)少年活动区

14~15岁为中学生时代,是成年的前期,男女在性特征上有很大变化,喜欢运动与充分发挥精力。位置以居住区内少年儿童 10 min 步行能到达为宜,故 600 m 范围之内即可。规模以在园内活动少年每 50 m² 以上,整体面积在 8 000 m² 以上为好。其中设施除充分用大乔木绿化外,以增设棒球场、网球场、篮球场、足球场、游泳池等运动设施和场地为主。

(4)活动区

是进行体育运动的场所,可增设一些障碍活动设施。儿童游戏场与安静休息区、游人密集区及城市干道之间,应用园林植物或自然地形等构成隔离地带。幼儿和学龄儿童使用的器械,应分别设置。游戏内容应保证安全、卫生和适合儿童特点,有利于开发智力,增强体质,不宜选用强刺激性、高能耗的器械。儿童游戏场内的建筑物、构筑物及室内外的各种使用设施、游戏器械和设备应结构坚固、耐用,要避免构造上的硬棱角;尺度应与儿童的人体尺度相适应;造型、色彩应符合儿童的心理特点;根据条件和需要设置游戏的管理监护设施。机动游乐设施及游艺机应符合《游艺机和游乐设施安全标准》(GB 8408)的规定;戏水池最深处的水深不得超过 0.35 m,池壁装饰材料应平整、光滑且不易脱落,池底应有防滑措施;儿童游戏场内应设置坐凳及避雨、庇荫等休憩设施;宜设置饮水器、洗手池。场内园路应平整,路缘不得采用锐利的边石;地表高差应采用缓坡过渡,不宜采用山石和挡土墙;游戏器械的地面宜采用耐磨、有柔性、不扬尘的材料铺装。

(5)办公管理区

设有办公管理用房,与活动区之间设有一定隔离设施。另外,还有一些其他形式的特色性儿童公园,如交通公园、幻想世界等。交通公园在各大城市中已有专为教育儿童交通规则的游乐性公园,其面积可以考虑在 2 hm² 左右,利用地形作道路交叉,以区分运动场、儿童游戏场。在道路沿线设有斑马线、交通标志、信号、照明、立交道、平交道、桥梁、分离带等,道路上设有微型车、小自行车以供儿童自己驾驶及儿童指挥等。在游乐过程中有成人指导。放映室,幻想世界,在园内模拟著名儿童幻想故事情节,使儿童在游乐过程中将故事、历史情节等再现,或者对将来幻想世界趣味性再现,激发儿童的幻想乐趣(图 6.9)。

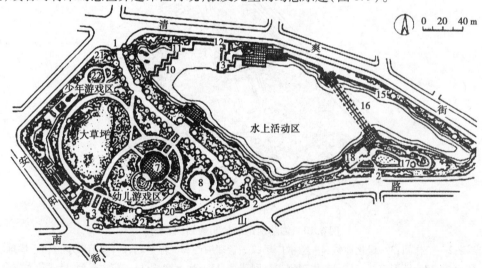

图6.9 大连儿童公园总平面图

1—主要入口;2—次要入口;3—雕塑;4—五爱碑;5—勇敢之路;6—组亭;7—露天讲坛;
8—电动飞机场;9—眺望台;10—曲桥;11—水榭;12—长廊;13—双方亭;14—码头;
15—四方亭;16—铁索桥;17—六角亭;18—科技宫;19—小卖部;20—办公室;21—厕所;22—水井

4)规划设计要点

①按照年龄使用比例划分用地,注意日照、通风等条件。

②绿化面积宜占50%,绿化覆盖率宜占全园的70%以上。

③道路网简单明确,路面平整,适于童车、小三轮车行走。

④建筑小品、雕塑形象要生动,尺度适当,有趣味性。

⑤建筑形象生动,色彩鲜明丰富。

⑥活动场所附近设亭廊、座椅。

5)绿化配置

公园周围需栽植浓密乔灌木形成屏障,场地阳光充足,要有庇荫地。忌用下列植物:有毒植物,夹竹桃等;有刺植物,刺槐、蔷薇类;有刺激性和异味植物,漆树;多病虫害植物,桷树、柿树等。

6.3.4 运动公园

专供市民开展群众性体育活动的公园,体育设备完善,可以开运动大会,也可开展其他游览休息活动。该类公园占用面积较大,不一定要求在市内,可设在市郊交通工具方便之处。

利用平坦的地方设置运动场,低处设置游泳池,如周围有自然地形起伏用来作为看台更好。一般体育公园以田径运动场为中心,设置运动场、体育馆、儿童游戏场、园林等不同分区。布置各种球场,设置草地、树林等植被景观(图6.10)。

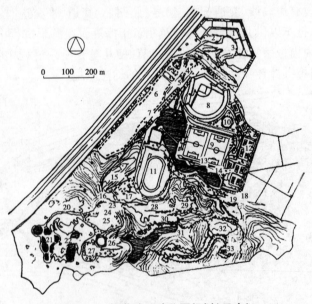

图6.10 佐藤池运动公园规划(日本)

1—苗圃;2—工作间;3—绿化地带;4—象徽广场;5—管理中心;6—停车场;7—绿茵散步道;8—棒球场;

9—体育馆;10—圆形广场;11—运动广场;12—网球场;13—池上客站;14—花木露台;15—花木露台;

16—丘陵露台;17—丘陵客站;18—辅助入口;19—自行车停车场;20—游戏场;21—花园;22—水生植物园;

23—运动场;24—竞跑起点;25—广场;26—野外舞台;27—彫形六森;28—红叶树散步道;

29—休息森林;30—露营广场;31—钓鱼中心;32—绿茵广场;33—选手树

6.3.5 纪念性公园

1)纪念性公园的性质与任务

纪念性公园是人类用技术与物质为手段,通过形象思维而创造的一种精神意境,从而激起人们的思想情感,如革命活动故地、烈士陵墓、著名历史名人活动旧址及墓地等。其主要任务是供人们瞻仰、凭吊、开展纪念性活动和游览、休息、赏景等。

2)规划原则要求

①总体规划应采用规划式布局手法,不论地形高低起伏或平坦,都要形成明显的主轴线干道,主体建筑、纪念形象、雕塑等应布置在主轴的制高点上或视线的交点上,以利突出主体。其他附属性建筑物,一般也受主轴线控制,对称布置在主轴两旁。

②用纪念性建筑物、纪念形象、纪念碑等来体现公园的主体,表现英雄人物的性格、作风等主题。

③以纪念性活动和游览休息等不同功能特点来划分不同的空间。

3)功能分区及其设施

①纪念区该区由纪念馆、碑、墓地、塑像等组成。不论是主体建筑组群,还是纪念碑、雕塑等在平面构图上均用对称的布置手法,其本身也多采用对称均衡的构图手法,来表现主体形象,创造严肃的纪念性意境。为群众开展纪念活动服务。

②园林区该区主要是为游人创造良好的游览、观赏内容,为游人休息和开展游乐活动服务。全区地形处理、平面布置都要因地制宜、自然布置,亭、廊等建筑小品的造型均采取不对称的构图手法,创造活泼、愉快的游乐气氛。

③绿化种植设计纪念性公园的植物配植应与公园特色相适应,既有严肃的纪念性活动区,又有活泼的园林休息活动部分。种植设计要与各区的功能特性相适应。

a.出入口要集散大量游人,因此需要视野开阔,多用水泥、草坪广场来配合,而出入口广场中心的雕塑或纪念形象周围可以花坛来衬托主体。主干道两旁多用排列整齐的常绿乔灌木配植,创造庄严肃穆的气氛。

b.纪念碑、墓的环境多用常绿的松、柏等作为背景树林,其前点缀红叶树或红色的花卉寓意烈士鲜血换来的今天幸福,激发后人奋发图强的爱国主义精神,象征烈士的爱国主义精神万古长青。

c.纪念馆多用庭院绿化形式进行布置,应与纪念性建筑主题思想协调一致,以常绿植物为主,结合花坛、树坛、草坪点缀花灌木。

d.园林区以绿化为主,因地制宜地采用自然式布置。树木花卉种类的选择应丰富多彩。在色彩上的搭配要注意对比和季相变化,在层次上要富于变化。如广州起义烈士陵园大量使用了凤凰木、木棉、刺桐、扶桑、红桑等,南京雨花台烈士陵园多用红枫、幢木、茶花等,以表现革命先烈以鲜血换来的幸福生活,也体现了游览、休息、观赏的功能需要(图6.11)。

6.3.6 游乐公园

大型游乐场作为城市旅游景点和居民户外活动场所之一可以纳入城市公园绿地的范畴将游乐场所建设成为"游乐公园",首先要明确其绿化所占比重,这样有利于提高游乐场所的

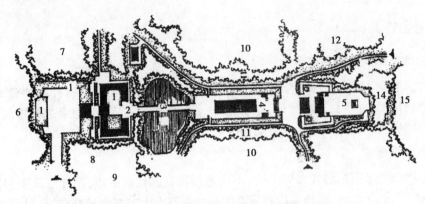

图6.11　南京雨花台烈士陵园中心区绿化设计

1—草坪;2—馆;3—桥;4—水池;5—碑;6—红花檵木;7—茶;8—竹;
9—松;10—雪松;11—红枫;12—春花林;13—柏;14—秋色林;15—松

环境质量和整体水平;有利于将游乐场所从偏重于经济效益向注重环境、经济和社会综合效益的方向引导。

主题游乐园定义:围绕一个或多个特设的主题进行园区的软体策划与实体环境建设的非日常化的休闲娱乐空间,具有很强的经济属性和旅游功能。

1)分类

根据主题的类型、视觉景观和游乐园主要特征相结合考虑,分成以下5类。

(1)模拟景观

此类主题游乐园主要有3种形式。

①将其他国家或本国异地的著名建筑、景观等按照一定的比例模拟建设,使游客可以领略各地不同的风光。此类的实例有深圳世界之窗的大部分景区、锦绣中华、北京世界公园等。

②模拟再现各地具有特色的人居环境、生活场景并加入反映民俗民风的表演等的主题游乐园,使游客可以领略民俗风情、参与活动。此类的实例有我国各地(深圳、海南、云南、桂林、西安、北京等)的民俗文化村等。

③模拟历史上某个特定的历史时代具有特色的建筑与景观环境,以现代人的理解再现已经消失的城市、建筑以及人文景观风貌,使游客产生回到过去、体验历史的感觉。此类的实例有杭州的宋城,巴黎迪士尼的美国主街、边疆地带景区等。

(2)影视城

影视城作为主题游乐园主要有两种形式。

①作为电影或电视剧的拍摄所建的场景与环境在拍摄完成后继续经营,一方面作为主题游乐园接待游客,另一方面可再作为新的影视作品的取景地进行新的拍摄。此类的实例有:国内众多的中央电视台影视基地、日本的东映太秦电影村等。

②与电影联动发展的主题游乐园。由于电影卖座吸引了众多影迷,形成了可观的旅游潜在资源,投资者根据电影场景建设主题游乐园,使游客可以亲历电影中的情节,产生独特的体验与感受。此类最主要的实例为美国环球影城集团在世界各地主持建设的各个环球影城主题游乐园。

（3）科技与科学展示

此类主题游乐园主要有两种形式：

①突出高科技、高技术，使游客体验感受未来与新奇的主题游乐园。此类的实例有美国佛罗里达沃尔特·迪士尼世界的未来社区试验雏形（EPCOT）等。

②以绿色生态、环境保护与可持续发展为主题、展示科技农业等的主题游乐园。此类的实例有中国深圳的青青世界等。

（4）野外博物馆式的主题游乐园

此类主题游乐园结合历史保护，数量较少。将现存建筑与环境保存较好的历史风貌地区或者将同一历史时期的建筑迁建在一定地区，建设成供游客观赏体验的主题游乐园，具有野外博物馆的性质。此类主题游乐园与模拟景观中的第三种主题游乐园都以历史文化为主题，其区别在于前者的建筑与环境是真实的历史遗存，具有更高的价值。此类的实例有日本的明治村。

（5）暂时性的主题游乐园

与一般的主题游乐园不同，此类的主题游乐园不固定在一个地方，通常在一个地方连建设带运营不超过3个月。经营者在一个个城市重复着如下的过程：广告宣传、园区建设（通常少于1个月）、运营（通常少于2个月）、拆除设施离开。此类的实例有已经在吉隆坡、新加坡、迪拜、香港、北京、上海等各大城市游历举办的"环球嘉年华"。

需要明确的是上述分类之间没有明确的界限，有些分类具有重叠的现象。比如：无锡央视影视基地中的唐城与三国城等既可归入模拟景观类也可归入影视城类。

机械游乐是主题游乐园采用较多的娱乐吸引物，在某些主题游乐园中处于主导地位，也可将其单列为一种类型。

某些大型主题游乐园规模庞大，园内包含若干个主题分区，分别可归入上述种类。例如：美国佛罗里达的迪士尼世界拥有模拟景观类的"世界橱窗（World Showcase）""美国主街（Main street, USA）""边疆地带（Frontier land）"；影视城类的"迪士尼——米高梅影城（Disney——MGM Studio）"；科技与科学展示类的未来社区试验雏形（EPCOT）等。

2）设置要求

游乐公园需要满足两方面的要求，一是要具有65%的绿化占地比例，二是设置的游乐设施要达到一定的量以吸引游客。因此游乐公园需要占用比较大的场地。

由于游乐公园突出游乐的特征，一般来说，游乐活动比普通的游憩活动需要更多的时间、前期准备、费用投入和更高层次的娱乐体验。

基于上述两方面的原因，游乐公园的设置位置适合在城市的边缘，那里地价相对便宜，对于占地面积较大的游乐公园来说实现的可能性较大。

为了聚集较多的人流，游乐公园的入口最好能够靠近大运量的轨道交通的站点，同时应考虑私人汽车出行方式，提供较大面积的停车场。

3）设施与活动内容

游乐公园适合的设施与活动内容包括3个方面：

①现有主题游乐园所具有的游乐设施，包括机械游乐、特定的主题游乐建筑与构筑物等。

②休闲活动设施。游乐公园适合安排一些与绿化环境结合得较好的活动设施，如攀岩、

滑草、彩弹射击等在一般绿化占地比例较低的游乐园中不适合布置的休闲项目。

③具有展示、表演、科普教育等积极功能的娱乐建筑或场地。例如:水旅馆、展览馆等。例如,法国拉维莱特公园结合相当多的此类功能,给游客以丰富的游乐体验。

4)布局方式

游乐公园的可能的布局方式有两种:

①主要的游乐设施比较集中,形成与公园其他部分相对独立的区域。这样布置的优点为:便于集中管理,必要的时候可以分别建设、分别管理、设置不同的入口、采取不同的票价等。

②游乐设施融入绿化环境之中。这样布置的优点为:游客在进行较高刺激度的游乐活动的同时能够感受优美的绿化风景,能够得到更高层次的娱乐体验。例如,迪士尼乐园即采用这种模式,不能确定其绿化占地比例有否达到65%,但是它强调绿化环境的精心设计、绿化与游乐环境相融合的做法值得提倡与学习。

5)主题选择

(1)主题选择的重要性

虽然游乐公园没有强调一定要有主题的设定,但是主题对于游乐公园的形象宣传、游客吸引等诸多方面至关重要,称得上是游乐公园的"灵魂"。主题在游乐公园中的作用好比电影剧本在电影制作中的地位,其创意由公园的开发、策划者做出,是游乐公园设计时的蓝本和核心。

在一定的客源市场、交通条件、区域经济发展水平等外在条件下,主题的选择是游乐公园开发成功与否的关键。因其关系到投资额度、对游客的吸引力大小以及投资的回收,所以主题的选择既要考虑新颖和独特,又要考虑游客的需求和工程实施的技术、经济的可能性,需从经济学、社会学、规划、造园、建筑心理学等多方面进行评估。

(2)主题选择的范围

通常游乐公园主题选择可分为十类,详见表6.1(包括游乐园等)。

表6.1　游乐公园主题选择一览表

主题选择的主要类型	主题选择的细分类型	实　例	备注说明
以历史和文化为主题	再现历史场景影视城	无锡太阳影视基地	两者可能在视觉形态景观上属于同一类型
	再现历史场景的主题游乐园	杭州宋城	
	野外博物馆式的主题游乐园	日本明治村	数量少,价值高,与历史保护相结合
	以名著和神话传说为主题的游乐园	日本格林童话村、河北北戴河哪吒宫	
以异地著名的地理环境与民俗风情为主题		深圳世界之窗、深圳中华民族文化村	包括绝大部分的模拟景观类型的主题游乐园和民俗村

续表

主题选择的主要类型	主题选择的细分类型	实　例	备注说明
以影视作品为主题	再现电影中的场景、游乐活动与电影有关的游乐园	环球影城、巴黎迪士尼中的部分景区、六旗公司下属的游乐园	与影视产业联动发展的主题游乐园,以影视为主题的游乐园
	具有电影拍摄取景地功能的主题游乐园	宁夏华夏西部影视城	与第一种分类中的第一小类存在重叠
以机械骑乘为主题		环球嘉年华、上海锦江乐园	机械骑乘可能出现在各种类型的主题乐园中,在此种分类中处于主导地位。此分类中的有些游乐园可能没有明显主题
以高科技为主题		佛罗里达迪士尼、中的 EPCOT、日本九州太空世界	需要较高的初期投资和后期投资,适合经济发达的地区
以生态环境、可持续发展为主题		深圳的青青世界、台湾的小叮当科学乐园	可较好地结合现在农业体验旅游,适合基地自然风貌较好的地区
以游戏健身活动为主题		上海热带风暴水上乐园	包括各种水上乐园和以游戏运动为主题的乐园
以博览会和博物馆展示为主题		德国汉诺威世界博览会园、中国昆明的世博园(又是主题植物园)	
以动植物观赏为主题	水族馆	上海东方明珠水族馆	
	主题动物园	美国西雅图的大象丛林公园	
	主题植物园	中国昆明的世博园	
特殊类型的主题		丹麦比隆市乐高公园(全部由乐高牌积木搭建而成)、德国大众汽车游乐园	

(3)主题选择的重点考虑因素

主题选择应考虑以下 3 个主要因素:

①主题内容应独特、新颖,具备一定的文化内涵,并具有较强的识别性商业感召力。

②主题内容可在集中于儿童和青少年目际市场的基础上,考虑不同层次的游客需求,大型游乐公园可采用多主题形式以最大限度地吸引游客。

③无论是其整体布局、景点组合、小品设计、表演活动都必须紧紧围绕主题内涵,烘托出一个使游客能融入其中的环境。

6.3.7 郊野公园

郊野公园(County Park)是在城市的郊区,城市建设用地以外的,划定有良好的绿化及一定的服务设施并向公众开放的区域,以防止城市建成区无序蔓延为主要目的,兼具有保护城市生态平衡,提供城市居民游憩环境,开展户外科普活动场所等多种功能的绿化用地。

1)职能

(1)抑制城市蔓延扩张功能

郊野公园最主要的作用就是为了防止城市无限制无序地蔓延扩张。在世界城市化的历史进程中,城市蔓延是一种很普遍的现象。由于城市人口、产业规模的扩大和城市职能的多样化,城市被迫不断扩张。在规划的城市建设用地外围设置郊野公园,形成防护隔离绿带的建设能有效地防止城市用地无限制向外蔓延,控制城市无序扩大,从而保证城市形态与城市格局的形成,使城市成为组团式或中心城加卫星城镇的形态,保持合理的城市规模,减轻交通拥堵、基础设施紧张等城市病。如香港的郊野公园在闹市背后,建成区跳跃式发展形成多处新城;保留陡坡山林、海滨、滩涂,使城市建设与自然共存,有效防止了建成区无序扩张。

(2)休闲游憩功能

居民通过游憩,可以恢复在生产中消耗的能量,有更充沛的精力、更丰富的知识、更健康的身体,从事生产和创造性的劳动。休闲游憩是人的基本生活需要。

随着城市化的进程,城市人口日益膨胀,人们的生活、工作压力增大,闲暇时间增多,人们花费在休闲游憩的时间和消费也越来越多,而户外游憩是人们在休闲时间内的主要活动。城市居民户外游憩行为具有3个尺度,即社区、城区和地区游憩三种不同尺度的游憩行为,从邻里公园到郊区游憩地,游憩活动由单一到多样化,游憩设施从简单到规模化、复杂化。郊野公园地处城市外围,区位条件优越,交通便捷,可达性强,适合较长时间的消闲、度假活动,是游憩活动的重要载体。可以为人们提供以自然景观为基础的远足、赏景、野餐、烧烤、露营、骑马等游憩活动,是城市居民周末、节假日休闲游憩的首选地区。

(3)生态环保功能

郊野公园对改善城市环境具有重要的作用。大面积的郊野公园可以明显提高城市的环境质量,满足人们对生态环境越来越高的要求,城市发展的生态学实质是将自然生态系统改变为人工系统的过程,原来的生态结构与生态过程通常被完全改变,自然的能量流过程、物质代谢过程,被人工过程所替代。郊野公园的建设有利于增强城市的自然生态功能,改善城市大气环境与水环境,保护地表与地下水资源,调节小气候,减少城市周围地区的裸露地面,减少城市沙尘,并可以为野生动植物提供环境与栖息地,从而提高城市生物多样性。

(4)景观美化功能

自然景观与人工景观的和谐。各种植物柔和的线条,多样的色彩,随季节变化的形态和不断发育的生机与城市中人工构筑物的僵硬、单调、缺乏变化形成对比,给人以美的感受。在全球自然环境不断减少、生态日渐恶化的今天,以植物为主体的自然景观在人们审美意识中的地位更加重要。因此,城市景观中人造部分与自然部分(也包括人造自然)的和谐比例已成为创造优美城市的重要前提之一。郊野公园所拥有的自然景观也是城市景观的有机组成部分,是城市的背景,在一定程度上反映着一个城市的景观风貌,因此郊野公园在建设能传承自然和历史文化,保护郊野和乡村特色以丰富城市景观,同时突出地方特色,尤其是本土的动植物和特有的自然景观地形地貌,提高城市景观质量,把城市和郊野统一协调在绿色空间之中,塑造优美的城乡景观形象。

(5)自然教育功能

郊野公园是最佳的自然教育和环境保护教育的场所。特辟的自然教育和树木研习路径,沿途设有简介牌,为游人提供各种树木、鸟类等自然生物的简介资料。公园进口处常设的游客中心以各种形式展示郊野公园的历史资源、所在地的乡村习俗、公园附近生态及地理特征、公园内的趣味动植物和特色动植物,以提高居民对郊野的认识,加深对郊区自然护理的重要性的认识,了解一系列郊野活动准则和知识,如观赏雀鸟守则、郊区守则、观赏蝴蝶守则、观赏哺乳类动物守则等,在寓教于乐中帮助市民欣赏和认识郊野环境,培养居民爱护自然,爱护郊野的情操。

2)规划要求

①用地选择:以山林地最好,选择地形比较复杂多样,景观层次多和绿化基础好的地方。

②景点布局:根据景点的自然分布情况,在景观优美的地点设置休息、眺望、观赏鸟类和植物的景点,开展远足、露营等野外活动。

③地形设计:顺应自然,不搞大量土石方工程,不大开大挖。

④重视水景的应用:利用自然的河、湖、水库,斜坡铺草或自然块石护岸,瀑布涌泉自然形态。

⑤道路和游览路线的设计:要遵循赏景的要求,随地形高低曲折,自然走向,联系各个景点,遇到绝涧、山岩等险阻,可以架设桥梁、栈道通过;铺装材料除主要防火干道用柏油外,多用碎石级配路面或土路、自然块石路面等。

⑥绿化设计:根据自然生态群落的原理营造混交林或封山育林,恢复自然植被,保护珍稀濒危植物和古树名木,形成有地方特色的植物生态群落。

⑦建筑物的设置:要少而精,只需两三间、一二处,既有供休息避暑的功能,又可以在高处、山坡建楼阁,在临水处建亭台,用作点景。建筑与小品,用粗糙石材、带皮木材、渗水砖等材料,表现自然、朴素,和自然环境协调的形式。

3)分区

结合郊野公园内各区的区位及其具有的价值,对郊野公园分成三个利用区:游憩区、宽广区和荒野区。

(1)游憩区

根据其位置及游人的可能使用程度,又分为密集游憩区、分散游憩区和特别活动区。

①密集游憩区。此区是使用人数最多的,游憩设施及其他设施也是最充足的,有烧烤炉、野餐桌椅、儿童游乐设施、游客中心、家乐路径等,并设有小食亭、厕所、电话亭、停车场、巴士站等。此区设于郊野公园的入口,是郊野公园最方便、最容易到达的地区。

②分散游憩区。此区毗连密集游憩区,位置虽较偏了一点,但交通还是方便的,通常是一些近密集游憩区的低矮山地,只是平地较少,不宜设置太多的游憩设施。此区可提供较短的步行径,在适当地方亦设有休憩地点、避雨亭、观景点、野餐地点等。

③特别活动区。设于一些弃置的石矿场、收回的采土区等,可进行一些对环境有较大影响的活动,如攀岩、爬山单车、模型飞机和汽车越野等。

（2）宽广区

宽广区设于郊野公园较深入的位置,需要步行才可抵达,需一定的体力消耗,其中设有已铺砌好的远足径、自然教育径,并设有路标、少量避雨亭或休憩地点,此区景观优美。宽广区也设有一些露营地点,让市民享受野营的乐趣。不过,最多人享用的是远足径,每逢假日,一队一队的行山队,各依着各自的路线去征服群峰。

（3）荒野区

荒野区常常位于郊野公园的最偏僻位置,通常是最难抵达的,通向该区的山间小路并没有经过修整,只是由远足人士踏出来的,因此,最能保存自然的状态,其中具有科研价值的自然景观会被划定为护理区,即特别地区。

郊野公园的分区利用,虽以三个利用区为原则,但仍要按实际情况而定,如接近市区或交通方便的郊野公园设有较多游憩设施,而且它们的利用分区是相当明显的,不过,是不会将游憩区扩大而将护理区或荒野区缩小的。另外,位置偏远的郊野公园,由于游人到访很少,所以所提供的游憩设施便较少,游憩区的范围也小,这些郊野公园便近乎于自然,自然环境的留存更为完整（图6.12）。

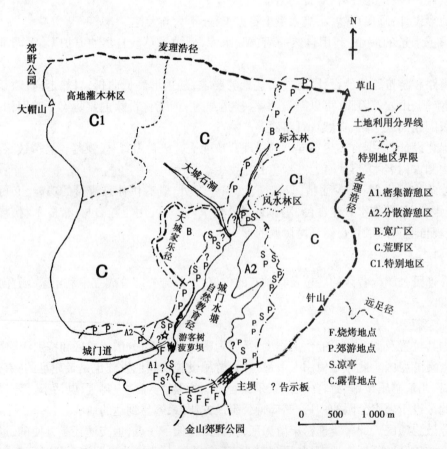

图6.12　香港城门郊野公园平面分区示意图

4)设施

(1)各种郊游路径

郊野公园内设有各种不同类型、长度、难度的郊游路径(图6.13),供游人远足或漫步,尽量满足不同类型的郊游需求。郊野路径的主要特色突出了健身、休闲、科教三方面功能。

图6.13 各种郊游路径

①健身类郊游路径。健身类郊游路径有一般健身径、长途远足径、健身远足路线三类,它们的总体难度是递增的。

②休闲类郊游路径。休闲类郊游路径有专门为青少年设计的野外均衡定向径、单车越野径和为普通游人设立的郊游径和家乐径。

③科教类郊游路径。科教郊游路线有3种:自然教育径、树木研习径、远足研习径。自然教育径和树木研习径是以青少年学生为主要的服务对象。

(2)游客中心

游客中心基本上位于郊游径、家乐径的起始点上,服务对象非常明确。

从服务内容来看,它不仅补充了郊游路径无法系统集中展现的各郊野公园的自然生态概貌,而且还增添了对郊野公园内部及其周边人文景观的内容介绍。基本上是围绕信息服务功能而设计的。

(3)露营地与烧烤区

指定地点设立露营或建立帐幕及临时遮蔽处。为考虑游人安全,对其必需的装备(背囊、营幕、用具)提供详尽指导,并提示游人应注意天气状况,更多指导内容则涉及具体的露营操作方法,如介绍扎营、拔营和煮食的技巧,应对紧急情况的方法,与周围露营者和谐共处的建议等。切勿随意生火或破坏自然景物;切勿随地抛弃垃圾;切勿污染引水道、河道及水塘;切勿伤害野生动、植物;切勿毁坏农作物;必须爱护村民财产,保持大自然美景等。与露营地设立的程序一样,专门指定和划出地方作为烧烤地点,而在这些指定地点之外进行的任何烧烤行为均不允许(图6.14)。

图6.14 指定烧烤区

习题

1.阐述国外公园绿地发展各阶段的特点。

2.阐述上海公共租界的外滩公园的建设背景及影响意义。

3.分析城市公园绿地的类型与作用。

4.承古传今,思考现代公园绿地设计如何体现地方特色。

5.确定公园绿地的功能分区、设施数量、内容规模,用地面积大小的依据是什么?

6.从某种角度说,公园绿地提供人们社会活动的场所,如何使公园绿地的设计更加公众化,体现群众的意愿?

7.各类公园选址应该考虑哪些内容?

〔拓展阅读〕

园林设计程序

园林设计的工作范围可包括庭院、宅园、小游园、花园、公园以及城市街区、机关、厂矿、校园、宾馆饭店等。公园设计内容比较全面,具有园林设计的典型性。公园的设计程序主要包括以下步骤:

一、园林设计的前提工作

(一)掌握自然条件、环境状况及历史沿革

①甲方对设计任务的要求及历史状况。

②城市绿地总体规划与公园的关系,以及对公园设计上的要求,城市绿地总体规划图比例尺为1:10 000~1:5 000。

③公园周围的环境关系、环境特点、未来发展情况。如周围有无名胜古迹、人文资源等。

④公园周围的城市景观。建筑形式、体量、色彩等与周围市政的交通联系,人流集散方向,周围居民的类型与社会结构,如,属于厂矿区、文教区或商业区等的情况。

⑤该地段的能源情况。电源、水源以及排污、排水,周围是否有污染源,如有毒有害的厂

矿企业、传染病医院等情况。

⑥规划用地的水文、地质、地形、气象等方面的资料。了解地下水位,年与月降雨量,年最高最低温度的分布时间,年最高最低湿度及其分布时间。年季风风向、最大风力、风速以及冰冻线深度等。重要或大型园林建筑规划位置尤其需要地质勘察资料。

⑦植物状况。了解和掌握地区内原有的植物种类、生态、群落组成,还有树木的年龄、观赏特点等。

⑧建园所需主要材料的来源与施工情况,如苗木、山石、建材等情况。

⑨甲方要求的园林设计标准及投资额度。

(二)图纸资料

除了上述要求具备城市总体规划图以外,还要求甲方提供以下图纸资料。

①地形图。根据面积大小,提供1∶2 000、1∶1 000、1∶500 园址范围内总平面地形图。图纸应明确显示以下内容:设计范围(红线范围、坐标数字)。园址范围内的地形、标高及现状物(现有建筑物、构筑物、山体、水系、植物、道路、水井,还有水系的进出口位置、电源等)的位置。现状物中,要求保留利用、改造和拆迁等情况要分别注明。四周环境情况:与市政交通联系的主要道路名称、宽度、标高点数字以及走向和道路、排水方向;周围机关、单位、居住区的名称、范围,以及今后发展状况。

②局部放大图。需要提供1∶200 图纸为详细设计用。该图纸应满足建筑单位设计及其周围山体、水系、植被、园林小品及园路的详细布局。

③要保留使用的主要建筑物的平、立面图。平面位置注明室内、外标高;立面图要标明建筑物的尺寸、颜色等内容。

④现状树木分布位置图(1∶200、1∶500)。主要标明要保留树木的位置,并注明品种、胸径、生长状况和观赏价值等。有较高观赏价值的树木最好附以彩色照片。

⑤地下管线图(1∶500、1∶200)。一般要求与施工图比例相同。图内应包括要保留的供水、雨水、污水、化粪池、电信、电力、暖气沟、煤气、热力等管线位置及井位等。除平面图外,还要有剖面图,并需要注明管径的大小,管底或管顶标高,压力、坡度等。

(三)现场踏勘

无论面积大小、设计项目的难易,设计者都必须认真到现场进行踏勘。一方面,核对和补充所收集的图纸资料,如现状的建筑、树木、水文、地质、地形等自然条件;另一方面,设计者到现场,可以根据周围环境条件,进入艺术构思和设计创造,仔细观察空间环境,发现可利用、可借景的景物和不利或影响景观的因素,以便在规划设计过程中分别加以适当处理。可根据情况,进行必要的多次现场调查。

现场勘察的同时,需要拍摄一定数量的环境和现状照片,以供进行设计时参考和使用。

(四)编制总体设计任务文件

设计者将所收集到的资料,经过分析、研究,定出总体设计原则和目标,编制出进行公园设计的要求和说明。主要包括以下内容:

①公园在城市绿地系统中的关系;

②公园所处地段的特征及四周环境;

③公园的面积和游人容量;

④公园总体设计的艺术特色和风格要求;

⑤公园地形设计,包括山体水系等要求;

⑥公园的分期建设实施的程序;

⑦公园建设的投资匡算。

二、总体设计方案阶段

在明确公园在城市绿地系统中的关系,确定了公园总体设计的原则与目标以后,着手进行以下设计工作:

(一)主要设计图纸内容

1. 区位图

属于示意性图纸,表示该公园在城市区域内的位置,要求简洁明了。

2. 现状图

根据已掌握的全部资料,经分析、整理、归纳后,分成若干空间,对现状作综合评述。可用圆形圈或抽象图形将其概括地表示出来。例如,经过对四周道路的分析,根据主、次城市干道的情况,确定出入口的大体位置和范围。同时,在现状图上,可分析公园设计中有利和不利因素,以便为功能分区提供参考依据。

3. 分区图

根据总体设计的原则、现状图分析,根据不同年龄段游人活动以及不同兴趣爱好游人的需要,确定不同的分区,划出满足不同功能要求的不同空间区域,并注意功能与形式的统一。另外,分区图可以反映不同空间、分区之间的关系。该图属于示意说明性质,可以用抽象图形成圆圈和不同色块等图案予以表示。

4. 总体设计方案图

根据总体设计原则、目标,总体设计方案图应包括以下方面的内容:

第一,公园与周围环境的关系;公园主要、次要、专用出入口与市政关系,即可临街道的名称、宽度;周围主要单位名称,或居民区等;公园与周围园界是围墙或透空栏杆要明确表示。第二,公园主要、次要、专用出入口的位置、面积,规划形式,主要出入口的内、外广场,停车场、大门等布局。第三,公园的总体规划,道路系统规划。第四,全园建筑物、构筑物等布局情况,建筑平面要能反映总体设计意图。第五,全园植物设计图。图上反映密林、疏林、树丛、草坪、花坛、专类花园、盆景园等植物景观。此外,总体设计图应准确标明指北针、比例尺、图例等内容。

总体设计图,面积 100 hm² 以上,比例尺多采用 1:5 000 ~ 1:2 000;面积在 10 ~ 50 hm²,比例尺用 1:1 000;面积在 8 hm² 以下,比例尺可用 1:500。

5. 地形设计图

地形是全园的骨架,要求能反映出公园的地形结构,以自然山水园而论,要求表达山体、水系的内在有机联系。根据分区需要进行空间组织;根据造景需要,确定山体形体、制高点、山峰、山脉、山脊走向、丘陵起伏、缓坡、微地形以及坞、岗等陆地造型。同时,地形还要表示出湖、池、潭、湾、涧、溪、滩、沟、渚以及堤、岛等水体造型,并要标明湖面的最高水位、常水位、最低水位线。此外,图上标明入水口、排水口的位置(总排水方向、水源及雨水聚集地)等。也要确定主要园林建筑所在地的地坪标高、桥面标高、广场高程,以及道路变坡点标高。还必须标明公园周围市政设施、马路、人行道以及与公园邻近单位的地坪标高,以便确定公园与四周环境之间的排水关系。

6. 道路总体设计图

首先在图上确定公园的主要、次要与专用出入口。还有主要广场的位置及主要环路的位置,以及作为消防的通道。同时确定主干道、次干道等位置以及各种路面的宽度、排水纵坡,并初步确定主要道路的路面材料、铺装形式等。图纸上用虚线画出等高线,再用不同的粗、细线表示不同级别的道路及广场,并将主要道路口控制标高注明。

某中型综合性公园,面积 10 hm²,原地形较平坦,共堆土 60 000 m³,全园挖湖面积 1 hm²,创造 1.5 ~ 5.5 m 高的大小山丘 17 座。

公园主要分区有芍药园、牡丹园、蔷薇园、芳香园、花卉植物区、竹林山区、湖区、缓坡草坪、声控喷泉和儿童乐园等。公园湖区位于中心,山体靠北,湖边有敞厅、码头、凉亭,西北部有餐饮服务建筑(图 6 附-1(a))。

从总平面图不难看出,公园的规划较格式化。由于原址地势较平坦,不存在"高方欲就亭台,低凹可开池沼"的"相地合宜"的条件。该公园的总体规划,遵循"水池中心""北山南水""道路循环"的较理想、模式化的总体布局。对于初学者无疑是十分理想的样板(图 6 附-1(b)、图 6 附-1(c))。

7. 种植设计图

根据总体设计图的布局和设计原则,以及苗木的情况,确定全园的总构思。种植总体设计内容主要包括不同种植类型的安排,如密林、草坪、疏林、树群、树丛、孤立树、花坛、花境、园界树、园路树、湖岸树、园林种植小品等内容。还有以植物造景为主的专类园,如月季园、牡丹园、香花园,观叶观花园中园、盆景园、观赏或生产温室、爬蔓植物观赏园、水景园,公园内的花圃、小型苗圃等。同时,确定全园的基调树种、骨干造景树种,包括常绿、落叶的乔木、灌木、草花等。

种植设计图上,乔木树冠以中壮年树冠的树幅,一般以 5 ~ 6 m 树冠为制图标准,灌木、花草以相应尺度来表示。

园林设计方案阶段的多方案比较,是一种很好的设计选择手段。不同的设计者出于个人的园林设计经验、经历以及文化素质、修养等不同,而在同一命题下产生风格形式迥然不同的方案。因此,园林设计提倡多方案进行比较。

8. 管线总体设计图

根据总体规划要求,解决全园的上水水源的引进方式;水的总用量(消防、生活、造景、喷灌、浇灌、卫生等)及管网的大致分布、管径大小、水压高低等;以及雨水、污水的水量,排放方式,管网大体分布,管径大小及水的去处等。北方冬天需要供暖,则要考虑供暖方式、负荷多少锅炉房的位置等。

9. 电气规划图

为解决总用电量、用电利用系数、分区供电设施、配电方式、电缆的敷设以及各区各点的照明方式及广播、通信等的位置。

10. 园林建筑布局图

要求在平面上,反映全园总体设计中建筑在全园的布局,主要、次要和专用出入口的售票房、管理处、造景等各类园林建筑的平面造型。大型主体建筑,如展览性、娱乐性、服务性等建筑平面位置及周围关系;还有游览性园林建筑,如亭、台、楼、阁、榭、桥、塔等类型建筑的平面安排。除平面布局外,还应画出主要建筑物的平面、立面图(图 6 附-2、图 6 附-3)。

(a) 总体设计平面

(b) 公园道路、广场、建筑布局

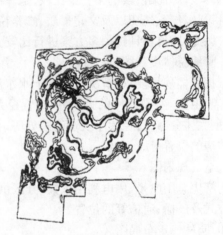

(c) 公园山体水系结构

图 6 附-1　某公园总体平面图

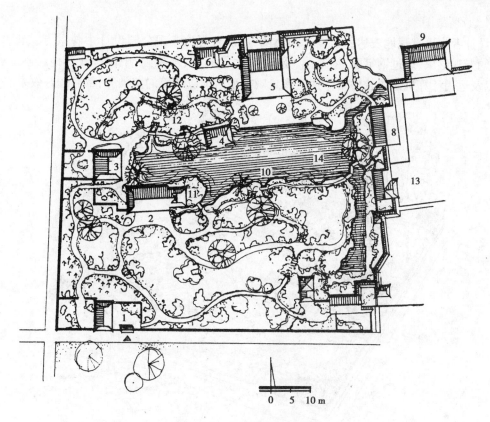

图 6 附-2　上海秋霞圃平面图

1—入口;2—池上草堂;3—丛桂轩;4—碧光亭;5—山光潭影;6—延禄轩;7—枕流漱石轩;
8—屏山堂;9—凝霞阁;10—涉趣桥;11—舟而不游轩;12—归云洞;13—即山亭;14—桃花潭

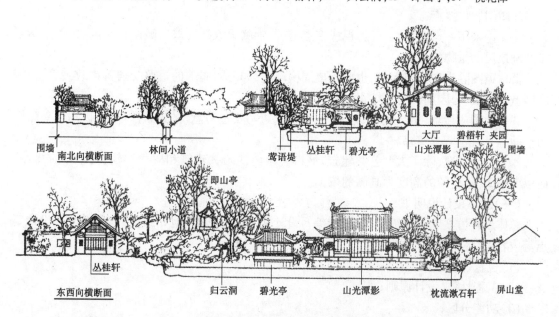

图 6 附-3　上海秋霞圃断面图

（二）鸟瞰图

设计者为更直观地表达公园设计的意图,更加直观地表现公园设计中各景点、景物以及景区的景观形象,通过钢笔画、铅笔画、钢笔淡彩、水彩画、水粉画、中国画或其他绘画形式表现,以及运用计算机绘图软件制作建筑和景观模型后加以环境的渲染等,都有较好效果。

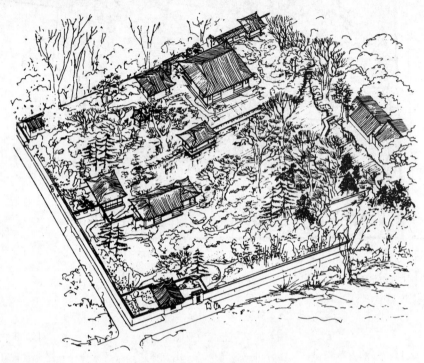

图6 附-4　上海秋霞圃鸟瞰图

鸟瞰图制作要点:

①无论采用一点透视、二点透视或多点透视、轴测画等都要求鸟瞰图在尺度、比例上尽可能准确地反映景物的形象。

②鸟瞰图除表现公园本身,也要画出周围环境,如公园周围的道路交通等市政关系;公园周围城市景观;公园周围的山体水系等。

③鸟瞰图应注意“近大远小、近清楚远模糊,近写实远写意”的透视法原则,以达到鸟瞰图的空间感、层次感、真实感。

④非一般情况,除了大型公共建筑,城市公园内的园林建筑和树木比较,树木不宜太小,而以15～20年树龄的高度为画图的依据。

（三）总体设计说明书

总体设计方案除了图纸外,还要求编写设计文字说明,全面地介绍设计者的构思、设计要点等内容,具体包括以下方面:

（1）位置、现状、面积;

（2）工程性质、设计原则;

（3）功能分区;

（4）设计主要内容(山体地形、空间围合、湖池,堤岛水系网络、出入口、道路系统、建筑布局、种植规划、园林小品等);

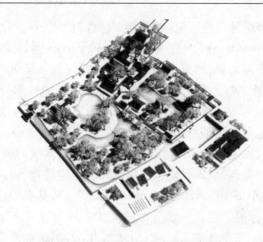

图6附-5 电脑制作园林鸟瞰图模型

（5）管线、电讯规划说明；

（6）管理机构。

（四）工程总匡算

在规划方案阶段，可按面积（hm^2、m^2），根据设计内容、工程复杂程度，结合常规经验匡算。或按工程项目、工程量，分项估算再汇总。

三、局部详细设计阶段

在上述总体设计阶段，有时甲方要求进行多方案的比较或征集方案投标。经甲方、有关部门审定，认可并对方案提出新的意见和要求，有时总体设计方案还要做进一步的修改和补充。在总体设计方案最后确定以后，接着就要进行局部详细设计工作。

局部详细设计工作主要内容：

1.平面图

首先，根据公园或工程的不同分区，划分若干局部，每个局部根据总体设计的要求，进行局部详细设计。一般比例尺为1∶500，等高线距离为0.5 m，用不同等级粗细的线条，画出等高线、园路、广场、建筑、水池、湖面、驳岸、树林、草地、灌木丛、花坛、花卉、山石雕塑等。

详细设计平面图要求标明建筑平面、标高及与周围环境的关系。道路的宽度、形式、标高；主要广场、地坪的形式、标高；花坛、水池面积大小和标高；驳岸的形式、宽度、标高。同时平面上标明雕塑、园林小品的造型。

2.横纵剖面图

为更好地表达设计意图，在局部艺术布局最重要部分，或局部地形变化部分，做出断面图，一般比例尺为1∶500~1∶200。

3.局部种植设计图

在总体设计方案确定后，着手进行局部景区、景点的详细设计的同时，要进行1∶500的种植设计工作。一般1∶500比例尺的图纸上，能较准确地反映乔木的种植点、栽植数量、树种。树种主要包括密林、疏林、树群、树丛、行道树、湖岸树的位置。其他种植类型，如花坛、花境、水生植物、灌木丛、草坪等的种植设计图可选用1∶300比例尺或1∶200比例尺。

4.施工设计阶段

在完成局部详细设计的基础上，才能着手进行施工设计。

①图纸规范。图纸要尽量符合国家《建筑制图标准》的规定。图纸尺寸:0 号图 841 mm×1 189 mm;1 号图 594 mm×841 m;2 号图 420 mm×592 mm;3 号图 297 mm×420 mm;4 号图 297mm×210 mm;4 号图不得加长,如果要加长图纸,只允许加长图纸的长边。特殊情况下,允许加长 1—3 号图纸的长度、宽度;零号图纸只能加长长边。加长部分的尺寸应为边长的 1/8 及其倍数。

②施工设计平面的坐标网及基点、基线。一般图纸均应明确画出设计项目范围,画出坐标网及基点、基线的位置,以便作为施工放线之依据。基点、基线的确定应以地形图上的坐标线或现状图上工地的坐标据点,或现状建筑屋角、墙面,或构筑物、道路等为依据,必须纵横垂直,一般坐标网依图面大小每 10 m、20 m 或 50 m 的距离,从基点、基线向上、下、左、右延伸,形成坐标网,并标明纵横标的字母。一般用 A、B、C、D…和对应的 A′、B′、C′、D′…英文字母和阿拉伯数字 1、2、3、4…和对应的 1′、2′、3′、4′…,从基点、O、O′坐标点开始,以确定每个方格网交点的纵横数字所确定的坐标,作为施工放线的依据。

③施工图纸制图要求和内容。图纸要注明图头、图例、指北针、比例尺、标题栏及简要的图纸设计内容的说明。图纸要求文字清楚、整齐;图面清晰、整洁,图线要求分清粗实线、中实线、细实线、点划线、折断线等线型,并准确表达对象。

④施工放线总图。主要表明各设计因素之间具体的平面关系和准确位置。图纸内容包括:保留利用的建筑物、构筑物、树木、地下管线等,设计的地形等高线、标高点、水体、驳岸、山石、建筑物、构筑物的位置、道路、广场、桥梁、涵洞、树种设计的种植点、园灯、园椅、雕塑等全园设计内容。

⑤地形设计总图。地形设计主要内容包括:平面图上应确定制高点、山峰、台地、丘陵、缓坡、平地、微地形、丘阜、坞、岛及湖、池、溪流等岸边、池底等的具体高程,以及入水口、出水口的标高。此外,各区的排水方向、雨水汇集点及各景区园林建筑、广场的具体高程。一般草地最小坡度为 1%,最大不得超过 33%,最适坡度在 1.5% ~10%,人工剪草机修剪的草坪坡度不应大于 25%。一般绿地缓坡坡度在 8% ~12%。

地形设计平面图还应包括地形改造过程中的填方、挖方内容。在图纸上应写出全园的挖方、填方数量,说明应进土方或运出土方的数量及挖、填土之间土方调配的运送方向和数量。一般力求全园挖、填土方取得平衡。

除了平面图,还要求画出剖面图。主要部位的山形、丘陵、坡地的轮廓线及高度、平面距离等。要注明剖面的起讫点、编号,以便与平面图配套。

⑥水系设计。除了陆地上的地形设计,水系设计也是十分重要的组成部分。平面图应表明水体的平面位置、形状、大小、类型、深浅以及工程设计要求。

首先,应完成进水口、隘水口或泄水口的大样图,然后,从全园的总体设计对水系的要求考虑,画出主、次湖面、堤、岛、驳岸造型,溪流、泉水等及水体附属物的平面位置,以及水池循环管道的平面图。

纵剖面图要表示出水体驳岸、池底、山石、汀步、堤、岛等工程做法。

⑦道路、广场设计。平面图要根据道路系统的总体设计,在施工总图的基础上,画出各种道路、广场、地坪、台阶、盘山道、山路、汀步、道桥等的位置。并注明每段的高程、纵坡、横坡的数字。一般园路分主路、支路、游步道和小径 3 ~4 级。园路最低宽度为 0.9 m,主路一般为 5 m,支路在 2 ~3.5 m,游步道为 1.2 m。国际康复协会规定残疾人使用的坡道最大纵坡为

8.33%，所以，主路纵度上限为8%。山地公园主路纵坡应小于12%。综合各种坡度，《公园设计规范》规定，支路和小路纵坡宜小于18%，超过18%的纵坡，宜设台阶、梯道。并且规定，通行机动车的园路宽度应大于4 m，转弯半径不得小于12 m。一般室外台阶比较舒适高度为12 cm，宽度为30 cm，纵坡为40%。长期园林实践数字：一般混凝土路面纵坡为0.3%～0.5%，横坡为1.5%～2.5%；园石或拳石路面纵坡为0.5%～9%，横坡为3%～4%；天然土路纵坡为0.5～8%，横坡为3%～4%。

除了平面图，还要求用1∶20的比例绘出剖面图，主要表示各种路口、山路、台阶的宽度及其材料、道路的结构层（面层、垫层、基层等）厚度做法。注意每个剖面都要编号，并与平面配套。

⑧园林建筑设计。要求包括建筑的平面设计（反映建筑的平面位置、朝向、周围环境的关系）、建筑底层平面、建筑各方向的剖面、屋顶平面、必要的大样图、建筑结构圈等。

⑨植物配置。种植设计图上应表现树木花草的种植位置、品种、种植类型、种植距离，以及水生植物等内容。应画出常绿乔木、落叶乔木、常绿灌木、开花灌木、绿篱、花篱、草地、花卉等具体的位置、品种、数量、种植方式等。

植物配置图的比例尺，一般采用1∶500、1∶300、1∶200，根据具体情况而定。大样图可用1∶100的比例尺，以便准确地表示出重点景点的设计内容。

⑩假山及园林小品。假山及园林小品，如园林雕塑等也是园林造景中的重要因素。一般最好做成山石施工模型或雕塑小样，便于施工过程中能较理想地体现设计意图。在园林设计中，主要提出设计意图、高度、体量、造型构思、色彩等内容，以便于与其他行业相配合。

⑪管线及电讯设计。在管线规划图的基础上，表现出上水（造景、绿化、生活、卫生、消防）、下水（雨水、污水）、暖气、煤气等，应按市政设计部门的具体规定和要求正规出图。主要注明每段管线的长度、管径、高程及如何接头，同时注明管线及各种井的具体位置、坐标。

同样，在电气规划图上将各种电气设备、（绿化）灯具位置、变电室及电缆走向位置等具体标明。

⑫设计概算。土建部分：可按项目估价，算出汇总价；或按市政工程预算定额中，园林附属工程定额计算。绿化部分：可按基本建设材料预算价格中苗木单价表及建筑安装工程预算定额的园林绿化工程定额计算。

7

道路绿地规划

7.1　城市道路绿化

　　古代的城市大多规模不大、道路狭窄、建筑密度较高,路旁建筑的高度大体上已能够遮挡夏日阳光的直射。尤其像我国传统城市中的街道,两侧建筑出檐深远,因此道路绿化不多甚至不予绿化也不致使人感觉不适。到了近、现代,为提高交通能力,路幅被逐渐加宽,车辆也日益增多,于是提高道路安全性,创造舒适、美观的道路环境等要求随之产生。

　　随着社会的进步,都市化进程的加快,交通业迅猛发展,道路绿化由最初的行道树种植形式发展为道路绿化。道路绿化是指以道路为主体的相关部分空地上的绿化和美化。道路类型多种多样,从城市道路、公路、铁路,增加至高架路、高速公路、轻轨铁路等,也使得道路绿地的规划类型更加多样化。现代道路绿化是一个城市以至某个区域的生产力发展水平、公民的审美意识、生活习俗、精神面貌、文化修养和道德水准的真实反映。现代道路绿化不仅是构成优美街景和城市景观,成为认识城市的重要标志,而且是一个区域的连续构图景观的组合,形成了区域的特有景观特色和地域特点。它在减少环境污染,保持生态平衡,防御风沙与火灾等方面都有重要作用,并有相应的社会效益与一定的经济效益,是保证人类社会可持续发展的物质文明和精神文明的重要组成部分。

7.1.1　道路绿地的作用

　　交通绿地是城市园林绿化系统的重要组成部分,直接反映城市的面貌和特点。它通过穿针引线,联系城市中分散的"点"和"面"的绿地,织就了一片城市绿网,更是改善城市生态景观环境,实施可持续发展的主要途径。道路绿化主要源于城市居民对道路的环境需求,依据绿化所能产生的物理功能和心理功能,并结合交通绿地自身的特点,主要有以下几方面的作用。

1) 营造城市景观

随着城市化进程的加快,城市环境日益恶化,生态遭到破坏,已危及居民的健康和城市的可持续发展。因此,现代城市不仅需要气势雄伟的高楼大厦、纵横交织的立交桥、绚丽多彩的色彩灯光,更需要蓝天、白云、绿树、鲜花、碧水和新鲜的空气。而城市道路交通绿化,不仅可以美化街景、软化建筑硬质线条、优化城市建筑艺术特征,还可以遮掩城市街道上有碍观瞻的地方。我们可以利用不同的植物,采用不同的艺术造景手法,结合不同的交通绿地,成线、成片、成景地进行绿化美化。另外,在一些特殊地段,如立交桥、高层建筑则进行垂直绿化,形成明显的园林化立体景观效果。这样,使整个城市面貌更加优美。国内外一些著名的城市,如美国的华盛顿、德国的波恩、澳大利亚的悉尼、中国的深圳等,由于街道绿化程度高,空气清新,处处是草坪、绿树、鲜花,因而被人们誉为"国际花园城市"。

2) 改善交通状况

利用交通绿地的绿化带,可以将道路分为上下行车道、机动车道、非机动车道和人行道等,这样可以避免发生交通事故,保障了行人车辆的交通安全。另外,在交通岛、立体交叉口、广场、停车场等地段也需要进行绿化。利用这些不同形式的绿化,都可以起到组织城市交通,保证车行速度,保障行人安全,改善交通状况的作用。

科学研究表明,绿色植物可以减轻司机的视觉疲劳,这在一定程度上也大大减少了交通事故的发生。因此,结合城市的公路、铁路、高速道路旁进行绿化设计不仅可以改善交通状况,而且可以减少交通安全隐患。

3) 保护城市环境

由于城市交通绿地线长、面宽、量多,可以吸收城市排放的大量废气,因此在改善城市环境质量方面起着重要的作用。

街道上茂密的行道树,建筑前的绿化以及街道旁各种绿地,对于调节道路附近的温度、增加湿度、减缓风速、净化空气、降低辐射、减弱噪声和延长街道使用寿命等方面有明显效果。

根据测定,在绿化良好的街道上,距地面 1.5 m 处的空气含光量比无绿化的地段低56.7%;具有一定宽度的绿化带可以明显地将噪声减弱 5~8 dB;夏天树荫下水泥路面的温度要比阳光下低 11 ℃ 左右。因此,交通绿地对于城市环境保护的作用是显而易见的。

4) 其他功能需要

交通绿地可以起到防火、备战作用,比如平时可以作为防护林带,防止火灾;战时可以伪装掩护;震时可以搭棚自救等。同时,由于交通绿地距离居住区较近,再加上一些绿地内通常设有园路、广场、坐凳、宣传设施、建筑小品等,可以给居民提供健身、散步、休息和娱乐的场所,弥补城市公园分布不均造成的缺陷。

此外,由于交通道路绿化在城市绿地系统中占有很大比例,而很多植物不仅观赏价值高,而且具备一定的食用、药用和商用价值,如七叶树、杜仲、银杏等。因此,在进行街道绿化过程中,除了首先要满足街道绿化的各种功能要求外,同时还可根据需要,结合生产、增收节支,创造一定的经济效益,但在具体应用上应结合实际,因地制宜,讲究效果,这样才能达到预期目的。例如,广西南宁、甘肃兰州、广东新会、陕西咸阳等城市都具有一定的代表性。

7.1.2 道路绿地规划设计原则与要求

城市道路绿化是城市道路的重要组成部分,在城市绿化覆盖率中占较大比例。城市机动车辆的增加,交通污染日趋严重,利用道路绿化改善道路环境,已成当务之急。城市道路绿化也是城市景观风貌的重要体现。

城市道路绿化主要功能是庇荫、滤尘、减弱噪声、改善道路沿线的环境质量和美化城市。以乔木为主,乔木、灌木、地被植物相结合的道路绿化,防护效果最佳,地面覆盖最好,景观层次丰富,能更好地发挥其功能作用。

1)确定道路绿地率

道路绿地率是指道路红线范围内各种绿带宽度之和占总宽度的百分比。在规划道路红线宽度时,应同时确定道路绿地率。我国建设部规定:园林景观道路绿地率不得小于40%;红线宽度大于50 m的道路绿地率不得小于30%;红线宽度在40~50 m的道路绿地率不得小于25%;红线宽度小于40 m的道路绿地率不得小于20%。国外一些大城市绿化景观较好的道路,其绿地率为30%~40%。因此,根据实地情况,尽可能提高道路绿地率,使城市的绿化风貌与景观特色更好地体现。

2)合理布局道路绿地

种植乔木的分车绿带宽度不小于1.5 m;主干路上的分车绿带宽度不宜小于2.5 m;行道树绿带宽度不小于1.5 m;主、次干路中间分车绿带和交通岛绿地不能布置成开放式绿地,交通岛半径一般为40~60 m,忌常绿乔木和灌木,以嵌花草坪为主;路侧绿带尽可能与相邻的道路红线外侧其他绿地相结合;人行道毗邻商业建筑的路段,可与人行绿带合并;与行道树、绿道两侧环境条件差异较大时,路侧绿带可集中布置在条件较好的一侧。

3)体现道路景观特色

同一道路的绿化应有统一的景观风格,不同路段的绿化形式可有所变化;同一路段上的各类绿带,在植物配植上应相互配合并应协调空间层次、树形组合、色彩搭配和季相变化的关系;园林景观路应与街景结合,配植观赏价值高、有地方特色的植物;主干路应体现城市道路绿化景观的风貌;毗邻山、河、湖、海的道路,其绿化应结合自然环境突出自然景观特色。

4)选择树种和地被植物

道路绿化应选择适应道路环境条件、生长稳定、观赏价值高和环境效益好的植物种类。寒冷积雪地区的城市,分车绿带、行道树绿带种植的乔木,应选择落叶树种。行道树应选择深根性、分枝点高、冠大荫浓、生长健壮、适应城市道路环境条件且落果对行人不会造成危害的树种。花灌木应选择花繁叶茂、花期长、生长健壮和便于管理的树种。绿篱植物和观叶灌木应选用萌芽力强、枝繁叶密、耐修剪的树种。地被植物应选择茎叶茂密、生长势强、病虫害少和易管理的木本或草本观叶、观花植物。其中,草坪地被植物应选择萌蘖力强、覆盖率高、耐修剪和绿色期长的种类。

7.1.3 道路绿化断面布置形式

该形式是指建筑红线范围以内的行道树与分隔带、交通岛以及附设在红线范围以内的游憩林荫路绿化。包括人行道林荫路、滨河路、街旁绿地、广场、停车场等。

道路绿化的断面布置形式取决于道路横断面的构成,我国目前采用的道路断面以一块板、两块板和三块板等形式为多,与之相对应的道路绿化的断面形式也形成了一板二带式、两板三带式、三板四带式、四板五带式以及其他形式等多种类型。

1)一板二带式(一块板)

在我国广大城市中最为常见的道路绿化形式为一板二带式布置。中间是车行道,路旁人行道上栽种高大的行道树。

这是道路绿地中最常用的一种形式。它由一条车道,两条绿化带组成。中间为车道,两侧种植较高大的行道树与人行道分离。在人行道较宽或行人较少的路段,行道树下也可设置狭长的花坛,种植适量的低矮花灌木。优点是用地经济,管理方便、简单且规则整齐。缺点是使用单一乔木使得景观比较单一,而且当车行道过宽时,由于树冠所限,行道树的遮阴效果较差。另外,机动车辆与非机动车辆混合行驶,容易发生交通事故,不便于管理(图7.1)。

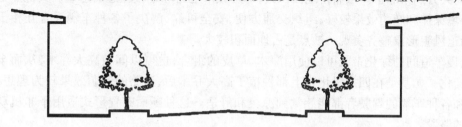

图7.1 一板二带式道路绿地断面图

2)两板三带式(两块板)

当相向行驶的机动车较多,而需要用绿化带在路中予以分隔,形成单向行驶的两股车道。这种形式由两条车道、中间两边共三条绿化带组成,可将车辆上下分开,即在道路中间的分隔带绿化,并在道路两侧布置行道树构成两板三带式绿带(图7.2)。这种形式适于宽阔道路,绿带数量较大,中间超过8 m可设置林荫带和小游园,生态效益较显著。其优点是用地较经济;采用了分隔绿带,可消除相向行驶的车流干扰,避免机动车事故发生。缺点是由于不同车辆同向混合行驶,还不能完全杜绝交通事故。此种形式多用于城市入城道路、环城道路和高速公路。

图7.2 两板三带式道路绿地断面图

采用两板三带式布置,中间有了为使驾驶员能观察到相向车道的情况,分隔绿带中不宜种植乔木,一般仅用草皮以及不高于70 cm的灌木进行组合,这既有利于视野的开阔,又可以避免夜晚行车时前灯的照射眩目。利用不同灌木的叶色花形,分隔绿带能够设计出各种装饰性图案,大大提高了景观效果。其下可埋设各种管线,这对于铺设、检修都较有利。但与一板两带式绿化相同,此类布置依旧不能解决机动车与非机动车争道的矛盾。因此主要用于机动车流较大、非机动车流量不多的地带。

3)三板四带式(三块板)

为解决机动车与非机动车行驶混杂的问题,利用两条绿化分隔带将道路分为三块,中间作为机动车行驶的快车道,两侧为非机动车的慢车道,加上车道两侧的行道树共四条车道,呈现出三板四带的形式(图7.3)。

图7.3 三板四带式道路绿地断面图

利用两条分隔带把车行道分成三块,中间为机动车道,两侧为非机动车道,连同车道两侧的行道树共为四条绿带。虽然占地面积大,却是城市道路绿地较理想的形式。其优点是绿化量大,环境保护和庇荫效果较好;组织交通方便,安全可靠,解决了各种车辆混合互相干扰的矛盾;街道风貌形象整齐美观。缺点是占地面积较大。

快、慢车道间的绿化带既可以使用灌木、草皮的组合,也可以间植高大乔木,从而丰富了景观的变化。尤其是在四条绿化带上都种植了高大乔木后,道路的遮荫效果较为理想,在夏季行人和各种车辆的驾驶者都能感觉到凉爽和舒适。这种断面布置形式适用于非机动车流量较大的路段。

4)四板五带式(四块板)

利用三条分隔带将车道分为四条,使不同车辆分开,均形成上行、下行互不干扰,形成五条绿化带(图7.4),利于限定车速和交通安全。这种形式多在宽阔的街道上应用,是城市中比较完整的道路绿化形式。其优点是不同车辆的上下行,保证了交通安全和行车速度、绿化效果与景观效果显著,生态效益明显。缺点是道路占地面积随之增加,不宜在用地较为紧张的城市中应用,经济性较差。如果道路面积不宜布置五带,则可用栏杆分隔,以节约用地。

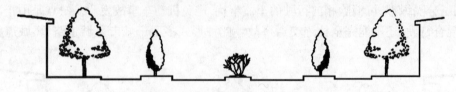

图7.4 四板五带式道路绿化断面图

5)其他形式

随着城市化建设速度的加快,原有城市道路已经不能适应城市面貌的改善和车辆日益增多的需要,因此必须改善传统的道路行驶,因地制宜增设绿带。根据道路所处的地理位置、环境条件的特点,灵活采用一些特殊的绿化形式。如在建筑附近、宅旁、山坡下、水边等地多采用一板一带式的一条绿化带设计,即经济美观,又实用(图7.5)。

图7.5 一板一带形式

7.1.4 道路绿地规划组成要素专用语

城市道路绿地设计组成要素是与道路相关的一些要素专门术语,设计中需要注意和掌握。

1)红线

在城市规划建设图纸上划分出的建筑用地与道路用地的界线,常以红色线条表示,故称道路红线。道路红线是街面或建筑范围的法定分界线,是线路划分的重要依据。

2)道路分级

道路分级的主要依据是道路的位置、作用和性质,是决定道路宽度和线型设计的主要指标。目前我国城市道路大都按三级划分:主干道(全市性干道)、次干道(区域性干道)、支路(居住区或街坊道路)。

3)道路总宽度

道路总宽度也称路幅宽度,即规划建筑线(建筑红线)之间的宽度。是道路用地范围,包括横断面各组成部分用地的总称。

4)分车带

车行道上纵向分隔行驶车辆的设施,用以限定行车速度和车辆分行。常高出路面 10 cm 以上。也有在路面上漆涂纵向白色标线,分隔行驶车辆,称为"分车线"。三块板道路断面有两条分车带;两块板道路断面有一条分车带。

5)交通岛

交通岛可分为中心岛、导向岛和立体交叉绿岛。

①中心岛:为利于管理交通而设于路面上的一种岛状设施。一般用混凝土或砖石围砌高出路面 10 cm 以上,设置在交叉路口中心引导行车。

②导向岛:位于交叉口上分隔进出行车方向,安全岛是在宽阔街道中供行人避车之处。

③立体交叉绿岛:互通式立体交叉干道与匝道围合的绿化用地。

6)绿带

绿带是道路红线范围内的带状绿地,道路绿带分为分车绿带、行道树绿带和路侧绿带。

①分车绿带。分车绿带是车行道之间可以绿化的分隔带,位于上下行机动车道之间的为中间分车绿带。位于机动车道与非机动车道之间或同方向机动车道之间的为两侧分车绿带。如三块板道路断面有两条分车绿带;两块板道路上只有一条分车绿带,又称中央分车绿带。分车绿带有组织交通、夜间行车遮光的作用。

②行道树绿带又称人行道绿化带、步道绿化带,是车行道与人行道之间的绿化带,以种植行道树为主的绿带。人行道如果宽 2~6 m 的,就可以种植乔木、灌木、绿篱等。行道树是绿化带最简单的形式,按一定距离沿车行道成行栽植。

③路侧绿带:在道路侧方,布设在人行道边缘至道路红线之间的绿带。

7)基础绿带

基础绿带又称基础栽植,是紧靠建筑的一条较窄的绿带。它的宽度为 2~5 m,可植绿篱、花灌木,分隔行人与建筑,减少外界对建筑内部的干扰,美化建筑环境。

8)园林景观路

在城市重点路段,强调沿线绿化景观,体现城市风貌、绿化特色的道路。

9)装饰绿地

以装点、美化街景为主,不让行人进入的绿地。

10)开放式绿地

绿地中铺设游步道、设置座凳等,供行人进入游览休息的绿地。

道路绿地组成要素相关名词术语如图7.6所示。

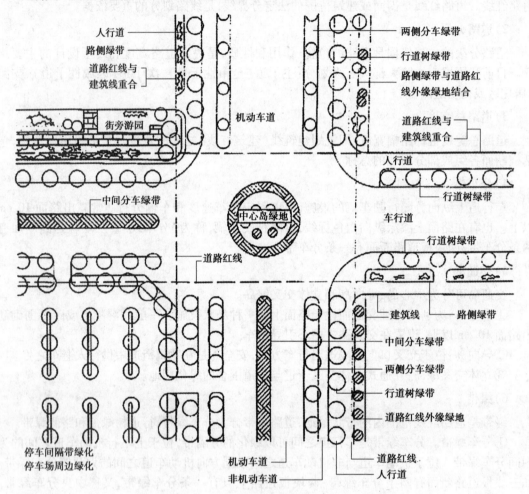

图7.6　道路绿地组成要素专用名称

7.1.5　城市街道绿地设计

城市街道绿地设计包括行道树种植设计、道路绿地设计、交叉路口种植设计、立体交叉绿地设计、交通岛绿地设计、停车场绿地设计、林荫路绿地设计和滨河路绿地设计等。

1)行道树种植设计

一般当城市道路的人行道>2.5 m宽时就应种植行道树。

(1)行道树树种选择

相对于自然环境,行道树的生存条件并不理想,光照不足,通风不良,土壤较差,供水、供肥都难以保证,而且还要长年承受汽车尾气、城市烟尘的污染,甚至时常可能遭受有意无意的人为损伤,加上地下管线对植物根系的影响等,都会有害于树木的生长发育。所以选择对环境要求不十分挑剔、适应性强、生命力旺盛的树种就显得十分重要。

①适地适树。树种的选择首先应考虑它的适应性。当地的适生树种经历了长时间的适应过程,产生了较强的耐受各种不利环境的能力。抗病、抗虫害力强,成活率高,而且苗木来源较广,应当作首选树种。

②树种条件。a.干形通直,材质好;主干道枝下高要求≥3.5 m;b.冠大荫浓,枝繁叶茂,树形端正优美;c.根系发达,无根蘖,不破坏路基路面;d.耐修剪,发枝能力强,愈合能力强;e.发芽早,落叶迟,落叶期集中;f.花、果、絮、毛无污染;g.适应性强,生长快,寿命长;h.无或少病虫害。

③树种选定。a.郊外公路:遮荫、护路,副产品生产,不同区段选择不同树种;b.市区道路:遮荫好,树形美,防污染,重点路段选择珍贵观赏树种;c.林荫路、风景区:注重花果、枝叶、色彩与姿态优美的观赏树。

④树木栽植位置。a.与地上、地下管线的关系(地下怕根,地上怕冠);b.种植地点土壤条件(建筑垃圾>40%要客土);c.株行距(一般5~8 m)。

(2)行道树的种植方法

行道树的种植方式有多种,常用的有树带式(带植)、树池式(穴植)两种。

①树带式(带植)。在人行道和车行道之间留出一条不加铺装的种植带,为树带式种植形式(图7.7)。这种种植带宽度一般不小于1.5 m,以4~6 m为宜,可植1行乔木和绿篱或视不同宽度可多行乔木和绿篱结合(图7.7)。一般在交通、人流不大的情况下采用这种种植方式,有利于树木生长。在种植带树下铺设草皮,以免裸露的土地影响路面的清洁,同时在适当的距离(一般为30 m)要留出铺装过道,以便人流通行或汽车停站。

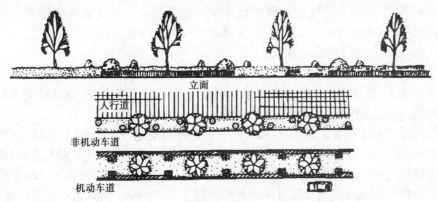

图7.7 树带式种植

②树池式(穴植)。在交通流量比较大、行人多而人行道又狭窄的街道上,宜采用树池的方式种植(图7.8)。一般树池以正方形为好,大小以1.5 m×1.5 m为宜;若长方形以1.2 m×2 m为宜;还有圆形树池,其直径不小于1.5 m。行道树宜栽植于几何形的中心,树池的边石有高出人行道10~15 cm的,也有和人行道等高的。前者对树木有保护作用,后者行人走路方便,现多选用后者。在主要街道上还覆盖特制混凝土盖板石或铁花盖板保护植物,对行人更为有利。

(3)行道树株距及定干高度

行道树的定干高度,应根据其功能要求、交通状况、道路的性质、宽度及行道树距车行道

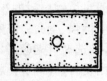

图 7.8　常用树池式种植示意图

的距离、树木分枝角度而定。当苗木出圃时,一般胸径在 12～15 cm 为宜,树干分枝角度越大,干高就不得小于 3.5 m;分枝角度较小者,也不能小于 2 m,否则会影响交通。

另外,对于行道树的株距,一般采用 5 m 为宜。但在南方如用一些高大乔木,也采用 6～8 m 株距。故视具体条件而定,以成年树冠郁闭效果好为准(表 7.1)。

表 7.1　行道树的株距

树种类型	通常采用的株距/m			
	准备间移		不准备间移	
	市区	郊区	市区	郊区
快长树（冠幅 15 m 以下）	3～4	2～3	4～6	4～8
中慢长树（冠幅 15～20 cm）	3～5	3～5	5～10	4～10
慢长树	2.5～3.5	2～3	5～7	3～7
窄冠树	—	—	3～5	3～4

随着城市化进程的加快,各种管线不断增多,包括架空线和地下管网等。一般多沿道路走向布设各种管道,因而易与城市街道绿化产生许多矛盾。一方面要在城市总体规划中考虑;另一方面又要在详细规划中合理安排,为树木生长创造有利条件。

(4)街道的宽度、走向与绿化的关系

①街道宽度与绿化的关系。人行道的宽度一般不得小于 1.5 m,而人行道在 2.5 m 以下时很难种植乔灌木,只能考虑进行垂直绿化。随着街道、人行道的加宽,绿化的宽度也逐渐增加,种植方式也可随之丰富,并有多种形式出现。

为了发挥绿化对于改善城市小气候的影响,一般在可能条件下绿带以占道路总宽度 20% 为宜,但也要根据不同地区的要求而有差异。例如,在旧城区要求绿化宽度大是比较困难的,而在新建区就可有较宽的绿带,形式也丰富多彩,既达到其功能要求,又美化了城市面貌。

②街道走向与绿化的关系。行道树的种植不仅要求对行人、车辆起到遮阳的效果,而且对临街建筑防止强烈的西晒也很重要。全年内要求遮阳时期的长短与城市所在地区的纬度和气候条件有关。我国一般自 4、5 月—8、9 月,约半年时间内都要求有良好的遮阳效果,低纬度的城市则更长。一天内自上午 8:00—10:00,下午 1:30—4:30 是防止东晒、西晒的主要时间。因此,我国中部、北部地区东西向的街道,在人行道的南侧种树,遮阳效果良好,而南北向的街道两侧均应种树。在南方地区,无论是东西向、南北向的街道,均应种树。

2)绿化带的绿化设计

(1)人行道绿化设计

从车行道边缘至建筑红线之间的绿化地段统称为人行道绿化带。这是道路绿化中的重要组成部分,人行道往往占很大的比例。

为了保证车辆在车行道上行驶时车中人的视线不被绿带遮挡,能够看到人行道上的行人和建筑,在人行道绿化带上种植树木必须保持一定的株距,以保持树木生长需要的营养面积。一般来说,人行道上绿化带对视线的影响,其株距不应小于树冠直径的2倍。但栽种雪松、柏树等易遮挡视线的常绿树,为使其不遮挡视线,其株距应为树冠冠幅的4~5倍。

人行道绿化带上种植乔木和灌木的行数由绿带宽度决定。在地上、地下管线影响不大时,宽度在2.5 m以上的绿化带,种植一行乔木和一行灌木;宽度大于6 m时,可考虑种植两行乔木,或将大、小乔木和灌木以复层方式种植;宽度在10 m以上的绿化带,其株行数可多些,树种也可多样,甚至可以布置成游园式的林荫道。

人行道绿化带是街道景观的重要组成部分,对街道面貌、街景的四季变化均有显著的影响。人行道绿化带设计为街道整体设计的一部分,应进行综合考虑,与道路环境协调。人行道绿化带的设计,一般可分为规则式(图7.9)和自然式(图7.10)、或规则与自然相结合的形式。现在在国外的人行道绿化带设计多用自然式布置手法种植乔木、灌木、花卉和草坪,外貌自然活泼而新颖。自然式种植就是绿带上树木三五成群,高低错落地布置在车行道两侧,这种种植方式又分为带状与块状两种类型,但人行道绿化带的设计以规则与自然相结合的形式最为理想。

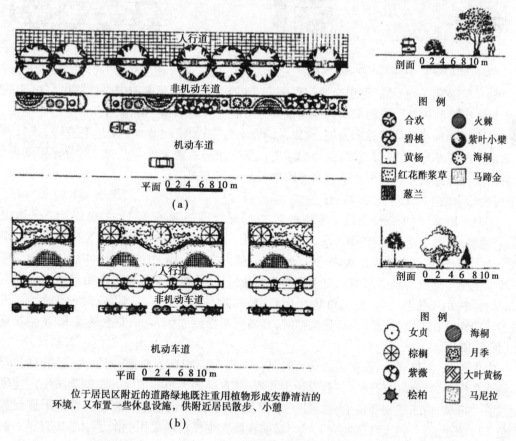

(a)

位于居民区附近的道路绿地既注重用植物形成安静清洁的
环境,又布置一些休息设施,供附近居民散步、小憩

(b)

图7.9　规则式人行道绿化带(实例)

(2)分车绿带绿化设计

在分车带上进行绿化,称为分车绿带,也称为隔离绿带。分车带的宽度,依行车道的性质和街道的宽度而定,高速公路的分车带的宽度可达5~20 m,最低宽度也不能小于1.5 m,常

见的分车绿带为 2.5~8 m。大于 8 m 宽的分车绿带可作为林荫路设计。分车带应进行适当分段,一般以 75~100 m 为宜。尽可能与人行横道、停车站、大型商店和人流集中的公共建筑出入口相结合。分车绿带位于道路中间,位置明显而重要,因此在设计时要注意技术与艺术效果。可以造成封闭的感觉,也可以创造半开敞、开敞的感觉。分车带的绿化设计方式有三种,即封闭式、半开敞式和开敞式(图 7.11)。

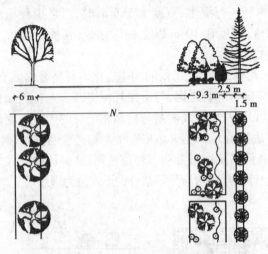

图 7.10 自然式人行道绿化带

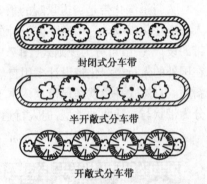

图 7.11 分车带的种植形式

分车带绿地起到分隔、组织交通与保障安全的作用,机动车道的中央分隔带在可能的情况下要进行防眩种植。机动车两侧分隔带如有可能应有防尘、防噪声种植。

分车带的种植以落叶乔木为主;或以常绿乔木为主;或搭配灌木、草地、花卉等;或只种植低矮灌木配以草地、花卉等方式,这些都需要根据交通与景观来综合考虑。对分车带的种植,要针对不同道路使用者的视觉要求来考虑树种与种植方式。

(3)交叉路口、交通岛绿化设计

①交叉路口:两条或两条以上道路相交之处,是交通的咽喉、隘口,种植设计需先调查地形、环境特点,并了解"安全视距"及有关符号。为了保证行车安全,道路交叉口转弯处必须空出一定距离,使司机在这段距离内能看到对面或侧方来的车辆,并有充分的时间刹车或停车,不致发生撞车事故。根据两条相交道路的两个最短视距,可在交叉口平面图上绘出一个三角形,称为"视距三角形"。在此三角形内不能有建筑物、构筑物、广告牌以及树木等遮挡司机视线的地面物。在视距三角形内布置植物时,其高度不得超过 0.70 m,宜选矮灌木、丛生花草种植(图 7.12)。

②中心岛:俗称转盘,设在道路交叉口处。主要为组织环形交通,使驶入交叉口的车辆,一律绕岛作逆时针单向行驶。一般设计为圆形,其直径的大小必须保证车辆能按一定速度以交织方式行驶,由于受到环道上交织能力的限制,中心岛多设在车辆流量大的主干道或具有大量非机动车通行,行人众多的交叉口。目前我国大中城市所采用的圆形中心岛直径一般为 40~60 m,一般城镇的中心岛直径也不能小于 20 m。

中心岛绿地要保持各路口之间的行车视线通透,不宜栽植过密乔木,而应布置成装饰绿地,方便绕行车辆的驾驶员准确快速识别各路口。不可布置成供行人休息用的小游园或吸引游人的地面装饰物,而常以嵌花草皮花坛为主或以低矮的常绿灌木组成简单的图案花坛,切

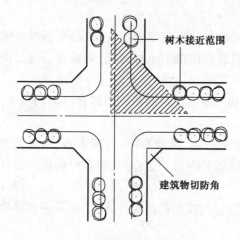
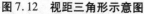

图7.12　视距三角形示意图

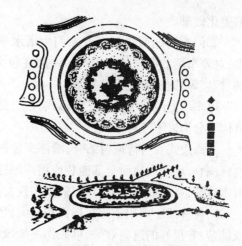

图7.13　中心岛设计示意图

忌用常绿小乔木或大灌木,以免影响视线。中心岛虽然也能构成绿岛,但比较简单,与大型的交通广场或街心游园不同,且必须封闭(图7.13)。

③导向岛:用以指引行车方向,约束车道,使车辆减速转弯,保证行车安全。绿化布置常以草坪、花坛为主。为强调主要车道,可选用圆锥形常绿树栽在指向主要干道的角端,加以强调;在次要道路的角端,可选用圆形树冠树种,以示区别。

④立体交叉:主要分为两大类,即简单立体交叉和复杂立体交叉。简单立体交叉又称分立式立体交叉,纵横两条道路在交叉点相互不通,这种立体交叉一般不能形成专门的绿化地段,只作行道树的延续。复杂立体交叉又称互通式立体交叉。

在闸道和主次干道汇集的地方不宜种植遮挡视线的树木,出入口可以作为指示标志的种植,使司机看清入口,弯道外侧最好种植成行的乔木,诱导行车方向。绿岛种植草坪地被植物,点缀树丛、孤植树和花灌木,形成疏朗的效果。桥下种植耐荫植物,墙面垂直绿化。外围绿地和道路延伸方向的景观结合,和周围建筑物、道路、路灯、地下设施等配合(图7.14)。

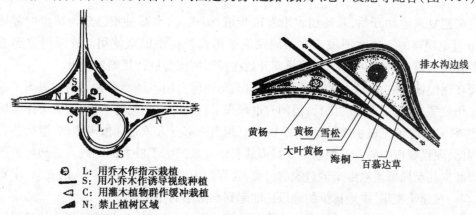

- L:用乔木作指示栽植
- S:用小乔木作诱导视线种植
- C:用灌木植物群作缓冲栽植
- N:禁止植树区域

图7.14　立体交叉绿地设计示意图

(4)停车港和停车场

①停车港的绿化。在城市中沿着路边停车,将会影响交通,也会使车道变小,可在路边设凹入式"停车港",并在周围植树,使汽车在树荫下可以避晒,既解决停车问题,又增加了街景

的美化效果。

②停车场的绿化。随着人们生活水平的提高和城市发展速度的加快,机动车辆越来越多,对停车场的要求越来越高。一般在较大的公共建筑物(如剧场、体育馆、展览馆、影院、商场、饭店等)附近都应设停车场。

停车场的绿化可分为三种形式,多层的、地下的和地面的。目前我国以地面停车场较多,具体可分为以下三种形式:

a. 周边式。与行道树结合,沿停车场四周种植落叶乔木、常绿乔木、花灌木等,用绿篱或栏杆围合,场地内地面全部铺装或用草坪砖。防尘、减弱噪声有一定作用,但有时场地内没有树木遮荫,夏季烈日暴晒,对车辆损伤较大。

b. 树林式。多用于停车场面积较大,场地内种植成行、成列的落叶乔木,场地采用草坪砖或铺装,有很好的遮荫效果,可兼作一般绿地。

c. 建筑物前绿化带兼停车场。建筑入口前的景观可以增加街景的变化,衬托建筑的艺术效果,防止因车辆组织不好使建筑物正面显得凌乱。包括基础绿地、前庭绿地和部分行道树,一般采用乔木和绿篱或乔木和灌木结合方式。

7.2 林荫路、步行街绿化

现代城市的喧嚣和节奏过快,往往对人造成有形与无形的压力。为缓解各种压力,城市需要轻松、幽雅的环境,设置一定数量的休闲空间,可以让人在悠闲、宁静的环境中得到放松,从而排遣来自工作、生活中的种种紧张情绪。游憩林荫道、步行街与滨水绿地就是城市休闲空间的形式之一。

7.2.1 林荫路绿化设计

自文艺复兴运动开始,几排树木沿着散步道、街道、滨水路种植已成为城市中常见的景观。16 世纪晚期的一些欧洲城市在城墙顶端规则式种树供民众使用。波斯则建起了长达3 km 的林荫大道。荷兰也在 17 世纪早期开始在城市河流旁进行规则式栽树。

而在现代城市中,街道上大多已为各种机动车辆所占用。虽然车辆的增加提高了社会整体的工作效率,方便了人们的出行,但同时也带来了污染与安全问题。但是,城市作为居民生活的主要阵地,除了完成快捷效率的工作,还有相当一部分人只是为散步休闲、逛街购物而出行。因此,现代城市中的人车混杂对于城市的有序发展产生了极大的制约。游憩林荫道的设置可以减少甚至局部消除由车辆造成的污染,合理组织城市交通,保障行人的安全,丰富城市景观,在一些建筑密集、绿地稀少的地段还能起到小游园的作用。

林荫道是指与道路平行并具有一定宽度的带状绿地,也可称为是带状街头休息绿地。林荫道利用植物与车行道隔开,在其内部不同地段辟出各种不同的休息场地,并有简单的园林设施,供行人和附近居民作短时间休息之用。目前在城市绿地不足的情况下,可起到小游园的作用。它扩大了群众活动场地,同时增加了城市绿地面积,对改善城市小气候,组织交通、丰富城市街景起着很大的作用。

1)设在街道中间的林荫道

两边为上下行的车行道,中间有一定宽度的绿化带,这种类型较为常见。例如,北京正义路林荫道、上海肇家滨林荫道等。此类林荫道主要供行人和附近居民作暂时休息用,多在交通量不大的情况下采用,出入口不宜过多。

这种类型的林荫道可以有几种布置形式:

(1)简式

游憩林荫道的最小宽度不应小于 8 m,其中包括一条宽 3 m 的人行步道,两侧可安放休息椅凳;步道旁还需每边布置一条宽 2.5 m 的绿化种植带,以便栽种一行乔木和一行灌木形式较为简单,但基本满足了与相邻的车道相互隔离的要求(图 7.15)。

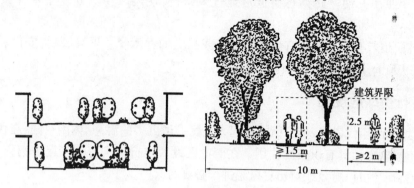

图 7.15 林荫道断面示意图

(2)复式

当游憩林荫道用地面积较宽裕时,可以采用两条人行步道和三条绿化带的组合形式。中间一条绿化带布置花坛、花境、灌木、绿篱,也可以间植乔木。两条步道分置于花坛的两侧,沿其外缘安放休息座椅。步道之外是分隔绿带,为保持游憩林荫道内部的宁静和卫生,与车行道相邻的绿带内至少应种植两列乔木以及灌木、绿篱,以使车辆的影响降到最低的程度(图7.16)。如果林荫道的一侧为临街建筑,则应栽种较矮小的树丛或树群,这既可以避免建筑为树木遮挡,又能够增加游憩林荫道的层次感。采用这样的布置形式,林荫道的总宽度应在20 m左右,甚至更宽。

图 7.16 林荫道断面轮廓外高内低示意图

(3)游园式

如果游憩、林荫道的用地宽度在 40 m 以上,则可以进行游园式布置。形式可选择规则式,也可采用自然式,需要具有一定的艺术性要求。其中除了应设置两条以上的游憩步道和花坛、喷泉、雕像等要素外,还可以布置一些亭、廊、花架以及服务性小品,以便更大程度地满足休憩、游览的需求。

2）设在街道一侧的林荫道

由于林荫道设立于道路的一侧，减少了行人与车行道的交叉，在交通比较频繁的街道上多采用此种类型，同时也往往受地形影响而定。例如，傍山一侧滨河或有起伏的地形时，可利用借景将山、林、河、湖组织在内，创造安静的休息环境和优美的景观效果。如上海外滩绿地、杭州西湖畔的公园绿地等。

3）设在街道两侧的林荫道

设在街道两侧的林荫道与人行道相连，可以使附近居民不用穿过道路就可达到林荫道内，既安静，又使用方便。此类林荫道占地过大，目前使用较少。如北京阜外大街花园林荫道。

总之，林荫道与车道之间要有浓密的植篱或高大的乔木绿色屏障，保持安静。立面上外高内低，70～100 m分段设置出入口。

7.2.2 步行街绿地规划

自20世纪50年代以来，步行街的兴起为市民提供更多的游憩、休闲空间，在优化城市环境、美化城市景观方面具有积极的作用。在商业区设置步行街则有利于促进销售，而历史文化地段的步行街还可以有效地对历史风貌进行必要的保护。

步行街与游憩林荫道一样，在对于改善城市环境、创造宜人空间方面，都是本着"以人为本"的原则，从人的行为心理出发，用空间形象的创造来改善环境、保障安全和为人提供满足他们精神需求的优美空间。

1）步行街的类型

对一些人流较大的路段实施交通限制，完全或部分禁止车辆通行，让行人能在其间随意而悠闲地行走、散步和休息，这就是所谓的步行街。

（1）商业步行街

我国目前最为常见的是商业步行街。在城市中心或商业、文化较为集中的路段禁止车辆进入，既可以消除噪声和废气污染，消除了人车混杂不安全因素，使行人的活动更为自由和放松。正是步行街所具有的安全性和舒适感，可以凝聚人气，对于促进商业活动也有积极的意义。

（2）历史街区步行街

国外有些城市为保护某些街区的历史文化风貌，将交通限制的范围扩大到一定区域，我国许多城市，包括具有相当历史的古城，解决交通的主要方法就是拆除沿街建筑以拓宽道路，其结果势必改变甚至破坏了原有的城市结构和风貌。如果改用禁止车辆进入，可以在一定程度上避免损害城市的旧有格局，以达到保护历史环境的目的。当然与步行专用区相配套的是在其周边需要有方便、快捷的现代交通体系。

（3）居住区步行街

在城市居民活动频繁的居住区也可以设置步行街，国外称之为居住区专用步道。居住区需要有个整洁、宁静、安全的环境，而禁止机动车辆的通行就能使之得到最大限度的保证。

2)步行街的设计

步行街是由普通街道转化而来,因此在形式上它与普通街道具有相当多的联系,只是当其完全禁止所有车辆通行之后,原来的车行道就转变成为供行人漫步、休息的空间,于是步行街就可以设置许多装饰类小品和休憩类小品,使之呈现出安全、舒适、美观的特色。

与游憩林荫道不同的是步行街需要更多地显现街道两侧的建筑形象,还需展示商业、文化中心区域的各种店面的橱窗。所以绿化尽可能少用或不用遮蔽种植,但需要注意步行街的规划设计中忽视植物景观的倾向。目前许多城市的商业区步行街,在改造中过多地运用硬质材料,而偏少使用花木类软质材料,其结果使人感到冷漠和缺乏亲切感,尤其是盛夏的骄阳让人望而却步。

许多人将步行街用广场的理念来进行设计,但在实际的使用过程中,广场式的步行街却存在很多缺陷和不足。因为步行街不仅要满足人们的出行、散步、游憩、休闲,而且还应满足商业活动,所以延长人们的逗留时间应是设计的重点。为此,增加软质景观的运用,利用乔木的遮荫作用,创造更加宜人的环境。

步行街的绿地种植要精心规划设计,应注意植物形态、色彩与街道环境的结合和协调。为了创造一个舒适的环境供行人休息活动,步行街可铺设装饰性花纹地面,增加街景的趣味性,还可以布置装饰性小品和供人们休息用的座椅、凉亭、电话亭等。植物种植特别注意植物形态;树形要整齐;乔木要冠大荫浓、挺拔雄伟;花灌木要无刺、无异味;花艳、花期长的花冠木;特别要注意遮阳与日照要求。在街心适当布置花坛、雕像,注重艺术性和景观效果。

7.2.3 滨河路绿地规划

滨河路绿地是城市中临河流、湖沼、海岸等水体的道路绿地。由于一面临水,空间开阔,环境优美,加上绿化、美化,是城市居民休息的良好场所。

城市中的滨河路,一侧为城市建筑,另一侧为水体,中间为道路绿化带(图7.17)。

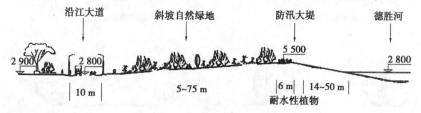

图7.17 滨河路绿地设计示意图

在滨河路绿化带中,一般布置要注意:

①滨河路绿化一般在临近水面设置游步路,尽量接近水面。因为人具有亲水性。

②如有风景点可观赏时,可适当设计小广场或凸出的平台,供游人远眺和摄影。

③可根据滨河路地势高低设计成平台1~2层。以阶梯连接,可使人接近水面,使之有亲切感。

④如果滨河水面开阔,能划船或游泳时,可考虑以游园或公园的形式,容纳更多的游人活动。

⑤滨河林荫道内的休息设施可多样化,在岸边没置栏杆,并放置座椅,供游人休息。如林

荫道较宽时,可布置成自然式。设有草坪、花坛、树丛等,并安排简单园林小品、雕塑、座椅、园灯等。

⑥林荫道的规划形式,取决于自然地形的影响。地势如有起伏,河岸线曲折及结合功能要求。可采取自然式布置;如地势平坦,岸线整齐,与车道平行者,可布置成规则式。

⑦滨河绿地除采用一般街道绿化树种外,在低湿的河岸或一定时期水位可能上涨的水边,应特别注意选择能适应水湿和耐盐碱的树种。

⑧滨河绿地的绿化布置既要保证游人的安静休息和健康安全,靠近车行道一侧的种植应注意能减少噪声,临水一侧不宜过于闭塞,林冠线要富于变化,乔木、灌木、草坪、花卉结合配置,丰富景观。另外,还要兼顾防浪、固堤、护坡等功能。

7.3 公路、铁路绿地规划

随着生活节奏的加快,高速交通在人们的日常生活中作用显得越来越重要。现代城市间的来往最初主要依靠公路和铁路,但在交通工具不断地增加和改良之后,不仅交通网络变得越来越密集,其速度也大大提高,最近的数十年间高速公路已经成为发达城市之间主要的交通干道,因此城市与各种交通干道交接处的绿化、道路沿线的绿化等工作量也在不断地增加。

7.3.1 公路绿化

不同公路的等级、宽度、路面材料以及行车特点,都会对绿化提出不同的要求(图7.18)。

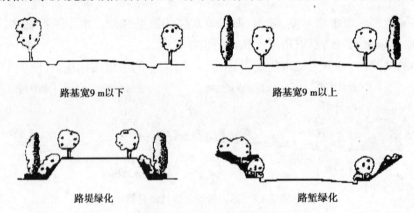

路基宽9 m以下   路基宽9 m以上

路堤绿化   路堑绿化

图7.18 公路绿化断面示意图

一般公路在此主要是指市郊、县、乡公路。公路形成了联系城镇乡村及风景区、旅游胜地等的交通网。为保证车辆行驶安全,在公路的两侧进行合理的绿化,可防止沙化和水土流失对道路的破坏,并增加城市的景观性,改善生态环境条件。公路绿化与城市绿化有间接联系,具有引导的作用。公路绿化与街道绿化有着共同之处,也有自己的特点;公路距居民区较远,常常穿过农田、山林,一般不具有城市内复杂的地上、地下管网和建筑物的影响,人为损伤也较少,便于绿化与管理。因此在进行绿化设计时,往往有其特殊之处,主要应注意以下几个方面:

①公路绿化应根据公路等级、路面宽度,决定绿化带宽度及树木种植位置。路面宽度在9 m以下时,公路植树不宜在路肩上,要种在边沟以外,距外缘0.5 m处。路面宽度在9 m以上时,可种在路肩上,距边沟内缘不小于0.5 m处,以免树木生长的地下部分破坏路基。

②公路交叉口,应留出足够的视距。遇到桥梁、涵洞时,5 m以内不得种树,以防影响桥涵。

③公路线较长时,应在2~3 km变换树种。树种多样,而富于变化。既可加强景色变化,也可防止病虫害蔓延。调换树种起始位置,以结合路段环境。

④选择公路绿化时,要注意乔灌木树种结合,常绿树与落叶树相结合,速生树与慢生树结合。但是,必须适地适树,以乡土树种为主。

⑤快速路弯道需留有足够安全视线,内侧不宜种植乔木,弯道外侧栽植成行乔木引导方向,并有安全感。引导视线的种植主要设置在曲率半径为700 m以下的小曲线部位,可以使用连续的树阵,并有一定的高度。

⑥应与农田防护林、护渠林、护堤林及郊区的卫生防护相结合。要少占耕地,一林多用,除观赏树种外,还可选种经济林木,如核桃树、乌桕树、柿树、花揪树、枣树等。

7.3.2　高速公路绿化

高速公路与高等级公路在许多方面存在着相似性,但为了提高车行速度,也要设置一些独特的设施来保证车辆在高速行驶中的安全性以及长途行进中的舒适性。

高速公路是有中央分隔带和四个以上车道的交通设施,专供快速行驶的现代公路。行车速度较快,一般都在80~120 km/h。高速公路绿化与一般街道不同,由于功能与景观的结合十分突出,因此,高速公路设计必须适应地区特征、自然环境,合理确定绿化地点、范围和树种,高速公路绿地规划设计内容为高速公路沿线、互通式立交区、服务区等公路范围内的绿化。设计时需主要注意以下几个方面:

1)高速公路断面的布置形式

高速公路的横断面包括中央隔离带(分车绿带)、行车道、路肩、护栏、边坡、路旁安全地带和护网(图7.19)。

2)高速公路绿地种植设计类型

(1)视线引导种植

通过绿地种植来预示可预告线形的变化,以引导驾驶员安全操作,尽可能保证快速交通下的安全,这种引导表现在平面上的曲线转弯方向、纵断面上的线形变化等。因此这种种植要有连续性才能反应线形变化,同时树木也应有适宜的高度和位置等要求才能起到提示作用。

(2)遮光种植

遮光种植也称防眩种植。因车辆在夜间行驶常由对方灯光引起眩光,在高速道路上,由于对方车辆行驶速度高,这种眩光往往容易引起司机操纵上的困难,影响行车安全。因而采用遮光种植的间距、高度与司机视线高和前大灯的照射角度有关。树高根据司机视线高决定,从小轿车的要求看,树高需在150 cm以上,大轿车需在200 cm以上。但过高则影响视界,同时也不够开敞。

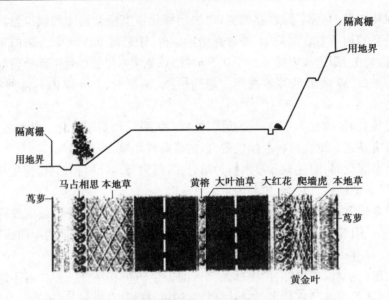

图 7.19　高速公路绿化断面与平面布置图

（3）适应明暗的栽植

当汽车进入隧道时明暗急剧变化，眼睛瞬间不能适应，看不清前方。一般在隧道入口处栽植高大树木，以使侧方光线形成明暗的参差阴影，使亮度逐渐变化，以缩短适应时间。

（4）缓冲栽植

目前路边防护设有路栅与防护墙，但往往发生冲击时，车体与司机均受到很大的损伤，如采用有弹性的、具有一定强度的防护设施，同时种植又宽又厚的低树群时，可以起到缓冲的作用，避免车体和驾驶者受到较大的损伤。

（5）其他栽植

高速公路其他的种植形式有：为了防止危险而禁止出入穿越的种植；坡面防护的种植；遮挡路边不雅景观的背景种植；防噪声种植；为点缀路边风景的修景种植；等等。

3）高速公路对绿化的要求

①在保证高速路行车安全的前提下，协调自然环境，丰富景观，改善沿线景观环境，使沿线景观更具美学价值。

②建筑物要远离高速公路，用较宽的绿带隔开。绿带上不可种植乔木，以免司机晃眼而出事故。高速公路行车，一般不考虑遮阳的要求。绿化种植要近花草，中灌木，远乔木（隔离栅外），突出草、花、灌木，乔木只作为陪衬。

③高速公路中央隔离带的宽度最少在 1 ~ 3 m，全铺草皮，其上 5 ~ 10 m 栽植常绿树，但不得高于 1.5 m。隔离带内可种植花灌木、草皮、绿篱、矮性整形的常绿树，以形成间接、有序和明快的配置效果，隔离带的种植也要因地制宜，作分段变化处理，以丰富路景和有利于消除视觉疲劳。

由于隔离带较窄，为安全起见，往往需要增设防护栏。当然，较宽的隔离带，也可以种植一些自然的树丛。

④当高速公路穿越市区时，为防止车辆产生的噪声和排放的废气对城市环境的污染，在干道的两侧要留出 20 ~ 30 m 宽的安全防护地带。可种植草坪和宿根花卉，然后为灌木、乔木，其林型由低到高，既起防护作用，也不妨碍行车视线。

⑤为了保证安全,高速公路不允许行人与非机动车穿行,所以隔离带内需考虑安装喷灌或滴灌设施,采用自动或遥控装置。路肩是作为故障停车用的,一般3.5 m以上,不能种植树木,可种草皮为主,间植花卉,护栏内外可种植常绿花灌木。两侧路缘带离道路边缘4.5 m距离栽植。边坡及路旁安全地带可种植树木花卉和绿篱,但要注意大乔木要距路面有足够的距离,一般在隔离栅以外,但不可使树影投射到车道上。

⑥高速公路的平面线型有一定要求,一般直线距离不应大于24 km,在直线下坡拐弯的路段应在外侧种植树木,以增加司机的安全感,并可引导视线。

⑦当高速公路通过市中心时,要采用立交。这样与车行、人行严格分开。绿化时不宜种植乔木。

⑧高速公路超过100 km,需设休息站,一般在50 km左右设一休息站,供司机和乘客停车休息。休息站还包括减速车道、加速车道、停车场、加油站、汽车修理房、食堂、小卖部、厕所等服务设施,而且应结合这些设施进行绿化。停车场应布置成绿化停车场,种植具有浓荫的乔木,以防止车辆受到强光照射,场内可根据不同车辆停放地点,用花坛或树坛进行分隔。

⑨出入口按功能和环境,在各部位栽植相应植物。出入口的种植设计应充分把握车辆在这一路段行驶时的功能要求。便于车辆出入时的加速或减速,回转时车灯不会阻碍其他司机视线,应在相应的路侧进行引导视线的种植;驶出部位利用一定的绿化种植,以缩小视界,间接引导司机减低车速。另外,在不同的出入口还应该栽种不同的主题花木,作为特征标志,以示与其他出入口的区别(图7.20)。

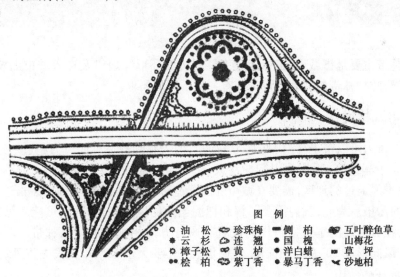

图例
- ◇油　松　　❀珍珠梅　　■侧　柏　　❀互叶醉鱼草
- ❀云　杉　　◈连　翘　　❀国　槐　　◉山梅花
- ◇樟子松　　◈黄　栌　　❀洋白蜡　　·草坪
- ❀桧　柏　　❀紫丁香　　❀暴马丁香　　◇砂地柏

图7.20　互通式立交桥绿化设计

7.3.3　铁路绿化

铁路绿化是沿铁路延伸方向进行的,目的是保护铁轨枕木少受风、沙、雨、雷的侵袭,还可保护路基。在保证火车行驶安全的前提下,在铁路两侧进行合理的绿化,还可形成优美的景观效果(图7.21)。

1)铁路绿化的要求

①铁路两侧的绿化,应近灌木远乔木。种植乔木应距铁轨10 m以上,6 m以上可种植灌木。

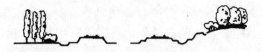

图7.21 铁路绿化断面示意图

②在铁路、公路平交视距三角形(边长≥50 m)的地方,50 m公路视距、400 m铁路视距范围内不得种植阻挡视线的乔灌木。

③铁路拐弯内径150 m内不得种乔木,可种植小灌木及草本地被植物。

④在距机车信号灯1 200 m内不得种乔木,可种小灌木及地被植物。

⑤在通过市区的铁路左右应各有30~50 m以上的防护绿化带阻隔噪声,以减少噪声对居民的干扰。绿化带的形式以不透风式为好。

⑥在铁路的边坡上不能种乔木,可采用草本或矮灌木护坡,防止水土冲刷,以保证行车安全。

2)火车站广场及候车室的绿化

火车站是进一个城市的门户,应体现一个城市的特点,火车站广场绿化在不妨碍交通运输、人流集散的情况下,可适当设置花坛、水池、喷泉、雕像、座椅等设施,并种植庭荫树及其他观赏植物,既改善了城市的形象,增添了景观,又可供旅客短时休息观赏用。

7.4 防护林带

防护林带主要是指城市、工业区或工厂周边的环形绿地以及伸入城市的楔型绿地,由于功能的差异,防护林带的规划与设计具有各自不同的要求。

7.4.1 防风林设计

适度的风力可以带走高温、改善空气质量,使人感到舒适。而风力超过一定的程度,还会带来破坏。干旱地区,强风会引起扬沙天气,甚至形成沙尘,严重威胁人们的正常生活。因此,在有强季风通过的地区,需要在城市外围营造防风林带,以减轻强风袭击造成的危害及沙尘对空气的污染。为此,我们需要了解和把握当地的风向规律,确定可能对城市造成危害的季风风向,在城市外围垂直盛行风向设置与风行方向相垂直的防风林带。若有其他因素影响,允许与风向形成30°左右的偏角,但偏角最好不要大于45°,以免失去防风效果。

1)防风林的结构

若要防风林带真正起到防风作用,需要依据风力来确定林带的结构和设置量。一般防风林带的组合有三带制、四带制和五带制等。每条林带的宽度不应小于10 m,而且距城市越近林带要求越宽,林带间的距离也越小。防风林带降低风速的有效距离为林带高度的20倍,所以林带与林带间一般相距300~600 m,其间每隔800~1 000 m还需布置一条与主林带相互垂直的副林带,其宽度应不小于5 m,以便阻挡从侧面吹来的风。

防风林带按照结构形式可分为透风林、半透风林和不透风林三种林带结构(图7.22)。

不透风林带由常绿乔木、落叶乔木和灌木组合而成,因其密实度大,能够阻挡大风前行,防护的效果也好,据测定在林带的背后,能降低风速70%左右,但大风遇到阻挡会产生湍流,

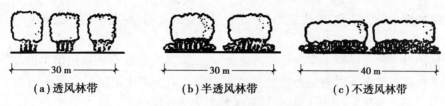

（a）透风林带　　　　　（b）半透风林带　　　　　（c）不透风林带

图 7.22　防风林带结构示意图

并很快恢复原来的风速。

半透风林带只在林带的两侧种植灌木,透风林带则由枝叶稀疏的乔、灌木组成,或只用乔木不用灌木,以便让风穿越时不受树木枝叶的阻挡而减弱风势。林带树种的选择应以深根性的或侧根发达的为首选,以免在遭遇强风时被风吹倒。株距视树冠的大小而定,初植时大多定为 2 ~ 3 m,随着以后的生长逐渐予以间伐性移植。

2）防风林组合

防风林带的组合一般是在迎风面布置透风林,中间为半透风林带,靠近城市的一侧设置不透风林。由透风林到半透风林,再到不透风林形成了一组完整的结构组合,可以起到较为理想的防风效果,在城市外围设立一道结构合理的防风林体系,可使城市中的风速降低到最小的程度。

当然仅以城市周边的防风林带还不足以完全改善城市内部的风力状况。因为与主导风向平行的街道、建筑会形成强有力的穿堂风,众多的高层建筑又会产生湍流及不定的风向,有时多股气流的叠加,会使风速加剧。因此在城市内的一定区域以及高楼的附近还需布置一定数量的折风绿地,以改变风向及削弱有害气流的强度。相反在有些夏季炎热的城市中,为促进城市空气的对流以降低城区内的温度,可以设置与夏季主导风向平行的楔形林带,将郊外、自然风景区、森林公园、湖泊水面等的新鲜、湿润、凉爽的空气引入城市中心,以缓解由建筑辐射、人的活动以及各种设备产生的热量积聚造成的热岛效应。

单一的防风林带可以承担相应的物理功能,但如果情况允许,在经过合理设计的基础上予以适当的调整,也可形成兼防风功能与景观功能为一体,或集防风功能与游憩功能为一体的综合性绿地。

7.4.2　卫生防护林

工矿企业散发的煤烟粉尘,金属碎屑,排放的有毒、有害气体是当今世界环境传染的来源之一,这对人们的伤害极大,甚至还会危及人的生命。但许多植物却能利用其枝叶沉积和过滤烟尘,有些还可以吸收一定浓度的有毒、有害气体,因此利用植物的这些特性,在工厂及工业区的周围布置卫生防护林带,对于保护环境、净化城市的空气具有积极的意义。

但应该注意到,卫生防护林具有一定的净化空气的能力,却无法根治这些污染。即使以最大防护宽度,即 2 000 m 设置林带,也难以将某些工厂产生的污染物吸收干净,因为有的化工厂散发的异味可以随风传到 10 km 以外,所以希望单靠一定规模卫生防护林带的营建来消除污染是很难达到目的的。消除污染是一项综合性的治理,首先,应从工厂本身的技术工艺、设备条件予以改进,采取措施,尽量杜绝或回收不符合排放标准的废物、废水及废气,使进入自然环境的污染物减少到最低的水平。其次,是在规划上进行调整,根据风向、水流、地形环境等情况,合理调整或规划工业区的布局,以减少工业污染对城市的直接影响。最后才是利用植物对不同污染物的抵御、吸收能力,在城市与工业区之间、各工厂的外围建立一条适当宽度的绿带。

卫生防护林带种植的树木应选择抗污染能力强、或具有吸收有害物质能力的品种。林带的总宽度应根据工矿企业对空气造成的污染程度以及范围来确定。我国目前将各种工业企业的污染分为五个等级,卫生防护林也就有了相对应的宽度(表7.2)。

表7.2 卫生防护林带参考表

工业企业等级	防护距离总宽度/m	防护林带的数量/条	每条防护林带的宽度/m	防护林带间的距离/m
一级	1 000	34	2 050	200 400
二级	500	23	1 030	150 300
三级	300	13	1 030	150 200
四级	100	12	1 020	50
五级	50	1	1 020	—

在污染区内不宜种植瓜、果、粮食、蔬菜和食用油料作物,以免食用后引起慢性中毒。但可以栽种棉、麻及工业油料作物。

有害工业中的污水,直接排放会造成水源的污染,而有时虽然没有直接排入江河,但由于有害气体在空气中被雨水、雾气溶解,降落到地面,或者将少量的污水直接排放在附近的地面,则会造成土壤的污染,并间接污染水体。卫生防护林带在一定程度上也能对土壤产生净化作用,避免了对水源的间接污染。

随着各类机械的广泛使用,噪声污染问题也日益突出,道路绿化的作用之一就是降低车辆发出的噪声,在工业区卫生防护林带也需对防止噪声污染予以考虑。在国外,防声林带的结构通常使用高、中、低树组成密林,宽度在 3~15 m,林带长度为声源距离的两倍。

此外,在冬季漫长而多飘雪的地区,为防止积雪影响交通,需要营造积雪林;沿海及靠近沙漠的城市还应营造防风固沙林,以免流沙吞噬城市。

习题

1.思考城市道路现状存在的问题,在舒适、美观要求下,如何在规划设计中更好地提高道路交通能力、适应城市发展?

2.道路绿化的作用体现在哪些方面?

3.结合道路的功能要求以及地方特点,简述行道树选择的原则。

4.滨河路绿化带应该注意哪些方面?

5.防风林、卫生防护林的设置要求是什么?

6.车站广场是城市的门户形象,结合功能要求简述如何进行绿化设计。

8

居住区、厂区及公共设施绿地规划

8.1 居住区绿地规划设计

居住区绿地是城市园林绿地系统中的重要组成部分。一般城市居住生活用地占城市总用地的50%左右,其中居住区绿地占居住区生活用地的25%～30%。居住区广泛分布在城市建成区中,因此,居住区绿地构成了城市绿地系统点、线、面网络中面上绿化的主要组成部分。

居住区绿地规划设计是居住区规划设计的重要组成部分,它指结合居住区范围内的功能布局、建筑环境和用地条件,在居住区绿地中进行以绿化为主的环境设计过程。居住区绿化是改善生态环境质量和服务居民日常生活的基础。

居住区绿地是居住区环境的主要组成部分,一般指在居住小区或居住区范围内,住宅建筑、公建设施和道路用地以外布置绿化、园林建筑和园林小品,为居民提供休憩活动场地的用地。居住区绿地是接近居民生活并直接为居民服务的绿地,其中的公共绿地是居民进行日常户外活动的良好场所。居住区绿地形成住宅建筑间必需的通风采光和景观视觉空间,它以绿化为主,能有效地改善居住区的生态环境,通过绿化与建筑物的配合,使居住区的室外开放空间富于变化,形成居住区赏心悦目、富有特色的景观环境。居住区绿地包括居住区或居住小区用地范围内的公共绿地、宅旁绿地、公共服务设施所属绿地和居住区道路绿地等。

8.1.1 居住区绿地的作用

1)营造绿色空间

居住区绿地以植物为主体,在净化空气、减少尘埃、吸收噪声等方面起着重要作用。绿地能有效地改善居住区建筑环境的小气候,包括遮阳降温、防止西晒、调节气温、降低风速,在炎夏静风状态下,绿化能促进由辐射温差产生的微风环流的形成等。居住区中较高的绿地标准以及对屋顶、阳台、墙体、架空层等闲置或零星空间的绿化应用,为居民多接近自然的绿化环境创造了条件,对居民的生活和身心健康都起着很大的促进作用。

2)塑造景观空间

进入 21 世纪,人们对居住区绿化环境的要求,已不仅仅是多栽几排树、多植几片草等单纯"量"方面的增加,而且在"质"的方面也提出了更高的要求,居住区的发展和进步,使入住者产生家园的归属感。

绿化环境所塑造的景观空间具有共生、共存、共荣、共乐、共雅等基本特征,给人以美的享受,它不仅有利于城市整体景观空间的创造,而且大大提高了居民的生活质量和生活品位。另外,良好的绿化环境景观空间还有助于保持住宅的长远效益,增加房地产开发企业的经济回报,提高市场竞争力。

居住区绿地是形成居住区建筑通风、日照、采光、防护隔离、视觉景观空间等的环境基础,富于生机的园林植物作为居住区绿地的主要构成材料,绿化美化居住区的环境,使居住建筑群更显生动活泼、和谐统一,绿化还可以遮盖不雅观的环境。

3)创造交往空间

社会交往是人的心理需求的重要组成部分,是人类的精神需求。通过社会交往,使人的身心得到健康发展,这对于今天处于信息时代的人们而言显得尤为重要。居住区绿地优美的绿化环境和方便舒适的休息游憩设施、交往场所,吸引居民在就近的绿地中休憩观赏和进行社交,满足居民在日常生活中对户外活动的要求,使居民在住宅附近能进行运动、游戏、散步和休息、社交等活动,有利于人们的身心健康和邻里交往。

此外,居住区公共绿地在地震、火灾等非常时候,有疏散人流和隐蔽避难的作用。

8.1.2 居住区绿地规划布局的原则

①在居住区总体规划阶段同时进行、统一规划,绿地均匀分布在居住区内部,使绿地指标、功能得到平衡,居民使用方便。

②要充分利用原有自然条件,因地制宜,充分利用地形、原有树木、建筑,以节约用地和投资。

③应以植物造景为主进行布局,并利用植物组织和分隔空间,改善环境卫生与小气候;利用绿色植物塑造绿色空间的内在气质,风格宜亲切、平和、开朗,各居住区绿地也应突出自身特点,各具特色。

④应以宅旁绿地为基础,以小区公园(游园)为核心,以道路绿化为网络,使绿地自成系统,并与城区绿地系统相协调。

⑤各组团绿地既要保持格调的统一,又要在立意构思、布局方式、植物选择等方面做到多样化,在统一中追求变化。

⑥住区内尽量设置集中绿地,为居民提供绿地面积相对集中、较开敞的游憩空间和一个相互沟通、了解的活动场所。

⑦充分运用垂直绿化,屋顶、天台绿化,阳台、墙面绿化等多种绿化方式,增加绿地景观效

果,美化居住环境。

8.1.3 居住区绿地的组成

按照功能与所处环境,居住区绿地一般分为居住区公共绿地(包括居住区公园、居住小区游园)、配套公建绿地、组团绿地、宅旁绿地、小区道路绿地等(图8.1)。

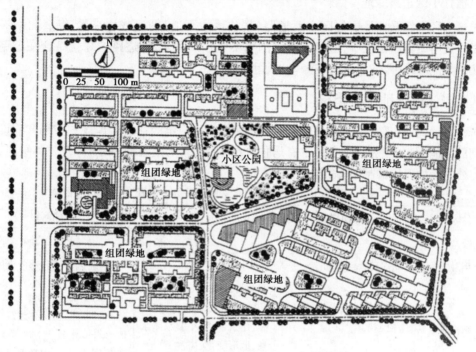

图8.1 某小区居住区绿地布局形式和组成

1)居住区游园

居住小区公园又称居住小区中心游园,也包括小区级儿童公园,一般通称居住小区公园,是小区居民公共使用的集中整块绿地(一般为 $1 \, hm^2$、$0.4 \, hm^2$、$0.04 \, hm^2$)。居住小区公园就近服务居住小区内的居民,设置一定的健身活动设施和社交游憩场地,在居住小区中位置适中,服务半径为 $400 \sim 500 \, m$。

2)组团绿地

组团绿地又称居住生活单元组团绿地,包括组团儿童游乐场,是最接近居民的居住区公共绿地,它结合住宅组团布局,以住宅组团内的居民为服务对象,为一两个住宅组群服务的绿地。在规划设计中,特别要设置老年人和儿童休息活动场所,一般面积 $1 \, 000 \sim 2 \, 000 \, m^2$,离住宅入口最大步行距离在 $100 \, m$ 左右。

3)宅旁绿地

宅旁绿地是住宅四周宅间、宅内的庭院绿地,其主要功能是美化生活环境,阻挡外界视线、噪声和灰尘,为居民创造一个安静、舒适、卫生的生活环境,其绿地布置应与住宅的类型、层数、间距及组合形式密切配合,既要注意整体风格的协调,又要保持各幢住宅之间的绿化特色。

4)配套公建绿地

配套公建绿地指居住区内各类公共建筑和公用设施的环境绿地,如居住区俱乐部、影剧院、少年宫、医院、中小学、幼儿园等用地的环境绿地,是小区级公共建筑绿地。其绿化布置要满足公共建筑和公用设施的环境要求,并考虑与周围环境的关系。

5)居住小区道路绿地

居住小区道路绿地是居住区主要道路(居住区主干道)两侧或中央的道路绿化带用地。一般居住区内道路路幅较小,道路红线范围内不单独设绿化带,道路的绿化结合在道路两侧的居住区其他绿地中,如居住区宅旁绿地、组团绿地。

8.1.4 居住区绿地定额指标

居住区绿地的定额指标,是指国家有关条文规范中规定的在居住区规划布局和建设中必须达到的绿地面积的最低标准,通常有居住区绿地率、绿化覆盖率、平均每人公共绿地、平均每人非公共绿地等定额指标(表8.1)。

表8.1 各类居住区公共绿地特征一览表

分级	组团级	小区级	居住区级
类型	组团绿地	小区游园	居住区公园
使用对象	组团居民,特别是儿童、老人	小区居民	居住区居民和部分市民
设施内容	简易儿童游戏设施、坐凳、座椅、树木、草地、花卉、铺地	儿童游戏设施、老年人活动休息场地设施、园林小品、建筑铺地、小型水体水景、地形变化、树木、草地、花卉、出入口	少年儿童活动场、休息活动场所和服务建筑、园林建筑小品、地形水体水景、树木、草地、花卉、专用出入口和管理建筑
到达距离/min	2~4	5~8	8~15
内部布局要求	灵活布置	有一定的功能区划分	有明确的功能和景观区划分

规定新建居住区绿地率不应低于30%,旧居住区改造不宜低于25%;低层住宅区(2~3层为主)的绿地率为30%~40%,多层住宅区(4~7层)的绿地率为40%~50%,高层住宅区(以8层以上为主)的绿地率为60%。关于居住区公共绿地的具体指标有:居住区公共绿地面积应占居住区总用地面积的7.5%~15%,居住小区公共绿地应占居住小区用地的5%~12%,组团公共绿地应占组团用地的3%~8%,并要求至少一边与相应级别的道路相邻。人均指标中,根据居住人口规模,组团公共绿地不少于0.5 m²/人,小区公共绿地(含组团绿地)不少于1 m²/人,居住区公共绿地(含小区公共绿地与组团绿地)不少于1.5 m²/人。不同类型的公共绿地,居住区公园不小于1.0 hm²,居住小区公园不小于0.4 hm²,组团公共绿地不小于0.04 hm²,旧居住区改造可视具体情况降低,但不应低于相应指标的50%。在这些公共绿地中,绿化用地面积(含水面)不宜小于70%,其他块状、带状公共绿地应同时满足宽度不小于8 m,面积不小于400 m²。近年,我国正在开展"绿色生态住宅小区建设"活动,在"绿色生态住宅小区"中,要求绿地率达到35%以上,公共绿地中绿化用地面积不应小于70%,并要求大力发展居住区建筑环境垂直绿化。我国以往新建或改建的居住区对绿化用地考虑不够,很

多居住区的绿地标准是偏低的,有待今后进一步提高。

根据城市气候生态方面的研究,占城市建成区用地约50%的城市居住生活用地中,居住区绿地的规划面积应占居住区总用地的30%以上,使居民人均有 $5 \sim 8 \ m^2$ 的居住区绿地,居住区内的绿化覆盖率达到50%以上时,居住区小气候才能得到全面有效的改善,而与郊区自然乡村气候环境相接近,从而形成舒畅自然的居住区室外空间环境。

相关指标计算公式:

$$居住区绿地面积=居住区绿地+组团绿地+宅旁绿地+配套公建绿地(hm^2)$$

$$居住区人均绿地面积=居住区绿地面积/居住区居民数(m^2/人)$$

$$居住区绿地率=居住区绿地面积/居住区总用地面积 \times 100\%$$

$$居住区绿地覆盖率=区内全部乔灌木垂直投影面积及地被植物的覆盖面积/居住区总$$
$$用地面积×100\%$$

8.1.5 居住区绿地设计要求

1)居住区外围绿化是内外绿地的过渡,要注意连续性与完整性

①注意保持树木的连续性和完整性,结合造园艺术,为人们提供晨练、散步的场所。

②临近城市主干道一侧以 $3 \sim 5$ 行乔灌木多层种植形成防护林带。

③防护林带较宽,可设置小型休息绿地。

2)居住区公园设计要点

(1)居住区公园设计

居住区公园是为全居住区服务的居住区公共绿地,规划用地面积较大,一般在 $1 \ hm^2$ 以上,相当于城市小型公园。公园内的设施比较齐全,内容比较丰富,有一定的地形地貌、小型水体;有功能分区、景区划分,除了花草树木以外,有一定比例的建筑、活动场地、园林小品等设施,方便居住居民就近使用,服务半径不宜超过 $800 \sim 1\ 000 \ m$。布置紧凑,各功能分区或景区间的节奏变化快,游园时间比较集中,多在一早一晚,应加强照明设施、灯具造型、夜香植物的布置。主要适合于居民的休息、交往、娱乐等,有利于居民心理、生理的健康。设施要齐全,最好有体育活动场所,适应各年龄组活动的游戏场及小卖部、茶室、棋牌、花坛、亭廊、雕塑等活动设施和丰富的四季景观的植物配置。

公园常与居住区服务中心结合布置,以方便居民活动和更有效地美化居住区形象。

(2)居住小区游园设计

居住小区游园是居住小区中最重要的公共绿地。在居住区或居住小区总体规划中,为使小区居民就近方便到达,一般把居住小区公园布局在居住小区较适中的位置,并尽可能与小区公共活动中心和商业服务中心结合起来布置,使居民的游憩活动和日常生活自然结合。居住小区公园规划布局应注意以下几个方面:

①居住小区公园内部布局形式可灵活多样,但必须协调好公园与其周围居住小区环境间的相互关系,包括公园出入口与居住小区道路的合理连接,公园与居住区活动中心、商业服务中心以及文化活动广场之间的相对独立和互相联系,绿化景观与小区其他开放空间绿化景观的协调等。

②居住小区公园用地规模较小,但为居民服务的效率较高。在规划布局时,要以绿化为

主,形成小区公园优美的园林绿化景观和良好的生态环境。

③适当布置园林建筑小品,丰富绿地景观,增加游憩趣味,既起点景作用,又为居民提供停留休息观赏的地方。

游园常布置于居住区中心部位,服务半径500 m,不要种植带刺、有毒、有臭味的植物,以落叶大乔木为主。面积相对较小,功能亦较简单,均匀分布在居住区各组群之中。注意整体配合,与周围道路、外围、小游园保持联系;注意位置适当,满足服务半径;合理确定规模,绿地占全区绿地面积一半为宜;布局力求既分隔又紧凑;利用地形,尽量保留原有自然状态;游园形式可采用规则式、自由式、混合式布置(图8.2)。

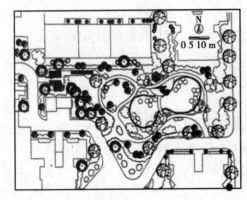
(a)自然式居住小区公园

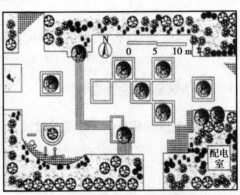
(b)规则式居住小区公园

图8.2 游园形式

3)组团绿地布置

结合居住建筑组团的不同组合而形成的绿化空间。它们的用地面积不大,但离家近,居民能就近方便地使用,尤其是青少年、儿童或老人,往往常去活动,其内容可有绿化种植部分、安静休息部分、游戏活动部分和生活杂务部分,还可附有一些小建筑或活动设施(表8.2)。内容根据居民活动的需要安排,是以休息为主或以游戏为主,是否需要设置生活杂务部分的内容,居民居住地区内的休息活动场地如何分布等,均要按居住地区的规划设计统一考虑。

表8.2 居住区组团绿地的周围环境及其类型

绿地的位置	基本图式	绿地的位置	基本图式
庭院式组团绿地		独立式组团绿地	
山墙间组团绿地		临街组团绿地	
林荫道式组团绿地		结合公共建筑、社区中心的组团绿地	

在规划设计中,组团绿地的用地规模为40~200 m²,服务半径为100~250 m。不同组团

具有各自的特色。不宜建许多园林建筑小品，应以花草树木为主，适当设置桌、椅、简易儿童游戏设施等，以使组团绿地适应居住区绿地功能的需求为设计出发点，充分渗透文化因素，形成各自特色。

组团绿地的布置形式如下：

①开放式：不使用绿篱、栅栏分隔，实用性较强，是组团绿地中采用较多的形式。

②封闭式：不设活动场地，仅供观赏，具有一定的观赏性，但居民不可入内活动和游憩，便于养护管理，但使用效果较差。

③半开放式：常在紧临城市干道，与周围有分割但留有出入口，为追求街景效果时使用。

绿地内要有足够的铺装地面，以方便居民休息活动，也有利于绿地的清洁卫生。一般绿地覆盖率在 50% 以上，游人活动面积率为 50% ~ 60% 。为了有较高的覆盖率，并保证活动场地的面积，可采用铺装地面上留穴来种乔木的方法。

4）宅旁绿地

宅旁绿地是指住宅前后左右周边的绿地，包括屋顶绿化。它虽然面积小，功能不突出，不像组团绿地那样具有较强的娱乐、休闲的功能，但却是居民邻里生活的重要区域，是居民日常使用频率最高的地方，它自然成为邻里交往的场所。儿童宅旁嬉戏，青年、老人健身活动，庇荫品茗弈棋，邻里闲谈生活等大多发生于宅旁绿地。同时，宅旁绿地是居住区绿地中的重要部分，属于居住建筑用地。在居住小区总用地中，宅旁绿地面积约占 35%，其面积不计入居住小区公共绿地指标中，在居住小区用地平衡表中只反映公共绿地的面积与百分比。一般来说，宅旁绿化面积比小区公共绿地面积指标大 2 ~ 3 倍，人均绿地可达 4 ~ 6 m²。其规划特征如下：

①是指住宅四周或两幢住宅之间的空间绿化。

②可美化环境，阻隔噪声、灰尘，方便休息。

③有条件的可进行屋顶绿化。

④是住区绿地的最基本单元，是居民最接近的绿地。

⑤宅旁绿地是区分不同行列、不同单元的识别标志，植物配置既要主题统一，又要保持各幢之间的特色。

⑥住区某些面积较小的角落，可设计成封闭绿地。

5）配套公建绿地布置

在居住区或居住小区里，公共建筑和公用设施用地内专用的绿地，是由单位使用、管理并各按其功能需要进行布置。这类绿地对改善居住区小气候、美化环境及丰富生活内容等方面也发挥着积极的作用，是居住区绿地的组成部分。在规划设计和建设管理中，对这些绿地的布置应考虑结合四周环境的要求。根据公建性质和特点进行小环境绿化，注意与小区其他类型绿地协调一致。

6）居住区道路绿地布置

道路绿化有利于行人的遮荫，保护路基，美化街景，增加居住区植物覆盖面积，能发挥绿化多方面的作用。在居住区内根据功能要求和居住区规模的大小，道路一般可分级，道路绿地则应按不同情况进行绿化布置。

居住区内的道路系统一般由居住区主干道、居住小区次干道、组团道路和宅间道路四级道路构成,联系住宅建筑、居住区各功能区、居住区出入口至城市街道,是居民日常生活和散步休息的必经通道。居住区内的道路面积一般占居住用地总面积的 8%～15%,道路空间在构成居住区空间景观、生态环境,增加居住区绿化覆盖率,发挥改善道路小气候、减少交通噪声、保护路面和组织交通等方面起着十分重要的作用。

(1)主干道旁绿化

根据小区公共绿地性质和特点进行小环境绿化,注意与环境协调。可种植落叶乔木行道树。

居住区道路网络中,主干道路幅较宽,可以规划布置沿道路的行道树绿带、分车绿带及小型交通岛。居住小区干道有时设行道树绿带,组团、宅间道路一般不规划道路绿带。居住区道路两侧一定范围内的其他绿地类型的绿化布置,必须与居住区道路绿化相结合。

(2)次干道旁绿化

乔、灌木结合布置,高低错落,注意开花与叶色运用。

居住区主干道或居住小区干道是联系各小区或组团与城市街道的主要道路,兼有人行和车辆交通的功能,其道路和绿化带的空间、尺度可采取城市一般道路的绿化布局形式。其中行人交通是居住区干道的主要功能,行道树的布置尤其要注意遮阳和不影响交通安全。组团道路、宅前道路和部分居住小区干道,以人行交通为主,路幅和道路空间尺度较小,道路环境与城市街道差异较大。

(3)住宅小道绿化

一般种植小乔木,以花卉、灌木为主,可种植地被植物和草坪。

7)临街绿地

美化街景,降低噪声。采用花墙、栏杆分隔,配以垂直绿化或花台、花境。

8.2　工厂绿地规划设计

工厂厂区绿化是城市总体规划的有机组成部分,在总体规划时就应给予综合考虑和合理安排。搞好工厂的园林绿化,充分发挥园林绿地的改善环境条件、美化厂容厂貌,保障安全生产诸方面的综合功能。

工厂绿化是创造一个适合于劳动和工作的良好环境的措施之一,工厂绿化占整个工厂用地比例的 20% 以上,因此在一些城市中占有一定的面积。工厂绿化应根据该厂的性质、行业特点以及所处环境的不同而设计,应体现现代化工厂和当代工人的风貌特色。

8.2.1　工厂绿化基本特征

工厂用地质量一般较差,不适宜多植树。建筑密度往往偏多,具有一定的植树限制。

工厂绿化除和其他城市绿化有其相同之处外,也有很多固有的特点:

①工厂绿化在改善工厂环境,保护工厂周围地区免受污染,提高员工的工作效率等方面都有非常重要的作用,因此工厂绿地规划应与工厂总体规划同步进行,应保证有足够的面积,并形成系统以确保有足够的绿地来防止污染,使保护环境的效益得以有效地发挥。

②工厂绿地规划应妥善处理绿化与管线的关系。由于工厂车间四周经常有自来水管道、

煤气管道、蒸汽管道等各种管线在地上、地下及高空纵横交错,给工厂的绿化造成很大的困难,而生产车间的周围,往往又是原料、半成品或废料的堆积场地,无法绿化,因此工厂绿化要求必须解决好这些矛盾。首先建筑密度高的可以以垂直绿化、立体绿化的方式来扩大覆盖面积,丰富绿化的层次和景观。

③工厂绿地的使用对象主要是本厂职工,无论从人数或工作性质上都相对固定。因此厂内绿化必须丰富多变,最大限度地满足使用者的不同感受,避免产生单调乏味的感觉。由于绿地面积偏小,在小面积的绿化场地上布置丰富多彩的绿化内容,是工厂绿化的一个难题。工厂职工人员的工间休息次数较少,持续时间较短,这和城市园林绿化使用者在较长时间内使用很不一样。如何能使工厂的绿化布置在职工较短的休憩时间里,真正达到休息的目的,起到调剂身心、消除疲劳的要求,使有限的绿化面积发挥最大的使用效率,确实较为困难,也是工厂绿化的一个主要特征。但由于使用者的职业相同,使用时间又相同,这亦给工厂的绿化设计和管理、维护工作创造了方便的条件。

④选择适宜的树种和种植形式。由于不同的生产性质和卫生条件的工厂周围的环境条件对绿化的要求不同,在树种以及种植形式的选择上应根据具体情况作出选择。如在精密仪器设备车间,对防尘、降温、美观的要求较高,宜在车间周围种植不带毛絮,对噪声、尘土有较强吸附力的植物;如在污染大的车间周围,绿化应达到防烟、防尘、防毒的作用,应选择一些对污染物有较强抗性的植物。

8.2.2　厂区绿地组成

1)厂前区绿化

工厂的厂前区是职工集散的场所,是外来宾客的首到之处。厂前区的绿化美化程度在一定意义上体现了这个工厂的形象、面貌和管理水平,是工厂绿化规划设计的重点。

厂前区系办公区、生活或文化娱乐区,由道路广场、出入口、门卫收发、办公楼、科研实验楼、食堂等组成。总的布局形式以规则式为主,在分成若干独立的单元时与混合式相结合。适当设置一些经济、简洁,具有观赏性和实用性的园林小品,以少而精为宜。厂前区是职工上下班的集散地,往往与城市道路相邻,其绿地景观状况如何,将直接影响工厂形象和城市面貌。厂前区作为工厂的"窗口"地带,其绿地从设计形式到植物选择搭配以及养护管理,要求都比较高,要有较好的景观效果。厂前区一般在工厂上风方向,污染及工程管线设施较少,绿地环境条件相对较好,这是有利因素。厂前区绿地布置要考虑建筑物的平面布局,重要建筑物的风格、主立面、色彩及与城市道路的联系等,多采用自然式和规则式相结合的混合式布局。厂前区绿地设计包括厂大门、行政福利建筑、厂前区广场和主干道以及厂前区与生产区之间的过渡地段等环境绿地内容(图8.3)。

2)生产区绿化

生产区的绿化因绿化面积的大小、车间内生产特点的不同而异。

①对环境绿化有一定要求的车间。要求防尘的车间,如食品加工、精密仪器车间等,往往要求空气清洁,在绿化布置时应栽植茂密的乔木、灌木,地面用草皮或藤本植物覆盖使黄土不裸露,其茎叶既有吸附空气中尘粉的作用,又可固定地表尘土不随风飞扬,不要栽植能散发花粉、飞毛的树种。而光学精密仪器制造车间则要有足够的自然光,使车间内明亮、豁朗,这种

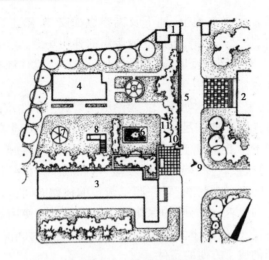

图 8.3　厂前区绿化

1—门卫室;2—食堂;3—办公楼;4—托幼园;5—宣传栏;
6—喷水池;7—转马;8—滑梯;9—幼儿园入口;10,11—幼儿园内景

车间应在四周铺种草皮、低矮的花木及宿根花卉,建筑的北面可植耐荫的花木,如珍珠梅、金银花,坡面可植攀缘植物,如地锦等。

②对环境有污染的车间。有些工厂的车间,往往排放出大量的烟尘和粉尘,烟尘中含有有毒有害的气体,对植物的生长和发育有着不良的影响,对人体的呼吸道也有损害。这样一方面可以通过工艺措施来解决,另一方面应通过绿化减轻危害,同时美化环境。有严重污染车间周围的绿化,其成败的关键是树种的选择。

③生产区周围的绿地主要是创造一定的人为环境,以供职工恢复体力,调剂心理和生理上的疲倦。因此绿化设计除了必须根据不同的生产性质和特征作不同的布置外,还必须对使用者作生理和心理上的分析,按不同要求进行绿化设计。例如,生产环境是处在强光和噪声大的条件下,则休息环境应该布置宁静,光线柔和,色彩淡雅,无刺激性。而生产环境处于肃静和光线暗淡的条件时,休息环境应该布置偏热闹,色彩鲜艳、照明充足。当生产环境个体人少,且又处在安静的生产环境下,则休息场所最好能集中较多的人群,周围的气氛应考虑热烈、色彩丰富多彩。

④休憩绿地除在满足上述生理、心理要求的同时,还应结合地形和具体条件作适当布置。如果厂区内有小溪、河流通过,或有池塘、丘陵洼地等,都可以适当加以改造,充分利用这些有利条件。而一些不规则的边缘地带和角隅地,只要巧为经营,合理布局,都不失为良好的工余休息或装饰绿地。在休憩绿地内可适当布置椅子、散步小道、休息草坪等,以满足人们不同使用的需要。至于剧烈的体育活动所需的比赛场地,由于不适宜在短时间工间休息时的活动,故在工人生产区范围内不宜布置,但它们可以结合职工宿舍布置在工人生活区的范围内,以利职工下班后开展体育活动。

⑤工厂休憩绿地可以结合厂前区一起布置,这样较为经济,而且效果也好。此处也可沿生产车间四周适当布置,这样的布置有就近的优点,但要注意管网的位置。工厂休憩绿地的大小按不同的条件而异,一般在人数较多的工厂,较大的休憩绿地建议可按每班25%的工人数计算,每人 40~60 m²。短暂时间的休憩绿地,每人可按 6~8 m² 计算。

3)仓库区绿化

仓库区为原料和产品的堆放、保管和储运区域。分布着仓库和露天堆场,绿地与生产区基本相同,多为边角地带。为保证生产,绿化不可能占据较多的用途。

4)绿化美化地段

除上述工厂绿化外,厂区内尚有许多零星边角地带,也可作为绿地之用。例如,厂区边缘的一些不规则地区;沿厂区围墙周围的地带;工厂的铁路线;露天堆场;煤厂和油库;水池附近以及一些堆置废土、废料之处等,都可适当加以绿化,起到整洁工厂环境、美化空间的作用。这些绿化用地一般较小,适宜栽种单株乔木或灌木丛。如果面积较大,则可布置花坛,点以山石,辟以小径,充分利用不同的地形面貌,因地制宜地加以经营布置,如种植防护林带,厂内的小游园、花园等,使其能变无用为有用,起到有利休息、促进生产、美化工厂环境的作用。

8.2.3 工厂绿化种类

1)道路绿化

道路是厂区的动脉,在满足工厂生产要求的同时还要保证厂内交通运输的通畅。道路两旁的绿化应本着"主干道美、支干道荫"的主导思想,充分发挥绿化阻挡灰尘、吸收废气和减弱噪声的防护功能,结合实地环境选择遮荫、速生、观赏效果较好的高大乔木作为主干树种,适当栽种一些观叶、观花类灌木、宿根或球根花卉及绿篱,形成具有季相变化及韵律节奏感的高、中、低复式植物结构,起到遮荫、观赏、环保等多种功能。道路绿化的作用对于从厂容观瞻和职工身心陶冶都至关重要,如果适当美化,行人可观赏到连绵不断的各种鲜花、异草,感受生机盎然的景象。

由于高密林带对污浊气流有滞留作用,因而在道路两旁不宜种植成片过密过高的林带,而以疏林草地为佳。一般在道路两侧各种一行乔木,如受条件限制只能在道路的一侧种植树木时,则尽可能种在南北向道路的西侧或东西向道路的南侧,以达到庇荫的效果。道路绿化应注意地下及地上管网的位置,相互配合使其互不干扰。为了保证行车的安全,在道路交叉点或转弯地方不得种植高大树木和高于 0.7 m 的灌木丛(一般在交叉口 14~12 m 内),以免影响视线,妨碍安全运行。

种植乔木类树木的道路,能使人行道处在绿荫中。但当道路较长,为了减少单调的气氛,可间植不同种类的灌木和花卉,也可覆盖以草地。使人在行走时能有精神调剂,减少冗长的感觉。如果人行道过长,也可在 80~100 m 适当布置椅子、宣传栏、雕像等建筑小品,以丰富视觉。结合地形,人行道可以布置在不同的标高,这样更显得自然亲切(图 8.4)。

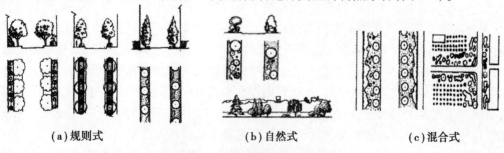

(a)规则式　　　　　　　(b)自然式　　　　　　　(c)混合式

图 8.4　工厂道路绿地设计形式

①不宜种植成片过高过密林带,以疏林和草地为佳。

②厂区支路道路两旁适宜种植一行乔木。

③若只能种一行行道树,则尽可能种在南北向道路的西侧或东西向道路的南侧。

2)休憩与装饰绿化

结合生产区劳动和工作性质,可作如下选择:

①噪声环境绿化注意柔和、淡雅、无刺激。

②肃静环境绿化应热闹、鲜艳。

③集体环境绿化宜幽静。

④个体环境绿化宜热烈、丰富多彩。

3)防护林带

工厂防护绿地的主要作用是隔离工人和居民受到工厂有害气体、烟尘等污染物质的影响,降低有害物质、尘埃和噪声的传播,以保持环境的清洁。此外,对工厂也有伪装的作用。根据当地气象条件、生产类别以及防护要求等,防护绿地的设计按照透风式、半透风式和密闭式三种类型进行设置。由乔木和灌木组合而成,常采取混合布置的形式。例如,郑州国棉三厂的厂区和生活区间的防护绿带,采取了果木树混交林带,在林带内种植果树、乔木及常绿树。这样的布置方式,不但起到了保护环境卫生的目的,又有利于工厂生产、工人休息的要求,还能获得生产水果、木材的多种效果。

防护绿带的绿化设计还要注意其疏密关系的配置,使其有利于有害气体的顺利扩散,而不造成阻滞的相反作用。在设计时应结合当地的气象条件,将透风绿化布置在上风向,而将不透风的绿化布置在下风向,这样能得到较好的效果。此外也要注意地形的起伏、山谷风向的改变等因素的综合关系,使防护绿地能起到真正的防护作用。

防护带绿地的宽度随工业生产性质的不同和产生有害气体的种类而异,按国家卫生规范规定分为5级,其宽度分别为50 m、100 m、300 m、500 m、1 000 m。当防护带较宽时,允许在其中布置人们短时间活动的建筑物、构筑物,如仓库、浴室、车库等。但其允许建造的建筑面积不得超过防护带绿地面积的10%左右。

①透风式——由乔木、地被植物组成。

②半透风式——由乔木、灌木组成。

③密闭式——由乔木、小乔木、灌木组成。

卫生防护林带,也称防污染隔离林带。设在生产区与居住区或行政福利区之间,以阻挡来自生产区大气中的粉尘、飘尘,吸滞空气中的有害气体,降低有害物质含量,减弱噪声,改善区域小气候等。卫生防护林带的设置,要根据主要污染物的种类、排放形式及污染源的位置、高度、排放浓度及当地气象特点等因素而定。对于高架污染区(如烟囱),林带应设在烟体上升高度的 10~20 倍,这个范围为污染最重的地段。对于无组织排放的污染源,林带要就近设置,以便将污染限制在尽可能小的范围内。林带的设置方向依据常年盛行风向、风频、风速而定。如盛行风向是西北风,有污染的生产区则设在东西方向,而在上风方向建生活区,林带设在生活区与生产区之间;如已经在上风方向设了工厂,生活区在下风向,则需在与风向垂直方向的工厂与生活区中间设置宽阔的防护林带,尽量减少生产区对生活区的污染影响。

在风向频率分散、盛行风不明显的地区,如有两个较强风向呈180°时,则在风频最小风向的上风设工厂生产区,在下风设生活区,其间设防护林带。若两个盛行风向呈一夹角时,则在非盛行风向风频相差不大的条件下,生活区设在夹角之内,生产区设在对应的方向,其间设立防护林带(图8.5)。根据《工业企业设计卫生标准》的意见,我国目前根据工业企业生产性质、规模、排放污染物的数量、对环境污染程度所确定的防护等级,对防护林带设计的宽度、数量、间距作了规定(表7.2)。

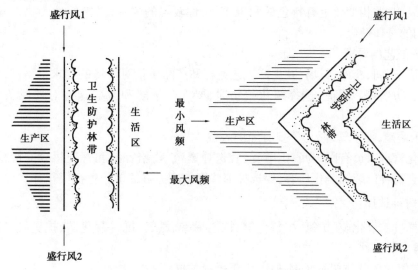

图8.5　风向与卫生防护林设置示意图

一些老工业企业,尽管多数没有留出足够宽度的防护林带绿地,但也应积极争取设置防护林带,即使种植一排树木,也会有一定的防护效果。防护林带防护效果的大小,取决于林带的宽度、配植形式、结构、树种和造林类型。林带的结构形式一般分三种,即稀疏林带、密集林带和疏透林带(图8.6)。

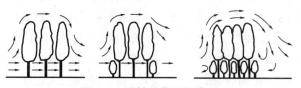

图8.6　防护林带结构类型

8.2.4　工厂绿化树种选择

1)选择原则

要使工厂绿地树种生长良好,取得较好的绿化效果,必须认真选择绿化树种,原则上应注意以下几点:

(1)识地识树,适地适树,因地制宜,选择乡土树种

要对拟绿化的工厂绿地的环境条件有清晰的认识和了解,包括温度、湿度、光照等气候条件和土层厚度、土壤结构及肥力、pH 值等土壤条件,也要对各种园林植物的生物学和生态学特征了如指掌。

适地适树就是根据绿化地段的环境条件选择园林植物,使环境适合植物生长,也使植物能适应栽植地环境。

在识地识树的前提下,适地适树地选择树木花草,成活率高,生长苗壮,抗性和耐性就强,绿化效果好。

(2)选择防污能力强的植物,要有利于观赏和人体健康

工厂企业是污染源,要在调查研究和测定的基础上,选择防污能力较强的植物,尽快取得良好的绿化效果,避免失败和浪费,发挥工厂绿地改善和保护环境的功能。要选择那些树形美观、色彩、风韵、季相变化上有特色的和卫生、抗性较强的树种,以更好地美化市容,改善环境,促进人们的身体健康。

(3)生产工艺的要求

不同工厂、车间、仓库、科场,其生产工艺流程和产品质量对环境的要求也不同,如空气洁净程度、防火、防爆等。因此,选择绿化植物时,要充分了解和考虑这些对环境条件的限制因素。

(4)易于繁殖,便于管理,力争要有经济效益

工厂绿化管理人员有限,为省工节支,宜选择繁殖、栽培容易和管理粗放的树种,尤其要注意选择乡土树种。装饰美化厂容,要选择那些繁衍能力强的多年生宿根花卉。

2)常用树种选择

注意选择抗二氧化硫、抗氯、抗氟化氢、抗乙烯、抗氨气、抗二氧化碳、抗臭氧、抗烟尘、抗有害气体、防火的树种。

(1)抗二氧化硫气体树种(钢铁厂、大量燃煤的电厂等)

①抗性强的树种:大叶黄杨、雀舌黄杨、瓜子黄杨、海桐、蚊母、山茶、女贞、小叶女贞、枳橙、棕榈、凤尾兰、蟹橙、夹竹桃、枸骨、金橘、构树、无花果、枸杞、青冈栎、白蜡、木麻黄、相思树、榕树、十大功劳、九里香、侧柏、银杏、广玉兰、鹅掌楸、柽柳、梧桐、重阳木、合欢、皂荚、刺槐、国槐、紫穗槐、黄杨。

②抗性较强的树种:华山松、白皮松、云杉、赤杉、杜松、罗汉松、龙柏、桧柏、石榴、月桂、冬青、珊瑚树、柳杉、栀子花、飞鹅槭、青桐、臭椿、桑树、楝树、白榆、榔榆、朴树、黄檀、蜡梅、榉树、毛白杨、丝棉木、木槿、丝兰、桃兰、红背桂、芒果、枣、椰树、蒲桃、米仔兰、菠萝、石粟、沙枣、印度榕、高山榕、细叶榕、苏铁、厚皮香、扁桃、枫杨、红茴香、凹叶厚朴、含笑、杜仲、细叶油茶、七叶树、八角金盘、日本柳杉、花柏、粗榧、丁香、卫矛、柃木、板栗、无患子、玉兰、八仙花、地锦、梓树、泡桐、香梓、连翘、金银木、紫荆、黄葛榕、柿树、垂柳、胡颓子、紫藤、三尖杉、杉木、太平花、紫薇、银杉、蓝桉、乌桕、杏树、枫香、加杨、旱柳、小叶朴、木菠萝。

③反应敏感的树种:苹果、梨、羽毛槭、郁李、悬铃木、雪松、油松、马尾松、云南松、湿地松、落地松、白桦、毛樱桃、贴梗海棠、油梨、梅花、玫瑰、月季。

(2)抗氯气的树种

①抗性强的树种:龙柏、侧柏、大叶黄杨、海桐、蚊母、山茶、女贞、夹竹桃、凤尾兰、棕榈、构树、木槿、紫藤、无花果、樱花、枸骨、臭椿、榕树、九里香、小叶女贞、丝兰、广玉兰、柽柳、合欢、皂荚、国槐、黄杨、白榆、红棉木、沙枣、椿树、苦楝、白蜡、杜仲、厚皮香、桑树、柳树、枸杞。

②抗性较强的树种:桧柏、珊瑚树、栀子花、青桐、朴树、板栗、无花果、罗汉松、桂花、石榴、紫薇、紫荆、紫穗槐、乌桕、悬铃木、水杉、天目木兰、凹叶厚朴、红花油茶、银杏、桂香柳、枣、丁香、假槟榔、江南红豆树、细叶榕、蒲葵、枳橙、枇杷、瓜子黄杨、山桃、刺槐、铅笔柏、毛白杨、石楠、榉树、泡桐、银桦、云杉、柳杉、太平花、蓝桉、梧桐、重阳木、黄葛榕、小叶榕、木麻黄、梓树、

扁桃、杜松、天竺葵、卫矛、接骨木、地锦、人心果、米仔兰、芒果、君迁子、月桂。

③反应敏感的树种:池柏、核桃、木棉、樟子松、紫椴、赤杨。

(3)抗氟化氢气体的树种(铝电解厂、磷肥厂、炼钢厂、砖瓦厂等)

①抗性强的树种:大叶黄杨、海桐、蚊母、山茶、凤尾兰、爪子章杨、龙柏、构树、朴树、石榴、桑树、香椿、丝棉木、青冈栎、侧柏、皂荚、国槐、柽柳、黄杨、木麻黄、白榆、沙枣、夹竹桃、棕榈、红茴香、细叶香桂、杜仲、红花油茶、厚皮香。

②抗性较强的树种:桧柏、女贞、小叶女贞、白玉兰、珊瑚树、无花果、垂柳、桂花、枣树、樟树、青桐、木槿、楝树、枳橙、臭椿、刺槐、合欢、杜松、白皮松、拐枣、柳树、山楂、胡颓子、滇朴、紫茉莉、白蜡、云杉、广玉兰、飞蛾槭、榕树、柳杉、丝兰、太平花、银桦、梧桐、乌桕、梓树、泡桐、油茶、小叶朴、鹅掌楸、含笑、紫薇、地锦、柿树、山楂、月季、丁香、樱花、凹叶厚朴、黄栌、银杏、天目琼花、金银花。

8.2.5 工厂绿化布置中的特殊问题

①工厂绿地的土壤成分和其环境条件一般较为恶劣,对植物的生长极为不利。就绿化设计本身而言,应选择能适应不同环境条件,能抗御有害污染物质的树种,这种树种的选择范围极为狭小,经常见到的有夹竹桃、刺槐、柳、海桐、白杨、珊瑚等少数树种。由于树种的单一,致使绿化栽植易于单调。为避免单调感,除注意能显示不同季节变换的特点外,结合不同绿地的使用要求,采取多种形式的栽植。不仅种植乔木、灌木,也种植花卉,铺以苔藓、草皮;不仅种植在园中,也可采用盆栽、水栽。在实际中,由于工厂绿化受到采光、地下埋设物、空中管线等多方面的限制,应以混合栽植的方式较为适宜。

②工厂前区入口处和一些主要休憩绿地是工厂美化的重点,应结合美化设施和建筑群体组合加以统一考虑。而车间周围和道路旁边的某些空地的绿化却是工厂绿化的难点,因此在条件不允许的情况下,不能勉强绿化,而改用矿物材料加植地被苔藓等作物来铺设这些地区,结合点缀小量盆栽植物来组织空间,美化环境。

③对防尘要求较高的工业企业,其绿化除一般的要求外,还应起到净化空气、降低尘埃的特殊作用。在这类工厂盛行风向的上风区应设置防风绿带,厂区内的裸露土面都应覆以地被植物,以减少灰尘。树种不应选择有绒毛种子,且易散播到空中去的树木。另外还要及早种树,才有较好的防尘效果。

④工厂绿化植物的选择除上述各特殊要求外,一般在防护地带内常栽植枝叶大而密的树木,并可采用自由式或林荫道式的植树法,以构成街心绿地和绿岛。厂内休憩绿地也可采用阔叶树隔开或单独种植在草坪上,增加装饰效果。休憩绿地宜采用自由式的布置,这样较为轻松活泼,较能满足调剂身心和达到休息的目的。

⑤对于大型工厂的绿化宜采用生态种植方式加以布置。

8.3 医疗机构绿地规划设计

医院、疗养院等医疗机构绿地也是城市规划园林绿地系统的重要组成部分,是城市普遍绿化的基础。搞好医疗机构的园林绿化,一方面创造优美的疗养和工作环境,发挥隔离和卫生防护功能,有利于患者康复和医务工作人员的身体健康;另一方面,对改善医院及城市的气候,保护和美化环境,丰富市容景观,具有十分重要的作用。在现代医院设计中,园林绿地作为医院环境的组成部分,其基本功能不容忽视。将医院建筑与园林绿化有机结合,使医院功能更加完善,有深远的社会意义。

8.3.1　医疗机构的类型及绿地组成

1)医疗机构的类型

(1)综合性医院

综合性医院一般设有内、外各科的门诊部和住院部,医科门类较齐全,可治疗各种疾病。

(2)专科医院

专科医院是设某一科或几个相关科的医院,医科门类较单一,专治某种或几种疾病。如妇产医院、儿童医院、口腔医院、结核病医院、传染病医院和精神病医院等。传染病医院及需要隔离的医院一般设在城市郊区。

(3)小型卫生院、所

小型卫生院、所是指设有内、外各科门诊的卫生院、卫生所和诊所。

(4)休、疗养院

休、疗养院是指用于恢复工作疲劳、增进身心健康、预防疾病或治疗各种慢性病的休养院、疗养院。

2)医院绿地的组成

综合性医院是由各个使用要求不同的部分组成的,在进行总体布局时,按各部分功能要求进行。综合性医院的平面布局分为医务区和总务区,医务区又分为门诊部、住院部和辅助医疗等几部分。其绿地组成为:

(1)门诊部绿地

门诊部是接纳各种病人,对病情进行初步诊断,确定进一步是门诊治疗还是住院治疗的地方,同时也进行疾病防治和卫生保健工作。门诊部的位置,既要便于患者就诊,往往面临街道设置,又要保证诊断、治疗所需要的卫生和安静的条件,门诊部建筑要退后道路红线 10 ~ 25 m 的距离。门诊楼由于靠近医院大门,空间有限,人流集中,加之大门内外的交通缓冲地带和集散广场等,其绿地较分散,在大门两侧、围墙内外、建筑周围呈条带状分布。

(2)住院部绿地

住院部是病人住院治疗的地方,主要是病房,为医院的重要组成部分,并有单独的出入口。住院部为保障良好的医疗环境,尽可能避免一切外来干扰或刺激(如臭味、噪声等),创造安静、卫生、舒适的治疗和休养环境,其位置在总体布局时,往往位于医院中部。住院部与门诊部及其他建筑围合,形成较大的内部庭院,因而住院部绿地空间相对较大,呈团块状和条带状分布于住院楼前及周围。

(3)其他部分绿地

①医院的辅助医疗部分,主要由手术室、药房、X 光室、理疗室和化验室等组成,大型医院各随门诊部和住院部布置,中小型医院则合用。

②医院的行政管理部门主要是对全院的业务、行政和总务进行管理。有的设在门诊楼

内,有的则单独设在一幢楼内。

③医院的总务部门属于供应和服务性质的部门,包括食堂、锅炉房、洗衣房、制药间、药库、车库及杂务用房和场院。总务部门与医务部门既有联系,又要隔离,一般单独设在医院中后部较偏僻的一角。

此外,还有病理解剖室和太平间,一般单独布置,与街道和其他相邻部分保持较远距离,进行隔离。

医院其他部分单独设置的,建筑周围有一定的绿化带。

8.3.2 医院绿地的功能

搞好医院、疗养院绿地规划设计和建设,科学地评定绿地的质量标准,充分认识绿地的功能,以便有效地促进和维护医疗单位绿地发展的良性循环。

随着科学技术的发展和人们物质生活水平的提高,人们对医院、疗养院绿地功能的认识逐步深化。近年来,欧美、日本等国相继兴起一种"园艺疗法",就是利用医院、疗养院中的园林绿地,让病人通过园林植物栽培和园艺操作劳动,调节大脑神经,忘却疾病和烦恼,促进病人早日康复。园艺疗法既是园艺操作与医疗卫生相组合的实践技术,又是园艺欣赏和精神心理相结合的文化。因此,学习国外一些相关技术和方法,结合我国实际,建立具有中国特色的园艺疗法是十分必要的,同时,园艺疗法也充分体现出医院、疗养院绿地的综合功能和新的价值。

医院、疗养院绿地的功能集中体现在以下几个方面:

1)改善医院、疗养院的小气候条件

医院、疗养院绿地对保持和创造医疗单位良好的小气候条件的作用,具体体现在调节气温,使夏季降温,冬季保温,尤其是夏季园林树木阻挡吸收太阳的直接辐射热,所起的遮阳作用是十分明显的。调节空气湿度,夏季使人们感到凉爽、湿润,防风并降低风速,防尘和净化空气。

2)为病人创造良好的户外环境

医疗单位优美的、富有特色的园林绿地可为病人创造良好的户外环境,提供观赏、休息、健身、交往、疗养的多功能的绿色空间,有利于病人早日康复。同时,园林绿地作为医疗单位环境的重要组成部分,还可以提高其知名度和美誉度,塑造良好的形象,有效地增加就医量,有利于医疗单位的生存和竞争。

3)对病人心理产生良好的作用

医疗单位优雅安静的绿化环境对病人的心理、精神状态和情绪起着良好的安定作用。植物的形态色彩对视觉的刺激,芳香袭人的气味对嗅觉的刺激,色彩鲜艳、青翠欲滴的食用植物对味觉的刺激,植物的茎叶花果对触觉的刺激,园林绿地中的水声、风声、虫鸣、鸟语以及雨打叶片声对听觉的刺激……当住院病人来到外面,置身于绿树花丛中,沐浴明媚的阳光,呼吸清新的空气,感受鸟语花香,这种自然疗法,对稳定病人情绪,放松大脑神经,促进康复都有着十分积极的作用。据测定,在绿色环境中,人的体表温度可降低 $1 \sim 2.2 \, ℃$,脉搏平均减缓 $4 \sim 8$ 次/min,呼吸均匀,血流舒缓,紧张的神经系统得以放松,对神经衰弱、高血压、心脑病和呼吸道病都能起到间接的理疗作用。

4)在医疗卫生保健方面具有积极的意义

绿地是新鲜空气的发源地。而新鲜空气是人的生命时刻离不开的,特别是身患疾病的人,更渴望清新的空气。植物的光合作用吸收二氧化碳,放出氧气,自动调节空气中的二氧化碳和氧气的比例。植物可大大降低空气中的含尘量,吸收、稀释地面高3~4 m的有害气体。许多植物的芽、叶、花粉分泌大量的杀菌素,可杀死空气中的细菌、真菌和原生动物。科学研究证明,景天科植物的汁液能消灭流感类的病毒;松林放出的臭氧和杀菌素能抑制杀灭结核菌;樟树、桉树的分泌物能杀死蚊虫,驱除苍蝇……这些林木都是人类健康有益的"义务卫生防疫员和保健员"。因此,在医院、疗养院绿地中,选择松柏等多种杀菌力强的树种,其意义就显得尤为重要。

5)卫生防护隔离作用

医院中的一般病房、传染病房、制药间、解剖室、太平间之间都需要隔离,传染病医院周围也需要隔离。园林绿地中以乔、灌木植物进行合理配置,可以起到有效的卫生防护隔离作用。

综上所述,医院、疗养院绿地的功能可具有物理作用和心理作用两个方面,绿地的物理作用是指通过调节气候、净化空气、减弱噪声、防风防尘、抑菌杀菌等,调节环境的物理性质,使环境处于良性的、宜人的状态。绿地的心理作用则是指病人处在绿地环境中及其对感官的刺激所产生宁静、安逸、愉悦等良好的心理反应和效果。

8.3.3 医院绿地树种的选择

在医院、疗养院绿地设计中,要根据医疗单位的性质和功能,合理地选择和配置树种,以充分发挥绿地的功能作用。

1)选择杀菌力强的树种

具有较强杀灭真菌、细菌和原生动物能力的树种主要有:侧柏、圆柏、铅笔柏、雪松、杉松、油松、华山松、白皮松、红松、湿地松、火炬松、马尾松、黄山松、黑松、柳杉、黄栌、盐肤木、锦熟黄杨、尖叶冬青、大叶黄杨、桂香柳、核桃、月桂、七叶树、合欢、刺槐、国槐、紫薇、广玉兰、木槿、楝树、大叶桉、蓝桉、柠檬桉、茉莉、女贞、日本女贞、丁香、悬铃木、石榴、枣、枇杷、石楠、麻叶绣球、枸杞、银白杨、钻天杨、垂柳、栾树、臭椿及蔷薇科的一些植物。

2)选择经济类树种

医院、疗养院还应尽可能选用果树、药用等经济类树种,如山楂、核桃、海棠、柿、石榴、梨、杜仲、国槐、山茱萸、白芍药、金银花、连翘、丁香、垂盆草、麦冬、枸杞、丹参、鸡冠花、藿香等。

8.3.4 医院绿地规划设计要点

1)综合性医院绿地设计

综合性医院一般分为门诊部绿化、住院部绿化和其他区域绿化。各组成部分功能不同,绿化形式和内容也有一定的差异。

(1)门诊部绿化设计

门诊部靠近医院主要出入口,与城市街道相临,是城市街道与医院的结合部,一般空间较小,人流多而集中,在大门内外、门诊楼前要留出一定的交通缓冲地带和集散广场。一般建筑红线后退10~25 m。绿地采取分散布置，门前以低矮植物为主，5 m外才能进行乔木种植。医院大门至门诊楼之间的空间组织和绿化，不仅起到卫生防护隔离作用，还有衬托、美化门诊楼和市容街景的作用。体现医院的精神面貌、管理水平和城市文明程度。因此，应根据医院条件和场地大小，因地制宜地进行绿化设计，以美化装饰为主。

①入口广场的绿化：综合性医院入口广场一般较大，在不影响人流、车辆交通的条件下，广场可设置装饰性的花坛、花台和草坪，有条件的还可设置水池、喷泉和主题雕塑等，形成开朗、明快的格调。尤其是喷泉，可增加空气湿度，促进空气中负离子的形成，有益于人们的健康。喷泉与雕塑、假山的组合，加之彩灯、音乐配合，可形成不同的景观效果。

②广场周围的布置：可栽植整形绿篱、草坪、花开四季的花灌木，节日期间，也可用一、二年生花卉作重点美化装饰，或结合停车场栽植高大遮荫乔木。医院的临街围墙以通透式为主，使医院内外绿地交相辉映，围墙与大门形式协调一致，宜简洁、美观、大方、色调淡雅。若空间有限，围墙内可结合广场周边作条带状基础栽植。

③门诊楼周围绿化：门诊楼建筑周围的基础绿带，绿化风格应与建筑风格协调一致，美化衬托建筑形象。门诊楼前绿化应以草坪、绿篱及低矮的花灌木为主，乔木应在距建筑5 m以外栽植，以免影响室内通风、采光及日照。门诊楼后常因建设物遮挡，形成阴面，光照不足，要注意耐荫植物的选择配置，保证良好的绿化效果，如天目琼花、金丝桃、珍珠梅、金银木、绣线菊、海桐、大叶黄杨、丁香等，以及玉簪、紫萼、书带草、麦冬、白三叶、冷绿型混播草坪等宿根花卉和草坪。

在门诊楼与其他建筑之间应保持20 m的间距，栽植乔灌木，以起一定的绿化、美化和卫生隔离效果。

（2）住院部绿化设计

住院部位于门诊部后面、医院中部较安静的地段，一般面积较大，由于要求安静、舒适，因此住院部庭院要精心布置，根据场地大小、地形地势、周围环境等情况，确定绿地形式和内容，结合道路、建筑进行环境优美的绿化设计，创造安静优美的环境，供病人室外活动及疗养。

住院部周围小型场地在绿化布局时，一般采用规则式构图（图8.7（a）），绿地中设置整形广场，广场内以花坛、水池、喷泉、雕塑等作中心景观，周边放置座椅、桌凳、亭廊花架等休息设施。广场、小径尽量平缓，采用无障碍设计，硬质铺装，以利病人出行活动。绿地中植草坪、绿篱、花灌木及少量遮荫乔木。这种小型场地，环境清洁优美，可供病人坐息、赏景、活动兼作日光浴场，也是亲属探视病人的室外接待处。住院部周围有较大面积的绿化场地时，可采用自然式的布局手法，利用原地形和水体，稍加改造成平地或微起伏的缓坡和蜿蜒曲折的湖池、园路，点缀园林建筑小品，配置花草树木，形成优美的自然式庭园（图8.7（b））。

在现代医疗理念指导下，如果有条件，可根据医疗需要，在较大的绿地中布置一些辅助医疗地段，如日光浴场、空气浴场、树林氧吧、体育活动场等，以树丛、树群相对隔离，形成相对独立的林中空间，场地以草坪为主，或做嵌草砖地面。场地内适当位置设置座椅、凳、花架等休息设施。为避免交叉感染，应为普通病人和传染病人设置不同的活动绿地，并在绿地之间栽植一定宽度的以常绿及杀菌力强的树种为主的隔离带。

一般病房与传染病房要注意留有30 m的空间地段，并以植物进行隔离。

总之，住院部植物配置要有丰富的色彩和明显的季相变化，使长期住院的病人能感受到自然界季节的交替，调节情绪，提高疗效。常绿树与花灌木应各占30%左右。

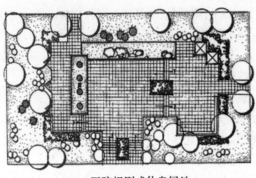

(a)医院规则式休息绿地　　　　　　　　(b)医院自然式休息绿地

图8.7　医院绿化设计

（3）其他区域绿化设计

其他区域包括辅助医疗的药库、制剂室、解剖室、太平间等，以及总务部门的食堂、浴室、洗衣房及宿舍区，该区域往往在医院后部单独设置，绿化要强化隔离作用。太平间、解剖室应单独设置出入口，并处于病人视野之外，周围用常绿乔灌木密植隔离。手术室、化验室、放射科周围绿化防止东、西日晒，保证通风采光，不能植有绒毛飞絮的植物，要常绿密植隔离。总务部门的食堂、浴池及宿舍区也要和住院区有一定距离，用植物相对隔离，为医务人员创造一定的休息和活动环境（图8.8）。

2）专科医院绿化的特殊要求

（1）儿童医院的绿化

儿童医院主要收治14岁以下的儿童患者。其绿地除了具有综合性医院的功能外，还要考虑儿童的一些特点。如绿篱高度不超过80 cm，以免阻挡儿童视线，绿地中适当设置儿童活动场地和游戏设施。在植物选择上，注意色彩效果，避免选择有毒、有刺、过敏等对儿童有伤害的植物。

儿童医院绿地中设计的儿童活动场地、设施、装饰图案和园林小品，其形式、色彩、尺度都要符合儿童的心理和需要，富有童心和童趣，要以优美的布局形式和绿化环境，创造活泼、轻松的气氛，减少病人对医院和疾病的心理压力。

（2）传染病院的绿化

传染病院收治各种急性传染病患者，更应突出绿地的防护隔离作用。防护林带要宽于一般医院，同时常绿树的比例要更大，使其在冬季也具有防护作用。不同病区之间也要相互隔离，避免交叉感染。由于病人活动能力小，以散步、下棋、聊天为主，各病区绿地不宜太大，休息场地距离病房近一些，方便利用。

（3）精神病院的绿化

精神病院主要接受有精神病的患者，由于艳丽的色彩容易使病人精神兴奋，神经中枢失控，不利于治病和康复。因此，精神病院绿地设计应突出"宁静"的气氛，以白、绿色调为主，多种植乔木和常绿树，少种花灌木，并选种白丁香、白碧桃、白月季、白牡丹等白色花灌木。在病房区周围面积较大的绿地中，可布置休息庭园，让病人在此感受阳光、空气和自然气息。

3）疗养院的绿地设计

疗养院是具有特殊治疗效果的医疗保健机构，主要治疗各类慢性病，疗养期一般较长，达

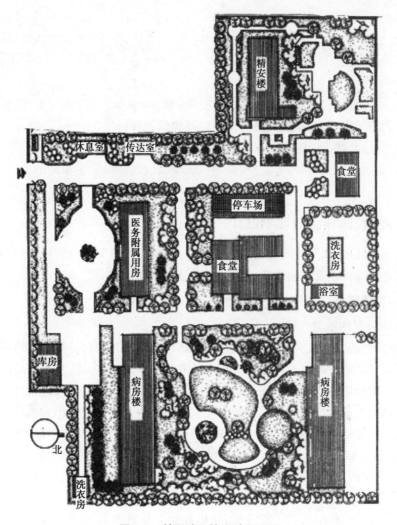

图8.8 某医院环境设计平面图

一个月到半年。

　　疗养院具有休息和医疗保健双重作用,多设于环境优美、空气新鲜,并有一些特殊治疗条件(如温泉)的地段,有的疗养院就设在风景区中,有的单独设置。疗养院的疗养手段是以自然因素为主,如气候疗法(日光浴、空气浴、海水浴、沙浴等)、矿泉疗法、泥疗、理疗等与中医治疗相配合。因此,在进行环境和绿化设计时,应结合各种疗养法如日光浴、空气浴、森林浴,布置相应的场地和设施,并与环境相融合。

　　疗养院与综合性医院相比,一般规模与面积较大,尤其有较大的绿化区,因此更应发挥绿地的功能作用,院内不同功能区应以绿化带加以隔离。疗养院内树木花草的布置要衬托美化建筑,使建筑内阳光充足,通风良好,并防止西晒,留有风景透视线,以供病人在室内远眺观景。为了保持安静,在建筑附近不应种植如毛白杨等树叶声大的树木。疗养院内的露天运动场地、舞场、电影场等周围也要进行绿化,形成整洁、美观、大方、宁静、清新的环境。疗养院内绿化在不妨碍卫生防护和疗养人员活动要求的前提下,注意种植与结合生产,开辟苗圃、花圃、菜地、果园,让疗养病人参加适当的劳动,即园艺疗法。

8.4 学校绿地规划设计

学校绿化的主要目的是创造浓荫覆盖、花团锦簇、绿草如茵、清洁卫生、安静清幽的校园绿地,为师生们的工作、学习和生活提供良好的环境景观和场所。

学校绿地应结合城市绿地系统用地统一规划,全面设计,形成和谐统一的整体,满足多种功能需要。幼儿园、中小学和大专院校,因学校规模、教育阶段、学生年龄的不同,绿化特色也有所不同。

8.4.1 大专院校园林绿地规划设计

大专院校园林绿地作为校园环境的构成部分,是学校物质文明与精神文明建设的重要内容,为培养未来的高科技人才创造良好的学习、工作和生活条件。

1)大专院校的特点

(1)对城市发展的推动作用

大专院校是促进城市技术经济之科学文化繁荣与发展的园地,是带动城市高科技发展的动力,也是科教兴国的主阵地。大专院校在认识未知世界,探索真理,为人类解决重大课题提供科学依据,推动知识创新和科学技术成果推广,实现生产力转化诸方面,发挥着不可估量的作用。另一方面,大专院校还促进了城市文化生活的繁荣。大专院校作为城市居民的文化中心,充分利用所特有的文化、艺术和体育设施,向社会开放,满足了城市居民的科学知识、文化艺术和体育活动等方面的需求,丰富了人们的业余文化生活。

优美的校园绿地和环境,不仅有利于师生的工作、学习和身心健康,同时也为社区乃至城市增添一道道靓丽的风景。在我国许多环境优美的校园,都令国内外广大来访者赞叹不已,流连忘返,令学校广大师生员工引以为荣,终生难忘。如珞珈山上、东湖之滨的武汉大学;水清木秀、湖光塔影的北京大学;古榕蔽日、楼亭入画的中山大学;依山面海、清新典雅的深圳大学等。

总之,大专院校以其富有青春的朝气和活力,丰富多彩的文娱体育设施,以及优美的校园环境,吸引着人们,充实和丰富了城市居民的文化生活,提高了城市的文化品位与素质。因此,大专院校被誉为"未来富有生命活力的城市的根基所在"。

(2)面积与规模

大专院校,一般规模大、面积广、建筑密度小,尤其是重点院校,相当于一个小城镇,需要占据相当规模的用地,其中包含着丰富的内容和设施。校园有明显的功能分区,各功能区以道路分隔相联系,不同道路选择不同树种,形成了鲜明的功能区标志和道路绿化网络,也成为校园绿化的主体和骨架。

(3)教学工作特点

大专院校是以课时为基本单元组织教学。学生们一天之中要多次往返穿梭于校园内的教室、实验室之间,匆忙而紧张,是一个从事繁重脑力劳动的群体。

（4）学生特点

大专院校的学生正值青春时期，其人生观和世界观等各方面逐步走向成熟。他们的精力旺盛，朝气蓬勃，思想活跃，开放活泼，可塑性强；又有独立的个人见解，掌握了一定的科学知识，具有较高的文化修养。他们需要良好的学习、运动环境，以及高品位的娱乐交往空间，从而获得德、智、体、美、劳全面发展。

2）大专院校园林绿地的组成

大专院校一般面积较大，总体布局形式多样。由于学校规模、专业的特点、办学方式以及周围的社会条件的不同，其功能分区的设置也不尽相同。一般可分为教学科研区、学生生活区、体育运动区、后勤服务区及教工生活区。校园绿地主要由以下几部分组成：

（1）教学科研区绿地

教学科研区是学校的主体，包括教学楼、实验楼、图书馆以及行政办公楼等建筑，该区也常常与学校大门主出入口综合布置，体现学校的面貌和特色。教学科研区要保持安静的学习与研究环境，其绿地沿建筑周围、道路两侧呈条带状或团块状分布。

（2）学生生活区绿地

学生生活区为学生生活和活动的区域，分布有学生宿舍、学生食堂、浴室、商店等生活服务设施及部分体育活动器械。有的学校将学生体育活动中心设在学生生活区内或附近。该区与教学科研区、体育活动区、校园绿化景区、城市交通及商业服务有密切联系。该区绿地一般沿建筑、道路分布，比较零碎、分散。

（3）体育活动区绿地

大专院校体育活动场所是校园的重要组成部分，是培养学生德、智、体、美、劳全面发展的重要设施。其内容包括大型体育场馆和风雨操场、游泳池馆以及各类球场及器械运动场地等。该区与学生生活区有较方便的联系。除足球场草坪外，绿地一般沿道路两侧和场馆周边呈条带状分布。

（4）后勤服务区绿地

后勤服务区分布着为全校提供水、电、热力及各种气体动力站及仓库、维修车间等设施，占地面积大，管线设施多，既要有便捷的对外交通联系，又要离教学科研区较远，避免干扰。绿地一般也是沿道路两侧及建筑场院周边呈条带状分布。

（5）教工生活区绿地

教工生活区为教工生活、居住区域，主要是居住建筑和道路，一般单独布置于校园一隅，以求安静、清幽。其绿地分布类似于居住小区。

（6）校园道路绿地

校园的道路系统，分隔各功能区，具交通和运输功能。道路绿地位于道路两侧，除行道树外，道路外侧绿地与相邻的功能区绿地相融合。

（7）休息游览区绿地

在校园中心或重要地段设置的集中绿化的景观区域，质高境幽，以创造优美的校园环境，供学生休息散步、自学阅读、交往谈心，对陶冶情操、热爱自然，起着潜移默化的作用。该区绿地呈片状分布，是校园绿化的重点区域。

3）大专院校各区绿地规划设计要点

（1）校前区绿化

学校大门、出入口与办公楼、教学主楼组成校前区或前庭，是行人、车辆的出入之处，具有交通集散功能和展示学校标志、校容校貌及形象的作用，因而校前区往往形成广场和集中绿化区，为校园重点绿化美化地段之一。

学校大门的绿化要与大门建筑形式相协调，以装饰观赏为主，衬托大门及立体建筑，突出庄重典雅、朴素大方、简洁明快、安静优美的高等学府校园环境。

学校大门绿化设计以规则式绿地为主，以校门、办公楼或教学楼为轴线，大门外使用常绿花灌木形成活泼而开朗的门景，两侧花墙用藤本植物进行配置。在学校四周围墙处，选用常绿乔灌木自然式带状布置，或以速生树种形成校园外围林带。大门外面的绿化要与街景一致，但又要体现学校特色。大门内在轴线上布置广场、花坛、水池、喷泉、雕塑和主干道。轴线两侧对称布置装饰或休息性绿地。在开阔的草地上种植树丛，点缀花灌木，自然活泼，或种植草坪及整形修剪的绿篱、花灌木，低矮开朗，富有图案装饰效果。在主干道两侧植高大挺拔的行道树，外侧适当种植绿篱、花灌木，形成开阔的绿荫大道。学校大门绿化要与教学科研区衔接过渡，为体现庄重效果，常绿树应占较大比例。

（2）教学科研区绿化

教学科研区绿地主要满足全校师生教学和科研的需要，提供安静优美的环境，也为学生创造课间进行适当活动的绿色室外空间。教学科研主楼前的广场设计，以大面积铺装为主，结合花坛、草坪，布置喷泉、雕塑、花架、园灯等园林小品，体现简洁、开阔的景观特色。

教学楼周围的基础绿带，在不影响楼内通风采光的条件下，多种植落叶乔灌木。为满足学生休息、集会、交流等活动的需要，教学楼之间的广场空间应注意体现开放性、综合性的特点，具有良好的尺度和景观，以乔木为主，花灌木点缀。绿地平面上的布局要注意图案构成和线型设计，以丰富的植物及色彩，形成适合在楼上俯视的鸟瞰画面；立面要与建筑主体相协调，并衬托美化建筑，使绿地成为该区空间的休闲主体和景观的重要组成部分。

大礼堂是集会的场所。正面入口前设置集散广场，绿化可同校前区，空间较小，内容相对简单。礼堂周围植物基调以绿篱和装饰树种为主；礼堂外围可根据道路和场地大小，布置草坪、树林或花坛，以便人流集散。实验楼在选择树种时，应综合考虑防火、防爆及空气洁净程度等因素。

图书馆是储藏图书资料并为师生教学和科学活动提供服务的地方，也是学校标志性建筑，周围的布局可与大礼堂相似。

（3）生活区绿化

大专院校为方便师生学习、工作和生活，校园内设置有生活区和各种服务设施，该区域的特点是丰富多彩、生动活泼。因此，绿化应以校园绿化基调为前提，根据场地大小，兼顾交通、休息、活动、观赏诸功能，因地制宜进行设计。食堂、浴室、商店、银行、邮局前要留有一定的交通集散及活动场地，周围可种植绿带和花草树木，活动场地中心或周边可设置花坛或种植庭荫树。

学生宿舍区绿化可结合行道树，形成封闭式的观赏性绿地，或布置成庭院式休闲绿地，铺装地面，花坛、花架、基础绿带和庭荫树池结合，形成良好的学习、休闲场地。

教工生活区绿化与居住小区绿化相似，可参考居住区绿地进行规划设计。

后勤服务区绿化要注意根据水、电、气、热等管线和设施的特殊要求,在选择配置树种时,综合考虑防灾因素。

(4)体育活动区绿化

体育活动区在场地四周栽植高大乔木,下层配置耐荫的花灌木,形成一定层次和密度的绿荫,能有效地遮挡夏季阳光的照射和冬季寒风的侵袭,减弱噪声对外界的干扰。

为保证运动员及其他人员的安全,运动场四周可设围栏。在适当之处设置坐凳,供人们观看比赛,设坐凳处可植乔木遮阳。

室外运动场的绿化不能影响体育活动和比赛,以及观众的视线,应严格按照体育场地及设施的有关规范进行。

体育馆建筑周围应因地制宜地进行基础绿带绿化。

(5)道路绿化

校园道路两侧行道树应以落叶乔木为主,构成道路绿地的主体和骨架,浓荫覆盖,有利于师生们的工作、学习和生活。在行道树外侧可植草坪或点缀花灌木,形成色彩和层次丰富的道路侧旁景观。

(6)休息游览绿地

大专院校面积一般较大,常在校园的重要地段设置花园式或游园式绿地,供师生休闲、观赏、游览。另外,大专院校中的花圃、苗圃、气象观测站等科学实验园地,以及植物园、树木园也可以园林形式布置成休息游览绿地。休息游览绿地规划设计的构图形式、内容及设施,要根据场地地形地势、周围道路、建筑等环境,因地制宜,综合考虑。

8.4.2 中小学绿地规划设计

中小学用地一般分为建筑用地、体育场地和自然科学实验用地。其中的建筑用地包括办公室、教学及实验楼、广场道路和生活杂务场院等用地。

中小学绿地特点是安静又活泼;景观艳丽而丰富;绿地以中小型为主。

中小学建筑用地绿化,往往沿道路两侧,以及广场、建筑周边和围墙边呈条带状分布,以建筑为主体,绿化以衬托、美化。因此建设用地的绿化设计应注意美化和采光,四季色彩要丰富。既要考虑建筑物通风、采光、遮阳、交通集散的使用功能,又要考虑建筑物的形状、体积、色彩、广场、道路的空间大小。大门出入口、建筑门厅及庭院,可作为校园绿化的重点,并结合建筑、广场及主要道路进行绿化布置,注意色彩、层次的对比变化,建花坛,铺草坪,植绿篱,配置四季花木,衬托大门及建筑物入口空间和正立面景观,以丰富校园景色。建筑物前后可作低矮的植物栽植,5 m内不要植高大乔木。两山墙外植高大乔木,以防日晒。庭院中也可植乔木,形成庭荫环境,可设置乒乓球台、阅报栏等文体设施,丰富学生课余文体活动。校园道路绿化以遮阳为主,可混合种植乔灌木。

体育场地主要供学生开展各种体育活动。一般小学操场较小,或以楼前后的庭院代替运动场地,四周可以有小乔木和大灌木围合。中学可单独设立较大的操场,划分标准运动跑道、足球场、篮球场及其他体育活动用地。

运动场周围种植高大遮阳落叶乔木为主,少种花灌木。除道路外,场地地面铺草坪,尽量不要硬化。运动场要留出较大空地供开展其他活动用,空间需要通视性好,保证学生安全和体育比赛的进行。

自然科学实验园根据教学实践需要植物种类设置一定面积的绿地。

学校周围沿围墙可以种植绿篱或乔灌木复式林带,与外界环境相对隔离,可避免相互干扰。

中小学绿化树种宜选择形态优美、色彩艳丽、无毒、无刺、无过敏和无飞毛植物,并注意通风采光。树木应挂牌,标明树种名称,便于学生学习科学知识。

8.4.3 幼儿园绿地规划设计

一般正规的幼儿园包括室内活动和室外活动两部分,根据活动要求,室外活动场地又分为公共活动场地、自然科学基地和生活杂务用地。因此,幼儿园的绿地规划设计重点是室外活动场地,应以遮阳落叶乔木为主,并需设置游戏活动设施。

公共活动场地是儿童游戏活动场地,也是幼儿园重点绿化区。该区的绿化应根据场地大小,结合各种游戏活动器械来布置。适当设置小亭、花架、涉水池、沙坑等。在活动器械附近,以遮阳的落叶乔木为主。角隅处适当点缀花灌木,场地应开阔通畅,不能影响儿童活动。

菜园、果园及小动物饲养地是培养儿童最热爱劳动、热爱科学的基地。有条件的幼儿园可将其设置在全园一角,用绿篱隔离,里面可种植少量果树、油料、药用等经济植物,或饲养少量家畜家禽。

整个室外活动场地,应尽量铺设耐践踏的草坪,在周围种植成行的乔灌木,形成浓密的防护带,起防风、防尘和隔离噪声的作用。

幼儿园绿地植物的选择,要考虑儿童的心理特点和身心健康。选择形态优美、色彩鲜艳、适应性强、便于管理的植物,禁用有飞毛、毒、刺以及引起过敏的植物,如花椒、黄刺梅、漆树、凤尾兰等。同时,建筑周围注意通风和采光,5 m内不能植高大乔木。

习题

1.简述居住区绿地的组成及功能。

2.如何区分各类居住区绿地?

3.阐述居住区的规划结构与绿地形式的关系。

4.结合现今城市小街区化的发展模式,试析未来居住区绿地的发展方向。

5.阐述工厂绿地规划的组成及特点。

6.防护林带的三种类型及其布置要求是什么?

7.如何考虑公共设施的功能与绿化形式的关系?

8.考虑患者的心理及医院的功能要求,如何突出医院绿化的特点?

〔拓展阅读〕

屋顶庭院绿化与设计

屋顶绿化主要指平屋顶的绿化,其历史最早可追溯到公元前 6 世纪的巴比伦空中花园。近几十年来,由于城市向高密度化、高层化发展,城市绿地越来越少,环境日趋恶化,城市居民对绿地的向往和对舒适优美环境中的户外生活的渴望,促使屋顶绿化迅速发展。如美国、日本、法国、德国、瑞士等国家,已普遍利用平屋顶造园或进行环境绿化。在我国,随着旅游业建筑的发展,也开始出现屋顶花园,如广州东方宾馆屋顶花园,以及后来的中国大酒店、北风长城饭店等。

一、屋顶绿化的科学价值

屋顶绿化具有多方面的科学价值。它不仅增加了单位面积区域内的绿化面积,改善了人们视觉卫生条件(避免眩光和辐射热)和建筑屋顶的物理性能(隔热、减渗、减噪等),而且对美化城市环境,保持城市生态环境的平衡起着独特的作用。此外,屋顶绿化因地势高,能起到低处植物所起不到的作用。尤其是在城市用地日益紧张,高层建筑日益增多的今天,其作用与价值更不可低估。因此在城市环境中多层次地设置这种"滤净器",不仅是环保的需要,同时也是现代社会人们心理上的一种需求。

二、屋顶绿化的特点与形式

屋顶造园比地面绿化要困难得多。

第一,屋顶绿化要考虑庭园的总重量及分布,建筑物是否能承受得住。为了使建筑物不致负担太重,就不能采用一般的造园方式,而要在园的结构上下功夫,提出切实可行、经济合理的方案。

第二,屋顶面积一般较小,形状多为工整的几何形,四周一般无或较少遮挡,空间空旷开朗。因此,造园多以植物配置为重点,配置一些建筑小品,如水池、喷泉、雕塑等。不宜建造体重较大的园林建筑和种植根深冠大的树木。可以利用屋顶上原有的建筑如电梯间、库房、水箱等,将其改造成为适宜的园林建筑形式。

屋顶绿化的形式有以下几种:

1. 整片绿化

屋顶上几乎种满植物,只留管理用的必要路径,主要起生态作用和供高处观赏之用。绿化栽植宜图案化,注重色彩层次与搭配,可造成大花坛的远观效果。适合于方形、圆形、矩形等较小面积的平屋顶或平台。

2. 周边式绿化

周边式绿化即沿屋顶四周女儿墙修筑花台或摆设花盆,又称为"平台上的花坛",居中的大部分场地供室外活动、休憩用。这种方法简便易行,适宜于各种形式的屋顶平面。如果花卉植物品种精美,再建以盆景台、花架,摆放盆景配植攀缘植物,将会造成一个清新舒畅的屋顶花园。适于学校、幼儿园、办公楼等建筑的屋顶。

如美国加利福尼亚奥克兰的公园式博物馆、香港理工学院、深圳大学等的屋顶与地面一样成为文化娱乐公园和欣赏、休憩花园。深圳大部分住宅区都有平台连廊,其上均采用周边式绿化,并设置路灯、座椅,中间供活动行走,与地面园林绿地、住家阳台绿化相结合,构成优美的居住空间环境。

3. 庭园式绿化

庭园式绿化可有多种形式和不同的时代、民族风格。在我国,一些宾馆把富有诗情画意的中国古典园林搬到了屋顶,这是我国屋顶造园创作上的大胆尝试。如广州东方宾馆屋顶花园,以园林建筑为主,并借建筑物周围的景色,设计了水池、湖石、奇峰,花木点缀其中,人行其间,犹如置身画中,忘却了身在高高的屋顶之上。庭园中利用峰石安放通风排气管道,利用建筑的柱梁做成树干,把栏杆做成树枝形,别有风味,且经久耐用。

美国的大城市因汽车多而兴建了不少汽车楼,这类建筑对环境有一定的破坏作用,于是建筑师常常在汽车楼顶设置屋顶花园,以改善环境。如旧金山对岸奥克兰凯泽大楼的车库屋顶就被设计建造成一个面积相当大的美丽花园(图8 附-1)。屋顶上有大片高低起伏的草坪,还有树形优美的灌木丛,蜿蜒的小桥流水,象征曲折的"小河",设计者采用深色的"河底",使"小河"似乎深不可测;再加上点喷泉,水势更富动感。屋顶上一些6~7m高的大树,树干恰好位于柱子中心,虽重却不影响结构;这些树木不规则地散布在柱网上,用木盒装以特制的轻质培养土,四周培成丘陵状,选用根系不发达的树种,使之不易破坏防水层。屋顶上安装自动喷灌系统,使花木繁盛。其间还另建有高级餐厅,人们身临其境,顿觉心旷神怡。入夜,小路边的地脚彩灯,更增添了几许清幽、神奇的色彩。

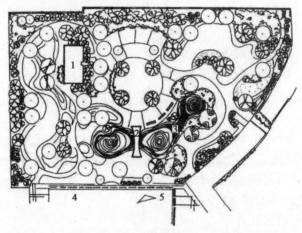

图8 附-1　美国旧金山对岸奥克兰凯泽大楼屋顶花园平面图
1—冷却塔;2—桥;3—水池;4—入口;5—商场

又如美国伯克利加州大学图书馆屋顶花园。花园和周围的建筑有紧密的联系;图书馆的电梯从下面穿上来,和屋顶花园连通。屋顶有不同的标高,高低错落,布置着台阶、花池、草坪和座椅等小品。在这个屋顶上,同时还设有图书馆的讨论室和一处食品供应站,学生可以在露天的桌椅上进餐或休息。屋顶成了校园内颇受欢迎的地方,这是一个现代平屋顶造园的优秀实例。

三、建筑与屋顶庭园的关系

建筑与其屋顶庭园是一个统一的整体。其中,建筑处于主导地位,庭园依附、从属于建筑。庭园设计应尽可能地与主体建筑相协调。

1. 植物配置

建筑体量与屋顶面积的大小、形状决定了屋顶庭园的尺度,造园时应根据屋顶平面形状因势进行绿化布置,选择体型相宜的树种、花草、小品和建筑。

2. 造园形式

屋顶造园应视建筑的外部和艺术风格综合考虑其绿化形式,园中的各种建筑及小品应与所在建筑主体有机结合,协调一致。

3. 艺术效果

不论采用何种绿化形式,都应注意整体及细部的艺术效果。因地制宜,把握不同的环境特点,运用造景的各种设计技巧,创造出丰富多彩、各具特色的屋顶景观,使屋顶生机勃勃,充满艺术魅力。同时对花园中的每一个小品及细部,都要精心设计使之恰到好处。

四、屋顶花园的构造和要求

屋顶花园一般种植层的构造、剖面分层是:植物层、种植土层、过滤层、排水层、防水层、保温隔热层和结构承重层等(图8附-2)。

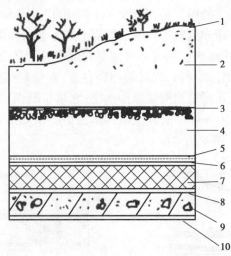

图 8 附-2 屋顶花园构造剖面图
1—草坪花卉;2—人工种植土;3—过滤层;4—排水层;5—防水层;
6,8—找平层;7—保温隔热层;9—结构楼板;10—抹灰层

1. 种植土

为减轻屋顶的附加荷重,种植土当选用经过人工配置的、既含有植物生长必需的各类元素,又要比露地耕土容重小的种植土。

国内外用于屋顶花园的种植土种类很多,如日本采用人工轻质土壤,其土壤与轻骨料(蛭石、珍珠岩、煤渣和泥炭等)的体积比为 3∶1,它的容重约为 1 400 kg/m³,根据不同植物的种植要求,轻质土壤的厚度为 15～150 cm。美国和英国均采用轻质混合人工种植土,主要成分是:沙土、腐殖土、人工轻质材料。其容重为 1 000～1 600 kg/m³,混合土的厚度一般不得少于 15 cm。

上海某车库屋顶上改建的屋顶花园。采用人造栽培介质,其平均厚度为 20～30 cm。在广州新建成的中国大酒店屋顶花园其合成腐殖土容重为 1 600 kg/m³,厚度为 20～50 cm。重庆的会仙楼、泉外楼屋顶花园的基质是用炉灰土、锯末和蚯蚓粪合成的人工土。

中美合资美方设计的北京长城饭店的屋顶花园,在施工过程中对屋顶花园设计所采用的植物材料、基质材料和部分防水构造等,均结合北京具体情况作了修改。种植基质土是采用我国东北林区的腐殖草碳土和沙土、蛭石配制而成,草碳土占 70%,蛭石占 20%,沙土占 10%,容重为 780 kg/m³,种植层的厚度为 30～105 cm。新北京饭店贵宾楼屋顶花园,采用本地腐殖草碳土和沙壤土混合的人工基质,容重 1 200～1 400 kg/m³,厚度为 20～70 cm。

2. 过滤层

过滤层的材料种类很多。美国 1959 年在加州建造的凯泽大楼屋顶花园,过滤层采用 30 mm 厚的稻草;1962 年美国建造的另一个屋顶花园,则采用玻璃纤维布做过滤层。日本也有用 50 mm 厚粗砂做屋顶花园过滤层的。我国新建的长城饭店和新北京饭店屋顶花园,过滤层选用玻璃化纤布,这种材料既能渗漏水分又能隔绝种植土中的细小颗粒,而且耐腐蚀,易施工,造价也便宜。

3. 排水层

屋顶花园的排水层设在防水层之上、过滤层之下。屋顶花园种植土积水和渗水可通过排水层有组织地排出屋顶。通常的做法是在过滤层下做 100~200 mm 厚用轻质骨料材料铺成的排水层,骨料可用砾石、焦碴和陶粒等。屋顶种植土的下渗水和雨水,透过排水层排入暗沟或管网,此排水系统可与屋顶雨水管道统一考虑。它应有较大的管径,以利清除堵塞。在排水层骨料选择上要尽量采用轻质材料,以减轻屋顶自重,并能起到一定的屋顶保温作用。美国加州太平洋电讯大楼屋顶花园采用陶粒做排水层;北京长城饭店屋顶花园采用 200 mm 厚的砾石做排水层;也有采用 50 mm 厚的焦碴做排水层的。新北京饭店贵宾楼屋顶花园选用 200 mm 厚的陶粒做排水层(图 8 附-3)。

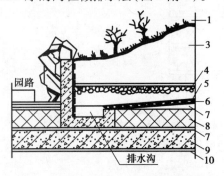
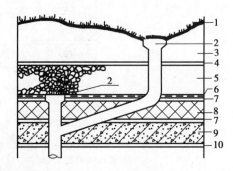

图 8 附-3 屋顶花园排水构造
1—草坪花卉;2—排水口;3—人工种植土;4—过滤层;5—排水层;
6—防水层;7—找平层;8—保温隔热层;9—结构层;10—抹灰层

4. 防水层

屋顶花园防水处理成败与否将直接影响建筑物的正常使用。屋顶防水处理一旦失败,必须将防水层以上的排水层、过滤层、种植土、各类植物和园林小品等全部去除,才能彻底发现漏水的原因和部位。因此,建造屋顶花园时应确保防水层的防水质量。

传统屋面防水材料多用油毡。油毡暴露在大气中,气温交替变化,使油毡本身、油毡之间及与沙浆垫层之间的黏结发生错动以致拉断;油毡与沥青本身也会老化,失去弹性,从而降低防水效果。而屋顶花园的屋顶上有人群活动,除防雨、防雪外,灌溉用水和人工水池用水较多,排水系统又易堵塞,因而要有更牢靠的防水处理措施,最好采用新型防水材料。

另外,应确保防水层的施工质量,无论采用哪种防水材料,现场施工操作质量好坏直接关系到屋顶花园成败的关键。因此,施工时必须制定严格的操作规程,认真处理好防水材料与结构楼盖上水泥砂浆找平层的黏结及防水层本身的接缝。特别是平面高低变化处、转角及阴阳角的局部处理。

5. 屋顶花园的荷载

对于新建屋顶花园,需按照屋顶花园的各层构造做法和设施,计算出单位面积上的荷载,然后进行结构梁板、柱、基础等的结构计算,至于在原有屋顶上改建的屋顶花园,则应根据原有建筑屋顶构造、结构承重体系、抗震级别和地基基础、墙柱及梁板构件的承载能力,逐项进行结构验算。不经技术鉴定或任意改建,将给建筑物安全使用带来隐患。

（1）活荷载：按照现行荷载规范规定，人能在其上活动的平屋顶活荷载为150 kg/m²，供集体活动的大型公共建筑可采用250～350 kg/m²的活荷载标准。除屋顶花园的走道、休息场地外，屋顶上种植区可按屋顶活荷载数值取用。

（2）静荷载：屋顶花园的静荷载包括植物种植土、排水层、防水层、保温隔热层、构件等自重及屋顶花园中常设置的山石、水体、廊架等的自重，其中以种植土的自重最大，其值随植物种植方式不同和采用何种人工合成种植土而异（参见表8附-1、表8附-2）。

表8附-1　各种植物的荷载

植物名称	最大高度/m	荷载/(kg·m⁻²)
草坪		5.1
矮灌木	1	10.2
1～1.5 m灌木	1.5	20.4
高灌木	3	30.6
大灌木	6	40.8
小乔木	10	61.2
大乔木	15	153.9

表8附-2　种植土及排水层的荷载

分层	材料	1 cm基质层/(kg·m⁻²)
种植土	土2/3，泥炭1/3	15.3
	土1/2，泡沫物1/2	12.24
	纯泥炭	7.14
	重园艺土	18.36
	混合肥效土	12.24
排水层	砂砾	19.38
	浮石砾	12.24
	泡沫熔岩砾	12.24
	石英砂	29.4
	泡沫材料排水板	5.1～612
	膨胀土	4.08

注：土层干湿状与荷载有很大关系，一般可增加25%左右，多者达50%，设计时还应将此因素考虑在内。

此外，对于高大沉重的乔木、假山、雕塑等，应位于受力的承重墙或相应的柱头上，并注意合理分散布置，以减轻花园的质量。

6.绿化种植设计

（1）土壤深度：各类植物生长的最低土壤深度如图8附-4所示。

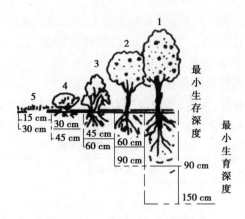

图 8 附-4　植物生长的土壤深度

（2）种植类型

①乔木：有自然式或修剪型，栽种于木箱或其他种植槽中的移植乔木及就地培植的乔木。

②灌木：有片植的灌木丛、修剪型的灌木绿篱和移植灌木丛。

③攀缘植物：有靠墙的或吸附墙壁的攀缘植物、绕树干的缠绕植物、下垂植物和由缠绕植物结成的门圈、花环等。

④草皮：有修剪草坪和自然生长的草皮与开花的自然生长的草皮。

⑤观花及观叶草本植物。有花坛、地毯状花带、混合式花圃。各种形式的观花、观叶的植物群、高株形的花丛、盆景等。

（3）种植要点：屋顶造园土层薄而风力又比地面大，易造成植物的"风倒"现象，故应选取适应性强、植株矮小、树冠紧凑、抗风不易倒伏的植物。由于大风对栽培土有一定的风蚀作用，所以绿化栽植最好选择在背风处，至少不要位于风口或有很强穿堂风的地方。

屋顶造园的日照要考虑周围建筑物对植物的遮挡，在阴影区应配置耐荫或阴生植物，还要注意防止由于建筑物对于阳光的反射和聚光，致使植物局部被灼伤现象的发生。最好选择耐寒、耐旱、养护管理方便的植物。

总之，理想的屋顶花园，应设计得像平地上的花园一样，有起伏的地形、丰富的树木花草、叠石流水、小桥亭榭，并充分利用各种栽植手段，体现平屋顶造园的独特风格，扬长避短，创造出一个新的园林艺术天地。

9

风景名胜区规划

9.1 风景名胜区概述

9.1.1 风景区概念及其特征

风景名胜区也称风景区,是指风景资源集中、环境优美,具有一定规模和游览条件,可供人们游览欣赏、休憩娱乐或进行科学文化活动的地域。现代英语中的 National Park,即"国家公园",相当于我国的国家重点风景名胜区。

中国自古以来崇尚山水,"师法自然"的优秀文化传统闻名于世界。我国的"风景名胜",源于古代的名山大川,历史悠久、形式多样,它们荟萃了华夏大地壮丽山河的精华,不仅是中华民族的瑰宝,也是全人类珍贵的自然与文化遗产。

中国是一个幅员辽阔的国家,从北到南跨越寒温带、温带、暖温带、亚热带、热带 5 个主要气候带,由西向东地形垂直高度相差 8 000 多米,自然条件多变,地质状况复杂,形成了丰富多彩的动植物区系和千姿百态的地貌景观。中国境内,有世界上最高的珠穆朗玛峰,有著名的世界屋脊青藏高原,有世界上最低的新疆吐鲁番盆地,有亚洲最长的河流长江。雄奇瑰丽的名山大川、奇峰怪石、飞瀑流泉急湍险滩、雪山草地、森林原野、名花奇葩等天然奇景,游览不尽。另外,还有冰川、峡谷、断层、火山、熔岩、石林、溶洞、地下河流、原始森林、孑遗濒危物种等天然纪念物。

引种到世界各地的许多奇葩的花草,都原产于中国,所以中国有"园林之母"的称号。闻名中外的云南山茶、400 多种常绿华丽的云南高山杜鹃以及川、黔、滇野生的珙桐等中国名花,都已经成为今天欧美名园引以为贵的珍品了。中国是世界上动植物种类最多的国家之一,仅高等植物就占世界总数的12%以上,其中,苔藓植物约有2 100种,蕨类植物约有2 600种,裸子植物近300种,被子植物有25 000多种。在地质年代的第四纪初期,地球上许多地区被冰川所覆盖,由于中国某些地点幸免于冰川的覆盖,因而保留了许多古老植物的孑遗种和特有物种,如银杏、水杉、银杉等,这些植物与美国的北美红杉一样,被称为活化石。

中国还有闻名于世的野生动物濒危物种,诸如大熊猫、金丝猴、白鳍豚、扬子鳄等古老孑遗种类。

在人文景观方面,如果从新石器时代中晚期以农业生产为主的仰韶文化算起,从西安半坡村的发掘来看,中国至少已有6 000年以上的历史,如果单从中国产生文字的历史开始计算,也至少有四五千年的文化传统。所以中华民族在自己赖以生存繁育的这块土地上,留下了许多自成体系的、具有独特风格的文化艺术遗物和遗迹。

中国有13亿多人口,除汉族外,还有50多个少数民族,加上各地气候物产不同,诸如戏剧、舞蹈、音乐、建筑、民歌、服装、宗教、雕塑、民居等文化艺术和民俗风情,堪称丰富多彩,各地和各民族都有自己鲜明的特色和不同的风格。

广泛分布于中国境内的绚丽的自然景观和人文资源,既是中国及全世界共有的宝贵自然遗产,也为中国风景区的兴起和发展提供了得天独厚的条件。1982年,我国正式建立风景名胜区管理体系,就性质、功能和保护利用而言,我国的风景名胜区相当于国外早已确立的国家公园管理体系。1994年,我国进一步明确"中国风景名胜区与国际上的国家公园(National Park)相对应,同时又有自己的特点。中国国家级风景名胜区的英文名称为National Park of China(《中国风景名胜区形势与展望》绿皮书)"。

图9.1 国家级风景名胜区徽志图案

2007年4月起确定国家级风景名胜区徽志为圆形图案,中间部分系万里长城和自然山水缩影,象征伟大祖国悠久、灿烂的名胜古迹和江山如画的自然风光;两侧由银杏树叶和茶树叶组成的环形镶嵌,象征风景名胜区和谐、优美的自然生态环境。图案上半部英文"NATIONAL PARK OF CHINA",直译为"中国国家公园",即国务院公布的"国家级风景名胜区";下半部为汉语"中国国家级风景名胜区"全称(图9.1)。《国家级风景名胜区徽志使用管理办法》规定:徽志适用于国家级风景名胜区主要入口标志物、国家风景名胜区管理机构使用的信笺、印刷品、宣传品、纪念品、国家风景名胜区会议及有关宣传活动用品以及其他经建设部授权的有关事项。

1982年11月,国务院审定公布第一批国家级重点风景名胜区44处。自1982年到2012年,国务院总共公布了8批、225处国家级风景名胜区,使我国各级风景名胜区的总面积,约占国土总面积的1%,从空间上基本覆盖了全国风景资源最典型、最集中、价值最高的区域。其中,第一批至第六批原称国家重点风景名胜区,2007年起改称中国国家级风景名胜区。1988年8月发布第二批共40处;1994年1月发布第三批共35处;2002年5月发布第四批共32处;2004年1月发布第五批共26处;2005年12月发布第六批共10处;2009年12月发布第七批共21处;2012年10月发布第八批共17处。至2013年6月,共有45个项目被联合国教科文组织列入《世界遗产名录》,其中世界文化遗产28处,世界自然遗产10处,世界文化和自然遗产 4 处,世界文化景观遗产 3 处。

我国确定风景名胜区的标准是:具有观赏、文化或科学价值,自然景物、人文景物比较集中,环境优美,可供人们游览、休息,或进行科学文化教育活动,具有一定的规模和范围。因此,风景名胜区事业是国家社会公益事业,与国际上建立国家公园一样,我国建立风景名胜区,是要为国家保留一批珍贵的风景名胜资源(包括生物资源),同时科学地建设管理、合理地开发利用。

什么是风景规划?风景规划是调查、评价、提炼、概括大自然的山川美景及其风景特色,确定其保育利用管理、发展的举措,把合理的社会需求。科学而又艺术地融入自然之中,优化成人与自然协调发展的风景游憩境域,这种境域可能是景点、景群、景线、景区、风景区、风景区域、大地景物或大地景观等多种层次单元并形成系统。这个系统古往今来兼备着三类基本功能,即文化游憩、山水审美和生态防护。风景规划可以形成区域规划、总体规划、详细规划、景点规划等多种层次的规划成果。风景规划需要科学地保育景源遗产,典型地再现自然之美,明智地融汇人文之胜,浪漫地表现生活理想,通俗化地促进风景环境的建设和管理实践。

风景区包括风景、风景资源,由优美的自然条件、历史名胜所构成,多辟为旅游区。它是与城市相关、且位于市郊或远离城市的山水、动植物的风景区域,但都会经人为进行适当地改造。

1)风景区的概念

(1)风景

从广义上讲,是指大自然的风光美景,是人类情感渗入自然的产物,能够引起人们美感的大自然的一角。实质上是在一定条件下,以山水景物以及某些自然和人文现象所构成的足以引起人们审美与欣赏的景象。从我们人类在其空间利用上来讲,风景是自然界体系和社会界体系优化结合的美的环境,风景是指以自然景物为主构成的,能引起美感的空间环境。风景是指以人类的视觉所得到的自然的、人文的形式为主体,将它放在观赏鉴赏的视点上,来表现观察的情况。其中伴随着艺术性、人类的感情、感觉等。风景是从给定的优越位置的点观察到的印象。

风景不单纯是自然物,而是满足人们审美、求知等欲望和社会生活需要的人格化产物。它既聚集自然美的外在形式,又是艺术价值的体现。风景是一种具有自然与社会综合价值的资源,人们可从中得到物质财富的享受和精神力量的吸取。

风景,只是一种资源,只有通过合理的保护、利用、开发,才能广泛地为人类所享用,才能使这些具有审美及游览价值的自然环境,成为可供人们欣赏、游乐、休憩的风景区。

(2)风景资源

①风景资源的定义。风景资源是具有观赏、文化或科学价值的山河、湖海、地貌、森林、动植物、化石、特殊地质、天文气象等自然景物和人文古迹、革命纪念地、历史遗址、园林建筑群、工程设施等人文景物和它们所处环境以及风土人情等(《风景名胜区管理暂行条例实施办法》)。

风景资源也称景源、景观资源、风景名胜资源、风景旅游资源,是指能引起审美与欣赏活动,可以作为风景游览对象和风景开发利用的事物与因素的总称。它是构成风景环境的基本要素,是风景区产生环境效益、社会效益、经济效益的物质基础。

②风景资源要素。风景构成的基本要素有三类,即景物、景感和条件,它们都被视作景

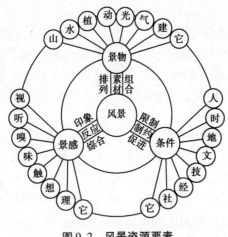

图9.2 风景资源要素

源。景物是主要的物质性景源，也是景源的主体；景感是可以物化的精神性景源，如游赏项目与游赏方式的调度组织等；条件则是可以转化的媒介性景源，如观赏景点与游线组织等（图9.2）。

a.景源，指具有独立欣赏价值的风景素材的个体，是不同的景物，不同的排列组合，构成了千变万化的形体与空间，形成了丰富多彩的景象与环境，它是风景名胜区构景的基本单元。景物是风景构成的客观因素和基本素材，其种类十分繁多，主要包括山、水、植物、动物、空气、光、建筑等。

• 山：包括地表面的地形、地貌、土壤及地下洞岩，如峰峦谷坡、岗岭崖壁、丘壑沟涧、洞石岩隙等。山的形体、轮廓、线条、质感常是风景构成的骨架。

• 水：包括江河川溪、池沼湖塘、瀑布跌水、地下的河湖涧潭、涌射滴泉、冷温浮泉、云雾冰雪等。水的光、影、形、声、色、味是最生动的风景素材。

• 植物：包括各种乔木、灌木、藤本、花卉、草地及地被植物等。它造成四时景象和表现地方特点的主要素材，是维持生态平衡和保护环境的重要方面，植物的特性和形、色、香、音等也是创造意境、产生比拟联想的重要手段。

• 动物：包括所有适宜驯养和观赏的兽类、禽鸟、鱼类、昆虫、两栖爬虫类动物等。动物是风景构成的有机的自然素材。动物的习性、外貌、声音使风景情趣倍增，动物的功利实用价值更是人类审美感受的最早源泉。

• 空气：空气的流动、净污、温度、湿度也是风景素材。如直接描述的春风、和风、清风；间接表现风的柳浪、松涛、椰风、风云、风荷；南溪新霁、桂岭晴岚、罗峰青云、烟波致爽又从不同角度反映了清新高朗的大气给人的异样感受。

• 光：日月星光、灯光、火光等可见光是一切视觉形象的先决条件。在岩溶风景中，人人都可以体会到光对风景的意义。旭日晚霞、秋月明星、花彩河灯、烟火渔火等历来是风景名胜的素材。宝光神灯和海市蜃楼更被誉为峨眉山、崂山的绝景。

• 建筑：广义可泛指所有的建筑物和构筑物。如各种房屋建筑、墙台驳岸、道桥广场、装饰陈设、功能设施等。建筑既可满足游憩赏玩的功能要求，又是风景组成的素材之一，也是装饰加工和组织控制风景的重要手段。同时还有雕塑碑刻、胜迹遗址、自然纪念物、机具设备、文体游乐器械、车船工具及其他有效的风景素材。

b.景感，是风景构成的活跃因素和主观反应，是人对景物的体察、鉴别、感受能力。包括视觉、听觉、嗅觉、味觉、触觉、联想、心理等。景物以其属性对人的眼、耳、鼻、舌、身、脑等感官起作用，通过感知印象、综合分析等主观反应与合作，从而产生了美感和风景等系列观念。人类的这种景感能力是社会发展过程中逐步培养起来的，具有审美、多样和综合性特性。

• 视觉：尽管景物对人的官能系统的作用表现为综合性，但是视觉反应却是最主要的，绝大多数风景都是视觉感知和鉴赏的结果。如独秀奇峰、香山红叶、花港观鱼、云容水态、旭日东升等最主要的观赏效果。

• 听觉：以听赏为主要对象的风景是以自然界的声音美为主，常来自钟声、水声、风声、雨声、鸟语、蝉噪、蛙叫、鹿鸣等。如双桥清音、南屏晚钟、夹镜鸣琴、柳浪闻莺、蕉雨松风以及"蝉噪林愈静,鸟鸣山更幽"等境界均属常见的以听觉景感为主的风景。

●嗅觉:嗅觉感知为其他艺术类别难有的效果。景物的嗅觉作用多来自欣欣向荣的花草树木,如映水兰香、曲水荷香、金桂飘香、晚菊冷香、雪梅暗香等都是众芳竞秀的美妙景象。

●味觉:有些景物名胜是通过味觉景感而闻名于世的。如崂山、鼓山的矿泉水,诸多天下名泉或清冽甘甜的济南泉水、虎跑泉水龙井茶等都需品茗尝试。

●触觉:景象环境的温度、湿度、气流和景物的质感特征等是需要通过接触感知才能体验其风景效果。如叠彩清风、榕城古荫的清凉爽快;冷温汤泉、河海浴场的泳浴意趣;雾海烟雨的迷幻瑰丽;岩溶风景的冬暖夏凉;"大自然肌肤"的质感,都是身体接触到的自然美的享受。

●联想:当人们看到每样景物时,都会联想起自己所熟识的某些东西,这是一种不可更改的知觉形式。"云想衣裳花想容"就是把自然想象成某种具有人性的东西。园林风景的意境和诗情画意即由这种知觉形式产生。所有的景物素材和艺术手法都可以引起联想和想象。

●心理:由生活经验和科学技术手段推理而产生的理性反映,是客观景物在脑中的反映。如野生猛兽的凶残,但当人们能有效地保护自身安全或其被人驯服以后,猛兽也就成为生动的自然景物而被观赏;工业区烟囱的浓烟滚滚,曾被当作生产发展的象征而给以赞美,但当污染使其环境恶化,人们对它的心理反应的呈现出剧烈的反感;水面倒影的绚丽多彩历来被人赞颂,而被工业废水污染的水面色彩却令人懊丧和无奈。因此,其实人们始终遵循着一个理性的景感,那就是只有不危害人的安全与健康的景象素材和生态环境才有可能引起人的美感。

此外,人的意识中的直观感觉能力和想象推理能力是复杂的、综合的、发展的,除上述景感之外,错觉、幻觉、运动觉、机体觉、平衡觉、日光浴、泥疗等对人的景感都会产生一定的积极作用。

c.条件,是风景构成的制约因素和缘因手段,是赏景主体与风景客体所构成的特殊关系。景物和景感本身的存在与产生就包含有条件这个因素,景物素材的排列组合和景感反应的印象综合又是在一定的条件之中发生的。条件不仅存在于风景构成的全过程,也存在于风景鉴赏与发展的全过程。条件既可限制风景,也可促进与强化风景。条件的变化必然影响风景的构成、效果和发展,如个人、时间、地点、文化、科技、经济、社会等。

●个人:风景概念是因人而产生与存在的,因此,风景意识也会因人而异。不同个体的性别、年龄、种族、职业、爱好、经历与健康状况等都会影响其直观感觉和想象推理的能力。这种能力不仅在风景的影响下有所发展,而且很可能正是风景影响的产物。

●时间:风景受时间的制约是最全面、最明显、最生动的。包括了时代年代、四时季相、昼夜晨昏、盛期衰期等极为丰富的变化与发展。

●地点:地理位置、环境特点同景物的种类与风景的构成、内容、特色、发展等关系十分密切。视点、视距、视角的变化可能性很多,足以改变风景的特性。角度和方位的变化艺术,正是最直接地反映园林风景创作特点的所在。所以"地点"对风景效果的影响非常重要。

●文化:不同的文化历史、艺术观念、民族传统、宗教信仰、风土民俗对大自然的认识和理解显然是不同的,因而对风景意识及其发展的影响至关重要。

●科技:人对景物属性的了解与掌握,对自然规律的认识与理解,风景意识的形成与发展,风景资源的鉴赏与评价以及园林风景的创作与管理维护等,都要依赖科学技术、设备器材、工具交通及能源等条件。

●经济:财力、物力、劳力、动力等经济条件直接影响着风景的构成、发展、维护。

●社会:风景能直接反映出社会制度和生活方式及群体意识,体现出社会的需要和功能及其文化心理结构,表现出时代特色。

③我国风景资源的背景与现状。对我国目前景源的存在背景,许多学者认为,生态环境总体在恶化,局部在改善,治理能力赶不上破坏速度,生态赤字在扩大;森林、草地、湿地的面积减少,质量下降;土壤侵蚀和荒漠化面积增加;生物多样性减退;自然灾害频率加大,而且危害程度增加。

我国景源的优势明显地反映出总量大、类型齐全、价值高、独特景源较多。而景源的劣势表现为人均景源面积少、景源的分布与利用不均衡、景源面临的冲击与压力较多。例如,我国风景区的平均人口密度比国土平均人口密度高出约一倍,比美国国土平均人口密度高出约十倍,由此引发的人财物流压力可想而知。

④风景资源与旅游资源的主要区别。风景资源与旅游资源是两个完全不同的概念。凡能激发旅游者的旅游动机,为旅游业所利用,并由此产生经济效益与社会效益的因素和条件为旅游资源;凡对旅游者具有吸引力的自然因素、社会因素或其他任何因素都是旅游资源。凡能为旅游者提供游览、观赏、知识、乐趣、度假、疗养、娱乐、休息、探险、猎奇、考察研究以及友好往来的客体与劳务,均可称为旅游资源。

风景资源同旅游资源是两个不同的概念。旅游资源不宜取代风景资源,只是从旅游学的角度来看,可把风景资源当作旅游的一种主要因素看待,并不包含风景资源的全部作用和意义。风景资源中有一部分可被旅游所用,而旅游资源中一部分是风景资源的组成部分,两者有相互重叠之处。

(3)风景名胜区的概念

①定义:风景名胜区是国家法定的区域概念,也称风景区,由相应级别的政府批准。它是指风景资源集中、环境优美,具有一定规模和旅游条件,可供人们游览观赏、休憩娱乐或进行科学文化活动的地域。

风景名胜区一般具有独特的地质地貌构造、优良的自然生态环境、优秀的历史文化积淀,具备游憩审美、教育科研、国土形象、生态保护、历史文化保护、带动地区发展等功能。国际上,很多国家有类似的国家公园与保护区体系。与西方的国家公园体系相比较,我国风景名胜区的特点为地貌与生态类型多样,发展历史悠久,具有人工与自然和谐共生的文化传统。

②景物:指具有独立欣赏价值的风景素材的个体,是风景区构景的基本单元。

③景观:指可以引起视觉感受的某种现象或一定区域内具有特征的景象。

④景点:由若干相关联的景物所构成,具有相对独立性和完善性,并具有审美特征的基本境域单位。

⑤景群:由若干相关景点所构成的景点群落或群体。

⑥景区:在风景区规划中,根据景源类型、景观特征或游赏需求而划分的一定用地范围,包含有较多景物和景点或若干景群,形成相对独立的分区特征。

⑦景线:也称风景线,由一连串相关景点所构成的线性风景形态或系列。

⑧游览线:也称游线,为游人安排的游览欣赏风景的路线。

⑨功能区:在风景区规划中,根据主要功能发展需求而划分的一定用地范围,形成相对独

立的功能分区特征。

2）风景区的特点与组成

（1）风景区的特点

①与城市公园、森林公园、自然保护区有所区别。城市公园多位于城市建成区中，由城建部门管辖，主要为城市居民的日常休憩、娱乐提供服务；森林公园，多位于城市郊区，属林业部门管辖，与城市有较便捷的交通联系，主要为城市居民节假日和周末提供游览、休闲度假的场所；风景名胜区一般远离城市，风景类型与规模更多更大，属国家旅游部门管辖，需要较长的旅行时间和假期才能游赏。

②规模一般较大，但各风景区规模差异也较大。风景区一般具有区域性或全国性以及世界性的游览意义，它是一种大范围的游憩绿地，面积一般均较大。如四川峨眉山有 115 km²，江西庐山有 200 km²，安徽黄山有 250 km²，无锡太湖风景区有 366 km²，福建武夷山绵延达 500 km²，青岛崂山风景区有 553 km²，九寨沟风景名胜区有 720 km²，广西桂林风景区有 2 064 km²，美国黄石国家公园有 8 900 km² 等。

风景区的规模差异也较大，小的十几平方千米，大的近万平方千米。如洛阳龙门风景区，龙门石窟本身不过 3 km² 多一点，加上周围若干景点，也不过十几平方千米；蜀岗瘦西湖风景区，仅 6 km² 多一点；大理和太湖风景区都是千余平方千米的大风景区，而贡嘎山风景区，却达万余平方千米之巨。

③风景区的景观多以自然景观和人文景观为主，其规划建设是以科学保护、适度开发为原则。自然景观与人文遗迹为一体是风景名胜区的一大特色。中国的自然山川大都经受历史文化的影响，伴有不少文物古迹，以及诗词歌赋、神话传说，自然景观与人文景观交相辉映，从不同侧面体现中华民族的悠久历史和灿烂文化。

④风景区景观资源各具特色。风景区一般均以各自的特色吸引大量游人。对于每一个游客来讲，其游览次数非常有限，总希望每到一处都有新的意境和收获。因此，风景区应充分利用其特色，因地制宜，因景制宜，展示了自己的绝佳景观。如九寨沟、黄龙以奇水取胜，石林以奇石取胜，黄果树以瀑布取胜，天池以雪山平湖取胜。"泰山之雄，华山之险，匡庐之瀑，峨眉之秀"，虽同是名山，却各有奇观。泰山之雄是由于泰山在山东平原上孤峰独起，山势耸立，可远眺东海，故有"登泰山而小天下"的雄伟气势；华山的东南西三面均为险峻的悬崖，"自古华山一条路"是其最逼真的写照，可谓其登山之惊险；而"匡庐之瀑"的特色是由于其特殊地势所造成，庐山为一座四面壁立的山顶平台，这里雨量充沛，山上汇水面又大，从而在四周峭壁上形成众多的瀑布景观，故有"飞流直下三千尺，疑是银河落九天"的绝句；"峨眉天下秀"是形容其貌如眉，峨眉山植被丰富，气候温和，终年云雾飘绕，具有"清、幽、秀、雅"的特色，因此，白居易有"蜀国多仙山，峨眉貌难匹"的佳句。同样是以水景为特色的著名风景区，太湖的景观以近海自然湖泊、岛屿、名寺为特色；浙江省楠溪江则以江流蜿蜒曲折，两岸绿林葱郁，奇岩瀑布而具备清、弯、秀、美的特点；太阳岛风景区则以漫滩洲岛大地宽阔、江湾湖沼水景多变和湿地生态为景观特征。

（2）风景区的组成

依据风景区发展的历程特征和社会需求规律，风景区的组成可以归纳为 3 个基本要素和 24 个组成因子。

①游赏对象：即风景区中可供游览欣赏的对象与内容，它是风景区社会功能与价值水平的决定性因素，是风景区的组成核心。广义的游赏对象包括极为丰富的所有景观，主要有天景、地景、水景、生景、园景、建筑、史迹、风物八类景观。

②游览设施（旅游设施）：即游人在游赏风景过程中必要的接待服务设施。游览设施是风景区的必备配套条件，它的等级、规模与布局要与游赏对象、游人结构和社会状况相适应。主要包括旅行、游览、饮食、住宿、购物、娱乐、保健、其他八类设施。

③运营管理：即风景区中的运营管理机构与机制。以保障风景游览活动的安全与顺利，保障风景区的自我生存与健康发展，同时防范和消除风景区中的消极因素。主要包括人员、财务、物资、机构建制、法规制度、目标任务及其他等八类因子。

9.1.2 风景区的功能与分级

1）风景区的功能

（1）生态功能

风景区有保护自然资源、改善生态与环境、防灾减灾、造福社会的生态防护功能。保护风景名胜资源，维护自然生态平衡，随着经济的不断发展和各种开发活动的日益扩大，珍贵的自然景物、人文景物受到了威胁，大自然的生态环境也受到破坏。我国的风景名胜区正是在这种情况下设立的。

①保护遗传多样性。自然生态体系中的每一物种，都是经历了万年以上时间的演化形成的产物，无论何种动植物现在或将来都有其自己应有的利用价值。设立风景名胜区具有保存大自然物种，保护有代表性的动植物种群，并提供作为基因库的功能，以供子孙世世代代使用。

在国外，建立国家公园的重要目标就是要保护国家中的每一类主要的生态系统。如加拿大艾伯塔省南部的荒野是一处壮观的绵延山谷和丘陵地带，数千年来被当地人利用，河流深深地切入干燥的土壤，露出古代化石岩层，荒野保留了世界上最重要的白垩纪早期以来的恐龙化石样本。为了能特别地保护这些化石沉积以及稀有的半荒漠化的物种，在艾伯塔省建立了恐龙省立公园。在最近80年时间里，从这一地区采集到300多个较完整的恐龙骨架。现如今勘查还在继续进行，在每一个夏天，研究人员平均发现约6个保存完好的骨架。到目前为止，已经鉴定出35个种类。

②提供保护性环境。在城市中环境不断恶化十分明显，而在风景名胜区中，大多还保存着山清水秀的良好生态环境。风景名胜区大都具有成熟的生态体系，并包含有顶级生物群落，且较为稳定。对于缺乏生物机能的都市体系，及以追求生产量为目标的生产体系，均能产生一定的中和作用。它可以调节城市近域小气候，维持二氧化碳与氧气的动态平衡，对保护生态环境和防风防火都有重要的作用，对于人类的生活环境品质具有很大的现实意义。

风景区在自然的生态过程中可以净化水和空气，在自然界的养分循环和能量流动中也起着作用。它葱郁茂密的森林，是一个供氧宝库，也是人们恢复健康的野外休息场地。在森林中，森林植物能分泌杀菌物质，如1 hm² 桧柏在一昼夜内可以分泌出30 kg 挥发性杀菌素；森林中含有较多的负离子，从电场角度来看，人的机体是一种生物电场的运动，人在疲劳或得了疾病后，肌体的电化代谢和传导系统就会产生障碍，这时需要补充负离子以保持人体生物电场的平衡。一定浓度的负离子能改善人体神经功能促进新陈代谢,可降低血压和减慢心率,使人感到心旷神怡,精神振奋,并且还能增强人体的免疫功能。

特别是接近城市的风景名胜区,为城市居民创造健康的生活环境起着重要的作用,应该尽量与城市绿地相联系,组成一个完整的绿地系统。

③游憩功能。风景区有培育山水景胜,提供游憩、陶冶身心、促进人与自然协调发展的游憩健身功能。尤其随着我国国民经济的高速增长,城市化进程的加速,人工环境的膨胀日益加剧,拥抱自然、回归自然已成为新时代人类心灵的倾向。人类与大自然发生良好互动的旅游活动,其热度越来越高,成为大众生活中较为普遍的消费需求,人们充分利用节日、假日的休息时间,到大自然中去游览观光,进行娱乐活动,调节身心,驱除疲劳,而风景名胜区就成为开展旅游活动的主要自然承载场地。风景名胜区有良好的生态环境和优美的自然风景,有丰富的文物古迹,正成为广大民众向往的游览观光之地。人们节假日来到这里,可开展野外游憩、审美欣赏、科技教育、娱乐体育、休养保健以及娱乐等活动。

④景观功能。风景区有树立国家形象、美化大地景观、创造健康优美的生存空间的景观形象功能。每一个风景名胜区,都有其独特的景观形象、美的环境和美的意境,显现出各自千变万化的自然之美和各种瑰丽多彩的人文之美。风景区中由植物群落而组成的各类植物景观,给风景空间增加了生命的活力和季相的变化,使人们感受到大自然的亲切和爱抚。

发挥美学价值,满足人们的精神享受。几千年来,中华民族积累了极为丰富的山水审美体验,特别是历代不少著名的文人墨客,留下了许多欣赏自然美景的诗词、画卷。在这种诗情画意的气氛下欣赏美丽的大自然,无疑是一个极其美好的精神享受。

风景区中一些典型的自然地貌被看成是区域"地标",山川长存寓意着国家永在,它是民族文化和国家形象的象征。我国长江三峡,不仅有险峰、激流,还有古栈道、石刻,三峡激流中的搏击而进的竹筏和沿岸奋力拉纤的船夫形象,历来为画家、诗人所讴歌,并蕴藏着中华民族不屈不挠、吃苦耐劳的勇敢精神。它给我们祖祖辈辈以无限激情和启迪,其山川地貌景观也已是中国国家的象征;日本的富士山,其白雪长年覆盖着沉寂的火山口,庄严而肃穆,也是神圣的国家象征。

⑤科教功能。风景区有展现历代科技文化、纪念先人先事先物、增强德智育人的寓教于游的功能。具体体现在科研科普、历史教科书、文学艺术课堂等方面。

人类的文明是在征服大自然中产生的,她的发展仍然离不开大自然环境。我们仔细地研究和探询自然历史,根本目的不在于过去,而在于未来,是为了寻得自然界事物的运行规律,最终求得人类将来改造世界的进程和方式。历经自然演变的原始风景,含有大自然运动的真实痕迹和信息,原始的自然风景是人类开创未来的极有价值的资源财富。供人们特别是科技工作者开展科学研究活动的风景名胜区保存着不少具有典型意义的地质、地貌,存在着许多极为珍贵的动植物,保存着不少原生的自然环境。对于研究地球变迁、生物演替、生态平衡等方面,是良好的天然博物馆和实验室。

科研科普方面,风景区往往是特有的地形、地貌、地质构造、稀有生物及其原种、古代建筑、民族乡土建筑的宝库,而且他们都有一定的典型性和代表性,有极其重要的科学研究价值。中国的泰山风景区,其古老的变质岩系是中国东部最重要、最为典型,其地层的划分对比,泰山杂岩的原岩特点都对中国东部太古代地层划分、对比研究具有重要意义,对中国东部太古代地质历史恢复也有典型意义。游览泰山,不但可以欣赏其雄伟壮观的山岳景观,领略其"一览众山小"的高山气势,而且在游赏过程中,还会增进地质学方面的知识。

认识历史方面,我国的风景名胜区中,有的是古代"神山",因被历代帝王封禅祭天活动而形成的至尊"五岳",或自古以来因宗教活动而逐渐发展的佛教名山和道教洞天,或革命纪念地、避暑胜地等。因此很多风景名胜区中,都保存着不少的文物古迹、摩崖石刻、古建园林、诗联匾额、壁画雕刻……它们都是文学史、革命史、艺术史、科技发展史、建筑史、园林史等的重要史料,也是历史的见证。所以一些风景名胜区被誉为一部"史书",有游山如读史书之说,如四川的乐山大佛石刻,就是一项巨大的雕塑工程,其艺术造型具有重大的历史价值。

在文学艺术方面,大自然的高山江河、树木花草历来具有巨大深远的美学艺术价值,从而培养了时代的精神文明。我国的风景名胜区与其他国家的风景区有明显的不同点,就是在于我国的风景区在其历史发展的过程中深受古代哲学、宗教、文学、艺术的深厚影响。中国是最早发展山水诗、山水画、山水园林等山水风景艺术的国家,这都与我国古代人民最早认识自然之美,开发建设名胜风景区有密切的关系。我国的美丽山川自古以来都吸引了很多文人学士、画家、园林家,创作出了很多文学艺术作品。公元前3世纪的战国时期宋玉的《神女赋》和《高唐赋》,把长江三峡的峰峦云雾幻想为光华耀目、美妙横生的巫山神女,使后人身临其境,触景生情,神往不已,所以说我国的风景名胜区既是文学艺术的宝库,也是文学艺术的课堂。还有许多风景名胜区内有许多纪念民族英雄、爱国诗人等的纪念性建筑,都使人们在游览过程中接受爱国主义教育。

⑥经济功能。风景区具有一、二、三产业的潜能,有推动旅游经济、脱贫增收、调节城乡结构、带动地区全面发展的经济催化功能。在国外,许多国家如美国、日本、加拿大、瑞士、英国、法国等因国家公园所带来的旅游收入均有可观的数目。就连非洲的国家公园,其收益对国家的经济帮助也是显而易见的。如哥斯达黎加开展以国家公园为主的生态旅游受益明显,1991年的旅游收入已成为国家外汇收入的第二大来源,达3.36亿美元。风景名胜区本身并不直接产生经济价值,而是通过其自然景观、人文景观及风景环境供人们游览,再通过为游人的食、住、行、娱、购、服务等经济活动而产生经济价值。据统计,2001年仅119处国家级风景区的游人量就达到近10亿人次,比10年前1亿多的年游人量增加了8倍多,而直接经营收入达100多亿元,固定资产投资额超过21亿元,从业人数几十万人。另据测算,在20世纪最后10年,第三产业新增就业的7 740万人中,直接和间接在旅游部门就业的人数占到38%,未来每年可增加300万个左右就业岗位。除了城市旅游所提供的就业岗位之外,各级风景名胜区还在增加就业岗位方面发挥越来越大的作用。

旅游业是一项综合性产业,它能通过产业联动链带动一系列相关产业的发展,如交通业、餐饮业、加工业、种植业、零售业等发展。据研究,旅游业每收入1元,就给国民经济的相关行业带来5~7元的增值效益。

2)风景区的分级

(1)风景名胜区的分级

具有一定欣赏、文化或科学价值,环境优美,规模较小,设施简单,以接待本地区游人为主的定为市(县)级风景名胜区。具有较重要的观赏、文化或科学价值,景观有地方代表性,有一定规模和设施条件,在省内外有影响的定为省级风景名胜区。具有重要的观赏、文化或科学价值,景观独特,国内外著名,规模较大的定为国家重点风景名胜区。

（2）风景名胜区与旅游区、自然保护区的区别

风景名胜区必须是国家或地方政府批准的，区域范围明确的，分级别的地域。旅游区与风景区不同，一般以一至二个风景为主体，联系其他风景游览地区，组成一个在地域上并不连片，但交通联系方便，旅游设施配套，旅游管理协调，有相对独立的游览服务体系的地域。

风景区与旅游区的规划内容不尽相同。从风景区角度，有全国性风景区域规划、省级风景区域规划，市县级风景区域规划。风景名胜区规划包括总体规划、详细规划、景点详细设计、建筑单项设计、绿化单项设计等。从旅游区角度，有区域性旅游发展战略规划、旅游线路设计、旅游节目设计、旅游业发展总体规划、旅游供给发展计划。它是国家土地利用中的部分工作，与风景区规划内容有很大的不同。

此外，风景名胜区的范围是确定的，一旦划定后，就有法律效力，而旅游区的范围不确定，没有明确的边界，通常是跨行政区的。

自然保护区是指国家为保护自然环境效益和自然资源，对具有代表性的不同自然地带的环境和生态系统，珍贵稀有动物的自然栖息地，珍稀的植物群落，具有特殊意义的自然历史遗迹地区和重要水源地等，画出界限，加以特殊保护的地域。

根据《中华人民共和国自然保护区管理条例》规定，自然保护区可以分为核心区、缓冲区和实验区。其中，核心区禁止任何单位和个人进入；缓冲区只准进入从事科学研究观测活动；缓冲区外围划为实验区，可以进入从事科学试验、参观考察、旅游等活动。

风景名胜区、旅游区、自然保护区三者，都可开展旅游活动，都有"风景"，但它们的定义、性质、作用、要求等却有显著区别。其规划内容、管理方式、管理机构职能也都有根本的差别。风景名胜区是中国特有的称法，国外相应地称为国家公园或自然公园。国家公园（National Park）是美国最先提出的，国家公园的含义非常广泛，狭义的国家公园是专指国家天然公园，即自然资源保护区。广义的国家公园则包括国家历史公园，即人文资源、历史古迹保护区及国家游乐胜地，即大自然野外游乐区。自然公园（Natural Park）是由日本提出的。它包括原始自然环境保护区、自然环境保护区、国立公园、国家公园、都道府县立自然公园、都道府县自然环境保护区。

9.2 风景资源与风景区的分类评价

9.2.1 风景资源的分类与评价

1）风景资源的层次与分类

风景资源是指能引起审美与欣赏活动，可以作为风景游览对象和风景开发利用的事物与因素的总称。风景资源是构成风景环境的基本要素，是风景区产生环境效益、社会效益、经济效益的物质基础。

风景资源层次表现为结构层、种类层和形态层：

● 结构层——如景物、景点、景群、景线、景区、风景区、风景区域；
● 种类层——如天景、地景、水景、生景、园景、建筑、胜迹、风物（景物）；

● 形态层——如泉井、溪流、江河、湖泊、瀑布、滩涂、海湾、浪潮(水景)。

风景资源分类原则包括性状分类原则、指标控制原则、包容性原则、约定俗成原则。

根据《风景名胜区规划规范》(GB 50298—1999)的分类方法,以景观特色为主要划分依据,将风景资源划分为 3 个大类、12 个中类、98 个小类,详见表 9.1。

表 9.1　风景资源分类表

大类	中类	小类	子类
一、自然风景资源	1. 天景	1) 日月星光	(1)旭日夕阳;(2)月色星光;(3)日月光影;(4)日月光柱;(5)晕(风)圈;(6)幻日;(7)光弧;(8)曙暮光楔;(9)雪照云光;(10)水照云光;(11)白夜;(12)极光
		2) 虹霞蜃景	(1)虹霓;(2)宝光;(3)露水佛光;(4)干燥佛光;(5)日华;(6)月华;(7)朝霞;(8)晚霞;(9)海市蜃楼;(10)沙漠蜃景;(11)冰湖蜃景;(12)复杂蜃景
		3) 风雨晴阴	(1)风色;(2)雨情;(3)海(湖)陆风;(4)山谷(坡)风;(5)干热风;(6)峡谷风;(7)冰川风;(8)龙卷风;(9)晴天景;(10)阴天景
		4) 气候景象	(1)四季分明;(2)四季常青;(3)干旱草原景观;(4)干旱荒漠景观;(5)垂直带景观;(6)高寒干景观;(7)寒潮;(8)梅雨;(9)台风;(10)避寒避暑
		5) 自然声象	(1)风声;(2)雨声;(3)水声;(4)雷声;(5)涛声;(6)鸟语;(7)蝉噪;(8)蛙叫;(9)鹿鸣;(10)兽吼
		6) 云雾景观	(1)云海;(2)瀑布云;(3)玉带云;(4)形象云;(5)彩云;(6)低云;(7)中云;(8)高云;(9)响云;(10)雾海;(11)平流雾;(12)山岚;(13)彩雾;(14)香雾
		7) 冰雪霜露	(1)冰雹;(2)冰冻;(3)冰流;(4)冰凌;(5)树挂雾凇;(6)降雪;(7)积雪;(8)冰雕雪塑;(9)霜景;(10)露景
		8) 其他天景	(1)晨景;(2)午景;(3)暮景;(4)夜景;(5)海滋;(6)海火海光
	2. 地景	1) 大尺度山地	(1)高山;(2)中山;(3)低山;(4)丘陵;(5)孤丘;(6)台地;(7)盆地;(8)平原
		2) 山景	(1)峰;(2)顶;(3)岭;(4)脊;(5)岗;(6)峦;(7)台;(8)嶂;(9)坡;(10)崖;(11)石梁;(12)天生桥
		3) 奇峰	(1)孤峰;(2)连峰;(3)群峰;(4)峰丛;(5)峰林;(6)形象峰;(7)岩柱;(8)岩碑;(9)岩嶂;(10)岩岭;(11)岩墩;(12)岩蛋
		4) 峡谷	(1)洞;(2)峡;(3)沟;(4)谷;(5)川;(6)门;(7)口;(8)关;(9)壁;(10)岩;(11)谷盆;(12)地缝;(13)溶斗天坑;(14)洞窟山坞;(15)石窟;(16)一线天

大类	中类	小类	子类
一、自然风景资源	2. 地景	5）洞府	(1)边洞；(2)腹洞；(3)穿洞；(4)平洞；(5)竖洞；(6)斜洞；(7)层洞；(8)迷洞；(9)群洞；(10)高洞；(11)低洞；(12)天洞；(13)壁洞；(14)水洞；(15)旱洞；(16)水帘洞；(17)乳石洞；(18)响石洞；(19)晶石洞；(20)岩溶洞；(21)熔岩洞；(22)人工洞
		6）石林石景	(1)石纹；(2)石芽；(3)石海；(4)石林；(5)形象石；(6)风动石；(7)钟乳石；(8)吸水石；(9)湖石；(10)砾石；(11)响石；(12)浮石；(13)火成岩；(14)沉积岩；(15)变质岩
		7）沙景沙漠	(1)沙山；(2)沙丘；(3)沙坡；(4)沙地；(5)沙滩；(6)沙堤坝；(7)沙湖；(8)响沙；(9)沙暴；(10)沙石滩
		8）火山熔岩	(1)火山口；(2)火山高地；(3)火山孤峰；(4)火山连峰；(5)火山群峰；(6)熔岩台地；(7)熔岩流；(8)熔岩平原；(9)熔岩洞窟；(10)熔岩隧道
		9）蚀余景观	(1)海蚀景观；(2)溶蚀景观；(3)风蚀景观；(4)丹霞景观；(5)方山景观；(6)土林景观；(7)黄土景观；(8)雅丹景观
		10）洲岛屿礁	(1)孤岛；(2)连岛；(3)列岛；(4)群岛；(5)半岛；(6)岬角；(7)沙洲；(8)三角洲；(9)基岩岛礁；(10)冲积岛礁；(11)火山岛礁；(12)珊瑚岛礁(岩礁、环礁、堡礁、台礁)
		11）海岸景观	(1)枝状海岸；(2)齿状海岸；(3)躯干海岸；(4)泥岸；(5)沙岸；(6)岩岸；(7)珊瑚礁岸；(8)红树林岸
		12）海底地形	(1)大陆架；(2)大陆坡；(3)大陆基；(4)孤岛海沟；(5)深海盆地；(6)火山海峰；(7)海底高原；(8)海岭海脊(洋中脊)
		13）地质珍迹	(1)典型地质构造；(2)标准地层剖面；(3)生物化石点；(4)灾变遗迹(地震、沉降、塌陷、地震缝、泥石流、滑坡)
		14）其他地景	(1)文化名山；(2)成因名山；(3)名洞；(4)名石
	3. 水景	1）泉井	(1)悬挂泉；(2)溢流泉；(3)涌喷泉；(4)间歇泉；(5)溶洞泉；(6)海底泉；(7)矿泉；(8)温泉(冷、温、热、汤、沸、汽)；(9)水热爆炸；(10)奇异泉井(喊、笑、羞、血、药、火、冰、甘、苦、乳)
		2）溪涧	(1)泉溪；(2)涧溪；(3)沟溪；(4)河溪；(5)瀑布溪；(6)灰华溪
		3）江河	(1)河口；(2)河网；(3)平川；(4)江峡河谷；(5)江河之源；(6)暗河；(7)悬河；(8)内陆河；(9)山区河；(10)平原河；(11)顺直河；(12)弯曲河；(13)分汊河；(14)游荡河；(15)人工河；(16)奇异河(香、甜、酸)

续表

大类	中类	小类	子类
一、自然风景资源	3. 水景	4) 湖泊	(1) 狭长湖；(2) 圆卵湖；(3) 枝状湖；(4) 弯曲湖；(5) 串湖；(6) 群湖；(7) 卫星湖；(8) 群岛湖；(9) 平原湖；(10) 山区湖；(11) 高原湖；(12) 天池；(13) 地下湖
		5) 潭池	(1) 泉溪潭；(2) 江河潭；(3) 瀑布潭；(4) 岩溶潭；(5) 彩池；(6) 海子
		6) 瀑布跌水	(1) 悬落瀑；(2) 滑落瀑；(3) 旋落瀑；(4) 一叠瀑；(5) 二叠瀑；(6) 多叠瀑；(7) 单瀑；(8) 双瀑；(9) 群瀑；(10) 水帘状瀑；(11) 带形瀑；(12) 弧形瀑；(13) 复杂型瀑；(14) 江河瀑；(15) 涧溪瀑；(16) 温泉瀑；(17) 地下瀑；(18) 间歇瀑
		7) 沼泽滩涂	(1) 泥炭沼泽；(2) 潜育沼泽；(3) 苔草草甸沼泽；(4) 冻土沼泽；(5) 丛生嵩草沼泽；(6) 芦苇沼泽；(7) 红树林沼泽；(8) 河湖漫滩；(9) 海滩；(10) 海涂
		8) 海湾海域	(1) 海湾；(2) 海峡；(3) 海水；(4) 海冰；(5) 波浪；(6) 潮汐；(7) 海流洋流；(8) 涡流；(9) 海啸；(10) 海洋生物
		9) 冰雪冰川	(1) 冰山冰峰；(2) 大陆性冰川；(3) 海洋性冰川；(4) 冰塔林；(5) 冰柱；(6) 冰胡同；(7) 冰洞；(8) 冰裂隙；(9) 冰河；(10) 雪山；(11) 雪原
		10) 其他水景	(1) 热海热田；(2) 奇异海景；(3) 名泉；(4) 名湖；(5) 名瀑
	4. 生景	1) 森林	(1) 针叶林；(2) 针阔叶混交林；(3) 夏绿阔叶林；(4) 常绿阔叶林；(5) 热带季雨林；(6) 热带雨林；(7) 灌木丛林；(8) 人工林(风景、防护、经济)
		2) 草地草原	(1) 森林草原；(2) 典型草原；(3) 荒漠草原；(4) 典型草甸；(5) 高寒草甸；(6) 沼泽化草甸；(7) 盐生草甸；(8) 人工草地
		3) 古树名木	(1) 百年古树；(2) 数百年古树；(3) 超千年古树；(4) 国花国树；(5) 市花市树；(6) 跨区系边缘树林；(7) 特殊人文花木；(8) 奇异花木
		4) 珍稀生物	(1) 特有种植物；(2) 特有种动物；(3) 古遗植物；(4) 古遗动物；(5) 濒危植物；(6) 濒危动物；(7) 分级保护植物；(8) 分级保护动物；(9) 观赏植物；(10) 观赏动物
		5) 植物生态类群	(1) 旱生植物；(2) 中生植物；(3) 湿生植物；(4) 水生植物；(5) 喜钙植物
		6) 动物群栖息地	(1) 苔原动物群；(2) 针叶林动物群；(3) 落叶林动物群；(4) 热带森林动物群
		7) 物候季相景观	(1) 春花新绿；(2) 夏荫风采；(3) 秋色果香；(4) 冬枝神韵；(5) 鸟类迁徙；(6) 鱼类回游；(7) 哺乳动物周期性迁徙；(8) 动物的垂直方向迁徙
		8) 其他生物景观	(1) 典型植物群落(翠云廊、杜鹃坡、竹海……)；(2) 典型动物种群(鸟岛、蛇岛、猴岛、鸣禽谷、蝴蝶泉……)

续表

大类	中类	小类	子类
二、人文风景资源	5. 园景	1)历史名园	(1)皇家园林;(2)私家园林;(3)寺庙园林;(4)公共园林;(5)文人山水园;(6)苑囿;(7)宅园圃园;(8)游憩园;(9)别墅园;(10)名胜园
		2)现代公园	(1)综合公园;(2)特种公园;(3)社区公园;(4)儿童公园;(5)文化公园;(6)体育公园;(7)交通公园;(8)名胜公园;(9)海洋公园;(10)森林公园;(11)地质公园;(12)天然公园;(13)水上公园;(14)雕塑公园
		3)植物园	(1)综合植物园;(2)专类植物园(水生、岩石、高山、热带、药用);(3)特种植物园;(4)野生植物园;(5)植物公园;(6)树木园
		4)动物园	(1)综合动物园;(2)专类动物园;(3)特种动物园;(4)野生动物园;(5)野生动物圈养保护中心;(6)专类昆虫园
		5)庭宅花园	(1)庭园;(2)宅园;(3)花园;(4)专类花园(春、夏、秋、冬、芳香、宿根、球根、松柏、蔷薇……);(5)屋顶花园;(6)室内花园;(7)台地园;(8)沉床园;(9)墙园;(10)窗园;(11)悬园;(12)廊柱园;(13)假山园;(14)水景园;(15)铺地园;(16)野趣园;(17)盆景园;(18)小游园
		6)专类主题游园	(1)游乐场园;(2)微缩景园;(3)文化艺术景园;(4)异域风光园;(5)民俗游园;(6)科技科幻游园;(7)博览园区;(8)生活体验园区
		7)陵园墓园	(1)烈士陵园;(2)著名墓园;(3)帝王陵园;(4)纪念陵园
		8)其他园景	(1)观光果园;(2)劳作农园
	6. 建筑	1)风景建筑	(1)亭;(2)台;(3)廊;(4)榭;(5)舫;(6)门;(7)厅;(8)堂;(9)楼阁;(10)塔;(11)坊表;(12)碑碣;(13)景桥;(14)小品;(15)景壁;(16)景柱
		2)民居宗祠	(1)庭院住宅;(2)窑洞住宅;(3)干阑住宅;(4)碉房;(5)毡帐;(6)阿以旺;(7)舟居;(8)独户住宅;(9)多户住宅;(10)别墅;(11)祠堂;(12)会馆;(13)钟鼓楼;(14)山寨
		3)文娱建筑	(1)文化宫;(2)图书阁馆;(3)博物苑馆;(4)展览馆;(5)天文馆;(6)影剧院;(7)音乐厅;(8)杂技场;(9)体育建筑;(10)游泳馆;(11)学府书院;(12)戏楼
		4)商业建筑	(1)旅馆;(2)酒楼;(3)银行邮电;(4)商店;(5)商场;(6)交易会;(7)购物中心;(8)商业步行街
		5)宫殿衙署	(1)宫殿;(2)离宫;(3)衙署;(4)王城;(5)宫堡;(6)殿堂;(7)官寨
		6)宗教建筑	(1)坛;(2)庙;(3)佛寺;(4)道观;(5)庵堂;(6)教堂;(7)清真寺;(8)佛塔;(9)庙阙;(10)塔林

续表

大类	中类	小类	子类
二、人文风景资源	6.建筑	7)纪念建筑	(1)故居;(2)会址;(3)祠庙;(4)纪念堂馆;(5)纪念碑柱;(6)纪念门墙;(7)牌楼;(8)阙
		8)工交建筑	(1)铁路站;(2)汽车站;(3)水运码头;(4)航空港;(5)邮电;(6)广播电视;(7)会堂;(8)办公;(9)政府;(10)消防
		9)工程构筑物	(1)水利工程;(2)水电工程;(3)军事工程;(4)海岸工程
		10)其他建筑	(1)名楼;(2)名桥;(3)名栈道;(4)名隧道
	7.胜迹	1)遗址遗迹	(1)古猿人旧石器时代遗址;(2)新石器时代聚落遗址;(3)夏商周都邑遗址;(4)秦汉后城市遗址;(5)古代手工业遗址;(6)古交通遗址
		2)摩崖题刻	(1)岩面;(2)摩崖石刻题刻;(3)碑刻;(4)碑林;(5)石经幢;(6)墓志
		3)石窟	(1)塔庙窟;(2)佛殿窟;(3)讲堂窟;(4)禅窟;(5)僧房窟;(6)摩岸造像;(7)北方石窟;(8)南方石窟;(9)新疆石窟;(10)西藏石窟
		4)雕塑	(1)骨牙竹木雕;(2)陶瓷塑;(3)泥塑;(4)石雕;(5)砖雕;(6)画像砖石;(7)玉雕;(8)金属铸像;(9)圆雕;(10)浮雕;(11)透雕;(12)线刻
		5)纪念地	(1)近代反帝遗址;(2)革命遗址;(3)近代名人墓;(4)纪念地
		6)科技工程	(1)长城;(2)要塞;(3)炮台;(4)城堡;(5)水城;(6)古城;(7)塘堰渠陂;(8)运河;(9)道桥;(10)纤道栈道;(11)星象台;(12)古盐井
		7)古墓葬	(1)史前墓葬;(2)商周墓葬;(3)秦汉以后帝陵;(4)秦汉以后其他墓葬;(5)历史名人墓;(6)民族始祖墓
		8)其他史迹	(1)古战场
	8.风物	1)节假庆典	(1)国庆节;(2)劳动节;(3)双周日;(4)除夕春节;(5)元宵节;(6)清明节;(7)端午节;(8)中秋节;(9)重阳节;(10)民族岁时节
		2)民族民俗	(1)仪式;(2)祭礼;(3)婚仪;(4)祈禳;(5)驱祟;(6)纪念;(7)游艺;(8)衣食习俗;(9)居住习俗;(10)劳作习俗
		3)宗教礼仪	(1)朝觐活动;(2)禁忌;(3)信仰;(4)礼仪;(5)习俗;(6)服饰;(7)器物;(8)标识
		4)神话传说	(1)古典神话及地方遗迹;(2)少数民族神话及遗迹;(3)古谣谚;(4)人物传说;(5)史事传说;(6)风物传说

大类	中类	小类	子类
二、人文风景资源	8.风物	5)民间文艺	(1)民间文学;(2)民间美术;(3)民间戏剧;(4)民间音乐;(5)民间歌舞;(6)风物传说
		6)地方人物	(1)英模人物;(2)民族人物;(3)地方名贤;(4)特色人物
		7)地方物产	(1)名特产品;(2)新优产品;(3)经销产品;(4)集市圩场
		8)其他风物	(1)庙会;(2)赛事;(3)特殊文化活动;(4)特殊行业活动
三、综合景观资源	9.游憩景地	1)野游地区	(1)野餐露营地;(2)攀登基地;(3)骑驭场地;(4)垂钓区;(5)划船区;(6)游泳场区
		2)水上运动区	(1)水上竞技场;(2)潜水活动区;(3)水上游乐园区;(4)水上高尔夫球场
		3)冰雪运动区	(1)冰灯雪雕园地;(2)冰雪游戏场区;(3)冰雪运动基地;(4)冰雪练习场
		4)沙草游戏区	(1)滑沙场;(2)滑草场;(3)沙地球艺场;(4)草地球艺球
		5)高尔夫球场区	(1)标准场;(2)练习场;(3)微型场
		6)其他游憩景地	
	10.娱乐景地	1)文教园区	(1)文化馆园;(2)特色文化中心;(3)图书楼阁馆;(4)展览博览园区;(5)特色校园;(6)培训中心;(7)训练基地;(8)社会教育基地
		2)科技园区	(1)观测站场;(2)试验园地;(3)科技园区;(4)科普园区;(5)天文台馆;(6)通信转播站
		3)游乐园区	(1)游乐园地;(2)主题园区;(3)青少年之家;(4)歌舞广场;(5)活动中心;(6)群众文娱基地
		4)演艺园区	(1)影剧场地;(2)音乐厅堂;(3)杂技场区;(4)表演场馆;(5)水上舞台
		5)康体园区	(1)综合体育中心;(2)专项体育园地;(3)射击游戏场地;(4)健身康乐园地
		6)其他娱乐景地	
	11.保健景地	1)度假景地	(1)郊外度假地;(2)别墅度假地;(3)家庭度假地;(4)集团度假地;(5)避寒地;(6)避暑地
		2)休养景地	(1)短期休养地;(2)中期休养地;(3)长期休养地;(4)特种休养地
		3)疗养景地	(1)综合条件疗养地;(2)专科病疗养地;(3)特种疗养地;(4)传染病疗养地
		4)福利景地	(1)幼教机构地;(2)福利院;(3)敬老院

续表

大类	中类	小类	子类
三、综合景观资源	11. 保健景地	5) 医疗景地	(1)综合医疗地;(2)专科医疗地;(3)特色中医院;(4)急救中心
		6) 其他保健景地	
	12. 城乡景地	1) 田园风光	(1)水乡田园;(2)旱地田园;(3)热作田园;(4)山陵梯田;(5)牧场风光;(6)盐田风光
		2) 耕海牧渔	(1)滩涂养殖场;(2)浅海养殖场;(3)浅海牧渔区;(4)海上捕捞
		3) 特色村寨	(1)山村;(2)水乡;(3)渔村;(4)侨乡;(5)学村;(6)画村;(7)花乡;(8)村寨
		4) 古镇名城	(1)山城;(2)水城;(3)花城;(4)文化城;(5)卫城;(6)关城;(7)堡城;(8)石头城;(9)边境城镇;(10)口岸风光;(11)商城;(12)港城
		5) 特色街区	(1)天街;(2)香市;(3)花市;(4)菜市;(5)商港;(6)渔港;(7)文化街;(8)仿古街;(9)夜市;(10)民俗街区
		6) 其他城乡景观	

注:摘自《风景名胜区规划规范》(GB 50298—1999)。

（1）自然景源

自然景源是指以自然事物和因素为主的,具有极高美学价值的自然风景资源,是所有资源中吸引力最大,也是当前国际研究较少,破坏最大的一类资源。

中国天地广阔,自然景源众多。从寒温带的黑龙江到临近赤道的南海诸岛,纵跨纬度近50°,南北气候差异显著;从雪峰连绵的世界屋脊到水网密布的东海之滨,海拔高差8 km,东西高程变化悬殊;从鸭绿江口到北仑河口的万里海疆,渤海、黄海、东海、南海等中国海域总面积472万 km^2,四海相连通大洋,弧形海域环列陆域的东南方;这种地理位置和海陆间热力差异,形成了特有的季风气候,使高温多雨的华南成为世界上亚热带最富庶的地区;在这高山平原纵横、江河湖海交织的疆域里,保存与繁育着世界上最古老而又复杂繁多的生物种群和地下宝藏。正是由于这些因素,中国兼备雄伟壮丽的大尺度景观和丰富多彩的中小尺度景象。

为了便于调查研究与合理利用,我们依据景源的自然属性和自然单元特征,将其提取、归纳、划分为4个中类、40个小类、多于417个子类。以下为4个中类:

①天景:是指天空景象。如日月星光、虹霞蜃景、风雨阴晴、气候景象、自然声象、云雾景观、冰雪霜露、其他天景。

②地景:是指地文和地质景观。如大尺度山地、山景、奇峰、峡谷、洞府、石林石景、沙景沙漠、火山熔岩、蚀余景观、洲岛屿礁、海岸景观、海地地形、地质珍迹、其他地景。

③水景:是指水体景观。如泉井、溪流、江河、湖泊、潭池、瀑布跌水、沼泽滩涂、海湾海域、冰雪冰川、其他水景。

④生景:是指生物景观。如森林、草地草原、古树名木、珍稀生物、植物生态类群、动物群

栖息地、物候季相景观、其他生物景观。

（2）人文景源

人文景源是指可以作为景源的人类社会的各种文化现象与成就，是以人为事物因素为主的景源。

中国历史悠久，人文景源丰富。所谓人文景源，是指可以作为景源的人类社会的各种文化现象与成就，是以人为事物因素为主的景源。古老而又充满活力的中华民族，在上下五千年的社会实践中创造了博大的物质财富和精神财富，并成为人类社会的重要而又独特的文化成果。在内容非常丰富、门类异常复杂的成就中，与景源关系比较密切的有：在各个历史进程中，遗留下了大量的人类创造或者与人类活动有关的物质遗存——文物史迹；在不同历史、自然、环境条件下，人们创造的生存、生活和工作空间——建筑艺术成就；在崇尚自然的精神活动中，中华民族创造了丰富的天人哲理、山水文化和艺术的生态境域——园林艺术成就；在多样化的地域环境和历史轨迹中，多民族团结奋进的中国，还有着丰富多彩的风土民情和地方风物。

在实际工作中，我们依据人文景源的属性特征，按其人工建设单元或人为活动单元，将其归纳、划分为4个中类、34个小类、多于270个子类。主要介绍以下4个中类：

①园景：是指园苑景观。如：历史名园、现代公园、植物园、动物园、庭宅花园、专类游园、陵园墓园、其他园景、名胜古迹资源。

②建筑：是指建筑景观。如：风景建筑、民居宗祠、文娱建筑、商业服务建筑、宫殿衙署、宗教建筑、纪念建筑、工交建筑、工程构筑物、其他建筑。

③胜迹：是指历史遗迹景观。如：遗址遗迹、摩崖题刻、石窟、雕塑、纪念地、科技工程、游娱文体场地、其他胜迹。

④风物：是指风物景观。如：节假庆典、民族民俗、宗教礼仪、神话传说、民间文艺、地方人物、地方物产、其他风物。

（3）综合景源

由多种自然和人文因素综合组成的中尺度景观单元，是社会功能与自然因素相结合的景观或景地单元。可分为4个中类、24个小类、111个子类。

中国文化璀璨，综合景源荟萃。所谓综合景源，是由多种自然和人文因素综合组成的中尺度景观单元，是社会功能与自然因素相结合的景观或景地单元。综合景源大都汇合在一定用地范围，常有一定的开发利用基础，然而尚有相当的价值潜力需要进一步发掘评价和开发利用。

中华文化的重要特征之一是重视人与自然的和谐统一，强调人与自然的协调发展。在历史发展进程中，人类不断地认识、利用、改造自然，使原生的自然逐渐增加了人的因素，并日益成为人化的自然。然而，在这个"自然的人化"过程中，人类自身也逐渐地被自然化了，风景旅游日益成为人的一种基本需求。人们追寻自然、回归自然，就是为了使身体和精神更多的与自然交融，从而使个人和社会获得更加健康而愉快的生存与发展。随着人口增加和社会进步，这种需求更加重要，并向多元化发展，从而产生多种类型的社会功能与自然因素相结合的景观环境或地域单元，其中不乏可以作为综合景源看待者，可分为以下部分：

①游憩景地：是指野游探胜、求知求新的景观或景地。

②娱乐景地：是指游戏娱乐、体育运动、求乐求新的景观或景地。

③保健景地：是指度假保健和休养疗养景观和景地。

④城乡景观:是指可以观光游览的城乡景观。

2)风景资源的评价

风景资源评价是通过对风景资源类型、规模、结构、组合、功能的评价,确定风景资源的质重水平。评估各种风景资源在风景规划区所处的地位,为风景区规划、建设、景区修复和重建提供科学依据。

(1)风景资源评价内容

风景资源评价一般包括四个部分:风景资源调查、风景资源筛选与分类、风景资源评价与分级、评价结论。风景资源评价是风景区确定景区性质、发展对策,进行规划布局的重要依据,是风景名胜区规划的一项重要工作。

风景资源的评价,有两种常用的方法,即定性评价和定量评价。

①风景资源的定性评价。定性评价是比较传统的评价方法,侧重于经验概括,具有整体思维的观念,往往抓住风景资源的显著特点,采用艺术化的语言进行概括描述。但是,它有其很大的局限性,比较突出的是缺乏严格统一的评价标准,可比性差;评价语言偏重于文学描述,主观色彩较浓,经常带有不切实际的夸大成分。对风景资源的评价,我国自古有之,多是由文人形容用文字进行艺术性的描述,如"天下第一泉""第一山",还有所谓"甲""最""绝"等带有评价性的文字,但因文学语言的描述可比性较差,随着风景资源的开发和建设,有必要对风景资源有一个较为严密的科学和艺术上的分析评价标准。

②风景资源的定量评价。定量评价侧重于数量统计分析,一般事先提出一套评价指标(因子)体系,再根据调查结果,对于风景资源进行赋值,然后计算各风景资源的得分,根据得分的多少评出资源的等级。定量评价方法具有明确统一的评价标准,易于操作,容易普及,但是也存在着一些缺陷:定量评价把资源的质量分解为几个单项的指标(因子),比较机械呆板,容易忽视资源的整体特征。

根据以上分析可以看出,为了科学、准确、全面地评价风景资源,必须把定性评价和定量评价相互结合,缺一不可。在实际工作中,可以定量评价为主,同时通过定性评价,整合、修正、反馈和检验定量评价工作的成果(表9.2)。

表9.2 风景资源评价指标层次表

综合评价层	赋值	评价项目层	权重	因子评价层
景源价值	70~80	(1)欣赏价值		①景感度;②奇特度;③完整度
		(2)科学价值		①科技值;②科普值;③科教值
		(3)历史价值		①年代值;②知名度;③人文值
		(4)保健价值		①生理值;②心理值;③应用值
		(5)游憩价值		①功利值;②舒适度;③承受力
环境水平	10~20	(1)生态特征		①种类值;②结构值;③功能值
		(2)环境质量		①要素值;②等级值;③灾变值
		(3)设施状况		①水电能源;②工程管网;③环保设施
		(4)监护管理		①监测机能;②法规配套;③机构设置

续表

综合评价层	赋值	评价项目层	权重	因子评价层
利用条件	5	(1)交通通信		①便捷性;②可靠性;③效能
		(2)食宿接待		①能力;②标准;③规模
		(3)客源市场		①分布;②结构;③消费
		(4)运营管理		①职能体系;②经济结构;③居民社会
规模范围	5	(1)面积		
		(2)体量		
		(3)空间		
		(4)容量		

(2)风景资源评价原则

①风景资源评价必须在真实资料基础上,把现场踏查与资料分析相结合,实事求是地进行。

②风景资源评价应采取定性概括与定量分析相结合的方法综合评价景源特征。

③根据风景资源类别与组合特点,应选择适当的评价单元与评价指标,对独特或濒危景源,宜作单独评价。

④整体思维分析与定量分析的有机融合与互补。

⑤以评价综合层、项目层、因子层三层次作为评价系列。

⑥综合景源价值、环境水平、旅游条件、规模范围进行全面评价。

⑦评价分析参照区域内外、国内外的同类景源进行评价比较。

(3)评价指标的规定

①对风景名胜区或部分较大景区进行评价时,宜选用综合评价层指标。

②对景点或景群进行评价时,宜选用项目评价层指标。

③对景物进行评价时,宜在因子评价层指标中选择。

(4)风景资源评价分级

根据风景资源评价单元的特征,以及不同层次的评价指标得分和吸引力范围,把风景资源等级划分为特级、一级、二级、三级、四级。

①特级景源应具有珍贵、独特、世界遗产价值和意义,有世界奇迹般的吸引力。

②一级景源应具有名贵、罕见、国家重点保护价值和国家代表性作用,在国内外著名和有国际吸引力。

③二级景源应具有重要、特殊、省级重点保护价值和地方代表性作用,在省内外闻名和有省际吸引力。

④三级景源应具有一定价值和游线辅助作用,有市县级保护价值和相关地区的吸引力。

⑤四级景源应具有一般价值和构景作用,有本风景名胜区或当地的吸引力。

(5)风景资源的评估标准

对风景资源的评价可从资源本身的历史文化价值、科学价值、观赏价值、生态价值、经济价值等方面入手,相应确定历史性、科学性、观赏性、自然性、多样性等几种价值标准,从而对风景资源进行综合全面的评价。

● 历史性:是为评估风景资源的文化价值而提出的标准。历史性体现在风景资源文化的悠久性、地方性、独特性、知名程度等方面。历史越悠久,其文化价值就越高。风景资源的历史性对于风景资源的价值有着很大的影响。如泰山因拥有旧石器到新石器时代的文化遗迹,更有5 000年以来极为丰富的文化遗产——摩崖石刻、碑碣等,还有历代帝王封禅的遗迹,因此,泰山不仅成为"五岳独尊"的天地象征,而且也成为有着悠久历史和辉煌灿烂的古代文化、勤劳勇敢的中华民族的象征。正因如此,泰山被世界联合国教科文组织确定为世界自然、文化双遗产。

● 科学性:是为评估风景资源的科学价值而提出的标准,主要指风景资源中地质水文、地形地貌变化的丰富程度,以及稀有动物、原始植物群落等。这些具有科学研究、科普教育和实验考察的内容越丰富,其科学价值就越高。如河南嵩山,其地质构造复杂,岩龄古老,经过了嵩阳运动、中岳运动、少林运动、怀远运动、燕山运动、喜马拉雅和新构造运动的地壳运动,而形成了瑰丽多姿、怪石林立的嵩山山岳景观,被地质学家誉为"天然地质博物馆"。

● 观赏性:反映风景资源的观赏价值的评估标准。观赏性表现在景观的新奇性、复杂性和统一性等方面,丰富多彩的景色胜于平淡乏味的景色,自然和谐的景色胜于支离破碎的景色。如桂林山水以其簪山、带水、幽洞、奇石有机结合,形成"无水无山不连洞,无山无水不入神"的优美境界,从而使桂林山水享有"甲天下"的美称。

● 自然性:是为评估风景资源的生态价值、环境质量而提出的标准。自然性强,表现的生态系统运动秩序良好,物种丰富,污染少,遭受破坏程度少。自然性越强,风景资源的生态价值及环境质量就越高。如湖北神农架地质地形条件复杂,原始植被繁茂,动植物景观丰富,野生植被有2 000多种,其中属世界稀少或我国特有的植物近40种,野生动物500多种,其中珍贵保护动物20多种,是我国著名自然保护区。再如湖南张家界风景区,地质构造奇特,植被茂密,珍禽异兽种类繁多,被誉为"大自然博物馆"。

● 多样性:是衡量风景资源综合价值的标准,多样性越长,其综合价值就越高。如泰山无论其历史价值、观赏价值,还是生态价值、科学价值,都达到很高水平,因此被誉为"五岳独尊,名山之祖"。

A级风景点:总分在60分以上或总分在50分以上、景源价值在30分以上的风景点。

B级风景点:总分在50分以上或总分在40分以上,景源价值在20分以上的风景点。

C级风景点:总分在40分以上或总分在30分以上,景源价值在15分以上的风景点。

D级风景点:总分在40分以下,景源价值在15分以下的风景点。

(6)风景资源评估方法

①专家学派评估法。基于形式美的原则,专家学派把风景资源景色分解为线条、形体、色彩和质地等基本构成元素,以其多样性、独特性、统一性为标准评价风景。专家学派认为,凡是符合形式美原则的风景一般都具有较高的质量,是优美的风景。专家学派的方法最突出的优点在于其实用性,是风景师常用的传统方法。

②心理学派评估方法。心理学派评估方法的出发点是把景观及景观审美的关系理解为刺激—反应的关系。在风景评估中应用心理物理学检测方法,通过测量公众对景观的审美反映,得到公众风景评估的结果,然后设法寻求该结果与景观客体元素之间的数学函数关系,从

而根据具体环境中景观客体元素,计算公众对此环境的风景评估结果。心理学派的风景评估模型基本由两部分构成:一是公众平均审美态度,即风景美景度的主观测试;二是对风景景观客体元素,即构景成分的客观测试。此方法用数学模型来评估及预测风景质量,具有一定的科学性。

③物理元素知觉法。这是一种科学性更强的风景质量评估方法。将自然景观中客观存在的天然要素定量化,运用先进的数理方法,根据选定的对象来评判其中的某种自然要素,在多大程度上影响风景的美学及生态质量,即将风景按照景观中占优势的特征类型进行分类,以表述其中各种类型景色的不同美学价值。风景要素分类包括地形地貌、植被、水体、色彩、相邻地域景色以及奇特性、侵入性、人文变更等方面,将各要素再进行分级定分,通过对各种不同的风景要素进行分析叠加,经综合评估,可提出一定的管理目标,为决策部门提供指导性意见。在实际工作中,要因景施法,或用其一,或综合运用。在用其任何一种方法时,均要求专家与公众有机结合,使评价结果更具科学性、客观性。

(7)风景资源评价结论

由景源等级统计表、评价分析、特征概括三部分组成。景源等级统计表应表明景源单元名称、地点、规模、景观特征、评价指标分值、评价级别等。评价分析应表明主要评价指标的特征或结果分析;特征概括应表明风景资源的级别数量、类型特征及其综合特征。

9.2.2 风景区的分类评价

1)风景名胜区分类

风景区一般具有区域性或全国性,乃至世界性的游览意义,它是一种大范围的游憩绿地,对于这样大的风景区,除应具有方便的食、行、交通和丰富的游览内容外,其景区的景色特征是非常重要的。因此风景区应创造不同的特色。在我国现有的风景区中,常有"泰山之雄,华山之险,匡庐之瀑,峨眉之秀"的赞誉,虽同是名山,但各有奇观绝境,这就是它们吸引游人经久不衰的真正原因。风景区的分类方法很多,实际应用比较多的是按等级、规模、景观、结构、布局等特征划分,也可以按设施和管理特征划分(表9.3)。

表9.3 风景名胜区分类

分类标准	主要类型	基本特点
按用地规模分	小型风景区	面积 20 km² 以下
	中型风景区	面积 21 ~ 100 km²
	大型风景区	面积 101 ~ 500 km²
	特大型风景区	面积 500 km² 以上
按管理分	国家重点风景名胜区	具有重要观赏、文化或科学价值,景观独特,国内外著名,规模较大
	省级风景名胜区	具有较重要观赏、文化或科学价值,景观有地方代表性,有一定规模和设施条件,在省内外有影响
	市、县级风景名胜区	具有一定观赏、文化或科学价值,环境优美,规模较小,设施简单,以接待本地区游人为主

续表

分类标准	主要类型	基本特点
按景观特征分	山岳型	以特征明显的山景为主体景观
	峡谷型	以峡谷风光为主体景观
	岩洞型	以岩溶洞穴或熔岩洞景为主体景观
	江河型	以江河溪瀑等动态水体水景为主体景观
	湖泊型	以湖泊水景等为主体景观
	海滨型	以海滨、海岛等海景为主体景观
	森林型	以森林及其生物景观为主体景观
	草原型	以草原、沙漠风光及其生物景观为主体景观
	史迹型	以历代园景、建筑和史迹景观为主体景观
	综合型	以自然和人文景观相互融合成综合型景观特点
按功能设施分	观光型	有限度地配备旅行、游览、饮食、购物等服务设施
	游憩型	配备有康体、浴场、高尔夫球等游憩娱乐设施,有一定住宿床位
	休假型	配备有休疗养、避暑寒、度假、保健等设施,有相应规模住宿床位
	民俗型	保存有相当的乡土民居、遗迹遗风、劳作、节庆庙会、宗教礼仪等社会民风民俗特点与设施
	生态型	配备有保护监测、观察试验等科教设施,严格限制行、游、食、宿、购、娱、健等设施
	综合型	各项功能设施较多,可以定性、定量、定地段的综合配置
按布局形式分	集中型	景区组成要素分区结构采用块状形式布局
	线型	景区组成要素分区结构采用带状形式布局
	组团型	景区组成要素分区结构采用集群形式布局
	放射型	景区组成要素分区结构采用枝状形式布局
	链珠型	景区组成要素分区结构采用串珠状形式布局
	星座型	景区组成要素分区结构采用分散点式布局
按结构特征分	单一型	内容简单、功能单一,其构成主要由风景游览欣赏对象组成的风景游赏系统,为一个职能系统组成的单一型结构
	复合型	内容与功能较丰富,有相应的旅行游览接待服务设施组成的旅游设施系统,其结构特征由游赏和旅游设施两个职能系统复合组成
	综合型	内容与功能较复杂,其结构特征由风景游赏、旅游设施、居民社会三个职能系统综合组成

（1）风景区按等级特征分类

主要是按风景区的观赏、文化、科学价值及其环境质量、规模大小、游览条件等，划分为三级：

①市、县级风景名胜区：具有一定观赏、文化或科学价值，环境优美，规模较小，设施简单，以接待本地区游人为主的定为市（县）级风景名胜区。由市、县主管部门组织有关部门提出风景名胜资源调查评价报告，报市、县人民政府审定公布，并报省级主管部门备案。

②省级风景名胜区：具有较重要观赏、文化或科学价值，景观有地方代表性，有一定规模和设施条件，在省内外有影响的定为省级风景名胜区。由市、县人民政府提出风景名胜资源调查评价报告，报省、自治区、直辖市人民政府审定公布，并报建设部备案。

③国家级重点风景名胜区：具有重要观赏、文化或科学价值，景观独特，国内外著名，规模较大的定为国家重点风景名胜区。由省、自治区、直辖市人民政府提出风景名胜资源调查评价报告，报国务院审定公布。

在此基础之上，近年又延伸出并实际存在的有两类：一类是列入"世界遗产"名录的风景区，这是经过联合国教科文组织世界遗产委员会审议公布，俗称世界级风景区；另一类是暂未列入三级风景区名单的准级风景区，这些风景区已由各级政府审定的国土规划、区域规划、城镇规划、风景旅游体系规划所划定。

（2）风景区按用地规模分类

按规划范围和用地规模的大小划分为4类：

①小型风景区（20 km² 以下）。

②中型风景区（21～100 km²）。

③大型风景区（101～500 km²）。

④特大型风景区（500 km² 以上）。

（3）风景区按景观特征分类

①山岳型风景区：以高、中、低山各种山景为主体景观特征的风景区。如五岳和各种名山风景区。

②峡谷型风景区：以各种峡谷风光为主体景观特征的风景区。如长江三峡、黄河三门峡、云南三江大峡谷等风景区。

③岩洞型风景区：以各种岩溶洞穴或熔岩洞景为主体景观特征的风景区。如北京云水洞、桂林七星岩、芦笛、肇庆七星岩、本溪水洞等风景区。

④江河型风景区：以各种江河溪瀑等动态水体水景为主体景观特征的风景区。如楠溪江、黄果树、黄河壶口瀑布、路南大叠水等风景区。

⑤湖泊型风景区：以各种湖泊水库等水体水景为主体景观特征的风景区。如杭州西湖、武汉东湖、新疆天山天池、云南洱海、贵州红枫湖、青海湖等风景区。

⑥海滨型风景区：以各种海滨、海岛等海景为主体景观特征的风景区。如青岛海滨、嵊泗列岛、福建海潭、三亚海滨等风景区。

⑦森林型风景区：以各种森林及其生物景观为主体特征的风景区；如西双版纳、蜀南竹海、百里杜鹃、广西花溪等风景区。

⑧草原型风景区：以各种草原、草地、沙漠风光及其生物景观为主体特征的风景区。如呼伦贝尔大草原、河北坝上草原、扎兰屯等风景区。

⑨史迹型风景区:以历代园景、建筑和史迹景观为主体景观的风景区。如避暑山庄外八庙、八达岭、十三陵、中山陵、敦煌莫高窟、龙门石窟等风景区。

⑩综合型景观风景区:以各种自然和人文景观相互融合成综合型景观特点的风景区。如漓江、太湖、大理、两江一湖、三江并流等风景区。

由此产生了以下各具特色的风景区:

以山景取胜的风景区:如安徽黄山、四川峨眉山、山东泰山、江西庐山、陕西华山、湖南衡山、湖北武当山、河南嵩山、浙江雁荡山、云南路南石林、湖北神农架山、东青岛崂山等。

以水景取胜的风景区,如无锡太湖、杭州西湖、云南大理洱海、昆明滇池、新疆天山天池、贵州黄果树瀑布、上海淀山湖等。

山水结合、交相辉映的风景区,如黑龙江五大连池、广西漓江、广东肇庆星湖、厦门鼓浪屿、四川九寨沟、黄龙、台湾日月潭等。

以历史古迹为主的风景区,如浙江舟山普陀山、安徽九华山、山西五台山、陕西临潼(半坡遗址、骊山、秦陵等)、承德避暑山庄与外八庙、湖北襄阳陵中、河北遵化清东陵、四川乐山、敦煌壁画、山西大同云冈石窟、太原天龙山石窟、河南龙门石窟、四川大足石刻。

以休疗养避暑胜地为主的风景区,如河北秦皇岛市北戴河、浙江莫干山、河南鸡公山、广州白云山、青岛海滨等。

以近代革命圣地为主的风景区,如江西井冈山、陕西延安、贵州遵义、河北西柏坡、江西瑞金等。

自然保护区中的游览区,如我国目前有45个自然保护区,部分地区开发为旅游区。如湖北神农架自然保护区、云南西双版纳热带雨林自然保护区等。

因现代工程建设而形成的风景区,如浙江新安江水库、北京密云水库、河南三门峡、湖北宜昌西陵峡(葛洲坝)、三峡工程等。

(4)风景区按结构特征分类

依据风景区的内容配置所形成的职能结构特征:

①单一型风景区。在内容简单、功能单一的风景区,其构成主要是由风景游览欣赏对象组成的风景游赏系统,其结构为一个职能系统组成的单一型结构。这样的风景名胜区常常是地理位置远离城市、开发时间较短、设施基础薄弱。

②复合型风景区。复合型风景区的内容与功能较丰富,它不仅有风景游赏对象,还有相应的旅行游览接待服务设施组成的旅游设施系统,因而其结构特征由风景游赏和旅游设施两个职能系统复合组成。例如很多中小型风景区就属复合型结构。

③综合型风景区。这一类风景区的内容与功能较复杂,它不仅有游赏对象、旅游设施,还有相当规模的居民生产与社会管理内容组成的居民社会系统,因而其结构特征由风景游赏、旅游设施、居民社会三个职能系统综合组成。例如很多大中型风景区就属综合型结构。

风景名胜区的职能结构,涉及风景区的自我生存条件、发展动力、运营机制等关键问题,对风景名胜区的规划、实施管理和运行意义重大。对于单一性结构的风景名胜区,在规划中需要重点解决风景游憩组织和游览设施的配置布局。对于综合型结构的风景名胜区,则要特别注意协调风景游赏,居民生活、生态保护等各项功能与用地的关系;解决好游览服务设施的调整、优化与更新;发掘开发新的风景资源等。

（5）风景区按布局形式分类

风景名胜区的规划布局，是一个战略统筹过程。该过程在规划界线内，将规划对象和规划构思通过不同的规划策略和处理方式，全面系统地安排在适当位置，为规划对象的各组成要素、组成部分均能共同发挥应有的作用，创造最优整体。

风景区的规划布局形态，既反映风景区各组成要素的分区、结构、地域等整体形态规律，也影响风景区的有序发展及其与外围环境的关系。风景名胜区的规划布局一般采用的形式有：

①集中型（块状）风景区。

②线型（带状）风景区。

③组团型（集群）风景区。

④放射型（枝状）风景区。

⑤链珠型（串状）风景区。

⑥星座型（散点）风景区。

（6）风景区按功能设施特征分类

①观光型风景区，有限度地配备旅行、游览、饮食、购物等为观览欣赏服务的设施。如大多数城郊风景区。

②游憩型风景区，配备有康体、浴场、高尔夫球等游想娱乐设施。可以有一定的住宿床位。如三亚海滨区。

③休假型风景区，配备有休疗养、避暑寒、度假、保健等设施。有相应规模的住宿床位。如北戴河、北京小汤山风景区。

④民俗型风景区，保存有相当的乡土民居、遗迹遗风、劳作、节庆庙会、宗教礼仪等社会民风民俗特点与设施。如云南元阳梯田保护区、泸沽湖。

⑤生态型风景区，配备有保护监测、观察试验等科教设施，严格限制行、游、食、宿、购、娱、健等设施。如黄龙、九寨沟等。

⑥综合型风景区，各项功能设施较多，可以定性、定量的、定地段的综合配置。如大多数风景区均有此特征。

2）风景名胜区的评价

风景区需要进行综合评价。如景区内天然山水景观效果；文物古迹的历史价值；自然植被的优劣程度；四季气候的适宜程度；对外交通的利用可能；交通食宿的方便条件；国内外的声誉高低；旅游的容纳规模等。评价的方法是定性与定量评价结合，以定性评价为主。

（1）天然山水的景观效果

山峰的海拔（绝对与相对）高度，山峰的石质、纹理、植被情况等；瀑布的流量、落差、水质、形状及声响等。洞体的形态、体量、其内的景观丰富度，可游长度等；山水结合的综合效果，山上植被生长状况等。

（2）文物古迹的历史价值

我国的风景区与文物古迹及文学艺术有着密切关系。如古迹历史久远的程度，在文学、历史及艺术价值上的高低，在国内稀有的程度，在国外声誉的高低等。

（3）自然植被的质量优劣

"山得水而活,得草木而华",风景区绿化质量的高低直接影响风景区质量。风景区的绿化面积、森林覆盖率、树种、植物自然群落等指标,对风景区的质量都有影响。

（4）对外交通的利用可能性

风景区与周围城镇交通联系的便捷程度,直接影响其开发利用程度,可通过对现有公路、铁路、航路里程、行车密度、站场设置等情况进行统计,得出平均每个游人从附近交通枢纽的城镇到达风景区的时间数。

（5）交通食宿条件的方便程度

风景区内部提供游者使用的公共交通工具的种类、使用率,各级各类旅馆的接待量与服务标准,商业饮食等服务设施的规模及布局等。

（6）旅行游览的容纳规模

景区内游人最大容量,景区供电、供水能力,旅游设施建设可用地规模大小等。

（7）国内外的声誉高低

景区的知名度,声誉高低等。

（8）四季气候的适宜程度

在风景区的旅游活动主要是室外,除冬季滑雪场运动的特殊情况外,绝大多数人们要求不冷不热舒适的气候条件,气候条件直接影响着游人规模与设施利用率。

根据上述几方面可以对风景区作出较为全面的、客观的评价,为风景区规划的编制及总体规划提供有利的依据。

9.2.3　风景名胜区开发概况

1）我国古代风景名胜区

（1）五帝以前——风景名胜区的萌芽阶段

自然崇拜和图腾崇拜是审美意识和艺术创造的萌芽;河姆渡文化印证着早期审美活动;轩辕开启的野生动物驯养是在大自然中建立"囿"的开端;城堡式聚落的出现,开始了人工环境与大自然的矛盾演化;封禅祭祀,五岳四渎、名山大川是早期风景名胜区的直接萌芽形式。

（2）夏商周——风景名胜区的发端阶段

大禹治水的实质是我国首次国土和大地山川景物规划及其综合治理;从甲骨文出现"囿"字和灵台的记述可知,囿是在山水生物丰美地段,挖沼筑台,以形成观天通神、游憩娱乐、生活生产、与民同享的境域;公元前17世纪出现的爱护野生动物、保护自然资源、有节制狩猎,进而把保护自然生态与仁德治国等同的思想,应是中国风景名胜区发展传承动因,也是当代永续利用与可持续发展等念头的源头。

（3）春秋战国——城市建设推动邑郊风景名胜区的发展

离宫别馆与台榭苑囿建设促进了古云梦泽和太湖风景名胜区的形成与发展;战国中叶为开发巴蜀而开凿栈道,形成举世闻名的千里栈道风景名胜走廊;翠云廊、剑门关、观音岩、千佛岩、明月峡等,李冰兴修水利形成了都江堰风景名胜区;《周礼》规定的"大司马"掌管和保护全国自然资源,"囿人"掌管囿游禁兽等制度,对风景名胜区保护管理和发展起到保障作用;先秦的科技发展,引导人们更加深入地观察自然、省悟人生,成为不仅奠定了儒道互补又协调的古代审美基础,也蕴含后世风景名胜区发展的动因、思想和哲学基础。

（4）秦汉——风景名胜区的形成阶段

频繁的封禅和继嗣及其设施建设,促使五岳五镇以及以五岳为首的中国名山景胜体系的形成与发展;佛教和道教开始进入名山,加之神仙思想和神仙境界的影响,使人们更多地关注山海洲岛景象,并在自然山川和苑景中寻求幻想中的仙境;宏大的秦汉宫苑建设,形成了甘泉山景区和具大型风景区特征的上林苑;灵渠的开凿,促进桂林山水的发展;秦汉帝王巡游、学者原游、民间郊游等游优之风大盛,刺激着对自然山水美的体察和山水审美观的领悟;司马迁游历具有科学考察意义;汉代修筑钱塘,使杭州西湖与钱塘江分开,进入新的发展阶段;秦汉的山水文化和隐逸岩栖现象,使一批山水胜地闻名,反映山水审美观的发展并走向成熟。这一时期,因祭祀和宗教活动而形成的五台山、普陀山、武当山、三清山、龙虎山、恒山、天柱山、黄帝陵等风景名胜区;因游憩发展而形成秦皇岛、云台山、胶东半岛、岳麓山、白云山、巢湖等风景名胜区;因建设活动而形成桂林漓江、三峡、都江堰、剑门、大理、蜀岗瘦西湖、滇池、花山、云龙山、古上林苑、古曲江池等风景名胜区。

（5）魏晋南北朝——风景名胜区快速发展阶段

佛教道教空前盛行,宗教与朝拜活动及其配套设施的开发建设,促使山水景胜和宗教圣地的快速发展;杭州西湖、九华山、丹霞山、罗浮山、邛崃山、天台山、莫高窟、麦积山、云岗、龙门等。游览山水、民俗春游、隐逸岩栖等成为社会时尚,诸多山水文化因素促使风景名胜区的游憩和欣赏审美功能明显发展;雁荡山、天台山、富春江、桃花源、武夷山、钟山等经济建设与社会活动还促进了武汉东湖、云南丽江、湖北隆中、山西晋祠、贵州黄果树等风景名胜区的发展。

（6）隋唐宋——风景名胜区的全面发展阶段

数量与类型增多分布范围大大扩展,中国风景体系形成。风景名胜区的内容进一步充实完善,质量水平提高;发展动因多样,并强劲持久。因宗教及其设施建设;因游览游历和山水文化;因开发建设和生态因素;因陵墓建设等。

（7）元明清——风景名胜区进一步发展阶段

全国性风景名胜区已超过100个,并且大都进入盛期,各地方性风景名胜区和省、府、县风景名胜体系也都形成,各级各类志书也形成体系。

（8）20世纪50年代以后——风景名胜区的复兴阶段

20世纪50年代以后,从公共卫生和劳动保护出发,在山海湖滨和有温泉分布的风景胜地,发展了一大批各种类型的休养疗养设施;为外事接待需求,在著名的开放城市和风景胜地发展了一大批旅行游览接待服务设施;80年代以来,改革开放的中国社会经济快速进步,中外学术思想新一轮交流,更促使着风景名胜区急速发展,从此开启了我国风景名胜区规划建设的高速发展阶段。

2）我国现代风景区规划概况

20世纪50年代后期,我国就对个别风景区如桂林、庐山风景区进行了总体规划。特别是改革开放以后,在1978年开始进行全国性风景名胜区规划工作。1982年11月国务院公布了我国第一批批准设立的国家重点风景名胜区44处;1988年8月国务院审定同意了第二批国家级重点风景名胜区40处;1994年1月国务院审定同意了第三批国家级重点风景名胜区35处;2002年,我国总共建立国家级重点风景名胜区151个,共有689处风景名胜区。截至2000年底,我国有泰山、黄山等12处国家级风景名胜区被列为世界遗产。2007年8月,国家旅游局在其官方网站发布通知公告,黄果树、龙宫风景区与北京故宫、丽江玉龙雪山等全国66个景区一起,正式荣升为国家首批5A级景区。截至2013年1月,全国共有国家级风景名胜区225处;截至2014年12月,国家5A级旅游景区共有186家。

国家级风景名胜区和5A景区的区别:

依据《风景名胜区条例》的表述,风景名胜区是指具有观赏、文化或者科学价值,自然景观、人文景观比较集中,环境优美,可供人们游览或者进行科学、文化活动的区域;而国家5A级旅游景区则代表了世界级旅游品质和中国旅游精品景区的标杆,较4A级旅游景区更加注重人性化和细节化,更能反映出游客对旅游景区的普遍心理需求,突出以游客为中心,强调以人为本。

国家级风景名胜区着重于景区观赏、文化或者科学的价值,而5A级旅游景区对旅游交通、游览区域、旅游安全、接待能力等要求更高。它意味着接待能力高,配套设施设备完善,能确保大规模的团队进入,因此旅行社设计的旅游产品主要以5A级及4A级景区为主。但对于游客来说,无论是国家级风景名胜区,还是国家5A级景区,最在乎的还是景区内的景色,以及票价与获得服务之间的性价比。目前,国内不少风景名胜区存在景区管理、规划滞后、开发无序等方面的不协调,希望国家级的风景名胜区能起到带头示范的作用,作出相应的举措,促进风景名胜区可持续发展。

国家对"国家级风景名胜区"及"国家5A级景区"的评选标准是不同的。相较而言5A级景区在自身旅游资源的包装及宣传推广上,投入的力度往往更大,曝光率更高。景区通过文字介绍、图片展示、策划活动等手段吸引游客的眼球,因此游客会较为关注5A、4A级景区。旅行社方面也会更倾向于向客人推荐这类接待能力高、配套设施设备完善的5A、4A级景区。

3)外国国家公园与自然保护区发展概况

在100多年前,一些国家就提出用划定范围建立国家公园的方法保护自然。美国在1872年建立起世界上第一个国家公园——黄石国家公园,开创了世界国家公园的历史。在欧洲、亚洲、美洲、非洲乃至大洋洲各国,先后建立起以自然保护为宗旨的国家公园和自然保护区。10多年来,世界上已有99个国家建立了国家公园950多个,有72个国家建立了自然保护区。两者用地的总和,占世界总用地面积的2.3%。如国家公园、国家史迹公园、国家军事公园、国家纪念公园、国家战迹地、国家战迹地公园、国家战迹地遗址、国家史迹地遗址、国家纪念物、国家海洋地域、国家湖滨地域、国家河川风景地域、国家休养地域、国家风景保护地、国家风景延伸地、美国的黄石国家公园、大峡谷国家公园、喷火四湖国家公园、沼泽地国家公园、热泉国家公园、夏威夷火山国家公园、冰川国家公园、加拿大的约霍国家公园、冰川国家公园、甲斯帕国家公园、班夫国家公同、库托奈国家公园、芮威尔斯托库山国家公园、渥秦顿河国家公园、澳大利亚的南邦国家公园、日本的山阴海岸国立公园、南阿尔卑斯山国立公园、自由国立公园、陆中海岸国立公园、大雪山国立公园等。

9.3   风景名胜区规划程序

风景名胜区规划,也称风景区规划,是保护培育、开发利用和经营管理风景区,并发挥其多种功能作用的统筹部署和具体安排,经相应的人民政府审查批准后的风景区规划,具有法律权威,必须严格执行。风景区规划分为总体规划和详细规划。风景区规划一般分为规划大纲和总体规划两个阶段。规划大纲是根据规划任务要求的内容作纲要性安排。总体规划是根据上级部门或专家对规划大纲的评议和审查意见,对规划内容作具体安排,使各项内容达到提供编制设计任务书深度或安排实施计划的要求,对一些重要景区和近期建设的小区要达到详细规划的深度。风景名胜区小者 10 km² 以上,大者几百甚至上千平方千米,在这样大范围内将风景名胜有机地组织,安排好各项事业和工程设施是一项相当复杂的工作,以便工作逐步深入,达到成熟。从实际工作的步骤来看,风景名胜区规划工作分为五个阶段。

9.3.1　资源调查分析阶段

主要进行资源调查、资源分析、分类,并分别进行评价和收集基础资料编汇工作。编制规划工作除了收集规划所需的基础资料,对风景资源进行调查外,对风景资源的鉴定、评价、分级也是十分重要的,这不仅是为后阶段的规划大纲编制及总体规划提供有利依据,而且风景资源、评价材料也是规划文件中的一个必要组成部分。

1)调查的步骤

①调查准备:收集地方志;收集地形图、地质图、土壤图等图件资料;收集气象、水文、政治、经济、民俗等文字资料。

②实施调查:确定线路,如布线、布点、线路密度等;组织专门人士座谈,了解当地地学、植物、动物、生态、经济、园林等情况。

③调查成果:写出调查考察报告。

2)调查的内容

①自然景物调查内容:山景、水景、动植物、天景、其他。

②人文景观调查内容:文物古迹(保护等级要注名)、风俗民情、传统节会、历史典故、神话传说等。

③环境质量调查内容:地形地貌、水体情况、大气情况、污染状况;植物生态及有害植物、植物病虫害等情况;地方病、多发病、传染病、流行病等情况;排污、放射性、易燃易爆、电磁辐射等情况。

④开发利用条件调查内容:内外交通状况、公用服务设施状况、基础工程设施状况、管理工作状况、经济文化状况。

风景名胜区基础调查资料详见表9.4。

表9.4　风景名胜区基础调查资料类别表

大类	中类	小类
测量资料	地形图	小型风景区图纸比例为1∶10 000~1∶2 000
		中型风景区图纸比例为1∶25 000~1∶10 000
		大型度假地图纸比例一般为1∶50 000~1∶25 000
		特大型风景区图纸比例为1∶200 000~1∶50 000
	专业图	航片、卫片、遥感影像图、地下岩洞与河流测图、地下工程与管网等专业图

续表

大类	中类	小类
自然与资源条件	气象资料	温度、湿度、降水、蒸发、风向、风速、日照、冰冻等
	水文资料	江河湖海的水位、流量、流速、流向、水量、水温、洪水淹没线;江河区的流域情况、流域规划、河道整治规划、防洪设施;海滨区的潮汐、海流、浪涛山区的山洪、泥石流、水土流失等
	地质资料	地质、地貌、土层、建设地段承载力;地震或重要地质灾害的评估;地下水存在形式、储量、水质、开采及补给条件
	自然资源	景源、生物资源、水土资源、农林牧副渔资源、能源、矿产资源等的分布、数量、开发利用价值等资料;自然保护对象及地段
人文与经济条件	历史与文化	历史沿革与变迁、文物、胜迹、风物、历史与文化保护对象及地段
	人口资料	历来常住人口的数量、年龄构成、劳动构成、教育状况、自然增长和机械增长;服务职工和暂住人口及其结构变化;游人及结构变化;居民、职工、游人分布状况
	行政区划	行政建制区划、各类居民点及分布、城镇辖区、村界、乡界及其他相关地界
	经济社会	有关经济社会发展状况、计划及其发展战略;度假地范围的国民生产总值、财政、产业产值状况;国土规划、区域规划、相关专业考察报告及其规划
	企事业单位	主要农林牧副渔和科教文卫及其他企事业的现状及发展资料;度假地管理现状
设施与基础工程条件	交通运输	风景区及其可以依托的城镇的对外交通运输和内部交通运输的现状、规划及发展资料
	旅游设施	风景区及其可以依托的城镇的旅行、游览、饮食、住宿、购物、娱乐、保健等设施的现状及发展资料
	基础工程	水电气热、环保、环卫、防灾等基础工程的现状及发展资料
土地与其他资料	土地利用	规划区内各类用地分布状况,历史上土地利用重大变更资料,土地资源分析评价资料
	建筑工程	各类主要建筑物、工程物、园景、场馆场地等项目的分布状况、用地面积、建筑面积、体量、质量、特点等
	环境资料	环境监测成果,三废排放的数量和危害情况;垃圾、灾变和其他影响环境的有害因素的分布及危害情况;地方病及其他有害公民健康的环境资料

资料来源:《风景名胜区规划规范》(GB 50298—1999)。

9.3.2 编制规划大纲及论证阶段

这一阶段的工作是在充分了解基础资料的前提下,分析、论证风景区开发过程中的重大问题。工作成果以文字为主,以必要的现状和规划图纸为辅。现状分析应包括:自然和历史人文特点;各种资源的类型、特征、分布及其多重性分析;资源开发利用方向、潜力、条件与利弊;土地利用结构、布局和矛盾的分析;风景区的生态、环境、社会与区域因素等五个方面。现状分析结果,必须明确提出风景区发展的优势与动力、矛盾与制约因素、规划对策与规划重点三方面内容。

1)规划大纲及图纸要求

①风景名胜资源基本状况和开发利用条件的调查及评价报告。

②风景名胜区性质、类型和基本特色、开发指导思想与规划基本原则。

③风景名胜区的构成、管辖范围和保护地带划定情况的说明。

④风景名胜区旅游环境容量的分析和规划或游人规模的预测。

⑤专项规划。其中专项规划包括风景名胜区保护规划;景区划分,规划依据和特色及开发建设的设想;游览线路的组织及交通设施规划;旅游基地、休疗养设施及接待服务设施的规模、布局和建设要点;自然植被抚育和绿化规划及其技术措施要点;各项事业综合发展安排的意见;各项公用设施和工程改施的规划要点及对各类建设的要求;开发建设投资框算及经济效益估计,实施规划的组织、管理措施与建议。

⑥现状图。表示出景点、景物、游览区的分布和名称,山石、水体、建筑、村落、道路、交通港站、农田、现有工程管线的位置等有关地上物的位置与名称。现状图比例取1∶10 000、1∶25 000。

⑦风景区管辖范围及保护区划图应标明风景区边界及其外围保护地带的具体范围、座标、所属行政区域、各级保护区划界地。

⑧总体规划图。

⑨各项公用、工程设施综合图。

2)大纲分析与论证

(1)风景区性质的分析

包括对主要服务对象、景区特有的特点及作用、与邻近或有关风景名胜区的作用分工、客观条件与风景资源适用类型的制约、景区内旅游与休疗养事业的比重等方面进行分析、论证。

(2)旅游供应条件的分析

包括对风景资源最大容许环境质量,水电能源供应能力,旅游接待服务设施的标准与床位数量,休疗养设施的标准及床位数量,商业饮食服务设施的种类、职工人数、营业面积,铁路、公路、航运、民航等对外交通的吞吐能力与途中时间,旅游通信设施及其他公用设施条件等情况的分析。

(3)旅游需求分析

包括对游人构成、游人的人均消费水平、各月份游人数的分布、本地区历年游人的接待量与增长率、附近风景区游人量及本区可能吸引与分担的比例、各类游程的比例等情况的分析。

(4)经济效益的分析

包括本地区自开展旅游事业以来,其历年总收入及工农业、旅游、交通运输,商业服务等行业收入的变化等。

9.3.3　总体规划阶段

这一阶段的工作以已经评议审批过的规划大纲为依据,编制风景区规划说明书和绘制总体规划图纸。需要注意的是,由于各个风景区的范围、等级、服务对象、现状基础、游人规模、开发程度等有所不同,所以编制的说明书及图纸也有所差异。

1)总体规划说明书

①规划依据。

②现状。

③用地范围。

④环境保护。

⑤风景区内风景容量的计算方法及结果。

⑥各种旅游接待、商业服务设施、休疗养设施的规模预测、布局方式等。

⑦景区、游览区的划分理由,游览的组织方式,游览路线安排等。

⑧绿化的规划目标。

⑨区内各项综合事业发展。

⑩近期实施规划的项目及措施。

⑪风景区管理体制的建议。

⑫开发建设总投资匡算,各规划期经济效益的估计。

2)总体规划图纸内容

(1)现状图

①风景区地理位置:即在全国、全省、市的位置,可用小比例图纸表示。

②现有内外交通状况:即铁路、公路、航空、水运的等级。长途汽车站、火车站、港口码头、机场的分布及位置。景区内车行、步行道路的等级等。

③文物古迹的分布及保护等级。

④风景点分布及游览范围。

⑤各综合事业的用地分布。

⑥现公共建筑及服务设施的分布、用地范围及规模。

⑦林木植被及林场现状。

⑧风景地质资源分布。

(2)风景区用地分析图(或称用地评价图)

①适宜修建地区及尚适宜修建地区用地分析。

②森林保护地区、地下矿藏、地下文物、历史文物遗址及其他有价值地区。

③工程地质、水文地质分析,50年或100年一遇的洪水淹没范围。

(3)风景区规划总图(附地形及风向玫瑰图)

①规划期风景区发展界线。

②规划期内各用地分布及范围。

其中包括游览区、风景点、其他各类绿地、各级各类旅游接待区、休疗养区、常住人口居住区、行政管理机构区、工业区、仓库、主要大型公共建筑位置。对外交通站场设施位置、主要道路走向、水源地、水厂、垃圾处理、污水处理设施、高压线走向、电厂、变电站等主要工程设施构筑物位置,其他预留地及特殊用地等。

（4）工程设施规划图

①道路交通规划。

②给排水规划。

③供电规划。

④电讯规划。

（5）近期建设图（内容参见以上（3）（4））

（6）风景区农林水利、副食品基地规划图

（7）风景区文物古迹、风景游览点的现状位置、级别、开发分期、导游路线、配套服务、设施分布及等级图

（8）风景区与周围城镇、农林渔业地区关系图，大范围旅游区组织示意

（9）风景区与周围地区的区域规划关系图

（10）风景区自然保护分区界线图

（11）各分区详细规划、近期规划建设景区景点的详细规划及重点建筑初步方案图

3）总体规划的成果标准说明

（1）图纸

总体规划图纸除规模特大的风景区外，一般用 1∶25 000 ~ 1∶10 000 的地形图，较小的风景区可采用 1∶5 000 的地形图。

（2）图片

对于景区有价值的景点、景物，需要收集历史照片及拍摄现状照片，供评议、审议上报使用。

（3）模型

为更直观分析示意总体规划的可行性，有条件时，可以按比例制作总体模型。

9.3.4　方案决策阶段

这一阶段的工作主要是政府部分组织有关专家，对各项专业规划方案进行专业评议，对总体规划方案进行综合评议，并做出技术鉴定报告，经修改后的总体规划文件再报有关部门审批和定案。

9.3.5　管理实施规划编制阶段

①管理体制的调整，设置的建设以及人才规划。

②制订风景区保护管理条例及执行细则。

③旅游经营方式及导游组织方案的实施。

④各项建设的投资落实及设计方案制订。

⑤实施规划的具体步骤、计划与措施。

⑥经济管理体制及措施的建议规划。

9.3.6　风景区规划编制图解

（1）风景区大纲编制与审批图解

（2）风景名胜区规划程序图解

9.3.7　规划审批权限

①国家重点风景名胜区规划，由所在省、自治区、直辖市人民政府审查后，报国务院审批。

②国家重点风景名胜区的详细规划，一般由所在省、自治区、直辖市建设厅（建委）再批，特殊重要的区域详细规划，经省级建设部门审查后报建设部小批。

③省级风景名胜区规划，由风景名胜区管理机构所在市、县人民政府审查后，报省、自治区、直辖市人民政府审批，并向城乡建设环境保护部备案。

④市、县级风景名胜区规划，由风景名胜区管理机构所在的市、县城建部门审查后，报市、县人民政府审批，并向省级城乡建设主管部门备案。

⑤跨行政区的风景区规划，由有关政府联合审查上报审批。

⑥位于城市范围的风景名胜区规划，如果与城市总体规划的审批权限相同时，应当纳入城市总体规划，一并上报审批。

9.4　风景名胜区总体规划

编制风景名胜区的总体规划，必须确定风景名胜区的范围、性质与发展目标，风景区的分区、结构与布局，风景区的容量、人口与生态原则等基本内容。

9.4.1　风景名胜区的性质及其容量与规模预测

编制景区的规划，须按照风景区的性质、规模、容量进行，这是风景区规划与建设的基本原则。因此在编制风景区规划前必须确定其范围、性质、分区、布局、规模、容量。

1）风景区性质的确定

风景区的性质是依据其典型景观特征、游览欣赏特点、资源类型、区位因素以及发展方向、功能选择来确定。性质要明确表述风景特征、主要功能、风景区级别等内容。即风景名胜区的性质需要体现风景区的特征、风景区的功能以及风景区的级别三方面的内容。定性用词应突出重点、准确精练，主要功能如游憩娱乐、审美与欣赏、认识求知、修养保健、启迪寓教、保存保护培育、旅游经济与生产等。

如以"天下秀"著称的峨眉山，在中低山部分有丰富的植物群落，有黑白两龙江的清溪、奇石，充分体现出"秀丽"之意，在海拔3 100 m高山部位，一山突起，又有"雄秀"之势，峨眉山又有丰富的典型地质现象、佛教名山的历史文化和众多的名胜古迹，因此就形成了峨眉山具有悠久历史和丰富文化、科学内容、雄秀神奇、游程长、景层高的山岳风景区性质，从而提出"以发展旅游为中心，以文物古迹为重要内容，在'峨眉秀'字上做文章"的峨眉山的规划指导方针。

又如武夷山风景区在总体规划中提出"以典型的丹霞地貌为特征，自然山水为主景，与悠久历史文化相融合,供参观游览为主的国家重点风景名胜区"的性质,较好地概括了武夷山风景名胜区的特点和作用,使规划和建设始终围绕着这一性质,对武夷山风景区的保护、利用、开发起了决定性作用。

以恒山天峰岭、悬空寺为精华主景,以雄伟磅礴的北岳山势为主要特色,供游览、休疗养的国家级风景名胜区——恒山风景名胜区。

以自然风光特别是水景为主体,以多种休息娱乐和旅游活动为内容,在体现民族风格上突出楚文化地方特色,而又具有现代精神的国家级风景名胜区——武汉东湖风景名胜区。

以五个台顶为特征,以佛教建筑为主景,并可综合开发地质科普、避暑游览等活动的具有北国风光、雄伟壮观的国家级风景名胜区——五台山风景旅游区。

(1)风景名胜区的发展方向及对策

①必须强调资源保护工作的首要地位

基本方针:严格保护,统一管理,合理开发,永续利用。

②必须实行统一管理。

③进一步协调与各业务部门之间的关系,包括旅游部门、文物部门、林业部门、宗教部门、土地部门、环保部门、民政部门、公安部门、工商部门、交通部门、通信部门、电力部门等。建议在其之上应有一个更高一级的行政部门,促使它们之间相互依存,相互支持。

④制定法则,强化管理。制定管理标准:资源保护,安全旅游,环境卫生,文明经营。

⑤加强规划的编制与实施。

⑥开展科学研究,加强人才培养。

⑦奖罚措施。

(2)风景名胜区的范围确定原则

①景源特征及其生态环境的完整性。

②历史文化与社会的连续性。

③地域单元的相对独立性。

④保护、利用、管理的必要性与可行性。

注意:确定风景名胜区范围的界线必须符合下列规定:a. 必须有明确的地形标志物为依托,既能在地形图上标出,又能在现场立桩标界;b. 地形图上的标界范围,应是风景名胜区面积的计量依据;c. 规划阶段的所有面积计量,均应以同精度的地形图的投影面积为准。

(3)风景名胜区发展目标的原则

①贯彻严格保护、统一管理、合理开发、永续利用的基本原则。

②科学预测风景名胜区发展的各种需求。

③因地制宜地处理人与自然的和谐关系。

④使资源保护和综合利用、功能安排和项目配置、人口规模和建设标准等各项主要目标,同国家与地区的社会经济技术发展水平、趋势及步调相适应。

2)风景区分区、结构

(1)分区原则

①同一区内规划对象特征及其存在环境应基本一致。

②同一区内规划原则、措施及其成效特点应基本一致。

③规划分区应尽量保持原有人文、自然、现状等单元界限的完整性。

（2）分区结构

①需要调节控制功能特征时，进行功能分区。

②需要组织景观和游赏特征时，进行景区分区。

③需确定保护培育特征时，进行保护分区。

④大型复杂风景区，几种方法协调并用。

3）风景区容量的确定

风景区容量是风景区规划与管理中的重要问题，是确定风景区规模的重要依据。风景区容量是风景区的规模与效率的总标志。

风景区容量是指各风景地区与旅游设施的最大可容量，又称合理容量、最大游人接待量。这种容量要求保证旅游活动所造成风景资源的损坏性要低于风景资源保存的忍耐度。因此风景区容量要采取利用时间限制；利用旅游者资格限制；利用游者数量限制；利用必要方法限制等方法。

游人游量又可分为：一次性游人游量（瞬时游量，人/次）；日游人游量（人次/日）；年游人游量（人次/年）三个层次。

从旅游规划的角度，在可持续发展的前提下，风景名胜区在某一段时间内，其自然环境、人工环境和社会环境所能承受的旅游及其相关活动在规模、强度、速度上各极限值的最小值即为该段风景名胜区在该时间内的环境容量。

环境容量的类型：

• 心理容量：游人在某一地域从事游憩活动时，在不降低活动质量的前提下，地域所能容纳的游憩活动的最大量，也称感知容量。

• 资源容量：保持风景资源质量的前提下，一定时间内风景资源所能容纳的旅游活动量。

• 生态容量：在一定的时间内，保证自然生态环境不至于退化的前提下，风景名胜区所能容纳的旅游活动量。

• 设施容量：在一定时间一定区域范围内，基础设施与游人服务设施的容纳能力。

• 社会容量：当地居民社会可以承受游人数量。

（1）风景区游人游量计算方法与指标

①线路法：每个游人所占平均道路面积，5～10 m²/人。线路法适用于游道比较窄或险要，游人只能沿着山路游览的情况下的容量计算。

②卡口法：实测卡口处单位时间内通过的合理游人量，以"人次/单位时间"表示。卡口法适用于有必经的固定道口或乘车、乘船等情况下的容量计算。

③面积法：每个游人所占平均游览面积，可以景区面积、可游面积、景点面积计算。其中：主景景点 50～100 m²/人（景点面积）；一般景点 100～400 m²/人（景点面积）；浴场海域 10～20 m²/人（海拔 0～-2 m 以内水面）；浴场沙滩 5～10 m²/人（海拔 0～2 m 以内沙滩）。面积法适合于景区面积较小，有人可以进入景区各角落的情况下的容量计算。

④综合平衡法：通过前三种游人游量计算方法进行平衡、验算。

（2）风景区容量常用的计算单位

①合理容量，是指风景旅游设施允许容纳的游人量，单位为人。

$$合理容量 = \frac{风景旅游设施面积(m^2)}{单位规模指标(m^2/人)} \times 周转率$$

风景区的合理容量也可采用下式计算:

$$S = \frac{G_1}{F_1} + \frac{G_2}{F_2} + \frac{G_3}{F_3} + \frac{G_4}{F_4}$$

式中　S——各级风景同时容纳游人的合理容量,人;

$G_1—G_4$——一至四级风景面积,m^2;

$F_1—F_4$——一至四级风景每个游人的面积指标,$m^2/人$。

一般游览价值高、设施齐全的著名风景点(包括文物古迹)为一级风景,游览价值仅次于上者的景点为二级,一般景点为三级,大面积粗犷的自然景区为四级。

②单位规模指标:在风景旅游设施的同一时间内,每个游人活动所必需的最小面积,即每个游人的风景面积指标,单位为 $m^2/人$。

$$单位规模指标(m^2/人) = \frac{风景游览设施面积(m^2)}{合理容量(人)}$$

作规划设计时,可选用下列指标进行计算:

③周转率:风景游览地每日平均接待游人的指数,用%表示。

$$周转率(\%) = \frac{每日可游时间(h)}{游人平均逗留(h)}$$

④高峰日容量:风景游览设施高峰日可接待游人数,单位为人次/日。

$$高峰日容量(人次/日) = 合理容量(人) \times 周转率$$

⑤年容量:风景游览设施全年接待人数,单位为人次/年。

$$年容量(人次/年) = 全年可游天数(日/年) \times 平均日容量(人次/日)$$

或

$$年容量(人次/年) = 全年高峰日数(日/年) \times 高峰日容量(人次/日) +$$
$$全年普通日数(日/年) \times 普通日容量(人次/日)$$

⑥单位长度指标:即线路容量,它与每个游人所占中心景区往返的步行游览路线长度、游览路线上的景点数量、游人在景点的停留时间、游人的行走速度、人流单位时间通过量等有关,单位为 m/人。

$$单位长度指标(m/人) = \frac{中心景区游览线长度+往返步道长度}{日总游人量(人/日)}$$

综上所述,风景区的风景容量计算,由于情况不同,采用的方法也不同,在进行风景区规划时,可以其中一种为主,用其他方法校核。

(3)风景容量计算实例

①泰山岱顶景区合理容量计算

泰山中路主景区的容量计算,采用以岱顶为典型向全区推算的办法。

A. 岱顶的容量计算

岱顶的可游面积约为 31 360 m^2(可游空地面积+游览建筑面积)。

岱顶的周转率:因不同的游人游览时间差异较大,需分别进行计算。据统计,白天游人占全天游人的70.8%,夜里游人占29.2%。

a. 白天登山的游人中有20.5%(抽样调查得)住于山顶次日下山,故此类人平均逗留时间14 h。

$$周转率_1 = \frac{每日可游时间}{游人平均逗留时间} = \frac{24}{14} = 1.7$$

b. 白天游人中有79.5%当日下山,此类游人在山上遗留时间较短,平均2 h。

$$周转率_2 = \frac{12(早上6点—晚6点)}{2} = 6$$

c. 夜间上山游人,一般登山均要次日观日出,日出后下山,所以在岱顶停留时间约12 h,以晚上6点到次日凌晨6点为计。

$$周转率_3 = \frac{12(晚6点—早6点)}{12} = 1$$

d. 则岱顶:

平均周转率$=70.8\% \times (20.5\% \times 1.7 + 79.5\% \times 6) + 29.2\% \times 1 = 3.92$

岱顶的单位面积指标:

根据调查并结合不同状态下的游人密度观测,岱项游人在1万人时感觉适宜,而游人在2万人时则感到一定的拥挤。故饱和状态下及适宜状态下的单位面积指标分别为:

$$单位面积指标_1 = \frac{31\ 360\ m^2}{20\ 000\ 人} \times 3.92 = 6.15\ m^2/人$$

$$单位面积指标_2 = \frac{31\ 360\ m^2}{10\ 000\ 人} \times 3.92 = 12.29\ m^2/人$$

B. 泰山中路景区的合理容量计算

岱顶游人占总游人的比例为80%,则:

中路景区的日容量=岱顶日容量÷岱顶的游人比

a. 中路景区日饱和容量$=20\ 000 \div 80\% = 25\ 000$人

b. 中路景区日适宜容量$=10\ 000 \div 80\% = 12\ 500$人

c. 中路景区单位面积指标$=\dfrac{13}{0.8} = 16.25\ m^2/人$

②黄山与天柱山风景容量计算

黄山风景区则采用线路容量方法(单位长度指标)。据黄山实测,从温泉—元谷寺—北海—天海—玉屏楼—莲花峰—天都峰的中心景区步行游览线全长20 km,高峰时平均有5 000游人,则平均每人占游览长度为4.4 m,即"单位长度指标"为4.4 m/人。

全风景区的步行路线长度为:

22 km+(云谷寺到北海的上山路+玉屏楼到温泉的下山路)=22 km+29.5 km=44.5 km

$$单位长度指标(m/人) = \frac{44.5\ km}{5\ 000\ 人} = 8.9\ m/人$$

天柱山风景区的风景容量确定也采用此法。主景区"单位长度指标"为4.5 m/人(全长8.5 km),全风景区"单位长度指标"为8 m/人。

全长为:

8.5 km+26 km=34.5 km

③武夷山风景区客量计算(卡口法)

到武夷山游览,一般都是要坐竹筏游一次九曲溪。故以计算游九曲溪的游人量,作为全

风景区的风景容量,其计算方法如下:

a. 九曲溪自九曲码头至一曲码头水路游览总长为 8 000 m。

b. 前后每两张竹筏之间的安全距离(包括竹筏长度 8 m)以 50 m 为最合适。

c. 每支竹筏可坐 8 人。

$$九曲溪环境容量(瞬时可容人数) = 8\ 000\ m + 50\ m × 8\ 人 = 1\ 280\ 人$$

d. 整个游程的速度不低于 2 h,一天可发 5 h 竹筏,5 h 可发2.5 批竹筏,即发竹筏400 个,故每天可通过 3 200 人次。

e. 规划近期为三日游,远期为五日游,每个游人在三天或五天之内需乘坐一次竹筏,故得:

$$近期日容量 = 3\ 200\ 人/日 × 3 = 9\ 600\ 人/日$$

$$远期日容量 = 3\ 200\ 人/日 × 5 = 16\ 000\ 人/日$$

f. 用上述数字乘全年可游天数,即得出全年环境容量。如可游天数为 260 天,则:

$$全年环境容量 = 260\ 日 × 9\ 600\ 人/日 = 2\ 496\ 000\ 人次$$

(4)影响风景容量的因素

影响风景容量的因素很多,大致可归纳为下列几项:

①景观艺术性。这是影响风景容量的主要方面,景色奇绝、景点密集,则游人云集,容人量自然多。但是,如果容量过高又会影响景观的艺术欣赏,而且超过了一定的容量限度,就有可能威胁自然生态的平衡,甚至破坏景物本身。

②环境质量。安全舒适、卫生健康的环境能吸引较多的游人,而当游人密度超过适宜容量,就会直接影响环境质量,如水体污染、嘈杂拥挤等。黄山的旱季,峨眉山的高山区,常以供水或床位状况作为确定风景容量的决定因素。

③时间地点。春夏秋冬,季相盛衰,地理位置,距离远近等,都直接影响风景容量。如峨眉山的金顶,本是景观的高潮所在,但因严冬季节不易攀登,其游人量就较少。

④技术经济。不同的设备、技术、工具、交通就有不同的游览方式与速度,也就有不同的风景容量。如果索道的登山旅游,与步行的登山旅游,就有着不同的游览速度及游人分布规律,其游人量明显不同。

以上诸因素是互为作用的,也都直接影响风景区的风景容量,应该全面地综合加以考虑,而不可顾此失彼。要根据自己的条件,进行多方面校核和分析,得出科学而合理的接纳容量。

4)风景区规模预测

规模预测是指对旅游需求量预测或游人量发展预测,是风景区总体规划中一个极为关键的工作,关系到对风景区有计划、有秩序地保护、开发和利用。

(1)旅游需求

旅游需求即是在一定时期内,在一定价格上,将被游客购买的商品和旅游服务的总量。旅游需求量的尺度是:

①游人抵达数。到达旅游地的游客数,不包括机场、车站、码头留宿后即将离开的过境旅客。用单位时间内进入旅游地的人数来表示。

②游人日数。用游人数乘以每个游人在旅游地度过的天数。游人在旅游地度过的天数是一种抽样调查确定的平均数,也称"游人平均逗留期"(天)。这一数字也可通过宾馆的平

均住宿率而得到。

③每个游人的开支总额。此数若计算准确,可成为计算旅游需求量有意义的量度。开支总额可通过税收测量,或设计旅游开支模型来取得。

④游人流动量。单位时间内各交通线的利用人数及往返的时间。游人流动量关系到交通线路与设施的标准与规模,并从中可以得到旅游地的主要客源分析,也可间接知道客源的经济水平,同时也是交通规划的主要依据。

另外,对游人抵达数因各种单位时间的不同,也有其不同的意义。

a.年抵达人数(人/年):从历年抵达的人数统计中,可大致决定各种设施的种类与规模,还可以观察到某些旅游地区的经济发展方向及游人增长方向,有利于决策旅游地的开发规模。

b.月抵达人数(人/月):根据各月份的游人量变动情况,可以判断该旅游地的季节特性,尤其是旅游高峰季节的确定,全年可游时间的确定,旅游设施适宜规模的确定及旅游经营管理方法的确定。

c.日抵达人数(人/日):对于设施规模的确定是很重要的。此数据对可当日游而不留宿的旅游地特别重要。

d.时抵达人数(人/时):对高精度确定各种设施规模有重要意义。

(2)风景区人口构成与规模计算

①风景区人口构成

风景区人口构成比较特殊,一般可以分以下三类:外来人口、服务职工、当地居民(表9.5)。除当地居民基本在原有基数的情况下按自然增长率计算外,其他各项和风景区的关系较密切,需单独计算。

表9.5　风景区人口构成

风景区人口构成	流动人口	旅游人口	指需在风景区留宿一天或一天以上的游人
		当日旅游人口	不留宿的游人
		休疗养人口	留宿一周到数月的休疗养人员
	常住人口	直接服务人口	直接从事旅游接待服务的职工
		间接服务人口	从事风景区的建设、交通、食品加工、行政管理、文教卫生、市政公用等事业的职工
		职工家属及城镇非劳动人口	
		景区内的当地居民	与风景区旅游无关的人口

②风景区人口规模概算

A.流动人口计算

风景区的流动人口是最主要的人口构成,虽然流动,但在一定时间内保持着相对稳定的数。这个数量决定着旅游设施的规模及服务人员的数量,此部分是风景区规划中人口规模计算的基本要素:

$$游览日流量=非住宿日流量+住宿总日流量$$

$$住宿总日流量=国外游人住宿日流量+国内游人住宿日流量$$

$$平均住宿日流量=全年住宿游人数 \div \left(\frac{全年可游天数}{游人平均滞留天数}×床位平均利用率\right)$$

例:某风景区规划或接待住宿的国外游人30万人,国内游人50万人,可游览天数为240天,每批游客平均滞留天数为5天,床位平均利用率为80%,求住宿总日流量:

$$宿总日流量=300\ 000\ 人 \div\left(\frac{240\ 天}{5\ 天}×0.8\right)+500\ 000\ 人 ×\left(\frac{240\ 天}{5\ 天}×0.8\right)=20\ 833\ 人$$

(住宿总日流量对于有休疗养区的风景区,还要加上休疗养人员的日流量。)

B. 常住人口计算

常住人口中直接服务人口与流动人口有相对应的比例关系,也是风景区人口的主要构成部分:

$$常住人口=\frac{直接服务人口绝对数}{1-(间接服务人口百分比+非劳动人口百分比)}$$

其中,直接服务人口绝对数是指直接从事旅游接待服务工作的职工,其绝对数是依据旅游接待部门床位数来计算的。

外事接待:职工:床位=1:1.5

国内接待:职工:床位=1:10 或 1:8

疗养接待:职工:床位=0.6:1

休养接待:职工:床位=1:1.5

总之,

$$风景区总人口=流动人口+常住人口$$

例:某风景区到1990年已有旅游床位3 000张,其中,外事接待床位600张,床位平均利用率为80%,住宿日流量为2 800人,风景区可游天数为240天(8个月),住宿游客与当日游客之比约为1:3,住宿游客平均滞留天数为5天。试计算该风景区的全年人口规模:

$$风景区人口规模=常住人口+流动人口$$

a. 常住人口计算

直接服务人口绝对数:

外事接待职工数取　　职工:床位=1:1.5

则:

$$职工数=\frac{600}{1.5}=400\ 人$$

国内接待职工数取　　职工:床位=1:8

则:

$$职工数=\frac{3\ 000-600}{8}=300\ 人$$

常住人口绝对数:

取间接服务人口百分比为40%,非劳动人口百分比为20%。

则:

$$常住人口=\frac{300+400}{1-(0.4+0.2)}=1\ 750\ 人$$

b. 流动人口计算

住宿人口计算：

$$平均住宿日流量 = 全年住宿人数 \div \left(\frac{全年可游天数}{游人平均滞留天数} \times 床位平均利用率 \right)$$

$$全年住宿人数 = 平均住宿日流量 \times \left(\frac{全年可游天数}{游人平均滞留天数} \times 床位平均利用率 \right)$$

$$= 2\,800 \times \left(\frac{240}{5} \times 0.8 \right) = 107\,520 \text{ 人}$$

非住宿人口计算：

$$非住宿人口 = 3 \times 全年住宿人口数$$
$$= 3 \times 107\,520 = 322\,560 \text{ 人}$$
$$流动人口数 = 住宿人口 + 非住宿人口$$
$$= 107\,520 + 322\,560 = 430\,080 \text{ 人}$$

c. 风景区全年总人口

$$风景区全年总人口 = 流动人口 + 常住人口$$
$$= 430\,080 + 1\,750 = 431\,830 \text{ 人}$$

9.4.2 风景区总体布局

风景区总体布局的主要内容是在景区性质与规模大致确定的情况下,对风景区内各组成要素如游憩、生活居住、道路交通、旅游设施等进行统一安排,合理组织,使之有机联系,共同构成一协调的风景区。

1)风景区范围和保护地带的划定

确定范围的主要依据是保护风景名胜区的历史面貌及景观特定需要,服从保护风景名胜区的完整性,不一定受现有行政区划的限制,使风景区形成一定范围,具有安静、优美、清新的环境,方便于游览活动组织及管理工作。风景区外围的影响保护地带是保护景观特色,维护自然环境、生态平衡、防止污染、控制不适宜的建设所必需的,要根据这些要求在规划布局中确定保护地带。

2)风景区内部保护区划定

在风景区内部,要依据其景观的分级而划分保护区。根据风景资源、景点不同可分为一级、二级、三级,保护区相应划分为绝对保护区、重点保护区和环境影响保护区三部分。

(1)一级景点和绝对保护区

①景点有鲜明的独特艺术特征。

②大水体气势磅礴,或者为流量大、落差大的动态水景。

③国家级或省级文物保护单位。

④国家一级重点保护植物和千年古树。

故对一级景点或一级景点密集的景区,均划为绝对保护区,其地形地貌、动植物群落,要保持其原始而自然的野趣,不得在此随意开山、炸石,绝对禁止在此修建公路和建筑物,但它却不同于自然保护区,应允许游人游览参观,力求把人为破坏限制在最小范围。

（2）二级景点和重点保护区

①景点素材较单一，环境渲染力较小。

②特点及个性虽然明显，但体量较小，或所在地远离中心地段。

③原来一级景点遭到一定程度破坏后，又难以恢复者。

故对于二级景点和景点，因环境联系欠佳，故可允许在保护区中，结合环境进行必要的功能及景点建筑的建设，但在建设时，不应大搞"人工造景"而破坏了自然景观。在此保护区内，不允许安排旅游村、疗养院等大型建筑群。

（3）三级景点和环境保护区

①具有一定的风景价值。

②对风景区内生态平衡有一定的影响。

③同一地貌、植被群落地段，但风景价值较好者。

故此环境保护区，仅作为前两种保护区的陪衬，其作用是为绝对保护区及用点保护区创造良好宜人的生态环境。

3）风景区用地结构

风景区的用地，按其功能来分，可以分为三类，第一类用地是直接为旅游者服务地，第二类用地是旅游媒介体地，第三类用地是间接为旅游者服务地。

（1）直接为旅游者服务的用地

包括游憩用地；旅游接待用地；旅游商业服务用地；休疗所用地。

（2）旅游媒介体用地

包括交通设施用地；旅游基础设施用地。

（3）间接为旅游者服务用地

包括旅游管理用地；居住用地及其道路、绿化、内部空地；旅游加工业用地；旅游农副业用地。

4）风景区的分区

各风景区的规模与特点不同，其组成部分有所差异，一般可由以下几部分组成：

（1）游览区

游览区是风景区的主要组成部分，风景点比较集中，是具有较高风景价值和特点地段，游人主要的活动场所。一个风景区由许多游览区组成，各游览区景观主题各有特色：以山景为主，突出山峰、山洞游览主题；以水景为主，突出瀑布、溪水、水流游览主题；以文化古迹为主；以植物为主，以观赏富有特点的植物群落或古树为主题；以由于古地质现象、气象原因而形成的稀有的自然现象为主。

（2）旅游接待区

旅游接待区要求有较好的食宿条件，有完善的商业服务、邮电设施等，也是风景区的重要组成部分。旅游接待区的布局形式有以下几种：

①分散布局：即分散在各风景点附近，但易出现破坏风景景观的现象。

②分片布局：将各种等级旅馆分片设在若干专用片段，相对集中，便于管理。

③集中布局：在风景区中或城市边缘，集中开辟旅游接待区。

④单一布局：即在条件允许的情况下，选择适当地区新建一个单一性质的旅游接待小城

镇,把各种旅游接待服务设施组织在一起。

（3）休疗养区

许多风景区设置了休疗养区,并成为风景区中一个较为主要的组成部分,往往是专用的休疗养区（庐山莲花谷、杭州西湖九溪休疗养小区）。以旅游为主的风景区中的休疗养区,是专用地段,应与一般游人有所隔离,避免相互干扰,但也要有相应的商业文娱设施。

（4）商业服务中心

除分散的服务点外,风景区应设置数个商业服务设施较为集中的区,为旅游者和当地居民服务。布局要尽可能与风景相协调。

（5）居民区

居民区为风景区中工作人员及家属的集中居住场所,一般常和管理机构结合在一起,而不宜和旅游者混杂,以免相互干扰。

（6）行政管理区

行政管理区是风景区中行政管理机构集中地段,与游人不发生直接联系。

（7）加工工业区

直接为本区旅游服务的生产副食品加工业、工艺品工业等,可以靠近或分散在居民区中,工艺品厂也可供参观。

（8）园艺场及副食品供应基地

担负着为旅游者、休疗养人员提供新鲜食品的任务。如果园、菜地、奶牛场等。副食品的供应,一般单靠风景区范围内本身的基地是不够的,常需从附近地区调集。

（9）农林地区

从事农业、林业生产的地区,与旅游活动虽无直接关系,但占地广大,对风景区的景观,及生产、环境保护都有影响。

5）风景区总体布局要点

（1）控制建设的分区

①在风景区中各级保护区范围内,应控制建设活动;珍贵景点及景物周围,应维持原有的风貌,不得增加新的建设项目。

②游览区内可允许建设与景观相适宜的景观建筑,但不得建设休疗养机构、宾馆、招待所及风景区本身的管理生活设施等。

③在风景区的保护地带,不得建设危及景观自然环境和影响游览活动的建设项目。

（2）综合调整各项设施和各项事业的关系

①风景区内外交通道路、邮电、通信、给排水、污水处理等各项公用设施基地,其选址应以不影响景观并方便游人为度,规划要同有关部门配合编制。

②风景区内的农林、商业、服务、环保、公安等各项事业,应综合安排,协调发展,给群众带来利益。

（3）充分发挥原有景观的作用和价值

在总体布局中,景区划分和游览线组织是使景区具有独特魅力的关键,可通过游览路线的组织,最大限度地发挥原有景观的"潜力",使每个景点的作用和价值都得以显示。

9.5 风景区专项规划

9.5.1 风景区道路交通规划

风景区的道路由对外交通及内部交通两部分组成。应进行各类交通流量和设施的调查、分析、预测,提出各类交通存在的问题及其解决措施等内容。对外交通要求快速便捷,布置于风景区以外或边缘地区;内部交通应具有方便可靠和适合风景区的特点,并形成合理的网络系统;对内部交通的水、陆、空等机动交通的种类选择、交通流量、线路走向、场站码头及其配套设施,均应提出明确而有效的控制要求和措施。合理利用地形,因地制宜地选线,同当地景观和环境相配合;对景观敏感地段,应用直观透视演示法进行检验,提出相应的景观控制要求;不得因追求某种道路等级标准而损伤景源与地貌,不得损坏景物和景观;应避免深挖高填,道路通过而形成的竖向创伤面的高度或竖向砌筑面的高度,均不得大于道路宽度,并应对创伤面提出恢复性补救措施。

1)道路交通类型

(1)对外交通

对外交通指国际、国内远途游客进入风景区交通枢纽城镇的交通运输,以及远途客源地经过最靠近风景区的城镇到风景区接待中心的交通。对外交通设施包括公路与汽车站、铁路客运线与火车客运站、水路航运线与码头船坞、客运航线与机场等。

(2)内部交通

内部交通是指风景区内部的接待区与游览区之间的交通。

①车行道路:风景区的主要与次要交通车道,是连接景区景点之间,或旅游服务区、居住区与风景管理机构之间的游览道路,风景区内交通网骨干。风景区车行道的选线要保证不破坏景区的自然景观、植物群落、风景水系等,通常要在相隔游览区出入口一定距离处设置停车场,游人须下车后步行一段时间再进入游览区,从而保证游览区、风景点的安静及组景要求。

②游览步道:包括步行小径、登山石阶等。开辟时要随景制宜,随势曲折起伏,使景区有一个完整而有节奏的游兴效果。游览步道具有将各景区、景点、景物等相互串联成完整的风景游览体系,引导游人至最佳观赏点和观赏面,而形成入景、展开、酝酿、高潮、尾声的观景序列。山路建设要注意安全,在危险处需设置与环境协调的安全护栏,要考虑高峰时相互避让的宽度,防止阻塞和险情出现。

③汽船:在有大水面或长距离水系的风景区,需开设水路游览线。

④电缆车:解决高低悬殊的游览区之间的垂直交通联系。因缆车容量大,主要设在需要大量人流上下交通的地方,对自然地形的坡度有一定要求。

⑤索道:是垂直交通工具,容量小,不可转折,对坡度与架空高度有一定限制。选址一定要避开主景区,要注意隐蔽,藏而不露,不可破坏原景观效果。

⑥直升飞机:是很有发展前途的旅游交通工具,主要用于大型风景区。

2)道路交通规划原则

①对外交通要使国内外游人进得来,出得去,结合市、县区镇交通规划,区域旅游规划,综

合发展铁路、航空、公路等多种交通形式,沟通内外联系。

②对内交通要分散游人,不走回头路。

③道路和停车场的开拓及重建,必须以保护和维护生态平衡为首要条件,决不能破坏自然及人文景观。

④步行路的开辟要利用现状,结合地形,既要注意景观效果,又要注意经济效益。

⑤停车场及其附属设施,应集中与分散相结合,方便管理,停靠汽车站的选点应起到疏导游人量,方便游人的作用。

⑥人流和货流,车行和步行,内部和外部等流线应尽量减少相互之间的干扰,并尽可能考虑到各种不同素质游人的实际需要。

⑦考虑游人的体力,结合时间要素,来安排游览线路和游览活动,使游人的风景感受总量最大。

3)风景区游览路线的组织

风景区游览线路的布局,多是因景而设,其走向应取风景的最佳视角,将奇妙的景象、优美的风景画面组织到游览线内。风景区的游览线除有的线路考虑到风景建设、维修服务等需个别行车外,均应按步行游览道设计。游览线的主要功能是引导观景,要尽力避免"走路无景看,看景无路走"的现象发生。

对名山巨岳游览道,应险而易,峻而安,一些陡崖难行的路段,可设缆车。游览路线主要有两种方式:一种是循环式(不走回头路,但必须走完全程,不可有选择余地);另一种是树枝式(要走回头路,有选择余地,生活较前者方便)。另有上述两种方式的混合式(主要目的是方便游人,充分发挥景区特色,又有利于节约建设资金)。

4)风景区停车场的规模

风景区中凡有车可达地,需在人口附近开辟停车场,所需面积可用下式计算:

$$停车场面积=高峰游人数×乘车率×停车场利用率×\frac{1}{每辆车容纳人数}×单位规模$$

停车场利用率及乘车率一般可取80%。各类车的单位规模:小汽车:17～23 m²/辆(2人);小旅行车:24～32 m²/辆(10人);大客车:27～36 m²/辆(30人);特大客车:70～100 m²/辆(45人)。

休疗养停车场,可取每20～30床位设一停车位;旅馆停车场,根据其级别另行计算。

9.5.2　风景区旅游服务设施规划

风景区旅游服务设施的建设是开展旅游业的先决条件,主要指旅游者所需的旅馆、饮食、商业服务三大设施。旅游接待服务设施的规划,应根据总体规划的要求,进行分级、分类合理布局,组成旅游服务网络,满足游人活动的需要,并起到疏散游人、控制游人的作用。

1)规划原则

①服务设施要在不破坏风景资源,尽量减少对环境污染的前提下,相对集中。各景区内必要的服务设施要慎重选址及控制规模。

②服务设施要同景区所在的镇、县、市服务设施统筹考虑,以其为依托,形成城镇旅游接待服务中心,风景区内服务中心及各景区分级服务点等多层次多级别的系统服务网络。

③要根据总体规划及总体布局指导思想,以及国家有关建筑规范,合理确定服务设施的等级及位置、风格、体量等。

④服务设施的建筑外形应与周围自然环境相协调,较为集中的服务点应远离主要景点,各景区的管理中心及服务中心联合设置时,应尽可能放在景区入口处。

⑤商业服务设施要分级布局,组成网点,本着国家、集体、个人一起上的方针,解决各区不同游人的需要,解决淡旺季供需不平衡的矛盾。

2)旅游服务设施规划项目及内容

旅游者在游览过程中除饱览风光美景外,还希望舒适、清洁、亲切的食宿环境。

(1)旅馆业

风景区的旅宿床位数是该地区旅游业规模的重要标志,是游览设施的调控指标,应严格限定其规模和标准,做到定性、定量、定位、定用地范围。

$$风景区旅宿床位数 = \frac{平均停留天数 \times 年住宿人数}{年旅游天数 \times 床位利用率}$$

(2)饮食业

饮食业的设施主要有饭店、快餐点等。它可以是独立的饮食服务设施,也可以附属于旅馆的。饮食服务设施因其具有面积大、内容杂、有公害的特点,其选址及布局非常重要,要以既不破坏景观又方便游人为原则。通常布置在游览起始点、途中及目的地三处。

9.5.3 风景区绿化规划

风景区的绿化不同于城市园林,更不同于林业造林,要以多种类型的风景林为风景区绿化的基本形式,使其生物学特性、艺术性及功能性相结合。

1)风景区绿化基本原则

①应遵循"因地制宜,适地适树"的科学原则,以恢复地带性植被类型为目的,采取多林种、多树种、乔、灌、草相结合的方法。

②以景区绿化、景点绿化相结合为原则,各景点及景区绿化要力争有不同的植物景观特色,使森林植物景观与人文及大自然景观相协调。

③在确保环境效益,不影响景观效果的前提下,应考虑结合生产,大力营造经济与观赏相结合的经济风景林,为经济发展和旅游事业服务。

2)风景区绿化要点

(1)体现地方特色

风景区原有植被正是乡上树种的集中表现,风景区的绿化要模拟本地区植被的基本结构和格局进行布局,在树种选择上,以乡土树种为主,乡土树种与外来树种相结合的原则,组成符合自然规律,又富有自然景观的人工群落。

(2)基调与主调

风景区大面积的天然林与人工风景林是全区绿化的主调,布局上要采用混交林为主,混交、纯林相结合,形成草地疏林,疏林与密林相结合,草地灌木林等多种类型的风景林景观,各景区、景点又应有自己的绿化主调。

（3）郁闭与疏伐

风景区内的风景林要求尽量大的绿化覆盖率,提高郁闭度,但在某些景区、景点、眺望点要有开阔的活动场地,而留出适当的风景透视线。因此,营造以草地疏林为主的风景林和疏伐某些地方的树木是必要的,形成疏密相间、不同郁闭度的风景林。

（4）发挥植物景观的自然美

绿化要结合总体规划布局,在植物造景上模拟植物天然群落结构,布置多种类型的风景林景观、草地灌丛景观、水生与沼泽地植物景观、花卉景观等,把规则整形的植物布局压缩到最低限度。

9.5.4　风景区给水规划

根据其总体规划中景区内部游览区、接待区、生活区、生产区统一安排的原则来确定景区给水方案,其给水规划的主要任务是估算用水量,选择水源,确定供水点,布置给水管网。

1）风景区用水特点

①用水不规律性受旅游淡旺季影响,波动性大。

②景区面积大,用水区分散。

③地形复杂且景观要求高,所有给水工程均不能影响景观,更不能破坏风景资源。

④水资源缺乏。由于部分用水点、用水区常处高山部位,地质条件差,就地取水困难,只能从低处取水,成本高且供应不足,故水资源常是制约游人规模的重要因素。

2）用水量估算（参考定额）

①居民:居民数×单位规模［75～100 L/（人·日）］

②内宾:内宾数×单位规模［100～150 L/（人·日）］

③外宾:外宾数×单位规模［150～300 L/（人·日）］

④当日游人:当日游人数$\times \frac{1}{3} \times$单位规模［100～150 L/（人·日）］

⑤消防用水:每5 000 m^2 的建筑体积5 L/s

⑥休养所:人数×单位规模［150～200 L/（人·日）］

⑦疗养院:人数×单位规模［250～300 L/（人·日）］

⑧花圃苗圃用水:0.5～1 m^2/（亩·日）

3）风景区给水管网布置

①针对用水区分散的特点,可采用分区分层就近供水的方法,布置供水管网。

②对用水量集中的旅游接待中心,可设隐蔽性水厂,同时应尽量避免在缺水区域设置用水量集中、用水量大的旅游接待等服务设施。

③对高山水资源缺乏区,可因地适宜地建蓄积雨雪水的高山蓄水库,利用地形修高位水池。

④管网布置应尽量布置在整个给水区域内,无论在正常工作或局部管网发生故障时,应保障不中断供水。

⑤干管一般沿规划道路布置,管线应符合管线综合设计的要求。

9.5.5 风景区排水规划

风景区排水规划主要是排生活污水及天降水两大体系,其主要任务是估算各规划期雨污水排放量,拟定污水、雨水排除方式,布置排水管网,研究污水处理方式及其设施的选择,并研究污水综合利用的可能性。

1)排放体制

风景区排水体制一般采用雨污水分流制,散水、蓄水并重,综合治理。生活污水以散为主,借地势及管道分散排水,降水以蓄为主,因地制宜,加以利用。

(1)雨水

雨水就近用明渠方式排入溪涧河沟,或进行截流蓄水,使自然降水能科学、合理地被利用,化害为利,补偿水源。用以下结构表示:

$$\text{雨水及雪水}\xrightarrow{}\text{明沟}\xrightarrow{\text{沿路景点边设防洪沟}}\text{蓄水池(适当处理)}\xrightarrow{\text{沿路用水点,水的状况利用}}\text{水库}\rightarrow\text{用水点}$$

(2)污水

风景区污水排放因其特殊情况,常采用就近处理后排放的方法。排水量小的单位,可采用多级沉淀消毒后,排入隐蔽的山谷,自然净化的方法。排放量大的单位,则要建污水处理设施,集中处理后排放。风景区污水处理有三级处理方式,一般要求达到二级处理以上,少数景观需三级处理。

2)污水量估算

生活污水量一般可采用与生活用水量相同的定额,计算公式为:

$$\text{生活污水量}=\text{规模数}\times\text{单位指标}$$

9.5.6 风景区基础设施规划

风景区基础工程设施,涉及交通运输、道路桥梁、邮电通信、给水排水、电力热力、燃气燃料、防洪防火、环保环卫等多种基础工程。其中,大多数已有各自专业的国家或行业技术标准与规范。在规划中,必须严格遵照这些标准规范执行。在风景区的基础设施规划中,还要符合下面的基本原则:

①符合风景区保护、利用、管理的要求。

②合理利用地形,因地制宜地选线,同当地景观和环境相配合,同风景区的特征、功能、级别和分区项适应,不得损坏景源、景观和风景环境。

③要确定合理的配套工程、发展目标和布局,并进行综合协调。

④对需要安排的各项工程设施的选址和布局提出控制性建设要求。

⑤对于大型工程或干扰性较大的工程项目,如隧道、缆车、索道等项目,必须进行专项景观论证、生态与环境敏感性分析,并提交环境影响评价报告。

9.5.7 保护培育规划

1)保护培育规划的内容

查明保育资源,明确保育的具体对象和因素。根据保育对象的特点和级别,划定保育范围,确定保育原则。依据保育原则制定保育措施,并建立保育体系。

2) 分类保护(表9.6)

表9.6　分类保护类型

评价综合层	限分	评价项目层	限分	评价因子层	限分
景源价值	50	欣赏特征	20	景感度	10
				奇特度	6
				完整度	4
		游娱价值	10	游玩度	5
				知名度	3
				趣味度	2
		文化价值	10	人文值	6
				风土值	4
		科学价值	5	科研值	3
				科普值	2
		保健价值	5	生理值	3
				心理值	2
环境水平	20	环境条件	10	土壤	2
				气候	3
				水文、地质	2
				植被	3
		环境质量	4		
		环境设施	3		
		环境管理	3		
旅游条件	20	交通条件	6	道路状况	3
				方便程度	2
				安全条件	1
		基础设施	6	通信	2
				供电	2
				供水	2
		服务条件	6	饮食	2
				住宿	2
				游务	2
		设备状况	2		
规模范围	10	容量	4		
		面积	2		
		景点关联	4		

3）分级保护

特级保护区：

①风景区内的自然保护核心区以及其他不应进入游人的区域应划为特级保护区。

②特级保护区应以自然地形地物为分界线，其外围应有较好的缓冲条件，在区内不得搞任何建筑设施。

一级保护区：

①在一级景点和景物周围应划出一定范围与空间作为一级保护区，宜以一级景点的视域范围作为主要划分依据。

②一级保护区内可以安置必需的步行游赏道路和相关设施，严禁建设与风景无关的设施，不得安排旅宿床位，机动交通工具不得进入此区。

二级保护区：

①在景区范围内，以及景区范围之外的非一级景点和景物周围应划为二级保护区。

②二级保护区内可以安排少量旅宿设施，但必须限制与风景游赏无关的建设，应限制机动交通工具进入本区。

三级保护区：

①在风景区范围内，对以上各级保护区之外的地区应划为三级保护区。

②在三级保护区内，应有序控制各项建设与设施，并应与风景环境相协调。

4）综合保护

分类保护中有分级；分级保护中有分类；分层级的点线保护与分类级的分区保护相互交织的综合分区，使保护培育、开发利用、经营管理各得其所，并有机结合起来。

习题

1. 简述国家级风景名胜区徽志图案的象征意义。
2. 何谓风景名胜区？
3. 就景观资源要素来讲，风景名胜区与旅游区的联系和区别是什么？
4. 简述"风景""风景资源""风景区""风景区域"的区别。
5. 影响风景区价值判定的因素有哪些方面？
6. 简述风景资源分类与风景区景区划分的关系。
7. 如何进行风景区的分类？
8. 风景区规划的程序是什么？
9. 随着游客量不断增加，在风景区规划管理工作中如何协调资源保护与景区发展的平衡关系？
10. 结合国内外实际，探讨风景区发展的历程特征及社会需求规律？
11. 思考在风景名胜区规划中通过何种手段形成风景区发展与产业的联动、产生增值效益？

10

农业公园与农业景观规划

10.1　农业公园的特征与评价标准

10.1.1　农业公园的提出与兴起

1)概念

国家农业公园,其实质是集新农村建设、农业旅游、农产消费为一体的现代新农业旅游区,大多以县域为主体进行规划和打造。农业公园是一种新型的农业景观的园区形式和旅游形态,它是农、林、畜牧、水产、农业经济、生态、民俗、旅游、建筑、美学以及风景园林等多学科的综合体现。它既不同于一般概念的城市公园,又区别于一般的农家乐、乡村游览点和农村民俗观赏园,它集农业生产场所、农民生活场面、乡村优质景观及休闲旅游于一体,使我国的乡村休闲和农业观光在形式、内容、建设及其管理上的提升和升级,是一种农业旅游的高端形态,它以原住民生活区域为核心,涵盖园林化的乡村景观、生态化的郊野田园、景观化的农耕文化、产业化的组织形式、现代化的农业生产,是一个更能体现和谐发展模式、浪漫主义色彩、简约生活理念、返璞归真追求的现代农业园林景观与休闲、度假、游憩、学习规模化的乡村旅游、观光休闲的综合体(图 10.1)。

国家农业公园是文旅结合、农旅结合的创新发展模式,是我国建设"生产发展、生活宽裕、乡风文明、村容整洁、管理民主"的社会主义新农村,建设美丽乡村基础上的发展和提升,更加注重以人为本、自然和谐和生态文明的持续性建设。在美丽新村建设中,将现代农业、农旅产业的融合,通过对山水、田园、乡村的综合治理与规划,为市民提供休闲度假、观光旅游、体验

图10.1 农业公园充满乡情的景观设计

创意、科普教育、康体养生、记忆乡愁的生态空间和休闲场所,同时传承演绎农耕文化,展示多彩的农业产业形态,建设形成区域环境改善、经济活力发展、农民安居乐业的农业景观露天博物馆。

2)农业公园形成基础

伴随全球农业的产业化发展,人们发现,现代农业不仅具有生产性功能,还具有改善生态环境质量,为人们提供观光、休闲、度假的生活性功能。随着人们收入的增加,闲暇时间的增多,生活节奏的加快以及竞争的日益激烈,人们渴望多样化的旅游,尤其希望能在典型的农村环境中放松自己。于是,农业与旅游业边缘交叉的新型产业——观光农业便应运而生,它是一种以农业和农村为载体的新型生态旅游业。从100多年前开始,德国、意大利、英国、日本、加拿大、美国都逐渐依靠农业产业相继发展了观光农业。在我国,最早进行农业观光项目开发是台湾地区的苗栗县太湖草莓园。在1978年,实现了农业与旅游业的产业结合。目前台湾观光农业遍布岛内各地,观光内容多种多样,有果园、花园、菜园、牧场等,并且修建了很多乡村休闲场所。观光农业的类型有休闲胜地、农舍乡村旅店、观光农园、野生动植物观赏研究、品尝野味休闲旅游、综合性休闲农场等形式。在我国大陆地区,20世纪80年代后期,在北京昌平十三陵旅游区出现了观光桃园。这之后的许多发达地区,如北京、广东、上海、苏南、山东等地的观光农业也纷纷兴起,都产生了较好的经济效益和社会效益,促进了当地经济的发展。

观光农业也称旅游农业或休闲农业,是指以农业(广义)自然资源为基础,以农业文化和农村生活文化为核心,以农业和农村传统或现代的景观构成要素为对象,按照旅游业的发展规律,保证基本生产和功能以及有利于生态环境优化的基础上,通过规划、设计、开发与建设,吸引游客前来观赏、品尝、购买、娱乐、习作、劳动、学习、体验、休闲、度假和居住等的一种新型农业与旅游业相结合的一种生产经营形态。它的形式和类型主要包括:

①观光农园。在城市近郊或风景区附近开辟特色果园、菜园、茶园、花圃等,让游客入内

摘果、拔菜、赏花、采茶,享受田园乐趣。这是国外观光农业最普遍的一种形式。

②农业公园。即按照公园的经营思路,把农业生产场所、农产品消费场所和休闲旅游场所结合为一体。

③教育农园。这是兼顾农业生产与科普教育功能的农业经营形态。代表性的有法国的教育农场、日本的学童农园、台湾的自然生态教室等。

④森林公园。

⑤民俗观光村。到民俗村体验农村生活,感受农村气息。

观光农业的兴起,不仅为游客提供了新的旅游空间,吸引了许多城市居民来到农村旅游观光、劳动甚至定居,而且还通过观光农业提供的参与性、知识性的农事和科普活动扩大游客的知识视野,获得身心的放松,既提高了旅游品位,也缓解了城市旅游拥挤状况。

农业公园,即是按照公园的经营思路,把农业生产场所、农产品消费场所和休闲旅游场所结合为一体的一种现代观光农业经营方式。它是文旅结合、农旅结合的理想模式,可带动我国农村经济发展,提高我国农业竞争力,是国家大力支持的观光农业和休闲农业发展新模式。也是我国的乡村休闲和农业观光的升级版,是一种农业旅游的高端形态,是现代农业园林景观与休闲、度假、游憩、学习呈规模化的乡村旅游综合体。

10.1.2 农业公园的特征与功能

国家农业公园是近几年出现的新生事物,被认为是农休游结合的理想模式。农业公园是集农业生产、农业生活、农民就业、城郊发展及乡村休闲旅游于一体的综合产业大园区。其实质是集新农村建设、农业旅游、农产消费为一体的现代新农业旅游综合区,它能更好地解决"三农问题"与城乡一体化的新的实践行为和实体形式。它不同于普通的农家乐和乡村游览,而是一种具有田野风光背景中建设的既有农业生产,又有乡村生活,兼具乡村与农耕文化体验、真实回归自然的农休游综合体。大多以县域为主体进行打造。

1)主要特征

①农业公园是农学、林学、牧学、水产学、农业经济学、生态学、民俗学、旅游学以及风景园林学等多学科的综合体现,它按照公园的经营思路,把农业生产场所、乡村生活场所和休闲旅游场所结合于一体。

②一种新型的综合体业态,以原住民生活区域为核心,涵盖园林化的乡村景观,生态化的郊野田园,景观化的农耕文化产业化的组织形式,现代化的农业生产,是一个更能体现和谐发展模式、浪漫主义色彩、简约生活概念、返璞归真追求的农业园林景观与休闲、度假、游憩的规模化乡村旅游综合体。

③在规划建设面积上一般规模较大,基本属于国有性质,都在数千亩甚至数万亩,如兰陵国家农业公园总面积62万亩。

④有明确功能分区,一般包括建立种植区、养殖区、水果区、花卉区、服务区、度假生活区、乡村文化或农耕文化区、休闲游玩区、商贸区等多个功能区。

⑤在资源利用方式上系综合利用,其背景系优美的自然环境,利用公园乡村土地、水资源、村落、路网、山林、植被、食材、鱼牧及乡村与农耕文化,也有人文及景观的创意化建设,项目设置安排既不浪费,也不拥挤,自然舒适,似浑然天成。

⑥农业公园的兴起与发展,与当前社会发展需求相适应,是解决"三农"发展需求,建立城

乡一体的一种理想模式,既不破坏或影响原有的农业生产、农民生活及农村体系,又可引进城乡建设的精华及优质。

⑦农业公园的规划设计具有很强的综合性。它不同于一般的城市公园或国家森林公园,也不是专题性或主题性公园,而是一个多学科层次的综合体,其规划设计涉及多个专业领域,规划设计具有复合性,既有古朴元素,又有现代元素;既有文化元素,又有物质形体表现;既有自然要素,又有人文要素;既有静谧的生活环境,又有动态的体验场景。

2)农业公园的功能与效益

农业公园的规划与建设,适应我国当前社会发展的需求,一是农业公园给大面积的农业生产带来了理想的生产方式,核心主产业及基础;二是农业生产及农产品加工,大面积大规模的生产,为城镇居民提供绿色的食品及休闲餐饮,既保住了生态环境不被破坏,又使农产品价值得到了提升,也满足了城镇居民粮食蔬菜安全供求的需要;三是可以解决城镇居民休闲的需求,为城镇居民提供休闲游玩及短期假日生活居住的好去处;四是解决社会发展的需求,解决一定范围内的居民就业问题,为乡村城镇居民提供了新的就业途径;五是为城镇孩子提供了接触农业生产,热爱自然的理想的天然课堂,满足下一代对农业文化知识传承与教育的需求。

国家农业公园是理想的田园生活与工作场所,直接拓宽了农业功能,拓展了农业生产链条,增加了农产品的综合价值。不仅体现了粮食功能价值,还提供了观赏享受的休游价值,还间接地产生了吸引功能并获得了乡村休闲旅游的附加值,综合效益较好。

3)农业公园与农业旅游、乡村旅游的区别

农业公园与农业旅游、乡村旅游相比,有两个显著的差异:一是主体不同,原来乡村旅游依靠农民,现在依靠企业;二是以消费为带动的农业增长方式,根据城里人的消费需求来定制农业生产,将乡村的菜地、花圃、苗圃、大棚设施、水景,均按照旅游的需求和特色来打造,而不仅仅是按照生产要素来组织。因此,国家农业公园是在农业景观资源基础厚实、乡村风味特色突出的田野风光背景下,既是农业生产和科技推广相结合、优势乡村生活和城乡统筹相结合,又是民俗文化和农耕文化体验相结合,更是农民增收致富和区域经济社会协调发展相结合的真实、回归自然的一种新型的综合体业态。

10.1.3 农业公园建设条件与要求

国家农业公园的建设对象,是全国范围内的村庄、社区、乡镇,与新农村建设、农业产业化相结合的乡村旅游景区。

①与乡村、农业文化相关的风景、风物、风俗、风情具有吸引广大旅游休闲者的资源禀赋与基本质素。

②产业结构中必须有农业产业(包括农林牧渔)作为重要方面。

③有对乡村实施绿色文明和可持续发展的基本要求与考量。

④以村域范围为主体来规划布局和开发建设。

⑤尽力保留原农户、农民的人居原生态,农民生活情景应活化与融化在农业公园游览体系当中。

⑥有相对完善的管理机构。

10.1.4 农业公园的评价标准

2008 年,农业部制定了我国农业公园的相关标准和《中国农业公园创建指标体系》。该体系包括乡村风景美丽、农耕文化浓郁、民俗风情独特、历史遗产传承、产业结构发展、生态环境优化、村域经济主体、村民生活展现、服务设施配置、品牌形象塑造、规划设计协调十一大评价指数,共计 100 分。目前来看,国家农业公园在我国刚刚起步,还有很多未知空间需要我们去探索。目前,农业公园作为一种全新的形态,正受到各地政府的关注和重视,成为引领中国第四代现代农业园区建设的全新形态,目前在河南中牟、山东兰陵等地已经开始了初步探索和实践。

①乡村风景美丽。有吸引力较强的田园美景、地貌美景、水系美景和社区美景。

②农耕文化浓郁。有展示传统农耕文化和现代农耕文化的场所。

③民俗风情独特。有特色的饮食文化、特色的生产习俗、特色的生活习惯、特色的节令节庆、特色的民间工艺、特色的村规民约、特色的建筑人居。外界口碑评价良好。

④历史遗产有效传承。乡村遗产保护传承机制健全,保护传承措施完善,保护传承效果良好,有相应的乡村遗产保护传承荣誉。

⑤产业结构发展合理。耕地与农林用地保护状况良好,农业产业(农林牧渔)及内部产业结构和谐发展。

⑥生态环境优化。社区生态环境、产业区生态环境、旅游服务提供区生态环境良好。

⑦区内经济主体实力较强。经济组织形式先进、经济产业结构合理、经济管理模式健全、经济发展总量在同级区域中居于领先地位。

⑧区内居民生活幸福指数较高。居民人均住房面积、居民就业率、居民人均收入、居民子女入学率在同级区域中居于领先水平。

⑨服务设施配置完善。区内有较为完善的道桥游线设施、下榻接待设施、餐饮服务设施、娱乐休闲设施、购物消费设施、管理与导游设施、出行运载设施、通讯视讯设施和康疗救护设施等。

⑩品牌形象塑造良好。有鲜明、有特色的休闲农业与乡村旅游品牌形象,品牌传播力广、美誉度强。

⑪规划设计协调。现有规划设计符合国家农业公园各项标准要求。

表 10.1　国家农业公园创建指标体系(2008 年)

序号	一级指标	二级指标	分值/分	权重/分
1	乡村风景美丽指数	(1)田园美景	3	10
		(2)地貌美景	2	
		(3)水系美景	2	
		(4)社区美景	3	
2	农耕文化浓郁指数	(1)传统农耕文化	3	7
		(2)现代农耕文化	4	

续表

序号	一级指标	二级指标	分值/分	权重/分
3	民俗风情独特指数	(1)饮食文化特色	1	12
		(2)生产习俗特色	1	
		(3)生活习惯特色	1	
		(4)节令节庆特色	1	
		(5)民间工艺特色	1	
		(6)村规民约特色	1	
		(7)建筑人居特色	2	
		(8)外界口碑评价	4	
4	历史遗产传承指数	(1)乡村遗产保护传承机制	2.5	10
		(2)乡村遗产保护传承措施	2.5	
		(3)乡村遗产保护传承效果	2.5	
		(4)乡村遗产保护传承荣誉	2.5	
5	产业结构发展指数	(1)耕地与农林用地保护状况	4	8
		(2)农业产业及内部产业结构和谐发展状况	4	
6	生态环境优化指数	(1)社区生态环境	4	10
		(2)产业区生态环境	3	
		(3)旅游服务提供区生态环境	3	
7	区域经济主体指数	(1)区域经济组织形式	2	8
		(2)区域经济产业结构	2	
		(3)区域经济管理模式	2	
		(4)区域经济发展总量	2	
8	居民生活展现指数	(1)居民人均住房面积	2	7
		(2)居民就业率	1	
		(3)居民人均收入	2	
		(4)居民子女入学率	2	
9	服务设施配置指数	(1)道桥游线设施	1	10
		(2)下榻接待设施	1	
		(3)餐饮服务设施	1	
		(4)娱乐休闲设施	2	
		(5)购物消费设施	1	
		(6)管理与导游设施	1	
		(7)出行运载设施	1	
		(8)通讯视讯设施	1	
		(9)康疗救护设施	1	

续表

序号	一级指标	二级指标	分值/分	权重/分
10	品牌形象塑造指数	(1)品牌鲜明性	2	8
		(2)品牌特色性	1	
		(3)品牌传播力	4	
		(4)品牌美誉度	1	
10+1	特别附加指数：规划设计协调指数	(1)项目创意策划	3	10
		(2)项目概念定位	1	
		(3)项目规划设计	2	
		(4)项目环境评价	1	
		(5)项目经营规章	1	
		(6)项目质量规范	1	
		(7)项目绿色规划	1	

注:10+1项指标,共计100分。

10.2 农业景观资源的利用与规划

　　农业景观资源是观光和休闲农业中的基本要素,也是农业公园打造和建设中的重要构成单元和评价指标。农业景观资源的挖掘及其合理利用,直接影响农业公园的规划建设与设计质量,也影响农业公园的评定,以及农业产业的社会效益和经济效益。

　　景观与农业是两个不同性质的综合体,但又具有一定的相关性和内在联系。从景观生态学的角度,景观是由土地及土地上的空间和物质所构成;农业为通过培育动植物生产食品及工业原料的产业,人为的农业活动形成一种景观,而优美的景观又可以带动农业产业发展,它们相互促进,互为补充条件。农业的劳动对象是有生命的动植物,是通过动植物的生长发育规律,进行人工培育来获得产品,在现代化农业时代,有学者认为,其中农业中可用于观赏,具有美学价值的部分即为景观农业。它可以包括草地、林地、耕地、树篱以及道路等多种景观斑块元素。它是按照景观生态学原理有目的规划而成的具有自我调节能力和物质平衡的一种新型农业,相对于传统农业以及单性质农业具有更加复合的多功能性质。同时,在自然生境和人居环境共生的整个地球生物圈中,农业生产系统是人居环境中生态绿地系统的一部分,属于农业生态系统与自然生态系统的结合体,因此,从现代农业所具有的景观欣赏角度,我们可以按照其构成功能单元体的差异性,简单地将农业景观分为产业型景观和生活型景观两大类。

　　农业景观资源是指乡村聚落、乡村周边自然环境以及农业活动(耕作、畜牧等)等历史、人文因素构建的土地景观形态。我国农村地区拥有丰富的农业景观资源,这些景观资源是宝贵和不可再生的自然、人文资源和重要的旅游资源,也是发展农业旅游的基础条件和载体。合理保护、开发和利用农业景观资源,对城乡统筹发展、新农村建设以及农村旅游产业的科学可持续发展具有重要意义。

农业景观资源是人类生产、生活后改造的自然、文化综合景观,其最初形成是以生产和生活为目的。在漫长的农耕历史文化发展进程中,田园、牧场、渔场等农业景观融合并顺应其自然环境逐步发展,与周围自然环境融合在一起,表现出人与自然和谐共处的形态,体现了生产、生态与审美的合一,具有重要的地域文化和历史价值,甚至还代表了一个国家或一个地区的国土景观,形成一种大地艺术。我国自古就有保护自然的优良传统,并在长期的农业实践中积累了朴素而丰富的经验,数千年的农耕文化历史,加上不同地区自然与人文的巨大差异,形成了种类繁多、特色明显的农业景观资源,如都江堰水利工程、坎儿井、砂石田、间作套种、淤地坝、桑基鱼塘、梯田耕作、农林复合、稻田养鱼等。

农业景观实际上是由农业生产类型衍生出来的一种可用于观赏和具有美学价值的城市补充景观。农业生产类型一般分为传统农业、现代农业,现代农业又有设施农业、生态农业、立体农业、有机农业等,设施农业还可以有节水农业、温室农业等,随着农业现代化的不断发展,它们都逐渐从景观学的角度越来越具备一种观赏价值。俞孔坚教授说:"将农业景观视为一种风景资源,纳入城市范围内的风景名胜区发展体系中,既保护了农业资源,又充分挖掘了农业景观的旅游价值,增强了景区的艺术感染力。"

农业生产型景观主要来源于农村生活和生产劳动,农业生产与工业生产一样,也是一种有生命、有文化、可持续发展和长期继承的生产,随着农业现代化和时代的发展,这一部分生产劳动,慢慢摆脱传统农业的单一功能而表现出其明显的景观价值,逐渐受到了景观设计者重视并开始将其融入和应用到城市景观建设之中。越来越多的乡村开始重视对农业景观的开发和打造,休闲观光的农业公园和农村旅游事业也如火如荼的兴旺发展。

近年来,乡村旅游活动异军突起,成为我国旅游业不可小视的新的增长点。新的时期,将乡村旅游与农业现代化、新型工业化、信息化和城镇化等相结合,推进农业与旅游休闲、教育文化、健康养生等深度融合,发展农业公园、观光农业、体验农业、创意农业等新业态,既能拓展旅游发展空间,又将实现经济效益和社会效益。乡村旅游等旅游产业的飞速发展,其就业效应、带动效应以及可持续效应为农业景观设计的发展创造最完整的条件。但是,仍然存在众多不利的因子,农业景观规划未成系统,产业发展不成规模,效益低下,联动效应差,景观质量不佳等现象。在农村建设开发的过程中常忽略景观的营造而重点关注产业的发展,也就导致众多土地资源用于农产品的种植,土地利用率低下,跟现代化农业接轨性差,不适用于对环境质量要求日益严格的今天。

10.2.1 农业景观资源

1)农业生产型景观

这类农业用地特征主要包括农田耕地、农作物种植、果菜茶桑、畜牧草地、牲畜放牧、鱼塘养殖、花草苗圃、山林湿地等类型的多组合生产型景观资源。多为农业生产中表现出来的自然多样的地形地貌、农作物形态和色彩以及农林牧副渔的生产劳动行为组合的一种景观元素。

(1)田野、梯田

田,为传统农业耕种用的土地,有宽阔的平原田野和山区的梯田地貌表现。为主要农作物最基本传统的土地承载资源。平原田地主要成片种植主要粮油作物,如水稻、小麦、油菜花等,景观表现壮观而震撼(图10.2)。

图10.2 农田景观资源

梯田,为丘陵山区山丘两侧的可耕坡地,大都为经过平整修建成阶梯状农田,宜水宜旱,排水较易。梯田是在坡地上分段沿等高线建造的阶梯式农田,是治理坡耕地水土流失的有效措施,蓄水、保土、增产作用十分显著。梯田的通风透光条件较好,有利于作物生长和营养物质的积累。按田面坡度不同而有水平梯田、坡式梯田、复式梯田等。

梯田景观如链似带,层层叠叠,高低错落,具有极佳的视觉景观效果,大规模的农作物生产带来可观的经济效益,因此,梯田是发展农业产业的物质基础之一,具有独特的利用价值和美学价值。

(2)粮油作物

所谓民以食为天,粮食是我们人类赖以生存的必需品,是关系国计民生的特殊商品,也是农业生产的主要产品。粮食作物的种子、果实以及块根、块茎及其加工产品统称为粮食,包括稻谷、小麦、大麦、玉米等,粮油是对谷类、豆类等粮食和油料及其加工成品和半成品的统称,即是人类主要食物的统称,以其作为基本的粮食产业,也是农业生产的基础支撑产业。

粮油作物带来的经济效益是不可估量的,比如,四川雷波马铃薯淀粉含量高,薯块大,形状规整,表皮光洁,口感好。近年来,雷波把马铃薯产业作为二半山和高山地区农村经济发展的重要支柱产业,农民脱贫致富的重要项目来大力推进发展。2009年种植面积11万亩,产量12.65万吨,产值3 100万元。可见,粮油作物带来巨大经济效益的同时,它的集中连片打造也能带来良好的景观效果(图10.3)。

油菜花,原产地在欧洲与中亚一带,植物学上属于一年生草本植物,十字花科。我国集中在江西婺源篁岭和江岭万亩梯田油菜花、云南罗平平原油菜花、青海门源高原油菜花等。油菜花是中国第一大食用植物油原料。油菜除用作榨取食用油和饲料之外,在食品工业中还可制作人造奶油、人造蛋白。还在冶金、机械、橡胶、化工、油漆、纺织、制皂、造纸、皮革和医药等方面都有广泛的用途。油菜花具有重要的经济价值,又有观赏价值,是一种极好的农业景观观光资源,因此,油菜花产业具有良好的市场发展空间,容易带来更好的经济效益。

(3)果菜茶桑园

我国农村主要的果类农作物有梨、青梅、苹果、桃、杏、核桃、李、樱桃、葡萄、草莓、沙果、红枣等品种,大多在坡地或园地种植;蔬菜类主要有萝卜、白菜、芹菜、韭菜、蒜、葱、胡萝卜、菜瓜、莲花菜、莴笋、辣椒、黄瓜、西红柿等。果蔬具有潜在而丰富的农业景观价值(图10.4)。

茶树多生长在山区,山多林密,云遮雾绕,泉水叮咚,这样的地方往往有利于茶树生长。

常常构成晨雾山区的特色景观。

图 10.3　粮食作物景观资源

图 10.4　菜园景观资源

近些年,新农村建设中的产业发展规划,根据地方的地理特征,开展了各类果蔬等农业产业园的规划建设。主要集中在核桃、葡萄、猕猴桃、柑橘、桃、李、梨、草莓、柚子、枇杷等的规模种植,既有很好的经济效益,同时其成片的农业景观效果,也受到了城市居民游览观光者的青睐(图 10.5)。

图 10.5　茶果景观资源

(4)植物花卉

中国是世界上花卉栽培面积最大的国家,有广阔的消费市场,但花卉行业却没有自己的品牌。中国花卉业要以品牌化求生存。近 10 多年来,世界花卉业以每年平均 25% 的速度增长,花卉市场发展前景广阔。

①玫瑰园。玫瑰为蔷薇科蔷薇属落叶丛生灌木,原产地是中国,在我国华北、东北、西北、华东、华南均有分布,我国玫瑰花栽培技术已有 1 300 多年的历史。玫瑰作为世界名花,具有较高的观赏价值,更重要的是具有广泛的医药、工业、食品、日用化工等领域的实用价值,它既能供人观赏,又是珍贵的中药材,也是化工产品的香料来源和食品工业的重要添加原料,同时还是绿化、美化及水土保持的重要花灌木。

目前,全球主要玫瑰种植地有保加利亚、法国、土耳其、摩洛哥、俄罗斯等地,其中保加利亚种植面积 7 万亩。全球玫瑰系列制品的产值已超过了 100 亿美元,产品供不应求。据业内人士估算,目前中国玫瑰制品年均需求增长高达 12% ~ 14% ,产能增长约为 8% ,市场需求缺口超过 60% 。在中国内地,玫瑰种植区主要集中在山东平阴和甘肃苦水等地,种植面积分别为 3.5 万亩、2.5 万亩。由于玫瑰产业地缘限制和销售渠道有限,中国玫瑰行业企业大多集中在玫瑰种植区域附近,且大多分布在低端市场,如玫瑰干花、鲜花及花蕾市场等,产品附加值不大。目前中国药用、食用、酒用、化工及出口玫瑰花年需求 30 万 t 以上,而全国总产量不足

10 万 t,供求矛盾比较突出。因此,从市场需求来预测,十年内中国玫瑰产量将供不应求,中国国内玫瑰产业前景越来越广阔,经济效益将会更加显著。

②郁金香园。郁金香,大型而艳丽,花片红色或杂有白色和黄色,有时为白色或黄色,花期4—5月。原产中国古代西域及西藏新疆一带,后经丝绸之路传至中亚,又经中亚流入欧洲及世界各地。目前世界各地均有种植,是荷兰、新西兰、伊朗、土耳其、土库曼斯坦等国的国花,被称为世界花后,成为代表时尚和国际化的一个符号。

郁金香是世界著名的球根花卉,还是优良的切花品种,花卉刚劲挺拔,叶色素雅秀丽,荷花似的花朵端庄动人,惹人喜爱。具有极佳的药用价值和观赏价值,市场产业前景广阔。

③芍药园。芍药,属多年生草本花卉,花期5—6月,园艺品种花色丰富,有白、粉、红、紫、黄、绿、黑和复色等。芍药被人们誉为"花仙"和"花相",且被列为"六大名花"之一,又被称为"五月花神",因自古就作为爱情之花,现已被尊为七夕节的代表花卉。另外,芍药也是一种诗赋中时常出现的重要花种,代表最美丽的意境和梦境之一。芍药发芽是最壮观的场面之一,因为它体现了生命的萌发与活力,因此它也具有价高的景观欣赏价值(图 10.6)。

图 10.6 花卉种植景观资源

④荷(塘)。莲藕,简称莲,是一种用途十分广泛的水生经济作物。我国莲藕种植历史3 000多年,它不仅可供食用,药用,还是中国十大名花之一,深受广大人民群众所喜爱。莲藕全身是宝,它的根、茎、叶、花、果都有经济价值。除了藕和莲子供食用外,花粉、荷叶、莲芯等,也都可以作菜肴或饮料及保健食品。莲藕还是中医常用的药物,藕节、莲根、莲芯、花瓣、雄蕊、荷叶等都可入药。

荷花,因其花、叶艳丽多姿、高雅清香,在中国园林中常作为水景布置的重要植物材料。

莲藕在我国分布十分广阔,资源丰富,栽培主产区在长江流域和黄淮流域,以山东、江苏、安徽等省的种植面积最大,目前估计全国栽培面积在 50 万 ~ 70 万 hm²。随着人们生活水平的不断提高,目前对绿色农产品、有机农产品需求量也大大提高,莲藕的食用价值和保健价值,已经被人们广泛接受,莲藕产品的供应仍处于供不应求的状况,因此,莲藕产业具有广阔的市场发展空间。

⑤苗圃。苗圃是培育苗木的地方。根据苗圃基地内苗木的种类,以及苗木生产的用途,可分为森林苗圃、园林苗圃、果木苗圃、苗木苗圃、盆栽苗圃等。苗圃基地主要为城市绿化、园林绿化、庭院绿化等提供各种苗木、盆景和树木。

(5)畜牧与家禽饲养

畜牧业是指用放牧、圈养或者二者结合的方式,饲养畜禽以取得动物产品或役畜的农业产业。它包括牲畜饲牧、家禽饲养、经济兽类驯养等。

畜牧,是通过人工饲养、繁殖,用牧草和饲料等植物喂养被人类驯化的牛羊家禽等动物,以取得肉、蛋、奶、毛、绒、皮、蚕丝和药材等畜产品。区别于一般家畜饲养,畜牧业的主要特点是集中化、规模化,并以营利为生产目的,是人类与自然界进行物质交换的极重要环节。畜牧业是农业的组成部分之一,与种植业并列为农业生产的两大支柱。畜牧业在国民经济中有着重要的地位和作用,也是现代农业开展生产体验和观光农场的一种重要的农业景观资源(图10.7)。

图 10.7 畜牧养殖景观资源

(6)水库、池塘

水库,一般指拦洪蓄水和调节水流的水利工程建筑物,可以利用来灌溉、发电、防洪和养鱼。它是指在山沟或河流的狭口处建造拦河坝形成的人工湖泊。水库可起防洪、蓄水灌溉、供水、发电、养鱼等作用。天然湖泊也称天然水库。视其规模可分为小型、中型、大型水库。

池塘,是天然或人工形成的一种水池,一般很小也较浅,阳光能够直达塘底。通常情况下,池塘没有地面入水口。它们主要依靠天然地下水源和雨水或以人工的方法引水进池。池塘这个封闭的生态系统跟湖泊有所不同,池水很多时候都为绿色,里面藻类物种丰富,因此多用于鱼种放养。在我国,一些常食用鱼类主要采取池塘养殖,具有投资小、不受面积大小的限制、见效快、收益大、生产稳定等特点,适合于我国大部分地区淡水水域养殖。现在大都被利用作为观光休闲垂钓的好去处(图10.8)。

图 10.8 池塘景观资源利用

(7)滩涂地

滩涂地是中国重要的后备土地资源,具有面积大、分布集中、区位条件好、农牧渔业综合开发潜力大的特点。滩涂是一个处于水位动态变化中的过渡地带。除了江河湖海的滩地,在山区、平原常指河流或者溪流两旁在河流丰水季节可以被淹没的土地,底质为砂砾、淤泥或软泥。农业用地中指水库、坑塘的正常蓄水位与最大洪水位间的滩地(图10.9)。

滩涂地一般地势较低,一遇汛期发大水,地块就会被淹没,因此规划设计常考虑用地的特

图10.9 滩涂地资源

性,结合其土壤的性质,进行湿地景观打造。我们通过一定的整治和利用,可以作为很好的农业景观发展使用,并且具有较好的发展前景。

(8)农用空地及荒地

目前,我国存在大面积的丘陵空地和荒地,大多数利用率较低或荒芜,耕种农作物其收益低下。因此,我们可以合理的开发利用这些闲散的土地。从某种地貌意义上讲,一些农田空地及荒地是观赏相邻景观的最佳位置,对农业景观的观赏具有重要的作用,且其改造空间大,可以种植各类经济作物兼观赏性作物等,是珍贵的产业景观发展资源,也是发展其他产业及景观的基础,对农业景观的规划形成具有不可忽视的重要作用。规划设计应充分将其资源最大化开发利用。

(9)山林地

林地,是指成片的天然林、次生林和人工林覆盖的土地,包括用材林、经济林、薪炭林和防护林等各种林木的成林、幼林和苗圃等所占用的土地。按土地利用类型划分,林地是指生长乔木、竹类、灌木的土地。可分出林地、灌木林、疏林地、未成林造林地,迹地和苗圃6个二级地类。

根据人们的生活习惯,人工维持的山林美更能吸引人流。舒适清洁的环境适宜游览休息,并能使人们拥有良好的生理和心理感受,林木郁闭度适宜、林地抚育和持续建设形式新颖、风景透视线好,而且保存较好的树群、疏林草地或孤植树、草地和山林等都是景观打造不可多得的优良基本单元。特别是靠近城郊的丘林山林,加以保护利用,更是不可多得的农业景观资源(图10.10)。

图10.10 山林景观资源

2)农业生活型景观

(1)农房民院

农村居民长期从事以农业为主的生产活动,形成了独特的生活方式。不同的国家,不同的农业发展水平,各地农村社区依生产力水平的不同,其生活方式也有所不同。

我们属于发展中国家,但是我国社会主义建设快速地发展,近几十年,新的生产方式的出现,加速了农村社会、经济、精神生活方面的变革,传统劳动方式和生活方式逐渐发生改变;消费结构由生存型向享受、发展型转变。农业生产越来越呈现出工业化、商品化趋势,农民的商品性消费所占比重越来越大,消费服务趋于社会化,消费活动已从家庭走向更广阔的社会领域;闲暇生活由单调贫乏向丰富多彩、高层次、个性化转变,农民生活水平不断提高,生活情趣日益广泛,生活内容日益丰富。

农村是一个广阔的天地,由于地域辽阔,很多地方依然保持着传统的生活方式和居住方式。

农房民院,作为农村居民生活活动的基础,为游人提供休息、交流的空间场所的同时,具有乡土特色与文化内涵的农房建筑是当地历史的缩影,具有重要的文化展现功能。同时本身形象较好的民居建筑也是农村景观中的一大亮点。

在广大的农村,中国传统的农耕文化,已然显现。传统格局的农家院落就是其农业生活型的景观代表之一。依山而建,背山面水,传统的四合、三合院落散布于山水之间。新的农家院落也拔地而起,但仍旧保留着朴实传统的景观元素和格局(图10.11)。特别是邻近城市周边休闲农业和观光农业的兴起,农家小院更是彰显了它的传统景观魅力,吸引着大量的观光旅游者走近,农家乐的融融氛围,成了中华大地上的一道靓丽的风景线。同时也不断促进了乡村旅游业的迅猛发展。

图10.11　农院景观资源利用

(2)道路(村路、田埂)

农田、道路两侧或与其他景观交接的边缘地带,简称"田缘线"。田缘线是游人最直接的观赏部分,既分割土地也是不同景观界面的分隔元素,对农业景观质量有显著影响。田埂的另一项用途是种植作物,一般是种在埂的两侧缘上,一般适合埂上种的作物有蚕豆等植株相对矮小、直立生长的一、二年生草本作物。田埂一般常在沟渠旁,十分有利于各种野菜的生长、种子传播。再者,道路不但承载着沿线景观表现功能,也是地区交通区位优势的保证,而交通运输的便捷程度对于产业的发展具有十分重要的作用(图10.12)。

图10.12　田埂乡道景观资源

10.2.2　农业资源景观的利用与规划

1)水库、池塘景观

作为水景观的水资源,人们有其与生俱来的亲近感,因此水景观是农业景观营造中最具吸引力的景观。结合水库拥有的天然水资源,可以通过水的特性将其资源利用最大化,打造各类倚水景观,临水景观、亲水景观等,充分发挥水资源的潜在价值和多重功用。水灵动富有生机感,最能调动人内心的情感,引起共鸣,利用人的心理、生理特征结合打造观赏性水景,同时可以结合临水栈道、亲水平台、山水观景平台、游船码头等设施为游人提供一个亲水的场地,设计营造宜人的亲水环境,"虽由人作,宛似天开"的植物种植搭配大面积水域营造安静的氛围,为人们觅得远离现代喧嚣快节奏生活的场地,具有极大的吸引力和发展前景。

对于池塘的利用,更具灵活性和普遍性,完全可以依托新村养殖产业的规划,利用农家休闲环境,打造垂钓休闲的农家乐(图10.13)。

图 10.13　水库池塘的景观利用规划设计

现代农业产业化发展讲究集约化程度的提高,通过调整产业结构,发展优势特色产业,提高资源利用率,形成附加产业,产生联动效应,与周围产业形成良好互动。可以根据水库池塘周围合适地点选址,联合打造。可利用水库水资源作为水景观水源,结合进行综合性农业公园的建设。水库资源可以产生湿地、滩地、水道等附加景观资源,它们的景观化既可以提高观赏性、发挥观光功能,展现滨水空间景观。整体景观设计可结合利用特殊的地形地貌——坡地、溪谷等宜人的景致——晨曦、日落等自然景象、特殊的动植物和当地文化特色综合整合设计,让文化渗透在游人的行走路线,感受不一样的别致,从而提高游客的参与性,景观资源化、资源景观化,二者之间真正做到了良好互动。与文化的结合打破了单纯考虑自然美的独特性,同时具有较好的社会意义,有利于当地形象品牌的塑造。

渔业是国民经济增长的重要支柱产业之一,是大农业的重要组成部分,发展水库池塘渔业具有十分重要的意义。因此,对于水库和池塘的规划设计应结合渔业发展垂钓,既可提高效益,又可提高生产能力,增加观赏性,从而实现景观观赏与产业的连带发展。

如川西北一些村社生态垂钓园的打造,充分利用自然地形,结合场地环境,利用池塘的休闲娱乐方面的用途,打造成供人们闲暇时娱乐的垂钓区。在道路与水体的交接地带利用栈道形成动与静的过渡空间,在满足功能要求的同时,美化周边环境,使游者充分体味垂钓的乐趣。道路两旁打造成群植绿带,色彩丰富,形成多样的空间层次。

春天的农家鱼塘,可环水域设计景观带,观景平台,木栈道增加亲水性;岸边景观可以桃花、梨花单色为主调,搭配以乔、灌、草的绿色调,并辅以具有乡土气息的油菜黄色,突出鱼塘的静谧感,钓鱼的同时还可欣赏到优美的景色(图10.14)。

图10.14　农家池塘的景观规划

在进行此类景观资源的规划设计时应充分考虑其生态人文因素,因地制宜,寻求本地适合的方案即可。总的来说,应按照目的性的平衡率和客观规律性的协调原则,注意突出和开发自身的自然美,顺应农业自然、生态规律和保持农业环境面貌,在此基础上实现农业美景和经济效益。

2)植物花果景观

随着观光农业的发展,产业与农业的一体化发展背景下,通过特色树种、花卉的种植形成产业链的方式已有借鉴案例。特别用于植物花卉的种植,这种情况常见于大面积的农田种植。因此,首先在选用植物花卉等景观资源上,应作好种植结构的根本调整,以及植物花卉的利用与景观打造。

①果树产业的植物景观的种植结构可尽量采用美化的季相构图。在考虑植物搭配时首先应从种植结构上作调整,改变传统的大田生产为主的格局,强化果树、蔬菜和花卉中观赏性强的作物以及经济作物如核桃、枇杷等形成的产业景观,产生收成和观赏等多方经济效益。同时,在具体设计中,应注重农业生产的本质,生产为主,景观为辅的基本原则,在产业经济的带动下,发展观光旅游产业。在开展树木花卉经济产业的景观规划设计时,要注重生态系统的发展演变规律,在保持一定的乡土特色的情况下,可适当选取乡土树种以外的植物种类,增加物种丰富性以丰富景观。注重常绿植物和落叶植物的比例,根据植物的生物、生态习性注意形成不同季节的代表性景观,使四季皆有景可赏、有景可观。考虑种植景观的特色,在安排季相构图的同时,可局部突出一个季节的特色,形成鲜明的植物景观效果,强化整体种植特色(图10.15)。

②打造花草产业的景观效果,应在绿色植被的基调下,利用花卉颜色和形态的差异对比创造优美的景观艺术空间。花卉具有较高的观赏价值,不同类型的花境营造能极大地丰富视觉效果,满足景观多样性的同时也保证了物种多样性,这是花卉景观打造的重要设计途径之一。

图 10.15 花卉环境景观打造

③利用人们对不同花卉的心理生理反应可以创造传达各异的效果的景观,同时结合文化背景,形成独具魅力的特色景观主题。成都的"三圣花乡"旅游景区便是一个极好的例子。"三圣花乡"旅游景区位于四川省成都市锦江区,总面积 12 km²,包括"花乡农居""幸福梅林""江家菜地""东篱菊园""荷塘月色"五个主题景点,又称"五朵金花",是都市人休闲度假、观光旅游、餐饮娱乐、商务会谈等于一体的城市近郊生态休闲度假胜地。"五朵金花"按照"一村一品"、亦耕亦画亦商的精神,独特定位,错位发展,景观建设宜散则散,宜聚则聚。农家乐也出特色,花乡农家乐、竹乡农家乐、水乡农家乐、樵乡农家乐,以"农"字吸引了大量为尝鲜而到农家院吃农家饭的城里人。"五朵金花"还精心挖掘打造符合当地民俗风情的杰作珍品,在文化包装、创新品牌上也突出设计特性,展示"环境、人文、菊韵、花海、艺术"的交融,"文化"在项目品牌中成了活的要素,散发出迷人的魅力。

④图案式景观。在具有大面积农田空地的基本条件下,可将基地结合花卉规模种植形成产业。规则式图案景观带有西方园林的整齐韵律美,与文化衔接可形成底蕴深厚的图案景观,创造文化形象,景观效果极佳(图 10.16)。

图 10.16 花田的景观规划

3)滩涂地、湿地景观

滩涂地景观打造可以在原有自然条件基础上,保持自然线形,强调植物造景,运用天然材料,创造自然的生趣,追求亲切宜人的尺度。考虑滩涂地的特殊地质条件,规划设计应采用自然式布局,可以保留其自然水体形态,适当改造打理不良地段并进行整治,将现状的植被统计分类、筛选,同时根据当地地域特点,配合选用其余特色水生植物,联合打造具有本土文化气息的湿地景观,将原有滩涂地景观化,吸引人流,带动区域的人气,衔接区域产业的发展,成为推动当地景观形象的提升与产业发展的良好动力资源。为使景观更具有趣味性,增加人行走的曲折性,即使是小面积的湿地也应当考虑游人近距离观赏游走的可能性,可结合木栈道,于滩涂内部区域打造人行游步道,供游人游憩交流(图10.17)。当今城市的快速发展使得城市中供人们游憩的自然环境越来越难找,因而具有休闲、观光、富有生态气息的乡村环境成为众多人们身心愉悦的优先选择,同时也说明了滩涂地农业景观化的规划思路具有较大发展潜力,可结合区域文化、邻近特色景点的打造带动区域旅游的发展。考虑游人的心理生理特征,于景观节点处设计形式各样的小型广场以及亲水平台等,配以亭子等景观建筑小品,可供游人停留观景。现代景观规划设计虽与传统园林景观营造有所差别,但都是基于对人居环境的整体营造,从宏观到微观尺度上空间环境的通体考虑,体现出综合性以及专业化的发展方向,农业景观可以说是位于二者衔接的领域,或者说是交集领域的一部分内容。因此,滩涂地的整体设计思路和表现手段可考虑结合现代化的景观规划程序,古典园林式的景观艺术营造手法,从水生植物配置、曲折通幽的游线组织、富有趣味的景观设施小品上进行特色规划,打造亮点,应注意结合文化底蕴,展现文化内涵。

图10.17　湿地滩涂地的利用规划

4)农田低效闲置地及荒地景观

一方面可考虑种植适宜生长的经济植物和树木花卉,成片打造植物花卉为主的产业景观,另一方面也可配合附近其他产业形成休闲观光的农业公园景观,联动互利。通过植物花卉的规模性种植,即可以形成产业经济,又可带来观光休闲旅游等经济效益。

可以配合附近农家乐、山林或水库滨水以及特色乡村文化的开发,以市场导向打造文娱活动休闲娱乐场地和观光园。既避免减少可耕作土地,又有效利用闲置的低质土地资源。

打造休闲观光园,可以从空间组织的利用以及至植被搭配两方面进行。利用空间地形寻找最佳景观视线位置,注意田缘线和田冠线(植被顶面轮廓线)组合和多变。田缘线以自然式为主,避免僵硬的几何或直线条;田冠线高低起伏错落,才能形成良好的景观外貌。成片打造花草园,需保留或栽种适量的遮荫树和凉亭,为游人提供必要的遮荫。重要景观地段,可栽种一些观赏性较高的花灌木,或不同季节观赏的缀花草坪(图10.18)。

5)农房院落景观

不同地域的建筑风格各异,独具特色,常常是本土文化的缩影,在规划设计时综合考虑现状建筑质量等情况,采取保留改造、拆毁重建等不同措施。将现状危房可考虑拆迁避免影响景观质量,对于重建、新建、改造的农房应结合建筑所处地域的文化特点,于建筑细部巧妙搭配文化符号元素,如窗花图案、墙面装饰等。再者,建筑风格应顺应区域大文化要求,如屋顶形式、门窗样式甚至建筑色彩的选用均应结合本土文化特点。作为农业景观,要充分考虑农

图 10.18　低效闲置地的林木景观规划

房的主要价值,即为游人提供交流休憩、休闲娱乐设施场地的功能。因此,一般农房的景观化打造思路是将其设计为向城市现代人群提供的一种回归自然从而获得身心放松、愉悦精神的场所——农家乐。农家乐本质为一种旅游休闲形式,利用当地的农产品进行加工,满足客人的需要,成本较低,因此消费就不高,适宜大多数群众。农家乐周围拥有美丽的自然或田园风光,空气清新,环境放松,可以舒缓现代人的精神压力,因此受到很多城市人群的喜爱,享有较好的发展潜力,可作为重要景点。

如川西某农院景观打造,在原农户家院对面,利用原有菜地,将生态环保的木制栅栏作为功能划分媒介,利用普通红砖打造花园平台,四周配上各种各色的小灌木,通过梨树和桃树在色彩和空间点缀,不同植物组合搭配出的空间和半围合空间营造出一个温馨、生机勃勃的农家田园。路面和建筑墙面进行了部分修理维护,在色彩、形态上统一协调,生态环保(图 10.19)。

图 10.19　农院的景观规划设计

6)山林地景观

很多南方农村地区具有众多山林资源,在实际新村规划中并没有得到较好利用而造成资源的闲置和浪费。其实,林地具有自然起伏的地形、树形优美的树群,天然一道亮丽的风景线,因此在农业景观设计中应作为重点打造对象。林地中的道路景观构成一般采用行距规则式的栽植,但这种形式比较呆板。因此,可在靠近水溪的林道两侧和交叉路口、出入口等地随地形起伏、蜿蜒的山脊和现状基础较好的景观搭配,以自然的形式布置风景林或孤植树,使游人视线所及的环境自然活泼,于行进路途感受别致的变化景观。设计的林中道路在满足栽植、养护、运输功能要求的同时,道路应以自由曲折的线型为宜,随树群迂回曲折,并途经林区主要景观节点。

铺装设计应就地取材,多为青石板材,自然生态与自然环境相协调。注意沿路应创造优美的林相,风景应尽量有所变化,游人在组织的游线中可顺势借景周边,且步移景异。为丰富游人的审美感受,还应注意道路路面的光影变化,具体体现为林道宽度与两侧植被的高度的比例尺度、树群连续林冠线的实与透、郁闭度等因素。

防护林的营造应结合农业景观的建设,坚持适地适树、防护功能的原则、注意林相的四季景观效果。为满足游人观赏的需要,林缘线需要美化,具体可考虑形成层次丰富、色彩绚丽、四季有景可观的森林彩带。特别是山林道路的重要节点上,可在路旁和拐角处设置阻碍视线的树木,选择生长力强的花、果、叶、枝有较高观赏价值的树种,增加情趣的同时更具美观效果。注意布局形式要自然,层次错落,平面疏密结合,尽量避免规整种植。

保护的山林中,可以设置一些小草坪,但面积不能过大,可形成风景透视线。草地形状不能呈规则的形状,边缘的树木呈自然布置小树群,避免形成呆板景观,主调鲜明,形式自然活泼,风景效果好。为了安全考虑,应注意防火措施,山林中可设计瞭望台,同时可以兼作景观观景台使用(图10.20)。

图10.20 山林地的景观利用与规划

7)果蔬、大棚景观

农业果蔬园、微菜园景观环境的塑造以简约自然为主,做到景观与产业的相互协调融合。采用菜棚景观园,宜在道路间留出1~3 m不等的绿化景观带,以乔灌花草相结合方式进行植物栽植。可观花也可观果,具有良好的视觉效果(图10.21)。

新村建设中,南方一些山地村落,将核桃种植列为主要的农业产业之一。

在城郊的一些农家院落,为发展农家乐休闲服务,配合打造院落微田园农业景观。村民在可利用的空间里因地制宜、种植瓜果豆菜、集约利用。微田园外围设计农村特色的木质篱笆,柔性藤蔓攀缘而上,红花绿叶为生机盎然的田园添加一份俏皮。最外围种植美丽的梨树,白色与绿色蔬菜互相增色,围而不透,既阻隔了道路上的噪声和污染,又使得有一份隐隐约约的神秘。

图 10.21　大棚菜园和农院菜地景观规划

南方一些农村山地,通过规划种植核桃林、魔芋立体生态园的农业景观,让其形成集生态、休闲、农业和旅游于一体,具有高经济效应、生态效应和社会效应的综合园林。从生态旅游角度,核桃树是一种高大乔木,覆荫面积广,林下空旷;核桃树秋冬落叶,树下叶肥丰厚,为低矮植物生长提供营养保障;在山上种植大量的核桃树,无论是春夏的一片绿林,还是秋天的硕果累累,都是一道美丽的风景线。魔芋是多年生草本植物,喜阴凉惧阳光,上面大量的核桃树既能保护山上的水土,也为下面大量的魔芋提供了较好的生态环境。魔芋四季如春,和山上核桃林交相呼应。从观休闲角度,让前来的游客体验生态农业的休闲生活。核桃林和魔芋园间的一条条乡间小道,宁静而悠闲,走在上面柔软和清新。一旁的农房可以打造成休闲农家乐,游客可以"吃农家粗粮,干农家细活,享乡村陶然之乐"。

10.3　农业景观规划步骤与设计内容

10.3.1　农业景观规划步骤

1)调查研究阶段

确定项目任务后,需向相关人员进行咨询,并进行实地调研,了解农业园区内的用地情况、区位、交通以及规划范围等,收集与基地有关的自然、历史和农业背景资料,充分了解委托方的具体要求、愿望,对整个基地的环境状况和社会、人文情况进行综合调查。

2)资料分析研究与项目策划阶段

根据现场调研的资料及其对现状情况的了解,对区域内用地的基本要素和性质进行分析,包括区位、现状用地、产业发展条件、自然资源,以及当地的社会经济条件、产业发展现状等进行分析,形成一个整体评价,确定该地段可能进行的建设。通过市场发展前景分析确定产业景观打造要点以及资源整合利用的元素;根据空间环境要点确定产业景观、生活景观以及农业生态景观的方案构思,提出规划纲要,明确规划内容、工作程序、完成时间、成果内容。特别是主题定位、功能表达、项目类型、时间期限及经济匡算等。最后结合项目背景,针对确定的发展目标,拟定景观规划设计的大纲内容。

3)方案编制阶段

根据各项分析结果,以及现有景观资源找寻发展潜力点,得出不同性质用地的主要打造方向即功能分区,勾画出整个园区的用地规划布局,同时结合经济因素的分析确定主要产业景观的依托单元,规划主题对建筑形式以及空间布局的影响等,形成利于该地段景观打造以及产业发展的合理方案,完成方案图件初稿和文字稿,形成初步方案。并邀请项目双方及其他专家进行讨论、论证,并根据论证意见进行初稿的修改和完善。

4)概念性规划、初步规划设计阶段

在初稿的基础上,审定规划内容和发展模式,总体确定后,应结合基地的景观和文化对地块进行初步的规划设计。

5)详细规划设计阶段

该阶段是在初步设计方案的基础上的细化,将各类景观资源的利用和打造方式具体落实,包括绿化配置、设施小品等的具体设计,形成完整的景观规划设计方案。

10.3.2 农业景观设计主要内容

1)项目概况

(1)背景分析

①政策分析。

②乡村旅游发展态势。

(2)区位条件

①地理交通区位。

②旅游区位。

(3)资源分析

①资源概述:包括自然资源、农业资源、服务业资源等。

②开发建议:包括资源整合、产业支撑、智慧旅游等。

(4)市场分析

①市场发展趋势。

②地域旅游市场需求分析。

③市场定位。

(5)综合现状分析及评价

①用地情况。

②地形地貌。

③植被、水文、土壤条件。

④市政设施。

2)规划总体构思

(1)规划原则

①绿色低碳原则。

②体验优先原则。

③市场导向原则。

④文态活化原则。

（2）总体定位与目标

①总体定位。

②发展目标。

（3）发展战略

（4）设计立意与构思

3）总体规划

（1）总体布局

（2）功能分区

包括观光游憩区、食宿区、滨溪区、湿地区、游乐区、林带、民俗院落等。

（3）道路交通

包括各级道路设计，如景观道路、主园路、游步道、栈道等。

（4）绿地景观

（5）管线设施

（6）综合防灾

包括防洪规划、抗震规划、地质灾害防治等。

（7）植物配置

①配置原则。

②植物种类选择，包括乔木、灌木、地被、花草、水生植物等。

（8）景观设施指引

①休息设施。

②标识设施。

③夜景灯光。

④公共设施。

4）分区详细设计

（1）位置与用地规模

（2）设计构思与总体布局

（3）植物配置

（4）铺装

（5）经济技术指标

（6）造价估算

5）投资估算

6）近、远期实施建议

（1）总体实施

（2）分期施工建议

①近期建设。

②中期建设。

③远期建设。

7)景观规划与设计效果图

(1)区位分析图

(2)综合现状图

(3)规划总平面图

(4)功能分区规划图

(5)交通流线规划图

(6)竖向规划图

(7)绿地景观规划图

(8)综合管线规划图

(9)综合防灾规划图

(10)景观设施指引图

(11)分区详细设计图

习题

1.结合近年来乡村旅游的发展,谈谈农业公园的发展方向与发展前景。

2.现代农业的功能作用体现在哪些方面?

3.阐述我国最早的农业观光项目开发的经济社会背景。

4.休闲农业的赢利点有哪些,如何将它与景观设计结合更好地为游客服务?

5.试从农业景观资源的利用方面说明农业景观的功能布局和空间营造提升要点。

6.阐述农业景观的分类。

7.农业景观规划步骤与设计内容是什么?

8.简述农业景观植物设计与城市中的植物配置区别及设计要点。

11

森林公园规划

11.1 森林公园概况

随着现代社会经济和工业的发展,快速的城市与人口高度密集化,使人类赖以生存的生活环境受到了严重影响。越来越多的人开始关心人类自身的生存环境,而现有城市公园在景观及活动内容上已远远不能满足人们的需求。因此,富有特色的城郊森林公园及森林游憩活动受到了人们喜爱和欢迎。森林公园和森林游憩活动开始渗透到世界各个角落,在国民经济、旅游和林业综合利用中的地位日益突出。

美国在1872年建立了第一个国家公园——黄石国家公园之后,美国林务局把建立森林游憩区列为森林五大资源之一进行开发。1860年,美国在相关条例中明确规定了国有林的经营目标是游憩、放牧、木材生产、保护水源及野生动物。目前,美国森林面积的27%用于游憩、19%用于狩猎、6%用于自然保护、47%用于木材生产。森林游憩成为森林资源利用的一个重要方面,特别是在人口众多的城镇附近,森林游憩的作用处于首位。

德国法定一切森林包括国有林、集体林、私有林都向旅游者开放。目前,森林公园总面积 3 920 000 hm^2,其中,森林面积 2 070 000 hm^2,占国土面积的 15.8%。

第二次世界大战后的日本,经济迅速发展,国民对参与森林游憩的需求迫切。日本现有92 处国家森林公园,总面积达 110 000 hm^2,有 110 个滑雪场,野营地 80 余处。其中,东京、大阪等大城市境内的森林已大部分划为自然公园或水源涵养林。

我国森林公园的建设起步于 20 世纪 80 年代。1980 年,国家林业部发出关于《风景名胜区国有林场保护山林和开放旅游事业的通知》,标志着林业部门从事旅游业的开端。1982 年成立的张家界国家森林公园是我国第一个国家森林公园。随后一大批各具特色的森林公园相继成立。为树立国家级森林公园形象,促进国家级森林公园规范化、标准化建设,国家林业局于 2006 年 2 月发出通知,决定启用"中国国家森林公园专用标志",同时印发了《中国国家森林公园专用标志使用暂行办法》。截至 2011 年底,共有 746 处国家级森林公园和 1 处国家级森林旅游区。

据统计,在我国 4 200 个国有林场中,有 600 多个国有林场具有丰富的森林风景资源。并且大多位于城镇及风景旅游区附近,历史文化遗迹与人文景观资源极为丰富,具有极大的开发潜力。

11.2　森林公园概念类型及特点

森林公园是以森林景观为主体,融自然、人文景观于一体,具有良好的生态环境及地形、地貌特征,具较大的面积与规模,较高的观赏、文化、科学价值,经科学的保护和适度建设,可为人们提供一系列森林游憩活动及科学文化活动的特定场所。

11.2.1　森林公园的特点

与城市公园和风景名胜区相比较,森林公园具有如下特点:

①森林公园一般多位于城市郊区,属林业部门管辖,与城市有较便捷的交通联系,主要为城市居民节假日和周末提供游览、休闲度假的场所。而城市公园多位于建城区中,主要为城市居民的日常休憩、娱乐服务。风景名胜区则一般远离城市,风景类型与规模更多更大,综合性更强,需要较长的旅行时间和假期才能游赏。

②森林公园面积较大,一般有数百公顷至数千公顷,如我国陕西楼观台国家森林公园面积为 649 hm^2,宁波天童国家森林公园面积为 430 hm^2,而城市公园一般面积较小。

③森林公园的景观多以森林景观和自然景观为主,有时包含文物古迹及人文景观,其规划建设是以科学保护、适度开发为原则。城市公园则多通过人工挖湖堆山、种植树木等手段来创造优美的环境。

④森林公园由于面积较大,环境自然优美,因而其游憩活动项目的组织与城市公园有所不同。森林游憩活动,如森林野营、野炊、野餐、森林浴、垂钓、徒步野游等活动是在一般城市公园中难以实现的。

11.2.2　森林公园类型

根据我国现有森林公园分布状况,按其地理位置及功能差异有以下分类:

$$
森林公园\begin{cases}城郊型森林公园\begin{cases}日游式森林公园\\周末式森林公园\end{cases}\\大型森林公园:度假式森林公园\end{cases}
$$

1)日游式森林公园

日游式森林公园指位于近郊或建城区中的森林公园,如上海共青森林公园、景德镇枫树山国家森林公园。这类森林公园在功能上与城市公园类似,为居民提供日常的休憩、娱乐场所。但从游览活动内容及功能分区来看与城市公园又有所差异。如上海共青森林公园中,组织了林间骑马、野餐、垂钓等具有森林游憩特点的活动(图11.1)。这类森林公园多以半日游和短时游览为主,公园中仅需提供相应的服务设施。

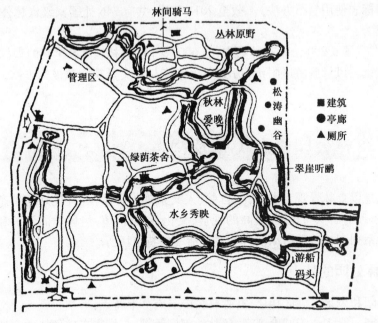

图11.1　上海共青森林公园布局示意图

2)周末式森林公园

周末式森林公园指位于城市郊区,距离城市1.5~2 h的路程,主要为城市居民在周末、节假日休憩、娱乐服务。如宁波天童国家森林公园,陕西楼观台国家森林公园。这类森林公园往往是为了适应人们对旅游的需求,将原城郊林场改建而成。多以森林和天然景观为主,包含人文景观。森林以天然次生林和人工林组成,游人一般以玩要2日的为主。因此,在这类森林公园中,除组织开展各种游憩活动外,必须为游人提供饮食、住宿及其他旅游服务设施。

3)度假式森林公园

度假式森林公园指距离城市居民点较远,具有较完善的旅游服务设施,大型独立的森林公园。这类森林公园占地面积大,森林景观、自然景观较好。主要为游人较长时间的游览、休闲度假服务。如湖南张家界国家森林公园、浙江千岛湖国家森林公园、四川瓦屋山国家森林公园等。其功能与风景名胜区相似。

11.3　森林公园设计要点

森林公园的规划设计就是要最合理地、科学地利用森林风景资源,开展森林游憩活动,使森林游憩利用与森林资源的保护及多种效益的利用达到和谐与统一。为游人观赏森林风景提供最佳的条件和方式,保证游人的各种必需的旅游服务需求,使森林公园成为环境优美、生态健全、供人们休憩娱乐的场所。

目前,林业部调查规划设计院于 1995 年编制了《森林公园总体设计规范》(LY/T 5132),对统一森林公园总体规划设计要求,规范森林公园的规划设计起到了积极的作用。《规范》规定了森林公园建设必须履行的基本建设程序,必须在可行性报告批准后,方可进行总体规划设计。总体规划设计是森林公园开发建设的重要指导文件,其主要任务是按照可行性报告批复的要求,对森林旅游资源与开发建设条件作深入评价,进一步核实游客规模,在此基础上进行总体布局。

11.3.1 森林公园总体规划设计应遵循的基本原则

①森林公园建设以生态经济理论为指导,以保护为前提,遵循开发与保护相结合的原则。在开展森林旅游的同时,重点保护好森林生态环境。

②森林公园的建设规模必须与游客规模相适应。应充分利用林业、林场原有的建筑设施,进行适度建设,切实注重实效。

③森林公园应以维护森林生态环境为主体,突出自然野趣和保健等多种功能,因地制宜,发挥自身优势,形成独特风格和地方特色。

④统一布局,统筹安排建设项目,做好宏观控制。建设项目的具体实施应突出重点,先易后难。可视条件安排分步实施,做到近期建设与远景规划相结合。

11.3.2 森林公园可行性研究内容

按照《森林公园总体设计规范》,森林公园可行性研究文件,由可行性研究报告、图件材料和附件三部分组成。

1)可行性研究报告编写内容

(1)项目背景

项目由来和立项依据;建设森林公园的必要性;森林公园建设的指导思想。

(2)建设条件论证

景观资源条件;旅游市场条件;自然环境条件;服务设施条件;基础设施条件。

(3)方案规划设想

森林公园的性质与范围;功能分区;景区、景点建设;环境容量;保护工程;服务设施条件;基础设施;建设顺序与目标。

(4)投资估算与资金筹措

投资估算依据;投资估算;资金筹措。

(5)项目评价

经济效益评价;生态效益评价;社会效益评价;结论。

2)图件材料

森林公园现状图;森林公园功能分区及景区景点分布图;森林公园区域环境位置图。

3)附件

公园野生动、植物名录;森林公园自然、人文景观照片及综述;有关声像资料;有关技术经济论证资料。

11.3.3 森林旅游资源开发建设条件评价

对森林公园现有材料、科研成果应进行认真分析研究和充分利用,对不足部分进行补充调查。主要包括基本情况调查、一般林业调查和景观资源调查三个部分。

1)基本情况调查

(1)自然地理

森林公园的位置、面积,所属山系、水系及地貌范围;地质形成期及年代;区域内特殊地貌及生成原因;古地貌遗址;山体类型;平均坡度;最陡缓坡度等。

(2)社会经济

当地社会经济简况(人口、经营主业、人均收入等);森林公园(林场)经营状况(组织机构、人员结构、固定资产与林木资产、经营内容、年产值、利润等);旅游概况(已开放的景区、景点、旅游项目、人次、时间、季节、消费水平等)。

(3)旅游气候资源

温度、光照、湿度、降水、风、特殊天气气候现象等。

(4)植被资源

植被(种类、区系特点、垂直分布、森林植被类型和分布特点);观赏植物(种类、范围、观赏季节及观赏特性);古树名木。

(5)野生动物资源

动物种类;栖息环境;活动规律等。

(6)环境质量

大气环境质量;地表水质量。

(7)旅游基础设施

交通(外部交通条件、内部交通条件);通信(种类、拥有量、便捷程度);供电;给排水;旅游接待设施(现有床位数、利用率、档次、服务人员素质、餐饮条件等)。

(8)旅游市场

调查森林公园300 km 半径内的人口、收入、旅游开支;调查各节假日游客的人数、组成、居住时间及消费水平;调查长时间在本区内的疗养、度假的人数;居住时间和消费水平;调查宗教朝拜的时间、人数消费水平;调查国外游客的情况及发展可能性。

(9)障碍因素

多发性气候灾害(暴雨、山洪、冰雹、强风、沙暴等);突发性灾害(地震、火山、滑坡、泥石流等);其他(传染病、不利于森林旅游的地方、风俗等)。

2)一般林业情况调查

①森林资源调查。森林资源可利用现有的二类调查数据。若二类调查年代已久,可结合景观资源调查,进行森林资源调查。

②林特、林副产品资源调查。

3)景观资源调查

①森林景观调查:调查森林景观特征、规模,具有较高观赏价值的林分、观赏特征及季节。

②地貌景观:悬崖、奇峰、怪石、陡壁、雪山、溶洞等。

③水文景观:海、湖泊、河流、瀑布、溪流、泉水等。

④天象景观:云海、日出、日落、雾、雾凇、雪凇、佛光等。

⑤人文景观:名胜古迹、民间传说、宗教文化、革命纪念地、民俗风情等。

11.3.4　森林公园总体布局

森林公园的总体布局应有利于保护和改善生态环境,妥善处理开发利用与保护、游览、生产、服务及生活等诸多方面之间的关系。从全局出发,统筹安排,充分、合理地利用地域空间,因地制宜地满足森林公园的多种功能需求,使各功能区之间相互配合,协调发展,构成一个有机整体(图11.2)。

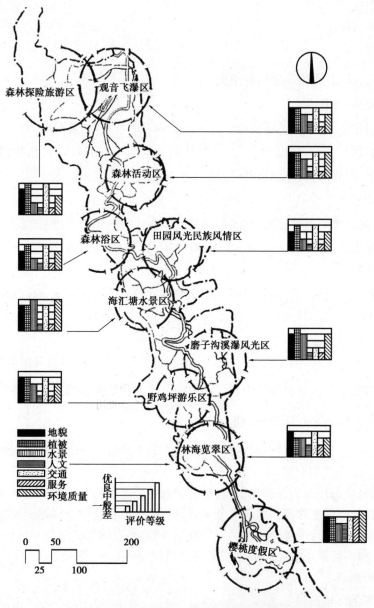

图11.2　四川瓦屋山国家森林公园总平面与景源分析评价

根据《森林公园总体设计规范》及森林公园的地域特点、发展需求,可因地制宜地进行功能分区:

1)游览区

为游客参与游览观光、森林游憩的主要区域,是森林公园的核心区域,主要用于景区、景点建设。

2)游乐区

对于距城市 50 km 之内的近郊森林公园,为添补景观不足,吸引游客,在条件允许的情况下,需建设大型游乐及体育活动项目时,应单独划分区域。

3)森林狩猎区

为狩猎场建设用地。

4)野营区

为开展野营、露宿、野炊等活动的用地。

5)旅游产品生产区

对较大型森林公园,用于发展服务于森林旅游需求的种植业、养殖业、加工业等用地。

6)生态保护区

以保持水土、涵养水源、维护森林公园的生态环境为主的区域。

7)生产经营区

在较大型、多功能的森林公园中,除部分开放为森林游憩用地外,用于木材生产等非森林游憩的各种林业生产用地。

8)接待服务区

用于集中建设宾馆、饭店、购物、娱乐、医疗等接待服务项目及其配套设施。

9)行政管理区

为行政管理建设用地。

10)居民住宅区

为森林公园职工及森林公园境内居民日常建设住宅及其配套设施之用地。

11.3.5 森林公园保护、防护规划

发展森林游憩业,建设森林公园首先要保护好自然资源和风景资源。森林公园的保护、防护规划应考虑以下三个方面:

第一,从森林生态环境的保护出发,合理确定森林公园所能容许的环境容量及活动方式。

第二,规划时,应由主管部门组织生态学、野生动物学、植物学、土壤地质学等行业的专家与风景园林专家一起进行风景资源的调查评价,并制定相应的保护条例和保护措施。

第三,对森林游憩活动可能影响生态平衡及可能带来的火灾、林木毁坏和森林的其他病虫灾害做出防护规划。

1)确定合理的环境容量

环境容量的确定,其根本目的在于确定森林公园的合理游憩承载力,即一定时期、一定条

件下,某一森林公园的最佳环境容量。既能对风景资源提供最佳保护,又能使尽量多的游人得到最大满足。因此,在确定最佳环境容量时,必须综合比较生态环境容量、景观环境容量、社会经济环境容量及影响容量的诸多因子。

按照林业部《森林公园总体设计规范》,森林公园环境容量的测算可采用面积法、卡口法、游路法三种。应根据森林公园的具体情况,因地制宜地选用或综合运用。

①面积法。以游人可进入、可游览的区域面积进行计算:

$$C = \frac{A}{a} \times D$$

式中 C——日环境容量(人次);

　　A——可游览面积(m^2);

　　a——每位游人应占有的合理面积(m^2/人);

　　D——周转率,$D = \dfrac{景点开放时间}{游完景点所需时间}$。

②卡口法。适用于溶洞类及通往景区、景点必经并对游客量具有限制因素的卡口要道。

$$C = D \times A$$

式中 C——日环境容量(人次);

　　D——日游客批数,$D = \dfrac{t_1}{t_3}$;

　　A——每批游客人数(人);

　　t_1——每天游览时间,$t_1 = H - t_2$(min);

　　t_3——两批游客相距时间(min);

　　H——每天开放时间(min);

　　t_2——游完全程所需时间(min)。

③游路法。游人仅能沿山路步行游览观赏风景的地段,可采用此法计算。

$$C = \frac{M}{m} \times D$$

式中 C——日环境容量(人次);

　　M——游步道全长(m);

　　m——每位游客占用合理游步道长度(m/人);

　　D——周转率,$D = \dfrac{游步道全天开放时间}{游完全游步道所有时间}$。

在环境容量测算的基础上,结合旅游季节特点,按景点、景区、公园换算日、年游人容量。

在现行《森林公园总体设计规范》中,没有对游人人均合理占地指标作出规定。但在苏联等森林公园事业发达的国家中,在其城市规划中对环境容量指标已有明确规定,在我国风景区规划中也拟定了环境容量指标(参考风景名胜区章节)。

依据容量进行规划的基本目的是使游人合理地、适当地分布在森林公园中,使游人各得其所,使各类风景资源物尽其用。为达到这一目的可采取的途径:第一,对于游人过于集中的景区可采用疏导的方法,开发新的景点或景区,使游人合理地分布于森林公园中。第二,在对现有游憩状况进行调查评价的基础上,从规划设计上调整不合理的功能布局,提高环境容量。第三,改变传统的"一线式"游览方式,解决游人常集中于游步道上的弊病,改善林分密度,开辟林中空地等手段均可提高环境容量。

2）森林公园火灾的防护

开展森林游憩活动,对森林植被最大的潜在威胁是森林火灾。游人吸烟和野炊所引起的森林火灾占有相当大的比例。森林火灾会毁灭森林内的动植物;火灾后的木灰有时会冲入河流使大批鱼群死亡;森林火灾还会使游憩设施受损或游客受到伤害。

然而,在森林中开展野营、野餐等活动,点燃一堆营火烘烤食物,会大大提高人们的游兴。因此,在规划中应提出安全的用火方式,选择适宜的用火地点,以满足游人的需求,并保障林木的安全。

通常的森林公园火灾的防护措施及方法:

①在规划设计时,对于森林火灾发生可能性大的游憩项目如野营、野炊等,应尽可能选择在林火危险度小的区域。林火危险度的大小主要取决于林木组成及特性、郁闭度、林龄、地形、海拔、气候条件等因素。

②对于野营、野餐等活动应有指定地点并相对集中,避免游人任意点火而对森林造成危害。同时,对野营、野餐活动的季节应进行控制,避免在最易引起火灾的干旱季节进行。

③在野营区、野餐区和游人密集的地区,应开设防火线或营建防火林带。防火线的宽度不应小于树高的 1.5 倍。但从森林公园的景观要求来看,营建防火林带更为理想。防火带应设在山脊或在野营地、野餐地的道路周围。林分以多层紧寒结构为好,防火林带应与当地防火季的主导风向垂直。

④森林公园中的防火林带应尽量与园路结合。可以保护主要游览区不受邻近区域发生火灾的形响。同时,方便的道路系统也为迅速扑灭林火提供了保障。

⑤在森林公园规划和建设中,应建立相应的救火设施和系统。除建立防火林带、道路系统外还应增设防火瞭望塔(台),加强防火通信设施、防火、救火组织和消防器材的管理。更重要的是加强对游人和职工的管理教育,加强防火宣传,严格措施,防患于未然。

3）森林公园病虫害防护

防止森林病虫害的发生,保障林木的健康生长,给游人一个优美的森林环境是森林公园管理的一个重要方面。森林病虫害防治的主要方法有:

①在“适地适树”的原则下,营造针阔混交林,是保持生态平衡和控制森林病害的基本措施,更为重要的是实现抗病育种。

②加强森林经营管理。根据不同的森林类型、生态结构状况,适时地采用营林措施。及时修枝、抚育、间伐、林地施肥、招引益鸟益兽等,可长期保持森林的最佳生态环境。

③生物防治。利用天敌防治害虫,通过一系列生物控制手段,打破原来害虫与天敌之间形成的数量平衡关系,重新建立一个新的相对平衡。

④物理、化学防治。物理方法主要利用害虫趋光性进行灯光透杀。而化学防治只是急救手段;现在,高效、低毒、残效期长、内吸性和渗透性强的杀菌剂、烟剂、油剂及超低量喷雾防治技术有所进步。

11.3.6 森林公园景观系统规划

森林公园是以森林景观为主体,其用地多为自然的山峰、山谷、林地、水面。森林公园是在一定的自然景观资源的基础上,采用特殊的营林措施和园林艺术手法,突出优美的森林景观和自然景观。而城市公园往往是在没有植被或植被较差的用地上,通过挖湖堆山、人工栽植等手段创造出优美的景观。从造景手法上二者具有本质的区别。因此,在进行森林公园的景观规划时,首要的问题是如何充分利用现有林木植被资源,对现有林木进行合理的改造和艺术加工。使原有的天然林和人工林适应森林游憩的需求,突出其森林景观。如果忽视了这一点,而在森林公园中大兴土木,加入过多的人工因素,则会使森林公园丧失其自然、野趣的特征与优势。

把森林作为审美对象构成了一门新的学科——森林美学。国外许多学者曾对此做了多方面的研究,试图探讨不同年龄、不同职业、不同社会背景的游人所喜爱的森林类型。而研究结果表明游人偏爱的差异性较大。但也发现了一些共同的规律,总结出了吸引游人的森林景观特点:第一,森林的密度不宜过大,应具有不同林分密度的变化。第二,森林景观应有所变化,应具有不同的树种、林型;不同的叶形、叶色、质感和不同的地被植物,而且应具有明显的季相变化。第三,高大、直径粗壮的树木所组成的森林景观价值较高,最好是高大树木、幼树、灌木、地被共同构成的混合体。第四,森林景观应与地形、地貌相结合,避免直线式僵硬的林缘线和几何形的块状、带状混交林;森林所处的环境对森林景观质量有显著影响,山地森林比平原森林更富有吸引力;具有湖泊、河流等水体则可提高森林景观价值。第五,一般天然林比人工林,成熟林比幼龄林,复层林比单层林,混交林比纯林的森林景观价值高;混交林型是较为理想的游憩林。第六,在森林公园的景域范围内,大面积的皆伐地和无林地,特别是几何状的皆伐地影响森林景观质量,遭受游人的批评。

在森林公园景观系统规划中,应注重以下几个方面:

1)林道及林缘

林道和林缘是游人视线最为直接的观赏部分。因而,对于森林景观质量有显著的影响。如全部用多层垂直郁闭景观布满林缘,往往使游人视线闭塞、单调,易产生心理上的疲劳。因此,多层结构所占比例应在 2/3~3/4。同时应注意道路两侧林缘的变化。使其在垂直方向不完全郁闭,使游人的视线可通过林层欣赏林下幽邃深远之美。既可感受闭锁的近景,又有透视的远景。

在林道两侧,应保留较大的水平郁闭度,为游人提供良好的庇荫条件,感受浓郁的森林气氛。在林下路边,最好应有 2/3 的部分,使灌木、草本层的高度低于视线,使游人的视线可通过林冠下的空隙透视远景。

对原有林相单调的人工林改建的森林公园,如北京潮白河、半壁店森林公园,其林缘及游览道路两侧可补植观赏价值较高的花灌木或自然式的草本花丛,提高其景观价值。

2)林中空地

风景美主要表现为空间和时间。游人在森林公园中置身于开朗风景与闭锁风景的相互交替中,空间的开合收放,给人以节奏感和韵律感。林中的道路、林缘线、林冠线的曲折变化产生了构图上的节奏。森林中开辟出的林中空地可缓解游人长时间在林中游览产生的视觉封闭感。增加空间上的变化。同时,可为游人提供休息、活动的场所。开辟林中空地应注意以下几点:

（1）形式

林中空地的林缘应采用自然式，避免僵硬的几何式或直线式。自然式的林中空地，林冠线的高低起伏，林缘线的曲折变化，才能形成良好的景观外貌。

（2）尺度

确定林中空地的尺度应考虑土壤的特性、坡度、草本地被的种类及覆盖能力。从风景的角度，闭锁空间的仰角从6°起风景价值逐步提高，到13°时为最佳，超过13°则风景价值逐步下降，15°以后则过于闭塞。因此，设计林中空地时，林木高度与空地直径比在1：10～1：3较为理想。

（3）过渡

在林中空地的边缘，应适当保留孤立木和树丛，使其自然地向密林过渡。对于面积较大的空地，可保留或增植适量的庇荫树，为游人休息、活动提供必要的遮荫。

3）郁闭度与风景伐

林木郁闭度的大小直接影响游人的活动。郁闭度过大，林下阴湿黑暗，不利于游人活动和观赏。郁闭度过小，则森林气氛不足。因此，森林的水平郁闭度在0.7左右，较为适合森林游憩活动。

依据森林郁闭度的不同，可分为封闭风景（郁闭度0.6～1）；半开朗风景（郁闭度0.3～0.5）；开朗风景（郁闭度<0.2）。森林公园一般应以封闭风景为主，占全园45%～80%；半开朗风景占15%～30%；开朗风景占5%～25%，这样才能保证良好的森林环境。如当地森林覆盖率低，夏季又炎热干旱，则开朗风景所占比例较小为宜。反之，森林覆盖率高，夏季湿润、温和，则开朗风景所占比例可稍高。

森林公园中林中空地、风景透视线的开辟均要通过以景观效果为主的抚育间伐——风景伐来实现。风景伐可使林木郁闭度适中，便于游人活动。同时，也可获得少量的林木产品。

4）林分季相

多数森林公园是在原有林地基础上发展起来的。原有林分不一定适合景观和游憩的要求，特别是人工林和一些景观较差的林地，应从林分结构上做根本的调整。如北京潮白河森林公园原有林分为杨树、刺槐人工林；景德镇枫树山国家森林公园原有林分为杉木、马尾松林。规划设计方案中都提出了林分改造方案，增补了针叶树、阔叶树及其他观赏树种，使其林分状况逐步适合游憩的要求。

森林植物随季节变化可形成不同的森林季相变化。由于森林公园面积较大，在全面考虑季相构图的同时，还应突出某一季节的特色，形成鲜明的景观效果。如北京香山的红叶，杭州满觉垅的桂花均以秋景为特色。

5）透景线、眺望点

在森林中开辟适当的透景线可大大提高森林景观价值。在开辟透景线时，应注意前景、中景、远景，形成富有层次的景象。在地势较高的山地，去掉一些杂木和有碍视线的树木，形成眺望点。俯视森林风景，体会森林的整体群落美，多视点、多视角的观赏可增大游人对景观感受的信息量。

11.3.7　森林公园游览系统规划

在森林公园内组织开展的各种游憩活动项目应与城市公园有所不同，应结合森林公园的基本景观特点开展森林野营、野餐、森林浴等在城市公园中无法开展的项目,满足城镇居民向往自然的游憩需求(表11.1)。依据森林公园中游憩活动项目的不同可分为:

典型性森林游憩项目:森林野营、野餐、森林浴、林中骑马、徒步野游、自然采集、绿色夏令营、自然科普教育、钓鱼、野生动物观赏、森林风景欣赏等。

一般性森林游憩项目:划船、游泳、自行车越野、爬山、儿童游戏、安静休息、康娱疗养等。

表11.1 游客在森林公园从事游乐活动分析

项目	百分比/%	项目	百分比/%	项目	百分比/%	项目	百分比/%
静坐休息	41.7	钓鱼	10.8	观赏特殊景观	44.8	滑雪	1.7
观赏野生动物	17.2	溜冰	10.9	观赏风景	70.3	狩猎	1.4
观赏历史古迹	10.2	骑马	2.5	观赏特殊工程	9.1	骑单车	2.8
照相、摄影	56.9	营火会	9.8	散步	43.2	参加解说活动	4.1
野餐	32.0	研究自然	16.3	野营	16.9	绘画写作	9.6
登山健行	44.2	标本采集	14.9	爬岩	11.0	团体活动	23.3
温泉浴	11.3	个别活动	17.6	游泳	7.8	购置纪念品	16.4
划船	8.8	其他	0.9				

注:引自《观光地区游憩活动设施——规划设计方案》

开展各种森林游憩活动对森林环境的影响程度不同(表11.2)。不适当的建设项目,不合理的游人密度会对森林游憩环境造成破坏。因此,在游览系统规划中必须预测出各项游憩活动可能对环境产生的影响及影响程度,从而在规划中采用相应的方法,在经营管理上制订不同的措施。

表11.2 森林游憩活动对环境的影响

项目		野营	登山	观赏	野生动物观赏	狩猎	钓鱼	游泳划船	滑雪	体育	森林浴
自然改变度	大								▲	▲	
	中	▲				▲	▲				
	小		▲	▲	▲			▲			▲

1)森林野营与野营地

在茂密的森林中进行野营活动,被认为是典型的森林游憩活动之一,开展野营活动需要建立适宜的野营地,为游人提供必要的卫生和服务设施,保护游人的安全,提供安全用火区和薪材。在野营者中,对野营地环境的要求各不相同,一些人喜欢隔绝式的荒野野营,有些人又喜欢社交性野营。但野营者对野营地的共同要求有三点:第一,良好的卫生服务设施;第二,安全感、安全问题;第三,野营地附近应具有富有吸引力的自然景观。

野营地的选择应考虑地形、坡向、坡位、植被状况、交通与景观、安全等其他因素(表11.3)。

表 11.3　野营地选址要求与营地构成

野营地选址限定因素	地形:小于 10% 坡度	森林野营地	野营单元	帐篷、拖车、旅行车
	坡向:东坡			烤炉
	坡位:中坡位			桌椅
	植被:郁闭度 0.6~0.8 针阔混交林			垃圾箱
	交通:方便			停车空间
	景观:靠近主旅游区		水源	饮用水
				生活用水
	安全:无洪水、雪崩、泥石流区域		厕所等卫生设施	
			公共休息共享空间	
	其他:饮用水源、薪材		饮食服务设施	
			管理设施	

通过对上述野营地选址限定因子的综合分析,选定野营地基址后,还必须对野营地进行合理的规划,在注重自然景观保护的前提下,因地制宜,避免过多的人工改造。通过规划使游人得到舒适便利的服务条件,经营管理方便经济,达到既为游人提供富有野趣的宿营环境,又可避免游人任意野营对森林环境的破坏。森林野营地构成见表 11.3。

野营单元的数量应根据游人量的情况以及经营管理的便利性来决定。野营单元过少,或散点式布局会使管理和服务不方便、不经济。反之,若规模过大,又不受野营者欢迎。因此,规划人员应综合权衡经济性与游人爱好。据美国国家森林调查,一个理想的森林野营地应具有的单元数量在 25 个左右为宜。

家庭型帐篷露营,车辆停于出入口附近停车场,在管理中心登记后,由步道到器材租借中心及营位。每单元含帐篷 1~5 顶、野餐桌、烤炉、垃圾桶等。单元之间应有缓冲带,至少 6 m以上,以 12~25 m 为好。每公顷容量不超过 20 个单元为宜。

拖车野营地环境及设备一般较现代化,每个营位均配备电源插座、供水点、排水与照明灯等。每公顷容纳量不超过 60 个,以 30 个铺位为宜。

其他设施规划配置主要有:

(1)卫浴设备

①采用封闭式化粪池或化粪设备,厕所内提供洗手台和照明。

②自助洗衣、干衣设备。常配置在浴室或管理中心附近。

③浴室设备。冲水马桶、冷热水、淋浴、电插头、镜子等。

④服务半径。厕所最远 170 m,最适宜 100 m,浴室最远 200 m,最适宜 140 m,给水最远 100 m,最适宜 50 m。

(2)供水系统

水塔、供水点、饮用水、生活用水等设施。

（3）污水、污物处理系统

应设污物处理站，位置应适当隐蔽。

（4）道路系统

野营区内道路系统包括对外道路、区内主要道路、服务道路、步道小径等。

（5）保安系统

各营区应有巡逻员或用围篱、屏障以限制外界干扰。如需要可设救护设施或医疗站。

（6）电力、电讯系统

2）鸟类的保护与观赏

鸟类及其他野生动物的观赏也是森林游憩活动的重要内容。保护性地观赏鸟类，首先了解其生态习性及适宜的栖居环境。森林公园中益鸟的保护和招引主要有以下几点：

①保护鸟类的巢、卵和幼雏。除严格制定法律和保护鸟类的宣传外，应为其繁殖提供条件。

②悬挂人工巢箱，为鸟类提供优良的栖居条件。

③利用鸟语招引鸟类。

④冬季保护，适度喂食。设置饮水池、饮水器。

⑤合理地采伐森林，保护鸟类栖居的生存环境。

⑥大量种植鸟类喜食的植物种类。

3）园艺疗法

园艺疗法起源于埃及。但直至第二次世界大战后人们才意识到园艺的医疗作用。园艺疗法是指通过栽培蔬菜、果树、花卉、观赏植物等园艺活动，使人得到健康的恢复和精神安慰。在森林公园中开展园艺疗法，可使人通过力所能及的园艺劳动得到身心上的放松。

据研究，合理利用园艺植物的多种颜色进行疗病，是园艺疗法的重要内容。试验证明，浅蓝色的花对发烧的病人有良好的镇定作用；紫色的花使孕妇心情恬静；红色的花增加食欲；赤赭色的花对低血压患者大有裨益。此外，花香对人的心理、生理也具有奇妙的作用。

与园艺疗法相容性的活动有森林浴、散步、野餐、观鸟等。

4）森林浴

在森林特有的环境中，负离子含量高，有些植物挥发出特有的气味及杀菌素，可在森林中开展森林浴活动。

森林浴场的选址应具典型的森林外貌与群落结构，有较大的森林面积，郁闭度在 0.6～0.8，林分应疏密有致，有用以屏蔽、阻挡视线的灌木层，主要树种有较强的杀菌力。杀菌力强的树种主要有黑胡桃、柠檬桉、悬铃木、紫薇、桧柏属、橙、柠檬、茉莉、薜荔、复叶槭、柏木、白皮松、柳杉、稠李、雪松等。此外臭椿、楝、紫杉、马尾松、杉木、侧柏、樟、山胡椒、枫香、黄连木等也有一定的杀菌能力。

森林浴活动主要有动态与静态两种方式。静态主要是在林下浓荫处设置躺椅、吊床、气垫等，供行浴者使用。每公顷最大容量 40 组，每组以平均三人计，则每公顷森林最大容量 120 人。

林中漫步活动是一种动态的行浴方式，故浴场内应有散步小道漫步其中，但应不穿越、干扰其他森林浴组团，保持其私密性及相对独立性。森林浴场要为游人提供饮食、出租游憩设备及洗手池、厕所、垃圾桶等卫生设施。

11.3.8　森林公园道路交通系统规划

森林公园除与主要客源地建立便捷的外部交通联系外,其内部道路交通组织必须满足森林旅游、护林防火、环境保护以及森林公园职工生产、生活等多方面的需求。

①游览道路的选线应建立在森林公园景观分析的基础上,通过景观分析,判定园内较好景点、景区的最佳观赏角度、方式,为确定游览线路提供依据。园内道路所经之处,两侧尽可能做到有景可观,使游人有步移景异之感,防止单调、乏味、平淡。

②道路线型应顺应自然,一般不进行大量的填挖,尽量不破坏地表植被和自然景观。道路行走位置不得穿过有滑坡、塌方、泥石流等危险的地质不良地段。

③森林公园内部道路系统可采用多种形式组成环状、网状结构,并与森林公园外部道路合理衔接,沟通内外联系。有水运条件的地区,宜利用水上交通。

④森林公园内主要道路应具有引导游览的作用。根据游客的游兴规律,组织游览程序,形成起、承、转、合的序列布局。游人大量集中地区的园路要明显、通畅,便于集散。通向建筑集中地区的园路应有环行路或回车场地。通行养护管理机械的园路宽度应与机具、车辆相适应,生产管理专用道路不宜与主要游览道路交叉重合。

⑤森林公园内应尽量避免有地方交通运输公路通过。必须通过时,应在公路两侧设置30~50 m宽的防护林带。

⑥面积大的森林公园应设有汽车道、自行车道、骑马道及游步道。按其使用性质可将森林公园内的道路分为主干路、次路、游步道三种。

a.主干道,是森林公园与国家或地方公路之间的连接道路以及森林公园内的环行主道。其宽度为5~7 m,纵坡不得大于9%,平曲线最小半径不得小于30 m。

b.次路,是森林公园内通往各功能区、景区的道路。宽度为3~5 m,纵坡不得大于13%,平曲线最小半径不得小于15 m。

c.游步道,是森林公园内通往景点、景物供游人步行游览观光的道路。应根据具体情况因地制宜地设置。宽度为1~3 m,纵坡宜小于18%。

⑦森林公园道路应根据不同功能要求和当地筑路材料合理确定其结构和面层材料,其风格应与森林公园的环境相协调。

⑧根据苏联一般森林公园规划的道路定额,道路应占全园面积的2%~3%。在游人活动密集区可占5%~10%。只有保证这一比例,才能减少游人活动对森林环境的破坏。

⑨森林公园中交通工具的选择应尽量避免对环境的破坏,以方便、快捷、舒适为原则。同时应结合森林公园的具体环境特点,开发独具情调、特色的交通工具。

11.3.9　森林公园旅游服务系统规划

森林公园中旅游服务基地的选址,应避免对自然环境、自然景观的破坏,方便游客观光,为游人提供安全、舒适、便捷和低公害的服务条件。服务设施应满足不同文化层次、年龄结构和消费层次游人的需要,应与旅游规模相适应,建设高、中、低档次,季节性与永久性相结合的旅游服务系统。

休憩、服务性建筑的位置、朝向、高度、体量等应与自然环境和景观统一协调。建筑高度应服从景观需要,一般以不超过林木高度为宜。休憩、服务性建筑用地不应超过森林公园陆地面积的2%。宾馆、饭店、休疗养院、游乐场等大型永久性建筑,必须建在游览观光区的外围地带,不得破坏和影响景观。

1)餐饮

在日游式、周末式、度假式森林公园中均要设置。应根据游览距离和时间,在游人较为集中的地方,安排餐饮供应。餐饮建筑除满足功能要求外,造型应新颖,不破坏园内的自然景观。餐饮建筑设计应符合《饮食建筑设计规范》(JGJ 64—89)的有关规定。

2)住宿

在周末式、度假式森林公园中均要设置。应根据旅客规模及森林旅游业的发展,合理确定旅游床位数。旅游床位建设标准,应符合下列要求:

高档28～30 m²/床;中档15～18 m²/床;低档8～12 m²/床。

森林公园中的住宿设施,除建设永久性的宾馆、饭店外,应注重开发森林野营、帐篷等临时性住宿设施,做到永久性与季节性相结合,突出森林游憩的特色。住宿服务设施的设计,应符合《旅馆建筑设计规范》(CJGJ 62—90)的规定。

3)购物

森林公园内的购物服务网点布局应在不破坏自然环境和景观的前提下,因地制宜,统筹安排。购物建筑应以临时性、季节性为主,其建筑风格、体量、色彩应与周围环境相协调。应积极开发具有地方特色的旅游纪念品。

4)医疗

森林公园中应按景区建立医疗保健设施,对游客中的伤病人员及时救护。医疗保健建筑应与环境协调统一。

5)导游标志

森林公园的境界、景区、景点、出入口等地应设置明显的导游标志。导游标志的色彩、形式应根据设置地点的环境,提示内容进行设计。

11.3.10　森林公园基础设施系统规划

森林公园内的水、电、通信、燃气等布置,不得破坏景观,同时应符合安全、卫生、节约和便于维修的要求。电气、上下水工程的配套设施,应设在隐蔽地带,森林公园的基础设施工程应尽量与附近城镇联网,如经论证确有困难,可部分联网自成体系,并为今后联网创造条件。

1)给排水

森林公园给水工程包括生活用水、生产用水、造景用水和消防用水。其给水方式可采用集中管网给水,也可利用管线自流引水,或采用机井给水。给水水流可来源采用地下水或地表水,水源水质要求良好,应符合《生活饮用水卫生标准》(GB 5749—85),水源地应位于居住区和污染源的上游。

排水工程必须满足生活污水、生产污水和雨水排放的需要。排水方式一般可采用明渠排放,有条件的应采用暗管渠排放。生产、生活污水必须经过处理后排放,不得直接排入水体或洼地。

给、排水工程设计包括确定水源,确定给、排水方式,布设给、排水管网等。

2)供电

森林公园的供电工程,应根据电源条件、用电负荷、供电方式,本着节约能源、经济合理、技术先进的原则设计,做到安全适用,维护方便。供电电源应充分利用国家和地方现有电源。在无法利用现有电源时,可考虑利用水利或风力自备电源。供电线路铺设一般不用架空线路。必须采用时应尽量沿路布设,避开中心景区和主要景点。供电工程设计内容包括用电负荷计算、供电等级、电源、供电方式确定、变(配)电所设置、供电线路布设等。

3)供热

森林公园的供热工程,应贯彻节约能源、保护环境、节省投资、经济合理的原则。热源选择应首先考虑利用余热。供热方式以区域集中供热为主。集中供热产生的废渣、废水、烟尘应按"三废"排放标准进行处理和排放。供热工程设计内容包括热负荷计算、供热方案确定、锅炉房主要参数确定等。

4)通信

通信包括电讯和邮政两部分。森林公园的通信工程应根据其经营布局、用户量、开发建设和保护管理工作的需要,统筹规划,组成完整的通信网络。电讯工程应以有线为主,有线与无线相结合。邮政网点的规划应方便职工生活,满足游客要求,便于邮递传送。通信工程设计内容包括方案选定、通信方式确定、线路布设、设施设备选型等。

5)广播电视

森林公园的有线广播,应根据需要,设置在游人相对集中的区域。在当地电视覆盖不到的地方,可考虑建立电视差转台。

习题

1. 阐述森林公园建设活动兴起的背景。
2. 何为森林公园?其特点是什么?
3. 简述国外森林公园的发展现状及特点总结。
4. 试比较日游式森林公园与城市公园在游览活动内容与功能分区的异同。
5. 阐述森林公园总体规划设计的条件、内容及基本原则。
6. 景观资源调查包括哪些内容?
7. 结合生态旅游发展背景,谈谈森林公园规划对可持续发展战略实施的具体意义。
8. 从城市防灾角度阐述森林公园存在的潜在危害及防护措施。
9. 举例说明城市公园与森林公园在造景艺术手法上的区别体现在哪些方面。

12

城市湿地公园规划

12.1 城市湿地公园定义与分类

湿地是人类赖以生存和发展的自然资源宝库与成长环境。目前,全世界的湿地已超过5亿 hm²。湿地除了为人类提供必不可少的生产、生活水资源外,还具有重要的环境生态功能,被形象地誉为"地球之肾"。湿地还具有较高的生物生产力,是多样生物的储存库并具有调节气候、蓄洪防旱、净化环境等作用。湿地系统是水体系统和陆地系统的过渡,也是大气系统、陆地系统与水体系统的界面,它兼有水陆两类生态系统的特征,但又与水陆两类生态系统有着本质差异。尽管湿地如此重要,然而,人类对它的破坏却日益严重。一方面,随着人口的急剧增长,地域土地的开发利用不断加快和扩张,导致湿地面积的减少与生境的丧失。另一方面,由于人类对自然资源掠夺和破坏式的经济发展,湿地的生态环境质量和效益严重下降。因此,面对如此严重的湿地破坏形势,对于湿地的保护和利用的研究已成为当今世界所关注的重点学科与热点研究领域。在保护湿地的前提下,世界各国都在努力寻找一个合理保护和利用湿地的平衡点。

城市湿地公园是国家湿地保护体系的重要组成部分,建设湿地公园是落实国家湿地分级分类保护管理策略的一项具体措施,也是当前形势下维护和扩大湿地保护面积直接而有效的途径之一,更是一种理想的土地利用模式。将湿地开发成湿地公园,既能达到合理保护的目的,又能够为人们提供一个良好的休闲、游憩的活动场所。

12.1.1 湿地的基本概念

1)湿地的定义

目前关于湿地的定义较多,主要是由于湿地和水域、陆地之间没有明显边界,加上不同学科对湿地的研究重点不同,造成对湿地的定义一直存在分歧。由于研究目的、观察角度以及应用对象的不同,世界上给湿地所下的定义多达50种,根据这些定义的不同性质,大致可以将其划分为狭义和广义两大类。

(1)狭义的湿地

强调湿地生物、土壤和水文的彼此作用,强调三大因子的同时存在,即湿地或水生植被、水或土壤以及季节或常年淹水。那些枯水期水深超过2m,水下或已无植物生长的水面和大型江河的主河道则不算做湿地,这一定义符合湿地处于水陆过渡带的特殊地位,反映了湿地生境多种多样的典型特征。

(2)广义的湿地

湿地"系指天然或人造、永久或暂时的静水或流水、淡水、微咸或咸水沼泽地、泥炭地或水域,包括低潮时水深不超过6m的海水区"。

由于其生态结构的复杂性和生态功能的多样化,湿地支撑着独具特色的物种和较高的自然生产力,为人类生活和社会生产提供极为丰富的自然资源,与森林、海洋并称为全球三大生态系统。

这个定义包括海岸地带地区的珊瑚滩和海草床、滩涂、红树林、河口、河流、淡水沼泽、沼泽森林、湖泊、盐沼及盐湖(图12.1)。

草甸湿地——若尔盖   河口湿地——芦荡苇洲

人工湿地——农田水塘   河南黄河湿地——柳树林

图12.1 湿地景观示意

在湿地保护界,更强调湿地的广义定义,认为更有利于湿地管理者划定管理边界,开展管理工作。土地规划的基本单元是集水区或整个河流盆地。广义的定义有利于建立流域联系，以阻止或控制流域不同地段对湿地的人为破坏。按照景观生态学原理，陆地可以看作是湿地镶嵌的背景基质，沼泽、湖泊、稻田等是这一背景中的一个个富水斑块；溪流、江河、渠系等则是联系这些斑块之间水力联系的廊道。水的循环是湿地与背景基质、大气、海洋之间物质交换的基本方式，它把湿地这一遍布全球的特殊生态系统联系在一起，任何一处的湿地发生退化和丧失，都会直接或间接影响到其他地区的湿地状况。

2）城市湿地

城市湿地作为科学名词出现于 20 世纪后期，但至今没有明确的定义。一些专家给出了一个简明定义：即分布于城市（镇）地域内的各类湿地称为城市湿地。

城市湿地的重要功能和价值一直是人类社会发展和城市文明进步的物质和环境基础，主要表现为八个方面：保护生物多样性；改善城市环境；调洪蓄水；补充地下水；休闲娱乐；美学价值；科研教育基地；经济效益。

3）城市湿地公园

（1）从"城市湿地"角度定义城市湿地公园

城市湿地是指城市中的湿地，城市湿地公园应该也是城市中的湿地公园，根据《城乡规划法》及《城市规划基本术语标准》（GB/T 50208—98）中对城市用地规划建设范围的理解，城市湿地公园应当位于城市规划区内。从这个角度来说，城市湿地公园是指城市规划区内的湿地公园。

（2）从"纳入城市绿地系统规划范围"角度定义城市湿地公园

2005 年 2 月城建部颁布了《国家城市湿地公园管理办法》（试行），管理办法对城市湿地公园下了定义：城市湿地公园，是指利用纳入城市绿地系统规划的适宜作为公园的天然湿地，通过合理的保护利用，形成集保护、科普、休闲等功能于一体的公园。申请设立国家城市湿地公园需要四个必备条件：

①能供人们观赏、游览，开展科普教育和进行科学文化活动，并具有较高保护、观赏、文化和科学价值的；

②纳入城市绿地系统规划范围的；

③占地 500 亩以上能够作为公园的；

④具有天然湿地类型的，或具有一定的影响及代表性的。

2005 年 6 月建设部又颁布了《城市湿地公园规划设计导则》（试行）。导则中有关于湿地公园的定义：城市湿地公园是一种独特的公园类型，是指纳入城市绿地系统规划的，具有湿地的生态功能和典型特征的，以生态保护、科普教育、自然野趣和休闲游览为主要内容的公园。城市湿地公园大致可以分为天然湿地公园和人工湿地公园两类。

12.1.2　湿地的分类

中国的湿地类型多样，分布广泛。从寒温带到热带，从平原到山地、高原，从沿海到内陆都有湿地发育。大体上湿地可分为天然湿地和人工湿地两大类（表 12.1）。1999 年国家林业局为了进行全国湿地资源调查，参照《湿地公约》的分类将中国的湿地划分为近海与海岸湿地、河流湿地、湖泊湿地、沼泽与沼泽化湿地、库塘 5 大类 28 种类型。

表 12.1　我国湿地的类型及面积

湿地 5 360.26 万 hm²				
自然湿地 4 667.47 万 hm²				人工湿地 674.59 万 hm²
近海与海岸湿地 579.59 万 hm²	沼泽湿地 2 173.29 万 hm²	湖泊湿地 859.38 万 hm²	河流湿地 1 055.21 万 hm²	

注:根据 2013 年第二次全国湿地资源调查结果。

1)《湿地公约》分类系统

（1）天然湿地

①海洋/海岸湿地

A—永久性浅海水域:多数情况下低潮时水位低于 6 m,包括海湾和海峡。

B—海草层:包括潮下藻类、海草、热带海草植物生长区。

C—珊瑚礁:珊瑚礁及其邻近水域。

D—岩石性海岸:包括近海岩石性岛屿、海边峭壁。

E—沙滩、砾石与卵石滩:包括滨海沙洲、海岬以及沙岛;沙丘及丘间沼泽。

F—河口水域:河口水域和河口三角洲水域。

G—滩涂:潮间带泥滩、沙滩和海岸其他咸水沼泽。

H—盐沼:包括滨海盐沼、盐化草甸。

I—潮间带森林湿地:包括红树林沼泽和海岸淡水沼泽森林。

J—咸水、碱水泻湖:有通道与海水相连的咸水、碱水泻湖。

K—海岸淡水湖:包括淡水三角洲泻湖。

ZK(a)—海滨岩溶洞穴水系:滨海岩洞穴。

②内陆湿地

L—永久性内陆三角洲:内陆河流三角洲。

M—永久性的河流:包括河流及其支流、溪流、瀑布。

N—时令河:季节性、间歇性、定期性的河流、溪流、瀑布。

O—湖泊:面积大于 8 hm² 的永久性淡水湖,包括大的牛轭湖。

P—时令湖:大于 8 hm² 的季节性、间歇性的淡水湖,包括漫滩湖泊。

Q—盐湖:永久性的咸水、半咸水、碱水湖及其浅滩。

R—内陆盐沼:永久性的咸水、半咸水、碱水沼泽与泡沼。

Sp—时令碱、咸水盐沼:季节性、间歇性的咸水、半咸水、碱性沼泽、泡沼。

Ss—永久性的淡水草本沼泽、泡沼:草本沼泽及面积小于 8 hm² 的泡沼,无泥炭积累,大部分生长季节伴生浮水植物。

Tp—泛滥地:季节性、间歇性洪泛地,湿草甸和面积小于 8 hm² 的泡沼。

Ts—草本泥炭地:无林泥炭地,包括藓类泥炭地和草本泥炭地。

U—高山湿地:包括高山草甸、融雪形成的暂时性水域。

Va—苔原湿地:包括高山苔原、融雪形成的暂时性水域。

Vt—灌丛湿地:灌丛沼泽、灌丛为主的淡水沼泽,无泥炭积累。

W—淡水森林沼泽:包括淡水森林沼泽、季节泛滥森林沼泽、无泥炭积累的森林沼泽。

Xf—森林泥炭地:泥炭森林沼泽。

Xp—淡水泉及绿洲。

Y—地热湿地:温泉。

Zg—内陆岩溶洞穴水系:地下溶洞水系。

注:"漫滩"是一个宽泛的术语,指一种或多种湿地类型,可能包括 R、Ss、Ts、W、Xf、Xp 或其他湿地类型的范例。漫滩的一些范例为季节性淹没草地(包括天然湿草地)、灌丛林地、林地和森林。漫滩湿地在此作为一种具体的湿地类型。

(2)人工湿地

1—水产池塘:例如鱼、虾养殖池塘。

2—水塘:包括农用池塘、储水池塘,一般面积小于 8 hm²。

3—灌溉地:包括灌溉渠系和稻田。

4—农用泛洪湿地:季节性泛滥的农用地,包括集约管理或放牧的草地。

5—盐田:晒盐池、采盐场等。

6—蓄水区:水库、拦河坝、堤坝形成的一般大于 8 hm² 的储水区。

7—采掘区:积水取土坑、采矿地。

8—废水处理场所:污水场、处理池、氧化池等。

9—运河、排水渠:输水渠系。

Zk(c)—地下输水系统:人工管护的岩溶洞穴水系等。

2)湿地类型及其划分标准

(1)沼泽湿地

我国的沼泽约 1 197 万 hm²,主要分布于东北的三江平原、大小兴安岭、若尔盖高原及海滨、湖滨、河流沿岸等,山区多木本沼泽,平原为草本沼泽。

①藓类沼泽:以藓类植物为主,盖度 100% 的泥炭沼泽。

②草本沼泽:植被盖度≥30% 。以草本植物为主的沼泽。

③沼泽化草甸:包括分布在平原地区的沼泽化草甸以及高山和高原地区具有高寒性质的沼泽化草甸、冻原池塘、融雪形成的临时水域。

④灌丛沼泽:以灌木为主的沼泽,植被盖度≥30% 。

⑤森林沼泽:有明显主干、高于 6 m、郁闭度≥0.2 的木本植物群落沼泽。

⑥内陆盐沼:分布于我国北方干旱和半干旱地区的盐沼。由一年生和多年生盐生植物群落组成,水含盐量达 0.6% 以上,植被盖度≥30% 。

⑦地热湿地:由温泉水补给的沼泽湿地。

⑧淡水泉或绿洲湿地。

(2)湖泊湿地

我国现有湖泊湿地 835.15 万 hm²,分为四型:

①永久性淡水湖:常年积水的海岸带范围以外的淡水湖泊。

②季节性淡水湖:季节性或临时性的泛洪平原湖。

③永久性咸水湖:常年积水的咸水湖。

④季节性咸水湖:季节性或临时性积水的咸水湖。

（3）河流湿地

我国现有河流湿地 820.70 万 hm^2，分为三型：

①永久性河流：仅包括河床，同时也包括河流中面积小于 100 hm^2 的水库（塘）。

②季节性或间歇性河流。

③泛洪平原湿地：河水泛滥淹没（以多年平均洪水位为准）的河流两岸地势平坦地区，包括河滩、泛滥的河谷、季节性泛滥的草地。

河流湿地按水系分为：长江水系、黄河水系、珠江水系、淮河水系四大水系。

（4）滨海湿地

我国现有滨海湿地 594.17 万 hm^2，主要分布于沿海的 11 个省区和港澳台地区。海域沿岸约有 1 500 条大中河流入海，形成浅海滩涂生态系统、河口生态系统、海岸湿地生态系统、红树林生态系统、珊瑚礁生态系统、海岛生态系统六大类。广东、广西、海南三省区红树林面积占全国的 97.7%。

①浅海水域：低潮时水深不超过 6 m 的永久水域，植被盖度<30%，包括海湾、海峡。

②潮下水生层：海洋低潮线以下，植被盖度≥30%，包括海草层、海洋草地。

③珊瑚礁：由珊瑚聚集生长而成的湿地。包括珊瑚岛及其有珊瑚生长的海域。

④岩石性海岸：底部基质75%以上是岩石，植被盖度<30%的植被覆盖的硬质海岸，包括岩石性沿海岛屿、海岩峭壁。本次调查指低潮水线至高潮浪花所及地带。

⑤潮间沙石海滩：潮间植被盖度<30%，底质以砂、砾石为主。

⑥潮间淤泥海滩：植被盖度<30%，底质以淤泥为主。

⑦潮间盐水沼泽：植被盖度≥30%的盐沼。

⑧红树林沼泽：以红树植物群落为主的潮间沼泽。

⑨海岸性咸水湖：海岸带范围内的咸水湖泊。

⑩海岸性淡水湖：海岸带范围内的淡水湖泊。

⑪河口水域：从进口段的潮区界（潮差为零）至口外海滨段的淡水舌锋缘之间的永久性水域。

⑫三角洲湿地：河口区由沙岛、沙洲、沙嘴等发育而成的低冲积平原。

（5）人工湿地

①水产池塘：例如鱼、虾养殖池塘。

②水塘：包括农用池塘、储水池塘，一般面积小于 8 hm^2。

③灌溉地：包括灌溉渠系和稻田。

④农用泛洪湿地：季节性泛滥的农用地，包括集约管理或放牧的草地。

⑤盐田：晒盐池、采盐场等。

⑥蓄水区：水库、拦河坝、堤坝形成的一般大于 8 hm^2 的储水区。

⑦采掘区：积水取土坑、采矿地。

⑧废水处理场所：污水场、处理池、氧化池等。

⑨运河、排水渠：输水渠系。

⑩地下输水系统：人工管护的岩溶洞穴水系等。

12.1.3　城市湿地公园的分类

城市湿地公园的科学分类是城市湿地研究的基础，掌握湿地的类型有利于管理部门的合理决策,有利于树立正确的规划设计理念,有利于采取科学的工程技术措施。总之,有利于后续保护、建设等工作的顺利开展。根据不同的分类标准,城市中的湿地公园有着不同的类型。

1)按城市与湿地关系划分

①城市型。即湿地公园位于城市建成区内,湿地公园的生态属性一般相对较弱,湿地公园的社会属性(休闲、娱乐)相对较强。

②近郊型。即湿地公园位于城市近郊,湿地公园的生态属性明显增强,湿地公园的社会属性有所减弱。

③远郊型。远郊型湿地公园位于城市的远郊,湿地公园生态属性一般强于湿地公园的社会属性。

除与城市间的距离作为分类根据外,实际上,城市在湿地水流方向的不同位置对湿地公园功能有很大的影响。如果湿地公园位于城市的下游方向,称之为下水型,城市污水必然顺流而下,那么城市湿地公园必须把污水净化及其综合利用作为主要功能。如果湿地位于城市的上游方向,称之为上水型,湿地则成为改善城市环境和影响城市小气候的风水宝地,湿地公园的主要功能自然侧重于水源保护和休闲娱乐。

2)按湿地公园资源状况划分

①海滩型。海滩型城市湿地包括永久性浅海水域,多数情况下,低潮时水位低于 6 m,包括海湾和海峡。

②海滨型。海滨型城市湿地包括河流及其支流、溪流、瀑布;季节性、间歇性、定期性的河流、溪流、瀑布;也包括人工运河、灌渠;河口域和河口三角洲水域。

③湖沼型。利用大片湖沼湿地建设的城市湿地公园。包括永久性淡水湖;季节性、间歇性淡水湖;漫滩湖泊,季节性、间歇性的咸水、半咸水、碱水湖及其浅滩;高山草甸、融雪形成的暂时性水域,包括灌丛沼泽、灌丛为主无泥炭积累的淡水沼泽;季节性、间歇性洪泛地,湿草甸;淡水森林沼泽、季节泛滥森林沼泽、无泥炭积累的森林沼泽、泥炭森林沼泽;淡水泉及绿洲、温泉、地下溶洞水系。

3)按城市湿地成因划分

(1)天然型

天然湿地公园是指利用原有的天然湿地所开辟的城市湿地公园,一般规模较大的湿地都属于天然型。

(2)人工型

人工湿地公园是指利用人工湿地或人工开挖兴建的城市湿地公园(图12.2)。

人工湖类型还可以细分出以下情况:

①水库型。人工水库特色明显,是城市里面积较大的湿地,成型较早,因此能看到最丰富多样的湿地植物。

②水电坝。人工湖建立后,主要用于水力发电,在此基础上建立城市湿地公园。

4)按生产生活用途划分

(1)养殖型

部分湿地区域用于渔业养殖,含有鱼塘和虾塘的城区或郊区湿地公园。

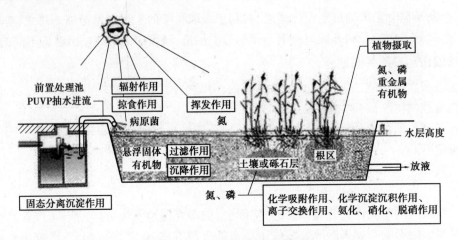

图 12.2　人工湿地生态池示意图

（2）种植型

湿地的部分区域用于农业种植及灌溉,含有稻田、水渠、沟渠的灌溉田和灌溉渠道湿地公园。

（3）盐碱型

湿地公园主要是盐碱次生湿地,包括城市及郊区的盐池、蒸发池、季节性洪泛地等。

（4）废弃地型

主要是工矿开采过程中遗留的废弃地所形成的湿地。包括采石坑、取土坑、采矿池,经人工修复后形成的城市湿地公园,特色是比起采用混凝土护坡,或铺设人工草坪的公园水体,建筑工地上保留的巨大水坑,天然形成,可能更符合湿地适地自然调节的特性,能够帮助净化、降解周围环境中的有毒物质。

5）按保护状态划分

（1）城市保留型

城市建设过程中自然保留的湿地部分,因受破坏及污染较小,保留其野生湿地特色,在此基础上建立湿地公园,一方面具有野生自然特色,另一方面具有城市公园的休闲娱乐功能,生态效益与经济社会效益相结合。

（2）天然野生型

以自然保护区为主体建立城市湿地公园,湿地原始性较强,充分保留自然特色,让久居城镇的人们欣赏到自然的田园风光。

6）按游憩内容划分

（1）展示型

具有湿地外貌,自然演替的功能不完备,人们用生态学的手法和技术手段向游人进行展示,只是想通过此类湿地向城市居民演示完整的湿地功能,具有教育和宣传的作用。

（2）仿生型

模仿湿地自然地的原始形态并加以归纳、提炼的人工湿地公园,具有一定自然演替的功能,具有湿地外貌和一定的湿地功能。

（3）自然型

完全处于野生状态的湿地公园,多属于生态保护型湿地,可供城市居民参观、游憩,湿地功能完备,反映自然湿地的特性,具有自然演替的功能。

（4）恢复型

原本是湿地场所,由于建设造成湿地性质消失,后又人工恢复,具有湿地外貌和一定的湿地功能。

（5）污水净化型

用于污水的净化与水资源的循环利用,具有湿地外貌,有一定湿地功能。

（6）环保休闲型

此类城市湿地公园一方面利用湿地处理城市污染,另一方面提供休闲娱乐功能。

7）按规划设计内容划分

相关统计和研究表明,尽管城市湿地公园由于位置、资源、成因、用途、保护状态、游憩内容可划分为很多类型,但是经过深入研究和综合分析,针对城市湿地公园规划设计中存在的问题可以归纳为自然保护类、水体维护类、城市休闲类、废污回用类四种类型。

（1）自然保护类

利用原有各类自然保护区并以此为核心,经过设施完善发展而形成的城市湿地公园。其原始成分较多,充分保留了自然特色,以保护资源环境为主要目的,以较为完善的生态系统为特点,适当添置科研科普、游览休憩设施。

（2）水体维护类

利用各类原有自然或人工水体经过改扩建而成的城市湿地公园。原有自然或人工水体是这类公园的基础,保护水体水源是其主要目的。

（3）城市休闲类

在已有的水景公园的基础上建立的城市湿地公园,湿地并不是原始形态,仅处于展示的次要位置;主要目的是对原来的区域进行改造、利用,并充分绿化建立休闲型城市湿地公园。

（4）废污回用类

利用工矿废弃塌陷地及积存的水体经修复改造而建成的城市湿地公园。主要为废弃塌陷地生态修复、开展文化娱乐活动。

12.2　城市湿地公园规划

12.2.1　规划任务与目的

湿地公园规划是合理利用湿地资源的手段。城市湿地公园建设应注重生态,与自然的山势、水势、地势相结合,与整个城市的城区山水型生态风貌和人文景观相融合,与整个城市的人文景观相对应。城市的湿地公园的规划应根据城市的自然山水、地形地貌特征,切实搞好相和谐一致的设计和建设,据此作出高质量的详细规划和设计。

规划建设的目的既要体现更好地执行国家关于湿地公园规划的保护政策,又不可狭隘地将城市湿地公园规划片面、简单地看作种植湿地植物,便是营造"自然"湿地景观。

规划建设的理念应体现如何通过城市湿地公园规划建设,给市民和游人提供一个生机盎然、生态多样的游憩空间。

规划建设的目标应体现如何使城市湿地公园规划的总体目标定位在减少城市发展对湿地环境的干扰和破坏,不断提高湿地及其周围环境的自然生产力上。

规划建设在方法上应做到如何通过实现城市湿地公园的规划目标,将城市湿地的整治与城市自然景观规划结合起来,从而形成城市湿地区域与整个城市的自然生态风貌和人文景观融为一体的新的景观整合体。

12.2.2 城市湿地公园规划设计原则

城市湿地公园规划设计应遵循系统保护、合理利用与协调建设相结合的原则。在保护城市湿地生态系统的完整性和发挥环境效益的同时,合理利用城市湿地具有的各种资源,充分发挥其经济效益、社会效益,以及在美化城市环境中的作用。

1)湿地公园规划系统保护的原则

①保护湿地的生物多样性;

②保护湿地生态系统的连贯性;

③保护湿地环境的完整性;

④保持湿地资源的稳定性。

2)湿地公园规划合理利用的原则

①湿地公园规划合理利用湿地动植物的经济价值和观赏价值;

②湿地公园规划合理利用湿地提供的水资源、生物资源和矿物资源;

③湿地公园规划合理利用湿地开展休闲与游览;

④湿地公园规划合理利用湿地开展科研与科普活动。

3)湿地公园规划协调建设的原则

①城市湿地公园的整体风貌与湿地特征相协调,体现自然野趣;

②建筑风格应与城市湿地公园的整体风貌相协调,体现地域特征;

③公园建设优先采用有利于保护湿地环境的生态化材料和工艺;

④严格限定湿地公园中各类管理服务设施的数量、规模与位置。

12.2.3 规划设计阶段与程序

城市湿地公园规划的编制过程可分为两个阶段、三个层次。两个阶段分别为总体规划阶段和详细规划阶段,三个层次分别为湿地流域生态格局规划、湿地公园总体规划、湿地公园修建性详细规划。

城市湿地公园规划既是国家对湿地自然保护区规划的补充和完善,又是湿地公园所在区域规划的一个专项,并具有相对的独立性。其具备一般景观规划必备的程序与步骤,也有其特殊性。针对不同地域不同类型的城市湿地公园规划,规划程序中的具体步骤会略有差别,但总的规划过程大体是相同的。城市湿地公园规划程序一般包括以下几个阶段:编制任务书、前期准备、实地调研、分析评价、规划论证、提交成果、规划审批。

1)编制规划设计任务书

当地政府根据当地生态资源现状和发展需要,提出城市湿地公园规划的任务,包括规划范围、目标、内容,以及提交的成果和时间。委托有实力和有资质的规划设计单位进行规划编制。

首先要界定城市湿地公园规划边界与范围。应根据地形地貌、水系、林地等因素综合确定,尽可能以水域为核心,将区域内影响湿地生态系统连续性和完整性的各种用地都纳入湿地公园规划范围,特别是湿地周边的林地、草地、溪流、水体等。应以保持湿地生态系统完整性和联通性为原则,尽量减轻城市建筑、道路等人为因素对湿地的不良影响,提倡在湿地周边增加植被缓冲地带,为更多的生物提供生息空间。为了充分发挥湿地的综合效益,城市湿地公园应具有一定的规模,面积一般不应小于 20 hm²。

2)前期准备

接受规划任务后,规划编制单位从专业角度对规划任务提出建议,必要时与当地政府和有关部门进行座谈,完善规划任务,进一步明确规划的目标和原则。在此基础上,起草工作计划,组织规划队伍,明确专业分工,提出实地调研的内容和资料清单,确定主要研究课题。

3)实地调研与基础资料

根据提出的调研内容和资料清单,通过实地考察、访问座谈、问卷调查等手段,对规划地区的情况和问题、重点地区等进行实地调查研究,收集规划所需的社会、经济、环境、文化,以及相关法规、政策和规划等各种基础资料,为下一阶段的分析、评价及规划设计做资料和数据准备(表12.2)。实地调研应寻找体现湿地特殊性的资料,从自然条件与人文资源资料、社会经济资料和环境状况资料三方面入手展开调查:着重于地形地貌、水文地质、土壤类型、气候条件、水资源与水系、生物资源等自然状况和名胜古迹等人文资源;区域经济与人口发展、土地利用、旅游业发展、科研能力、管理水平等社会经济状况;以及湿地水体质量、污染来源和污染情况、湿地的演替和生物多样性等环境状况方面。

表 12.2　城市湿地公园规划基础资料收集分类表

大类	中类	小类
测量资料	地形图	总体规划 1:10 000~1:5 000;详细规划 1:2 000~1:1 000
	专业图	航片、卫星图片等专业图
自然条件与人文资源资料	地形资料	地形、地貌
	地质资料	土壤成分;土壤承载力大小及其分布;以及冲沟、滑坡、沼泽、盐碱地、岩溶、沉陷性大孔土等的分布范围
	水文资料	水位、流量;最高洪水位、历年洪水频率、淹没范围及面积等;江河区的流域情况,流域规划,各河道的位置、流向,河道整治规划,防洪设施等
	气象资料	主导风向、风向频率、风速;降水量、蒸发量;气温、地温、湿度、日照、冰冻等
	生物资料	动植物种类、分布、数量等
	人文资料	名胜古迹分布与现状、民俗特色文化、饮食等

续表

大类	中类	小类
社会经济资料	人口资料	历来常住人口的数量、年龄构成、职业构成、教育状况、自然增长和机械增长
	经济结构	产业结构比例及发展状况
	土地利用	各类用地面积、分布状况,历史上土地利用重大变更资料,土地资源分析评价资料,各类房屋的性质用途、使用状况及分布
	旅游业发展	湿地公园所在区域内原有旅游业现状、每年旅游业总产值、旅游业发展趋势和前景
环境状况资料	湿地环境	湿地水体质量、污染来源和污染情况;湿地的演替和生物多样性
	有害资源	环境监测成果,三废排放的数量和危害情况;垃圾、灾变和其他影响环境的有害因素的分布及危害情况;地方病及其他有害公民健康的环境资料

4)分析评价

对收集到的基础资料进行分析与评价是城市湿地公园规划的基础和依据。对城市湿地公园的分析评价应从两方面展开,区域格局把握及范围确定,定性分析定量评价。通过对湿地公园所在区域的资源利用现状、土地利用现状、生态环境现状基础资料的分析,可得出该区域的生态格局,从而确定保持区域内湿地生态系统连续性和完整性以及与周边环境的连通性的湿地公园的规划范围。然后,在确定的规划范围内再进行详尽的资料定性分析定量评价,包括生态环境的分析和生态敏感性评价、土地资源的分析和土地适宜性评价、水系结构与走向分析和水量平衡分析;湿地公园空间结构与布局分析;湿地公园植被分析等。

5)规划设计与规划论证

城市湿地公园规划设计工作,应在城市湿地公园总体规划的指导下进行,可分为以下几个方面:

①湿地公园规划方案设计;

②湿地公园初步规划设计;

③湿地公园规划施工图设计。

在城市湿地公园总体规划编制过程中,应组织风景园林、生态、湿地、生物等方面的专家针对进行规划设计成果的科学性与可行性进行评审论证工作。

6)提交成果

经过方案优选,对最终确定的规划方案进行完善和修改,在此基础上,编制并提交规划成果。

7)规划审批

根据《中华人民共和国城市规划法》的规定,城市规划实行分级审批,城市湿地公园规划也不例外。湿地公园规划编制完成后,必须向林业部门进行国家湿地公园的申报。其中,申报国家级湿地公园应向省级林业部门提出书面申请,附拟建国家湿地公园所在省级人民政府同意函和湿地公园总体规划等材料,报国家林业局审批;国家林业局将组织国家湿地公园专家评审委员会进行实地考察评估,对符合国家湿地公园标准的批准设立。省级国家湿地公园则由各省级林业主管部门依法批准设立。经审批设立的湿地公园,其规划具有法律效力,应严格执行,不得擅自改变,这样才能有效地保证规划的实施。

12.2.4　城市湿地公园总体规划

城市湿地公园总体规划是对界定的规划区范围内的各景观要素的整体布局和统筹安排。其主要任务是根据所在地区的区域生态格局和确定的湿地公园规划范围,研究湿地公园的发展目标,进行湿地公园生态保护规划、游憩行为规划和景观形态规划,确定湿地公园的结构布局和空间形态并综合与规划范围内外因素的协调控制,它是湿地公园详细规划的依据。

1)具体内容

城市湿地公园总体规划是以区域湿地生态格局规划、土地利用总体规划为依据,并同城乡统筹规划相协调的总体规划。其具体内容包括:

①确定规划期限。湿地公园总体规划根据范围的大小,规划年限不同,一般为 10 ~ 20 年。

②根据湿地区域的自然资源、社会经济条件和湿地公园的用地现状,确定公园总体规划的指导思想和基本原则。

③研究湿地公园规划范围内的土地使用现状、道路交通现状和景观资源现状,并进行分析评价。

④研究湿地公园的生态保护,确定保护对象,运用科学合理的方法进行保护分区和生态保护规划,并制订保护措施。

⑤研究湿地公园的游憩行为,测定游憩模式、游憩环境容量、游人容量和设施容量,规划游憩项目、游憩线路和科普教育的内容。

⑥研究湿地公园的景观形态,根据不同的游憩体验进行植被规划、动物栖息地环境与设施规划,营造生动的湿地景观形态。

⑦对规划范围内和规划范围与周边连接的若干其他因素进行综合协调控制,保证其不影响或是有利于湿地公园的规划建设。

⑧明确分期开发建设的时段和项目,确定近期建设的规划范围和项目。

⑨提出实施规划的政策、措施和建议。

2)成果要求

城市湿地公园总体规划的成果主要包括规划文件和规划图纸。

(1)规划文件

根据风景名胜区规划编制方法,国家湿地公园总体规划文件包括规划文本和附件。其中,规划文本是对规划的目标、原则和内容提出规定性和指导性要求的文件,附件是对规划文本的具体解释,包括规划说明书、专题规划报告和基础资料汇编,规划设计说明书应分析现状,论证规划意图和目标,解释和说明规划内容。

（2）规划图纸

湿地公园总体规划图纸主要包括：

①区位图（包括地理位置和周围环境）；

②现状图（包括用地现状、水系现状、道路交通现状、现状景观分析等，根据需要，可分别或综合绘制）；

③生态保护规划图；

④局部生态恢复示意图；

⑤水系规划图；

⑥水质监测图；

⑦功能分区图；

⑧土地利用规划图；

⑨总体规划布局图；

⑩植被规划图；

⑪动物栖息地环境与设施规划图；

⑫项目策划图；

⑬道路交通规划图；

⑭游线规划设计图；

⑮分期开发建设图。

12.2.5　湿地公园详细规划

详细规划对于湿地公园来说，一般是指湿地公园的修建性详细规划，类似于在公园景观规划设计中，对具体景区或景点规划层次。其主要任务是根据湿地公园总体规划布局和分区，对某重点景区或景点近期的景观、游憩和设施建设进行具体的规划与设计。

1）具体内容

湿地公园修建性详细规划以总体规划为依据。其编制内容的核心是空间环境形态和场地设计，包括景区整体构思、植被设计、驳岸设计、竖向设计、景观意向、细部处理与小品设施设计等，具体的工作内容包括：

（1）空间形态布局

根据土地利用性质和景观属性特征进行景区总体空间形态布局。

（2）场地设计

主要是指竖向规划设计，根据场地使用性质，对地形进行处理，满足施工建设的要求。

（3）详细景观设计

对不同功能的景观或景点进行详细规划设计，包括植被、驳岸、水系、道路、游憩设施等，具体内容根据具体的条件和要求确定。

（4）国家湿地公园修建性详细规划工作还包括餐饮住宿设施规模预测、工程量估算，拆迁量估算、总造价估算以及投资效益分析等。

2）成果要求

湿地公园修建性详细规划的成果主要包括规划文件和规划图纸。

（1）规划文件

根据风景名胜区规划编制办法，国家湿地公园修建性详细规划文件为规划设计说明书。

（2）规划图纸

规划图纸主要包括以下内容：

①区位图：规划景区或景点在国家湿地公园中的位置；

②现状图：按照规划设计的需要，在规划地段的地形图上，分门别类地绘制建筑物、构筑物、游憩点、道路、水系、植被绿化等现状；

③分析图：反映规划设计构想和意图；

④规划总平面图：标明各类用地界线和建筑物、构筑物、游憩点、道路、水系、植被绿化、小品等的布置；

⑤种植设计图：按照总体规划中植物景观规划图的要求，对景区或景点内的植物进行更加详细的设计，确定植被的品种、色彩、高度、株数或面积；

⑥驳岸设计图：对景区内的驳岸可详细设计其材质、软硬程度、与岸边植被和游憩设施的联系等；

⑦竖向规划图：标明场地边界、控制点坐标和标高、坡度，地形的设计处理等，对于道路，还要标明断面、宽度、长度、曲线半径、交叉点和转折点的坐标和标高等，对于水体，还要标明水深、坡度、等高线的标高等；

⑧反映规划设计意图的立面图、剖面图和表现图：其内容和图纸可根据具体的条件和要求确定（图12.3）。

图12.3　天津滨海临港湿地公园规划设计

一般来说，规划设计深度应满足作为各项景观工程编制初步设计或施工设计依据的需要。图纸比例一般用1∶2 000～1∶500。

12.3　城市湿地公园的营建模式与方法

根据城市湿地公园的地理位置、气候条件、文化背景、资源品质、交通状况等不同差异，可以将城市湿地公园简化为保护区模式、水体维护模式、休闲公园模式和污水回用模式四种。

这四种营建模式与城市湿地公园的四种类型基本吻合。

12.3.1　城市湿地公园营建模式

1)保护区模式

指以各类城市湿地自然保护区为核心建立的城市湿地公园。以城市湿地资源保护为宗旨,以较为完善的生态系统为特点,辅以少量的科研、旅游及休闲功能,生态效益放在第一位,经济效益和社会效益放在次要位置,也称之为生态模式。

该模式一般可分为远郊型、湖沼型、天然型和自然野生湿地。在其功能分区中应划分出保护区、缓冲区及活动区段,保护区内杜绝人的活动,是生物多样性集中分布区,游人只可以通过隐秘的观鸟棚等进行观察、欣赏活动;活动区可设置观察、科研、参与、教育、采集标本等活动内容;缓冲区是介于二者之间的过渡地段。

这类湿地公园的代表有香港湿地公园、杭州西溪国家湿地公园、上海崇明东滩国家湿地公园。

2)水体维护模式

利用城市所辖区域内原有的湖区、水塘、水库、河流等建立的城市湿地公园。主要目的是对水体、水源进行保护管理,并以水体中心或水体界面作为景观兴奋点,岸边建立休闲娱乐设施,开展湿地公园度假、休闲、游览及娱乐活动。我们亦可以称之为水体借用模式。

这类湿地公园的代表有张家港暨阳湖生态园区、厦门马銮湾湿地公园、兰州银滩湿地公园、东营广利河湿地生态公园。

3)休闲公园模式

在已有湿地的基础上所建立的城市湿地公园,湿地并不是原始形态,湿地保护处于次要位置;主要目的是对原来的湿地区域进行改造、利用,并充分绿化,建立休闲型城市湿地公园,也称休闲公园模式。主要功能分区则以休闲、观赏活动为主。一般不设保护区和缓冲区,可将这两项活动内容结合在活动及观赏区之中,创造独特的湿地观赏景观。

如东京葛西临海公园的鸟类园湿地是利用原有低洼湿地建成,保留及恢复原有自然风貌,种植大量茂盛的湿地植物,成为鸟类的天然栖息地。同时,建设了鸟类观测中心,内有演讲厅、信息角、录像厅等,向市民传播有关鸟类的知识;另设有观察鸟的小鹏屋、不惊动鸟的窥视窗等,成为人类与鸟类和谐共生的休闲场所。

这类湿地公园的代表有南京玄武湖景区、苏州太湖湿地公园、泰安天平湖公园。

4)废污回用模式

利用工矿废弃塌陷地积水而建立的城市湿地公园,主要为修复废弃塌陷地的生态、促进生物多样性、开展文化娱乐活动。利用城市下游原有湿地或城市污水处理厂附近建立的人工湿地二次净化污水,主要以湿地植物配置设计以及整体功能考虑城市湿地公园的设施建设,也称为减污模式。

这类湿地公园的代表有成都活水公园、徐州九里湖湿地公园。

12.3.2　城市湿地公园的营建方法

城市湿地公园的营建主要是利用城市中的湿地区域及资源结合城市公园功能,完成湿地与城市公园功能的协调。

1）城市湿地公园的营建原则

（1）适用性和多用性原则

湿地设计应强调适用性，要充分体现系统设计的主要目标，如洪水控制、废水处理、污染控制、野生生物的改进、提高渔业生产效率、土壤替代、研究和教育等。多用性主要注重系统构建的多个目标，在营建湿地的发展过程中，注意系统设计功能的完整性，首先要保证整个湿地功能最初的动植物目标的完整，才会持续湿地的演替。再给系统一定的时间，使野生生物获得合理调整并适应新的湿地环境，同时有利于营养物的保持。

（2）综合性原则

城市湿地公园设计涉及生态学、地理学、经济学、环境学等多方面的知识，具有较强的综合性。一方面，设计针对由植物、动物、微生物、土壤和水流组成的湿地系统需按照自我保持来发展；另一方面，设计系统应利用自然能量，包括脉动水流以及其他的潜在能量作为系统发展的驱动力。这就要求多学科的相互协作和合理配置。

（3）地域性原则

不同区域具有不同的环境背景，地域的差异和特殊性要求在湿地生态系统设计中，要因地制宜，根据不同的水文、地貌条件设计湿地生态系统。不应将城市湿地公园设计过分强调为矩形盆地、渠道以及规则的几何形状。由于设计的湿地系统是景观或流域的一部分，因而应尽量将营建的湿地融入自然的景观中。

（4）生态关系协调原则

生态关系协调原则是指人与环境、生物与环境、生物与生物、社会经济发展与资源环境以及生态系统与生态系统之间的协调，应将人类作为系统的一个组成部分而不是独立于湿地之外。人类只能在设计和营建过程中对湿地发展加以引导，而不是强制管理，以保持设计系统的自然性和持续性。

（5）景观美学原则

设计的湿地系统一般具有多种功能和价值。在湿地营建工程中，除考虑主要目标外，要特别注意对美学的追求，同时兼顾旅游和科研价值。景观美学原则主要包括最大绿色原则和健康原则，体现在湿地的清洁性、独特性、愉悦性和可观赏性等方面。

2）城市湿地公园营建控制要素

在实际建设中，一般将设计要素划分为六个部分：功能要素、生态要素、景观空间要素、历史文脉要素、交通要素和安全要素。

（1）功能要素

城市湿地公园的开发建设必然会带来周边地区城市功能与品质的变更。从整个城市的角度看，湿地区域的开发定位首先要满足城市总体规划功能布局的要求，结合城市远景规划，使城市的空间结构趋于合理。其次，能够协调好相关的基础设施配套和景观风貌。最后才是湿地公园内部功能的布局与设计。

城市湿地的边缘地带是人流最为集中、功能最为丰富的地区，常作为公共开放的区域，开辟广场，允许人流自由出入。结合空间特点，可布置休闲活动内容的功能设施。如悉尼达林港的城市设计以港池、白龙公园为城市中心空间，围绕中心空间组织步行系统，联系展览中心、商店、工艺博物馆、水族馆、航海博物馆、会议中心、旅馆、信息中心、铁路客站、CBD的独轨环线以及赌场等各项公共建筑;高架铁路和架空轻轨线横越中部和北部上空,人们能从高架车辆上俯视达林港,视觉印象丰富。

(2)生态要素

水体的质量对城市湿地资源品质意义重大。不同的水质决定可供开发的湿地公园建设内容;不同的水量决定对人的吸引力。因此,建立安全、稳定、健康的水环境是城市湿地公园开发建设的前提,也是其能运作成功的关键。

①水质。水质受水源的影响是决定性的,好的水质必然借助于区域性的水体污染控制。城市湿地本身对水质具有一定的净化作用,但仅仅是一定程度的改善。改善水质可以考虑以下几种方式:

a.采用自然河岸或具有自然河岸可渗透性的人工驳岸,建立湿地生态系统,通过水生植物的净化功能来改善水质;

b.通过建立泵、闸形成水位差,控制水流方向和水流速度,保证水量有一定置换周期;

c.培养具有生物多样性的生态系统,保证水体的内部循环;

d.实行雨、污水分流,杜绝各类污水。

②水量。水量的保证主要控制以下几点:

a.保证水源地充足,尽可能考虑多个水源;

b.对于缺水城市,可考虑采取管道输水,以减少水量的蒸发和渗透;

c.利用雨水收集,调蓄水体水量,减少浪费;

d.通过区域水系管理,协调配置。

③植物。植物是城市湿地生态系统的重要组成部分,城市湿地承担了改善城市整体环境质量、调节局部地区小气候的功能。空间开阔、绿意盎然的湿地会在一定程度上缓解城市的热岛效应。

植物是构成公园景观的主体之一,更是湿地生态系统的支持基础。因此植物构成与设计应在控制绿地比例的基础上,以湿地植物为主,参考自然界中植物群落的构成特点进行选择与配置。

④驳岸。驳岸属于量大面广的设施,提倡采用自然式驳岸代替混凝土和石砌挡土墙的硬质河岸,推广生态驳岸。一方面可以充分保证水岸与湿地水体之间的水分交换和调节,同时也具有一定的抗洪强度。生态驳岸除具有护堤、防洪的基本功能外,对于改善湿地景观、恢复生态平衡具有重要作用。

(3)景观空间要素

①视线通廊。利用城市湿地本身的地形条件设置景观节点;或从高处提供多角度的观景视野;或于平坦地形设置标志性建筑,构筑人工视线焦点;或控制地形朝向湿地区域的起伏跌落,使园区拥有多条直视水景的视线通廊。应由外向内,在景观、生态和地势上做好梯度的渐变序列。在靠近城市建筑群的一侧营造人工生态绿地,通过高大的乔木林、顺地势造型的山体来分隔空间,成为人工向自然的过渡,同时营造较好的小气候环境(图12.4)。

②空间结构。水体、地形是构成自然景观的基础。地形、地势、地貌的综合应用是创造良好景观的重要步骤,源于中国传统园林的掇山理水就是应用了这样的原理。在湿地区域里,也应做到山丘脉络清晰、地形起伏有致,不仅能创造优美的景观空间,也是引导雨水合理流

图12.4 城市湿地公园景观

向、控制径流速度、使其适当滞留的关键。

城市湿地公园的建筑应严格控制其高度,保证景观轮廓线的完整和视线的通达。大型建筑应退出湿地公园主体区域,保留一定的开敞空间,小型临水建筑可安排在湿地边缘地带,但应多采用不阻挡视线的通透材料。建筑高度从临水向后具有梯度感,保证后排建筑仍然拥有水面的景观。考虑到对岸景观的效果,建筑与环境形成的天际线需要作认真研究。高大乔木、低矮灌木与地被植物的合理搭配也是完善空间结构的手段之一。

③滨水界面。水是整个湿地公园景观视线的焦点。适当开挖、延伸、扩展水体,对塑造城市湿地公园整体水环境效果十分明显,尤其适宜休闲型湿地公园景观的建设。

以往的规划设计出于排洪及管理简单化的需要,驳岸处理成笔直的线型,造成景观立面的呆板,缩短了亲水界面长度。非排泄通道的驳岸应多设计曲折,增加观赏性和游览性。

④游览设施。

a.桥。既是视线的焦点,又是最佳的观景点。造型各异的桥各有其特点和功能,桥体的造型与风格可能成为湿地公园景观的点睛之笔。

b.观景塔。在湿地公园最为常见,满足游人登高观赏的需要。尤其是在平坦开阔的湿地边缘地段最受游人喜爱,也是科研人员进行鸟类生活习惯观测和森林防火观测的必需设施。

c.亭、廊、花架、亲水平台和水上栈道。虽然常见于普通公园,但仍然是湿地公园不可缺少的休闲设施,尤其适合建在其他设施建设受限制的地段。以水环绕可产生"流水周于舍下"的水乡情趣;亭榭浮于水面,可恍若仙境神阁;建筑小品、雕塑立于水中,可移情寄性;水在流动中,与山石、塘堤产生摩擦的各种声音增添了天然韵律与节奏。

(4)历史文脉要素

主要包括历史遗迹、人文景观、建筑设施等。对历史文脉要素的把握主要表现在对历史建筑(包括构筑物)及传统空间的维护上。

人类从来就离不开水,与水为邻是人类选择聚居地的重要因素。因此,很多湿地尤其城市湿地多少留有人类的历史文化遗迹,开展有关湿地文化的建设是城市湿地公园营建的重要内容。在湿地公园中应该大力保护这些历史遗迹、恢复有价值的人文景观。

(5)交通要素

城市湿地公园主要是作为公共开放的空间,既允许环保车通行,也允许自行车等代步工具的使用,当然更多的是游人徒步行走。

湿地公园的游览路线应本着保护湿地景观与物种的原则,固定线路,控制游人的活动区域,或由导游指导,最小限度地减少人类活动对湿地自然生态的影响;充分利用湿地资源,组织公园的游览线路,使游人在湿地木桥中行走、游览。湿地会吸引水鸟在其中飞翔,水生植物则根据季节的不同而变换着色彩和群体的组合。

(6)安全要素

①水位。城市湿地公园水体的安全保障主要在于控制水位,而水位的控制在于引水和排水的能力。因此,对于水体的水位控制需要从区域调配的角度整体调控水平面的高度,保证亲水平台的实施。

②防汛设施。考虑暴雨、潮汛的极端气候,城市湿地公园的部分区域要考虑设置防汛墙以保证整个公园在高水量期不受到影响。然而,加高防汛墙并非是唯一的安全措施。2 000多年前,蜀郡太守李冰父子为我们留下了世界水利史上的奇迹——都江堰,更明确指出了对付水患的六字诀——"深淘滩,低作堰",这句名言至今仍然有极高的借鉴意义。

3)城市湿地公园的功能分区及景观特色塑造

城市湿地公园的功能分区应依据其类型差异分别划定,不同类型的城市湿地公园主要功能会有差异,会出现不同类型的分区。即便是同样的功能区域也会因园而异设置不同的设施。但是作为城市湿地公园必须包含下列四个区域:重点保护区、资源展示区、游览活动区和研究管理区。

(1)城市湿地公园的功能分区

①重点保护。针对重要湿地或湿地生态系统较为完整、生物多样性丰富的区域,应设置重点保护区。重点保护区是城市湿地公园标志性的、不可或缺的一个区域。

在重点保护区内,针对珍稀物种的繁殖地及原产地应设置禁入区;针对候鸟及繁殖期的鸟类活动区应设立季节性的限时禁入区。

此外,考虑生物的生息空间及活动范围,应在重点保护区外围划定适当的非人工干涉圈或称协调区,采取较严格的管理措施,以充分保障生物的生息场所。

建议城市湿地公园都应划定不少于公园面积10%的区域做重点保护区,区内只允许开展各项湿地科学研究、保护与观察工作。可根据需要设置一些小型设施为各种生物提供栖息场所和迁徙通道。本区内所有人工设施应以确保原有生态系统的完整性和最小干扰为前提。

②资源展示区。一般在重点保护区外围或邻近地段建立资源展示区,重点展示湿地生态系统、生物多样性和湿地自然景观,不同的湿地具有不同的特色资源及展示对象,以开展相应的科普宣传和教育活动。该区域是湿地生态系统和湿地形态相关的区域,应加强湿地生态系统的保育和恢复工作。区内设施数量不宜过多,设施内容以方便特色资源观赏和科普宣传为主,设施构造以粗朴简易为佳。

③游览活动。在湿地敏感度相对较低的区域,可以划为游览活动区,开展以湿地为主

体的休闲、游览活动。游览活动区内应控制娱乐、游憩活动的强度,要规划适宜的游览方式和活动内容,安排适度的游憩设施,避免游览活动对湿地生态环境造成破坏。

④研究管理区。研究管理区是城市湿地公园中研究和管理人员工作和居住的地方。一般应在位于湿地生态系统敏感度相对较低的区域,并与外部道路交通有便捷的联系。设置研究管理区,尽量减少对湿地整体环境的干扰和破坏。所有建筑设施尽量小体量、低层数、小密度、少耗能、少占地,并且尽量绿树浓荫覆盖。

以上四种区域是湿地公园必须具有的区域,各湿地公园还应根据资源与环境状况分别设定其他区域。

(2)城市湿地公园的景观特色塑造

不同的城市湿地公园应该具有不同的景观特色,不能千篇一律,围绕水的主题展示景观特征应作为城市湿地公园感染游人的最有效的途径,应该在将河湖塘溪等城市湿地公园中水的自然幽柔的共性充分发挥到极致的同时,深入挖掘自己的景观个性或景观特色。这也是检验城市湿地公园景观设计成功与否的关键。

①水及其相关因子的景观特色塑造。自然界中静态的水、湖、池、潭、塘以及天然形成的动态水景大致分为五类,即瀑、流、泉、雨和涛。瀑布的特点是水的跌落;流水的不同在于水自由的蜿蜒;泉的特点则是从地下涌出;而雨水的特点是它点滴的形式;还有水涛,它向来以奔放著称。人们就是以这五种动态水体为客观依据,来发展改善城市湿地公园动态水体艺术的。利用水产生光影的艺术手法有倒影成双、借景虚幻、优化画面、逆光剪影、动静相随、水里"广寒"等。再配以气候上的雨雾霜,会形成无穷的变化,动态的水景,明快、活泼、多姿、多彩、多声,形态也十分丰富多样,形声兼备,可以缓冲、软化公园中"凝固的建筑物"和硬质的地面,增加环境的生机,有益于身心健康并满足视觉的审美需要。

各种水中生物,各种依水而生的鸟类、禽类也是构成湿地景观不可缺少的内容。

②植物及其相关因子的景观特色塑造。湖面有山石和植物点缀往往能提高景观度。通过改造湖边的植物群落,使其外貌丰富,或者适当增加湖面的山石、植物点缀,减少湖面的机动船只,都可以提高湖泊景观的美学质量。

各种各样的植物可丰富滨水景观面貌:红荷、白莲飘荡在水面之上;迎春黄花枝条垂覆于岸墙之前;白苇、绿柳摇曳在池岸之滨。当然,水景总还要以水为主,若完全长满了植物,便会失去水景明亮动人的特色。一些专家认为,水面植物应不超过30%~50%,应留有一定的水面,留出些许明亮。植物应该着意于丰富水面而不是无限制地占领水面。因此,需要对水生植物加以适度控制。

③文化及其相关因子的景观特色塑造。文化背景对于营造景观特色具有极其重要的意义。对于那些具有历史意义的事物一般宜从控制的角度,以时间为标准来确定处理的方式。

a. 让时间停顿。采取完全的保护,拒绝现代生活对它的干扰,留待后人做出处理。

b. 让时间延续。在保护原有事物的外观和内部空间的基础上,增加现代的技术手段,使其重新利用。

c. 让时间跳跃。放弃原有的形式,创造新的建筑与空间;或基本放弃原本的存在方式,用保存符号的方式在部分处理上增加历史文脉的印迹,延续历史片段。

d. 让时间倒退。以现代的技术材料,仿造历史建筑,这是一种处于经济利益的需要所作的建设。

④滨水设施及其相关因子的景观特色塑造。中国传统园林对理水有深刻的理解,各种设施的位置、构图、材料都可纳入造景范畴。如北京昆明湖、承德避暑山庄对宽阔的湖面多设堤、岛、州、桥等来划分水面,以增加水景空间的层次与景深;又如苏州网师园水体的聚分开阔与石及周围环境,组成丰富的形态和势态的对比,使水景空间呈现人为之美、天然之意趣;还有杭州西湖郭庄以水体为全院的布局中心,并以建筑回廊包围,池水之上,光影漂浮,使空间在波光中更显生气。

堤,在造景上是分割水面的手段。通过各种走向的堤,使水面具有更好的形状并增加了水面的层次与景深,扩大空间感,增添公园的景致与趣味。

水面不能完全被阻隔,这就需要桥的连接,各种造型的桥应运而生。实际上桥还是陆上人行与水流和游船的空间交汇点,所以桥的高度、宽度、造型、材料对营造湿地景观起着非同寻常的作用。

岛、洲就是水中的陆地,我们暂且以游人能否到达作为岛与洲的区别。首先,岛与洲的形状要符合水流自由冲刷的自然规律;再者,岛与洲上设置的内容对湿地功能影响也很大。应预留一定数量的洲作为水禽的栖息地,成为湿地公园里最原始自然的部分,也将成为湿地公园的标志性景观。

习题

1. 辨析湿地、城市湿地和城市湿地公园的概念。
2. 从城市绿地系统的角度如何定义城市湿地公园? 湿地公园的设立需要具备哪些条件?
3. 我国对湿地类型和标准是如何划分的? 试与《湿地公约》分类系统进行对比分析。
4. 我国的城市湿地公园类型可以从哪些方面进行划分? 各种分类有何特点?
5. 简述湿地公园的规划设计与城市公园的规划设计的异同以及各自的规划特征。
6. 根据湿地公园的特点,分析湿地公园的基本类型与湿地公园的营建模式及其相互的关系。
7. 阐述城市湿地公园营建的控制要素。
8. 如何结合湿地公园的功能分区进行景观特色的塑造?

附　录

方法一:扫二维码,免费阅读并下载附录内容

方法二:加入风景园林交流群(293587787)进行下载。

参考文献

[1] 李铮生.城市园林绿地规划与设计[M].2版.北京:中国建筑工业出版社,2006.

[2] 胡长龙.园林规划设计[M].2版.北京:中国林业出版社,2002.

[3] 中国城市规划设计研究院.城市规划资料集[M].北京:中国建筑工业出版社,2006.

[4] 李征.园林设计[M].北京:中国建筑工业出版社,2002.

[5] 诺曼·K.布思.风景园林设计要素[M].曹礼昆,曹德鲲,译.北京:北京科学技术出版社,2015.

[6] 黄东兵.园林规划设计[M].北京:中国科学技术出版社,2003.

[7] 封云.公园绿地规划设计[M].北京:中国林业出版社,2004.

[8] 袁犁,曾明颖,苏军,等.中国园林概念[M].北京:中国书籍出版社,2014.

[9] 唐学山,李雄,曹礼昆.园林设计[M].北京:中国林业出版社,1997.

[10] 袁犁,向晓琴,许入丹.农业景观规划设计与实践[M].北京:中国地质出版社,2016.

[11] 卢仁,金承藻.园林建筑设计[M].北京:中国林业出版社,1991.

[12] 周维权.中国古典园林史[M].北京:清华大学出版社,1999.

[13] 王晓俊.风景园林设计[M].3版.南京:江苏科学技术出版社,2009.

[14] 中华人民共和国建设部.城市绿地分类标准(CJJ/T85)[S].2002.

[15] 中华人民共和国建设部.风景名胜区规划规范(GB 50298)[S].1999.

[16] 周武忠.园林植物配置[M].北京:中国农业出版社,1999.

[17] 甘德欣,等.生产型景观在城市景观建设中的功能及应用原则[J].湖南农业大学学报:自然科学版,2010(S2).

[18] 格兰特·W.里德,等.园林景观设计——从概念到形式[M].陈建业,等,译.北京:中国建筑工业出版社,2004.